SAMMLUNG GÖSCHEN BAND 51/51a

MATHEMATISCHE FORMELSAMMLUNG

von

DR. HABIL. FRIEDRICH RINGLEB

Mit 40 Figuren

Siebente, erweiterte Auflage

WALTER DE GRUYTER & CO.
vormals G. J. Göschen'sche Verlagshandlung · J. Guttentag, Verlagsbuchhandlung · Georg Reimer · Karl J. Trübner · Veit & Comp.
BERLIN 1960

Inhaltsverzeichnis

I. Abschnitt

Arithmetik und Kombinatorik

§ 1. Reelle Zahlen

1.) Zu der Gesamtheit der reellen Zahlen rechnet man I.) die rationalen Zahlen, d. s. die positiven und negativen ganzen Zahlen, die Brüche, gebildet aus solchen Zahlen, und die Null, II.) alle Zahlen, welche sich auf die Form eines Dezimalbruchs mit unbegrenzter Stellenzahl bringen lassen und nicht zu den vorigen gehören. Das sind die irrationalen Zahlen (s. § 11)

Der absolute Betrag einer reellen Zahl x ist ihr (positiver) Wert ohne Rücksicht auf das Vorzeichen. Er wird mit $|x|$ bezeichnet. Der absolute Betrag der Null ist 0.

2.) Für die absoluten Beträge von zwei reellen Zahlen x_1 und x_2 gelten die Formeln:

$$|x_1 + x_2| \leqq |x_1| + |x_2|, \qquad |x_1 + x_2| \geqq ||x_1| - |x_2||,$$
$$|x_1 - x_2| \geqq ||x_1| - |x_2||, \qquad |x_1 - x_2| \leqq |x_1| + |x_2|,$$
$$|x_1 \cdot x_2| = |x_1|\,|x_2|, \qquad \left|\frac{x_1}{x_2}\right| = \frac{|x_1|}{|x_2|}\,^{1)}.$$

§ 2. Proportionen

1.) Es besteht die Proportion $a : b = c : d$ (in Worten: a verhält sich zu b, wie c zu d), wenn die Gleichung $\frac{a}{b} = \frac{c}{d}$ erfüllt ist. a und d heißen Außenglieder, b und c Innenglieder der Proportion.

2.) Das Produkt der Außenglieder ist gleich dem Produkt der Innenglieder.

3.) In einer Proportion darf man die Innenglieder unter

[1]) Division durch Null wird stets ausgeschlossen.

sich, die Außenglieder unter sich und die Innenglieder mit den Außengliedern vertauschen.

4.) Multiplikation und Division zweier Glieder mit einer Zahl m:

$$am : bm = c : d, \quad (a : m) : (b : m) = c : d,$$
$$am : b = cm : d, \quad (a : m) : b = (c : m) : d.$$

5.) Korrespondierende Addition und Subtraktion:

$$a : (a + b) = c : (c + d), \quad b : (a + b) = d : (c + d),$$
$$a : (a - b) = c : (c - d), \quad b : (a - b) = d : (c - d),$$
$$(a + b) : (a - b) = (c + d) : (c - d).$$

6.) $(ma + nb) : (mc + nd) = (pa + qb) : (pc + qd)$.

7.) $a : a_1 = b : b_1 = c : c_1 = \cdots = (ma + nb + pc + \cdots)$
$: (ma_1 + nb_1 + pc_1 + \cdots)$.

8.) Aus $a : b = c : d$ und $a_1 : b_1 = c_1 : d_1$ folgt:

$$(aa_1) : (bb_1) = (cc_1) : (dd_1),$$
$$(a : a_1) : (b : b_1) = (c : c_1) : (d : d_1).$$

9.) Stetige Proportion: $a : b = b : c$.

10.) Harmonische Proportion: $(a - b) : (c - d) = a : d$.

11.) Stetige harmonische Proportion: $(a - b) : (b - d) = a : d$.

12.) Von n positiven Größen $x_1, x_2, \ldots, x_n$ ist:

a) das arithmetische Mittel $x = \dfrac{x_1 + x_2 + \cdots + x_n}{n}$,

b) das geometrische Mittel $x = \sqrt[n]{x_1 \cdot x_2 \cdot \ldots \cdot x_n}$,

c) das harmonische Mittel $x = 1 : \dfrac{1}{n}\left(\dfrac{1}{x_1} + \dfrac{1}{x_2} + \cdots + \dfrac{1}{x_n}\right)$.

13.) Satz von *Cauchy*:

$$\frac{x_1 + x_2 + \cdots + x_n}{n} \geqq \sqrt[n]{x_1 \cdot x_2 \cdot \ldots \cdot x_n}$$
$$\geqq 1 : \frac{1}{n}\left(\frac{1}{x_1} + \frac{1}{x_2} + \cdots + \frac{1}{x_n}\right).$$

Das Gleichheitszeichen gilt nur, wenn $x_1 = x_2 = \cdots = x_n$ ist.

§ 3. Potenzen mit ganzen Exponenten

1.) Ist m eine positive ganze Zahl, so gilt

$$a^m = a \cdot a \ldots a \text{ (m Faktoren)}, \quad a^{-m} = \frac{1}{a^m}, \quad a^0 = 1 \text{ (für } a \neq 0).$$

a heißt **Basis**, m bzw. $-m$ **Exponent**, a^m bzw. a^{-m} **Potenz**.

2.) Für positive und negative m und r ist

$$a^m \cdot a^r = a^{m+r}, \quad a^m : a^r = a^{m-r},$$

$$(a \cdot b)^m = a^m \cdot b^m, \quad \left(\frac{a}{b}\right)^m = \frac{a^m}{b^m}, \quad (a^m)^r = a^{mr}.$$

§ 4. Binomialkoeffizienten und Binome mit positiven ganzzahligen Exponenten

1.) Unter $r!$ („r **Fakultät**"), wobei r eine ganze positive Zahl ist, versteht man das Produkt

$$r! = 1 \cdot 2 \cdot 3 \cdots r.$$

Ferner setzt man $0! = 1$.

2.) Ist r eine positive ganze und n eine beliebige Zahl, so heißt der Bruch

$$\frac{n(n-1)(n-2)\ldots(n-r+1)}{r!} = \binom{n}{r}$$

(gelesen „n über r") **Binomialkoeffizient**. Man setzt

$$\binom{n}{0} = 1.$$

Für positive ganze n gelten die Formeln:

3.) $\binom{n}{r} = 0$, wenn $r > n$; $\binom{n}{n} = 1$.

4.) $\binom{n}{r} = \binom{n}{n-r} = \dfrac{n!}{(n-r)!\, r!}$, wenn $r < n$.

5.) $\binom{n+1}{r+1} = \binom{n}{r} + \binom{n-1}{r} + \binom{n-2}{r} + \cdots + \binom{r}{r}$.

Allgemein gilt:

6.) $\binom{n+1}{r} = \binom{n}{r} + \binom{n}{r-1}$.

7.) $\binom{m+n}{r} = \binom{m}{r}\binom{n}{0} + \binom{m}{r-1}\binom{n}{1}$
$+ \binom{m}{r-2}\binom{n}{2} + \cdots + \binom{m}{1}\binom{n}{r-1} + \binom{m}{0}\binom{n}{r}.$

8.) **Binomischer Lehrsatz für ganze positive n:**

$$(a \pm b)^n = \binom{n}{0} a^n \pm \binom{n}{1} a^{n-1} b$$
$$+ \binom{n}{2} a^{n-2} b^2 \pm \cdots + (\pm 1)^{n-1} \binom{n}{n-1} a b^{n-1}$$
$$+ (\pm 1)^n \binom{n}{n} b^n$$ (vgl. § 96,2).

9.) Spezialfälle:

$(a \pm b)^1 = a \pm b$
$(a \pm b)^2 = a^2 \pm 2ab + b^2$
$(a \pm b)^3 = a^3 \pm 3a^2 b + 3ab^2 \pm b^3$
$(a \pm b)^4 = a^4 \pm 4a^3 b + 6a^2 b^2 \pm 4ab^3 + b^4$
. . . .

10.) Die Koeffizienten (Faktoren von $a^\nu b^\mu$) in den Entwicklungen 9.) ergeben sich aus folgendem Schema, wobei jede Zahl im Inneren des Schemas gleich der Summe der beiden rechts und links über ihr stehenden Zahlen ist (*Pascal*sches Dreieck):

1
1 1
1 2 1
1 3 3 1
1 4 6 4 1
1 5 10 10 5 1
1 6 15 20 15 6 1
. . . .

11.) Eine häufig gebrauchte **Identität** ist:

$$(a_1 b_2 - a_2 b_1)^2 + (b_1 c_2 - b_2 c_1)^2 + (c_1 a_2 - c_2 a_1)^2$$
$$= (a_1^2 + b_1^2 + c_1^2)(a_2^2 + b_2^2 + c_2^2) - (a_1 a_2 + b_1 b_2 + c_1 c_2)^2.$$

§ 5. Wurzeln und Potenzen mit gebrochenen Exponenten

1.) Es sei n eine positive oder negative ganze Zahl. a sei nicht Null, ferner sei a positiv, wenn n gerade ist. Dann heißt eine reelle Zahl x eine n^{te} **Wurzel aus** a, in Zeichen $x = \sqrt[n]{a}$, wenn $x^n = a$ ist. a heißt **Radikand**, n **Wurzelexponent**. Ist n gerade, so soll in den folgenden Formeln für x der positive Wert genommen werden. Für ungerade n und negative a ist x negativ. Man schreibt für $\sqrt[2]{a}$ nur $\sqrt{a}$.

(Über Wurzeln mit geradem Exponenten aus negativen Zahlen und die Mehrdeutigkeit der Wurzeln vgl. §§ 6 und 14.)

2.) Für positive und negative ganzzahlige n, m und r gelten die Formeln:

$$\sqrt[n]{a \cdot b} = \sqrt[n]{a} \cdot \sqrt[n]{b}, \qquad \sqrt[n]{a : b} = \sqrt[n]{a} : \sqrt[n]{b},$$

$$\sqrt[n]{a^r} = \left(\sqrt[n]{a}\right)^r, \qquad \sqrt[n]{a^r} = \sqrt[nm]{a^{rm}},$$

$$\sqrt[-n]{a^r} = \sqrt[n]{a^{-r}}, \qquad \sqrt[n]{\sqrt[r]{a}} = \sqrt[nr]{a} = \sqrt[r]{\sqrt[n]{a}},$$

$$a \sqrt[n]{b} = \sqrt[n]{a^n b}, \text{ wobei } a > 0 \text{ sei, wenn } n \text{ gerade ist.}$$

Rationalmachen der Nenner von Brüchen:

$$\frac{z}{\sqrt{a}} = \frac{z\sqrt{a}}{a}, \qquad \frac{z}{\sqrt[n]{a}} = \frac{z\sqrt[n]{a^{n-1}}}{a},$$

$$\frac{z}{\sqrt{a} \pm \sqrt{b}} = \frac{z(\sqrt{a} \mp \sqrt{b})}{a - b}, \qquad \frac{z}{\sqrt[3]{a} \pm \sqrt[3]{b}} = \frac{z(\sqrt[3]{a^2} \mp \sqrt[3]{ab} + \sqrt[3]{b^2})}{a \pm b},$$

$$\frac{z}{\sqrt{a + \sqrt{b}}} = \frac{z\sqrt{(a^2 - b)(a - \sqrt{b})}}{a^2 - b}.$$

3.) n und r seien positive oder negative ganze Zahlen, und es sei a^r positiv, wenn n gerade ist. Dann setzt man $a^{\frac{r}{n}} = \sqrt[n]{a^r}$. a ist die Grundzahl (Basis) der Potenz $a^{\frac{r}{n}}$ mit dem im allgemeinen gebrochenen Exponenten $\frac{r}{n}$ (vgl. § 6).

4.) Für positive und negative ganzzahlige r, n, p, q gelten die Formeln:

$$a^{\frac{r}{n}} \cdot a^{\frac{p}{q}} = a^{\frac{r}{n}+\frac{p}{q}}, \qquad a^{\frac{r}{n}} : a^{\frac{p}{q}} = a^{\frac{r}{n}-\frac{p}{q}},$$

$$(a \cdot b)^{\frac{r}{n}} = a^{\frac{r}{n}} \cdot b^{\frac{r}{n}}, \qquad \left(\frac{a}{b}\right)^{\frac{r}{n}} = \frac{a^{\frac{r}{n}}}{b^{\frac{r}{n}}},$$

$$\left(a^{\frac{r}{n}}\right)^{\frac{p}{q}} = a^{\frac{r}{n}\cdot\frac{p}{q}}.$$

§ 6. Imaginäre und komplexe Zahlen

1.) Die imaginäre Einheit i ist definiert durch die Gleichung $i^2 = -1$. Sind a und b beliebige reelle Zahlen, so heißt ib eine imaginäre, $z = a + ib$ eine komplexe und $\bar{z} = a - ib$ die zu z konjugiert komplexe Zahl. a heißt reeller Teil von z, in Zeichen $a = \Re(z)$, und b imaginärer Teil von z, in Zeichen $b = \Im(z)$.

2.) $i = i,\ i^2 = -1,\ i^3 = -i,\ i^4 = +1,$
$i^{4n+1} = i,\ i^{4n+2} = -1,\ i^{4n+3} = -i,\ i^{4n+4} = +1.$

3.) Ist $z_1 = a_1 + ib_1$ und $z_2 = a_2 + ib_2$, so ist $z_1 = z_2$, falls $a_1 = a_2$ und $b_1 = b_2$ ist. Aus $z = a + ib = 0$ folgt $a = 0, b = 0$.

4.) $z_1 \pm z_2 = (a_1 \pm a_2) + i(b_1 \pm b_2),$
$z_1 \cdot z_2 = (a_1 a_2 - b_1 b_2) + i(a_1 b_2 + a_2 b_1),$

$$\frac{z_1}{z_2} = \frac{a_1 a_2 + b_1 b_2}{a_2^2 + b_2^2} + i\frac{a_2 b_1 - a_1 b_2}{a_2^2 + b_2^2}, \quad z_2 \neq 0.$$

5.) $(a + ib)(a - ib) = a^2 + b^2$.

6.) Setzt man $a = r\cos\varphi$, $b = r\sin\varphi$, $r = +\sqrt{a^2 + b^2}$, so folgt $z = a + ib = r(\cos\varphi + i\sin\varphi)$ (**Normalform**). r heißt **absoluter Betrag**, φ die **Amplitude** oder das **Argument** von z, in Zeichen:

$$r = |z|, \quad \varphi = \arg z.$$

Entsprechend gilt

$$\bar{z} = a - ib = r(\cos\varphi - i\sin\varphi),$$
$$r = |\bar{z}|, \quad -\varphi = \arg\bar{z}.$$

Durch a und b sind die Amplituden von z und $\bar{z}$ nur bis auf ganzzahlige Vielfache von 2π bestimmt.

7.) Die absoluten Beträge zweier komplexer Zahlen z_1 und z_2 genügen den Formeln § 1,2.

8.) $(\cos\varphi \pm i\sin\varphi)(\cos\psi \pm i\sin\psi)$

$$= \cos(\varphi + \psi) \pm i\sin(\varphi + \psi),$$

$$\frac{\cos\varphi \pm i\sin\varphi}{\cos\psi \pm i\sin\psi} = \cos(\varphi - \psi) \pm i\sin(\varphi - \psi).$$

9.) Satz von *Moivre*: Sind m, n ganz, $n \neq 0$, so ist

$$(\cos\varphi \pm i\sin\varphi)^{\frac{m}{n}} = \cos\frac{m}{n}(2k\pi + \varphi) \pm i\sin\frac{m}{n}(2k\pi + \varphi),$$

$$k = 0, \pm 1, \pm 2, \ldots$$

$$(\cos\varphi \pm i\sin\varphi)^n = \cos n\varphi \pm i\sin n\varphi,$$

$$(\cos\varphi \pm i\sin\varphi)^{\frac{1}{n}} = \cos\frac{2k\pi + \varphi}{n} \pm i\sin\frac{2k\pi + \varphi}{n}.$$

(Vgl. auch § 14.)

§ 7. Logarithmen

1.) Unter dem **Logarithmus** einer positiven Zahl a in bezug auf eine positive Zahl $c \neq 1$ versteht man diejenige Zahl x, mit der man c potenzieren muß, um a zu erhalten[1]). In Zeichen

$$x = \overset{c}{\log} a, \text{ wenn } c^x = a.$$

c heißt Basis, a Numerus, x Logarithmus.

2.) $c^{\overset{c}{\log} a} = a$, $\overset{c}{\log}(c^n) = n$, $\overset{c}{\log} 1 = 0$,

$\overset{c}{\log} 0 = \pm\infty$, je nachdem $c \lessgtr 1$,

$\overset{c}{\log} \infty = \pm\infty$, je nachdem $c \gtrless 1$.

3.) $\overset{c}{\log}(a \cdot b) = \overset{c}{\log} a + \overset{c}{\log} b$.

4.) $\overset{c}{\log} \frac{a}{b} = \overset{c}{\log} a - \overset{c}{\log} b$.

5.) $\overset{c}{\log} a^n = n \overset{c}{\log} a$.

6.) $\overset{c}{\log} \sqrt[n]{a} = \frac{1}{n} \overset{c}{\log} a$.

7.) Die Basis der künstlichen, gemeinen oder *Briggs*schen Logarithmen, welche mit log bezeichnet werden, ist 10. Die Basis der natürlichen, mit ln, Log, log nat oder l bezeichneten Logarithmen ist $e = 2{,}71828\ldots$ (s. § 96, 3).

8.) Umrechnungen von Logarithmen mit verschiedenen Basen ineinander:

a) $\overset{b}{\log} a = \overset{c}{\log} a \,.\, \overset{b}{\log} c$.

b) Berechnung der natürlichen Logarithmen aus den gemeinen und umgekehrt:

$$\ln a = \frac{\log a}{\log e} = 2{,}30259 \log a,$$

$$\log a = \frac{\ln a}{\ln 10} = 0{,}43429 \ln a\,.$$

Weiteres über Logarithmen s. § 96.

[1]) Bezüglich irrationaler x vgl. § 96,4.

§ 8. Kombinatorik

I. Permutationen

1.) Unter den Permutationen von n Elementen versteht man die verschiedenen Anordnungen, die man aus sämtlichen n Elementen bilden kann.

Die Permutationen der Elemente a, b, c sind in lexikographischer Anordnung

$$a\,b\,c,\ a\,c\,b,\ b\,a\,c,\ b\,c\,a,\ c\,a\,b,\ c\,b\,a.$$

2.) Die Anzahl der Permutationen aus n verschiedenen Elementen ist

$$P(n) = 1 \cdot 2 \cdot 3 \cdots n = n!$$

Zur näherungsweisen Berechnung von $n!$ dient die Stirlingsche Formel (vgl. § 87, 5).

3.) Sind von den n Elementen je $\alpha_1, \alpha_2, \ldots, \alpha_r$ unter sich gleich, so ist die Anzahl der Permutationen

$$P_{\alpha_1, \alpha_2, \ldots, \alpha_r}(n) = \frac{n!}{\alpha_1!\,\alpha_2!\ldots\alpha_r!}.$$

Wenn insbesondere die n Elemente aus zwei Gruppen von r und $n-r$ je unter sich gleichen Elementen bestehen, ist die Anzahl der Permutationen:

$$P_{r, n-r}(n) = \frac{n!}{r!\,(n-r)!} = \binom{n}{r}. \quad \text{(Vgl. § 4.)}$$

4.) Es sei eine Anzahl verschiedener Elemente in einer bestimmten Anordnung und eine Permutation dieser Anordnung gegeben. Dann bilden zwei Elemente der Permutation eine Inversion, wenn sie in umgekehrter Reihenfolge als in der ursprünglichen Anordnung stehen.

Z. B. seien die Elemente a, b, c, d und deren Permutation $a\,d\,b\,c$ gegeben. In dieser Permutation bilden die Elemente d und b einerseits und die Elemente d und c andererseits je eine Inversion.

Durch Vertauschung zweier Elemente einer Permutation ändert sich die Anzahl der Inversionen um eine ungerade Zahl.

Man bezeichnet eine Permutation als gerade oder ungerade, je nachdem die Anzahl der Inversionen gerade oder ungerade ist. Die Anzahl der geraden Permutationen von n verschiedenen Elementen ist gleich der Anzahl der ungeraden, also gleich $\frac{n!}{2}$ $(n > 1)$.

II. Kombinationen

5.) Die **Kombinationen** aus n Elementen zur r^{ten} Klasse sind die Anordnungen, die sich aus je r der n Elemente bilden lassen, wobei aber die Reihenfolge der Elemente außer Betracht bleibt.

Die Kombinationen der vier Elemente $a\,b\,c\,d$ zur 2. Klasse sind

ohne Wiederholung: ab, ac, ad, bc, bd, cd,

mit Wiederholung: aa, ab, ac, ad, bb, bc, bd, cc, cd, dd.

6.) Die Anzahl der Kombinationen aus n Elementen zur r^{ten} Klasse ohne bzw. mit Wiederholung ist:

$$K_r(n) = \binom{n}{r} \quad \text{bzw.} \quad K'_r(n) = \binom{n+r-1}{r}.$$

III. Variationen

7.) Die **Variationen** von n Elementen zur r^{ten} Klasse entstehen durch Permutation der Elemente aller Kombinationen von n Elementen zur r^{ten} Klasse.

Die Variationen der vier Elemente $a\,b\,c\,d$ zur 2. Klasse sind:

ohne Wiederholung			mit Wiederholung			
ab	ac	ad	aa	ab	ac	ad
ba	bc	bd	ba	bb	bc	bd
ca	cb	cd	ca	cb	cc	cd
da	db	dc	da	db	dc	dd.

8.) Die Anzahl der Variationen aus n Elementen zur r^{ten} Klasse ohne Wiederholung ist

$$V(n) = \binom{n}{r} \cdot r!,$$

speziell $V_n(n) = n!$ (Permutationen), mit Wiederholung

$$V'_r(n) = n^r.$$

§ 9. Determinanten

1.) Unter der Determinante n-ten Grades

$$D_n = \begin{vmatrix} a_{11} & a_{12} & a_{13} & \dots & a_{1n} \\ a_{21} & a_{22} & a_{23} & \dots & a_{2n} \\ \dots & \dots & \dots & \dots & \dots \\ a_{n1} & a_{n2} & a_{n3} & \dots & a_{nn} \end{vmatrix}$$

versteht man die Summe aller Produkte

$$\pm\, a_{1\alpha} \cdot a_{2\beta} \cdot a_{3\gamma} \cdots a_{n\varrho},$$

welche entstehen, wenn die Indizes $\alpha, \beta, \gamma, \dots \varrho$ sämtliche Permutationen der Zahlen $1, 2, 3, \dots n$ durchlaufen. Jedes Glied ist positiv oder negativ zu setzen, je nachdem die Anzahl der Inversionen dieser Indizes gerade oder ungerade ist (vgl. § 8, I, 4). Die Größen $a_{11}, a_{12}, \dots, a_{21}, a_{22}, \dots, a_{nn}$ heißen Elemente. Nennt man die Horizontalreihen der Determinante Zeilen, die Vertikalreihen Spalten, so ist a_{ik} dasjenige Element, welches in der i^{ten} Zeile und in der k^{ten} Spalte steht. Jedes Glied der Summe enthält aus jeder Zeile und jeder Spalte genau ein Element. Die Determinante wird abgekürzt geschrieben:

$$D_n = |\, a_{ik} \,|.$$

2.) $$\begin{vmatrix} a_{11} & a_{12} \\ a_{21} & a_{22} \end{vmatrix} = a_{11} a_{22} - a_{21} a_{12}.$$

3.) Regel von *Sarrus* (nur für Determinanten 3. Grades gültig): Um eine Determinante 3. Grades auszuwerten, setzt man die beiden ersten Horizontalreihen unter die letzte. Alsdann bildet man die Summe der 6 Produkte aus je drei Elementen, welche auf den Diagonalen des Quadrates und auf Parallelen zu diesen liegen. Dabei ist den Produkten der Elemente, welche in der Richtung der Diagonale des Anfangselementes liegen, das positive, den anderen das negative Vorzeichen zu geben:

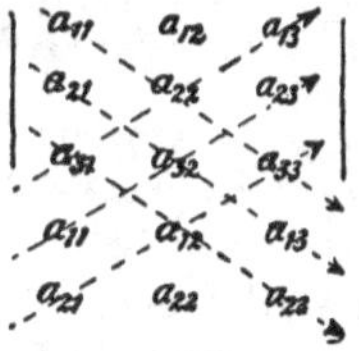

$$= a_{11}a_{22}a_{33} + a_{21}a_{32}a_{13} + a_{31}a_{12}a_{23}$$
$$- a_{31}a_{22}a_{13} - a_{11}a_{32}a_{23} - a_{21}a_{12}a_{33}.$$

Man kann auch die beiden ersten Vertikalreihen hinter die letzte setzen und dann ebenso verfahren.

Für Determinanten von beliebigem Grade gelten die Sätze:

4.) Die Anzahl der Glieder einer Determinante n^{ten} Grades ist $n!$.

5.) Der Wert einer Determinante wird nicht geändert, wenn die Zeilen als Spalten und die Spalten als Zeilen geschrieben werden, z. B.:

$$\begin{vmatrix} a_{11} & a_{12} \\ a_{21} & a_{22} \end{vmatrix} = \begin{vmatrix} a_{11} & a_{21} \\ a_{12} & a_{22} \end{vmatrix}.$$

6.) Werden irgend zwei Parallelreihen miteinander vertauscht, so ändert die Determinante ihr Vorzeichen.

7.) Wenn entsprechende Elemente zweier Parallelreihen gleich oder proportional sind, ist der Wert der Determinante gleich Null.

8.) Unter der dem Elemente a_{ik} adjungierten Unterdeterminante A_{ik} versteht man die mit dem Vorzeichen $(-1)^{i+k}$ versehene Determinante $(n-1)^{\text{ten}}$ Grades, welche entsteht, wenn man in der gegebenen Determinante die i^{te} Zeile und die k^{te} Spalte streicht.

9.) $$D_n = a_{1k}A_{1k} + a_{2k}A_{2k} + \cdots + a_{nk}A_{nk}$$
$$= a_{i1}A_{i1} + a_{i2}A_{i2} + \cdots + a_{in}A_{in}.$$

Beispiel:
$$\begin{vmatrix} a_{11} & a_{12} & a_{13} & a_{14} \\ a_{21} & a_{22} & a_{23} & a_{24} \\ a_{31} & a_{32} & a_{33} & a_{34} \\ a_{41} & a_{42} & a_{43} & a_{44} \end{vmatrix} = a_{11} \begin{vmatrix} a_{22} & a_{23} & a_{24} \\ a_{32} & a_{33} & a_{34} \\ a_{42} & a_{43} & a_{44} \end{vmatrix} - a_{21} \begin{vmatrix} a_{12} & a_{13} & a_{14} \\ a_{32} & a_{33} & a_{34} \\ a_{42} & a_{43} & a_{44} \end{vmatrix}$$
$$+ a_{31} \begin{vmatrix} a_{12} & a_{13} & a_{14} \\ a_{22} & a_{23} & a_{24} \\ a_{42} & a_{43} & a_{44} \end{vmatrix} - a_{41} \begin{vmatrix} a_{12} & a_{13} & a_{14} \\ a_{22} & a_{23} & a_{24} \\ a_{32} & a_{33} & a_{34} \end{vmatrix}.$$

10.) Wenn alle Elemente einer Zeile oder einer Spalte mit demselben Faktor multipliziert werden, so wird die Determinante mit diesem Faktor multipliziert; z. B.
$$\begin{vmatrix} ka_{11} & a_{12} & \dots & a_{1n} \\ ka_{21} & a_{22} & \dots & a_{2n} \\ \dots & \dots & \dots & \dots \\ ka_{n1} & a_{n2} & \dots & a_{nn} \end{vmatrix} = k \begin{vmatrix} a_{11} & a_{12} & \dots & a_{1n} \\ a_{21} & a_{22} & \dots & a_{2n} \\ \dots & \dots & \dots & \dots \\ a_{n1} & a_{n2} & \dots & a_{nn} \end{vmatrix}.$$

11.) Jedes Element einer Reihe sei eine Summe von zwei Größen. Dann ist die Determinante in die Summe zweier Determinanten zerlegbar; z. B.
$$\begin{vmatrix} a_{11}+\alpha_{11} & a_{12} & \dots & a_{1n} \\ a_{21}+\alpha_{21} & a_{22} & \dots & a_{2n} \\ \dots & \dots & \dots & \dots \\ a_{n1}+\alpha_{n1} & a_{n2} & \dots & a_{nn} \end{vmatrix} = \begin{vmatrix} a_{11} & a_{12} & \dots & a_{1n} \\ a_{21} & a_{22} & \dots & a_{2n} \\ \dots & \dots & \dots & \dots \\ a_{n1} & a_{n2} & \dots & a_{nn} \end{vmatrix} + \begin{vmatrix} \alpha_{11} & a_{12} & \dots & a_{1n} \\ \alpha_{21} & a_{22} & \dots & a_{2n} \\ \dots & \dots & \dots & \dots \\ \alpha_{n1} & a_{n2} & \dots & a_{nn} \end{vmatrix}.$$

12.) Der Wert einer Determinante bleibt ungeändert, wenn man zu den Elementen einer Reihe die mit einer beliebigen Zahl multiplizierten entsprechenden Elemente einer parallelen Reihe addiert; z. B.
$$\begin{vmatrix} a_{11} & a_{12} & \dots & a_{1n} \\ a_{21} & a_{22} & \dots & a_{2n} \\ \dots & \dots & \dots & \dots \\ a_{n1} & a_{n2} & \dots & a_{nn} \end{vmatrix} = \begin{vmatrix} a_{11}+ka_{1n} & a_{12} & \dots & a_{1n} \\ a_{21}+ka_{2n} & a_{22} & \dots & a_{2n} \\ \dots & \dots & \dots & \dots \\ a_{n1}+ka_{nn} & a_{n2} & \dots & a_{nn} \end{vmatrix}.$$

13.) Das Produkt der beiden Determinanten n^{ten} Grades
$$D_n = |a_{ik}|, \quad \Delta_n = |b_{ik}|$$
ist gleich jeder der vier Determinanten n^{ten} Grades

$$T_n = |c_{ik}|,$$

wobei

I.) $c_{ik} = a_{i1} b_{k1} + a_{i2} b_{k2} + \cdots + a_{in} b_{kn}$

(Komposition der Zeilen von D_n mit den Zeilen von Δ_n),

II.) $c_{ik} = a_{1i} b_{k1} + a_{2i} b_{k2} + \cdots + a_{ni} b_{kn}$

(Komposition der Spalten von D_n mit den Zeilen von Δ_n),

III.) $c_{ik} = a_{i1} b_{1k} + a_{i2} b_{2k} + \cdots + a_{in} b_{nk}$

(Komposition der Zeilen von D_n mit den Spalten von Δ_n),

IV.) $c_{ik} = a_{1i} b_{1k} + a_{2i} b_{2k} + \cdots + a_{ni} b_{nk}$

(Komposition der Spalten von D_n mit den Spalten von Δ_n).

Beispiel:

$$\begin{vmatrix} a_{11} & a_{12} \\ a_{21} & a_{22} \end{vmatrix} \begin{vmatrix} b_{11} & b_{12} \\ b_{21} & b_{22} \end{vmatrix} = \begin{vmatrix} a_{11} b_{11} + a_{12} b_{12} & a_{11} b_{21} + a_{12} b_{22} \\ a_{21} b_{11} + a_{22} b_{12} & a_{21} b_{21} + a_{22} b_{22} \end{vmatrix}$$
$$= \begin{vmatrix} a_{11} b_{11} + a_{21} b_{12} & a_{11} b_{21} + a_{21} b_{22} \\ a_{12} b_{11} + a_{22} b_{12} & a_{12} b_{21} + a_{22} b_{22} \end{vmatrix}$$
$$= \begin{vmatrix} a_{11} b_{11} + a_{12} b_{21} & a_{11} b_{12} + a_{12} b_{22} \\ a_{21} b_{11} + a_{22} b_{21} & a_{21} b_{12} + a_{22} b_{22} \end{vmatrix}$$
$$= \begin{vmatrix} a_{11} b_{11} + a_{21} b_{21} & a_{11} b_{12} + a_{21} b_{22} \\ a_{12} b_{11} + a_{22} b_{21} & a_{12} b_{12} + a_{22} b_{22} \end{vmatrix}.$$

14.) Rändern einer Determinante: Es ist

$$\begin{vmatrix} a_{11} & a_{12} & \cdots & a_{1n} \\ a_{21} & a_{22} & \cdots & a_{2n} \\ \cdot & \cdot & \cdot & \cdot \\ a_{n1} & a_{n2} & \cdots & a_{nn} \end{vmatrix} = \begin{vmatrix} a_{11} & a_{12} & \cdots & a_{1n} & \alpha_1 \\ a_{21} & a_{22} & \cdots & a_{2n} & \alpha_2 \\ \cdot & \cdot & \cdot & \cdot & \cdot \\ a_{n1} & a_{n2} & \cdots & a_{nn} & \alpha_n \\ 0 & 0 & \cdots & 0 & 1 \end{vmatrix}.$$

Durch gleichartige Hinzufügung weiterer Zeilen und Spalten kann eine Determinante n^{ten} Grades in eine Determinante m^{ten} Grades ($m > n$) verwandelt werden.

15.) Wenn alle Elemente einer Determinante $(n+r)$ten Grades verschwinden, welche n Spalten mit r Zeilen gemeinsam haben, so läßt sie sich in das Produkt zweier Determinanten zerlegen, von denen die eine den Grad n, die andere den Grad r hat:

$$\begin{vmatrix} a_{11} & a_{12} & \cdots & a_{1n} & \alpha_{11} & \alpha_{12} & \cdots & \alpha_{1r} \\ a_{21} & a_{22} & \cdots & a_{2n} & \alpha_{21} & \alpha_{22} & \cdots & \alpha_{2r} \\ \cdot & \cdot & \cdot & \cdot & \cdot & \cdot & \cdot & \cdot \\ a_{n1} & a_{n2} & \cdots & a_{nn} & \alpha_{n1} & \alpha_{n2} & \cdots & \alpha_{nr} \\ 0 & 0 & \cdots & 0 & b_{11} & b_{12} & \cdots & b_{1r} \\ 0 & 0 & \cdots & 0 & b_{21} & b_{22} & \cdots & b_{2r} \\ \cdot & \cdot & \cdot & \cdot & \cdot & \cdot & \cdot & \cdot \\ 0 & 0 & \cdots & 0 & b_{r1} & b_{r2} & \cdots & b_{rr} \end{vmatrix} = \begin{vmatrix} a_{11} & a_{12} & \cdots & a_{1n} \\ a_{21} & a_{22} & \cdots & a_{2n} \\ \cdot & \cdot & \cdot & \cdot \\ a_{n1} & a_{n2} & \cdots & a_{nn} \end{vmatrix} \cdot \begin{vmatrix} b_{11} & b_{12} & \cdots & b_{1r} \\ b_{21} & b_{22} & \cdots & b_{2r} \\ \cdot & \cdot & \cdot & \cdot \\ b_{r1} & b_{r2} & \cdots & b_{rr} \end{vmatrix}.$$

§ 10. Wahrscheinlichkeitsrechnung

1.) Es sei für ein Ereignis die Anzahl aller möglichen Fälle m, die der günstigen Fälle (Treffer) t. Dann ist die Wahrscheinlichkeit für das Eintreffen des Ereignisses

$$w = \frac{t}{m}$$

und die Wahrscheinlichkeit für das Nichteintreffen $u = 1 - w$.

Zum Verständnis und zur richtigen Anwendung der hier formulierten Sätze denke man an das sogenannte Urnenschema und wende sie nur an, wenn die Wahrscheinlichkeitsaufgabe einem solchen äquivalent ist. Die obige Definition ist dementsprechend nur als andere Ausdrucksweise der folgenden Definition aufzufassen: Sind in einer Urne m gleichgroße Kugeln gemischt, von denen t schwarz sind, so ist die Wahrscheinlichkeit, daß bei Ziehung einer Kugel eine schwarze erscheint, $w = \frac{t}{m}$.

2.) Ist w_i die Wahrscheinlichkeit für das Eintreffen eines Ereignisses E_i $(i = 1, 2, \ldots, n)$, und sind $E_1, E_2, \ldots, E_n$ einander ausschließende Ereignisse, so ist die Wahrscheinlichkeit dafür, daß entweder E_1 oder E_2 usf. oder E_n eintrifft,

$$W = w_1 + w_2 + \cdots + w_n.$$

Urnenschema: Gegeben sei eine Urne mit m Kugeln, von denen t_i die Nummer i tragen ($i = 1, \ldots, n$). Es ist also $m \geqq t_1 + t_2 + \cdots + t_n$ und die Wahrscheinlichkeit, eine Kugel mit der Nummer i zu ziehen, $w_i = \frac{t_i}{m}$. Dann ist die Wahrscheinlichkeit, entweder eine Kugel 1 oder eine Kugel 2 usf. oder eine Kugel n zu ziehen, $W = w_1 + w_2 + \cdots + w_n$.

3.) Die Wahrscheinlichkeit dafür, daß mehrere unabhängige Ereignisse E_i mit den Wahrscheinlichkeiten w_i ($i = 1, \ldots, n$) gleichzeitig (oder nacheinander) eintreffen, ist

$$W = w_1 \cdot w_2 \ldots w_n.$$

Urnenschema: Gegeben seien n Urnen U_i ($i = 1, 2, \ldots, n$) mit bzw. m_i Kugeln, von denen bzw. s_i schwarz sind. Die Wahrscheinlichkeit, aus der i^{ten} Urne eine schwarze Kugel zu ziehen, ist $w_i = \frac{s_i}{m_i}$. Dann ist die Wahrscheinlichkeit, daß bei gleichzeitiger (oder nacheinander ausgeführter) Ziehung einer Kugel aus jeder Urne n schwarze erscheinen, $W = w_1 \cdot w_2 \ldots, w_n$.

4.) Die Wahrscheinlichkeit dafür, daß von zwei unabhängigen Ereignissen E_1 und E_2 mit den Wahrscheinlichkeiten w_1 bzw. w_2 das Ereignis E_1 n mal und das Ereignis E_2 m mal in bestimmter Reihenfolge eintrifft, ist $W = w_1^n \cdot w_2^m$. Ist die Reihenfolge beliebig, so ist

$$W = \frac{(n+m)!}{n!\,m!} w_1^n \cdot w_2^m.$$

5.) Das Ereignis E möge infolge einer der Ursachen U_i ($i = 1, 2, \ldots, n$) eingetreten sein. Die Wahrscheinlichkeit für das Eintreten von E infolge der Ursache U_i bei Ausschluß der anderen Ursachen sei w_i. Die Ursachen U_i mögen bzw. die Wahrscheinlichkeiten u_i haben. Dann ist die Wahrscheinlichkeit dafür, daß das Ereignis E (bei Zulassung aller Ursachen) infolge der Ursache U_k eingetreten ist,

$$W = \frac{u_k w_k}{u_1 w_1 + u_2 w_2 + \cdots + u_n w_n}$$

(Wahrscheinlichkeit von Ursachen).

Urnenschema: Von der Urne U_i mit m_i Kugeln, von denen s_i schwarz sind, mögen μ_i Exemplare gegeben sein ($i = 1, 2, \ldots, n$), und es sei $\sum_{i=1}^{n} \mu_i = \mu$. Die Wahrscheinlichkeit, die Urne U_k zu wählen, ist dann $u_k = \frac{\mu_k}{\mu}$. Die Wahrscheinlichkeit, aus der Urne U_i eine schwarze Kugel zu ziehen, ist $w_i = \frac{s_i}{m_i}$. Hat man nun aus einer Urne eine schwarze Kugel gezogen, so ist die Wahrscheinlichkeit, daß diese aus der Urne U_k stammt,

$$W = \frac{u_k w_k}{u_1 w_1 + u_2 w_2 + \cdots + u_n w_n}.$$

6.) Wenn von $n + l$ Ereignissen $E_1, E_2, \ldots, E_{n+l}$ mit den Wahrscheinlichkeiten $w_1, w_2, \ldots, w_{n+l}$ eines der Ereignisse $E_1, E_2, \ldots, E_n$ eingetreten ist, so ist die Wahrscheinlichkeit dafür, daß E_k ($k = 1, 2, \ldots, n$) eingetreten ist,

$$W = \frac{w_k}{w_1 + w_2 + \cdots + w_n}$$

(Relative Wahrscheinlichkeit).

7.) Von den einander ausschließenden Ereignissen $E_1, E_2, \ldots, E_n$ mit den Wahrscheinlichkeiten $w_1, w_2, \ldots, w_n$ soll eines eintreten, so daß $w_1 + w_2 + \cdots + w_n = 1$. Bringt der Eintritt des Ereignisses E_k ($k = 1, 2, \ldots, n$) den Gewinn a_k, der auch Null oder negativ (Verlust) sein kann, so heißt

$$e = a_1 w_1 + a_2 w_2 + \cdots + a_n w_n$$

der mathematische Erwartungswert. Es ist e der Wert, dem der durchschnittliche Gewinn mit wachsender Zahl der Spiele bei gleichen Bedingungen zustrebt.

8.) Einige Begriffe der Fehlerrechnung und mathematischen Statistik:

Die Größen $x_1 < x_2 < \cdots < x_r$ mögen bzw. $p_1, p_2, \ldots, p_r$ mal als Messungsergebnisse gewonnen sein (Beobachtungsreihe, statistische Reihe, Kollektiv). Es sei $p_1 + p_2 + \cdots + p_r = n$. Dann heißt n der Umfang der Reihe, $x_r - x_1$ die Variationsbreite,

$x = \frac{1}{n} \sum_{i=1}^{r} p_i x_i = \bar{x} + \frac{1}{n} \sum_{i=1}^{r} p_i (x_i - \bar{x})$ der Mittelwert, wobei $\bar{x}$ ein durch Schätzung gewonnener provisorischer Mittelwert ist,

$$\sigma = \sqrt{\frac{1}{n} \sum_{i=1}^{r} p_i (x_i - x)^2} = \sqrt{\left[\frac{1}{n} \sum_{i=1}^{r} p_i (x_i - \bar{x})^2\right] - (x - \bar{x})^2}$$

der mittlere Fehler, die Streuung, mittlere quadratische Abweichung oder Standardabweichung, $f_x = \frac{\sigma}{\sqrt{n}}$ der mittlere Fehler des Mittelwertes, $f_\sigma = \frac{\sigma}{\sqrt{2n}}$ der mittlere Fehler der Streuung.

Der wahrscheinliche Fehler wird in beiden Fällen gleich dem mit 0,674 multiplizierten mittleren Fehler gesetzt.

Als **normale Verteilung** einer Varianten x bezeichnet man eine Verteilung, deren Häufigkeit durch

$$f(x) = \frac{1}{\sigma \sqrt{2\pi}} \, e^{-\frac{1}{2}\left(\frac{x - x_0}{\sigma}\right)^2}$$

gegeben ist, wobei x_0 der Mittelwert von x ist und die Gesamthäufigkeit gleich 1 gewählt ist.

Die Wahrscheinlichkeit dafür, daß ein Beobachtungsfehler bis zum Betrage $|v|$ auftritt, ist

$$\Phi(hv) = \frac{h}{\sqrt{\pi}} \int_{-|v|}^{+|v|} e^{-h^2 s^2} ds,$$

wobei $h = \frac{1}{\sigma \sqrt{2}}$ das Genauigkeitsmaß der Beobachtungsreihe bezeichnet (vgl. § 102,5).

II. Abschnitt

Algebra

§ 11. Begriff der algebraischen Gleichung

1.) Unter einer **algebraischen Gleichung** n-ten **Grades** ($n \geqq 1$, ganz) mit der **Unbekannten** x versteht man eine Gleichung von der Form

$$A_0 x^n + A_1 x^{n-1} + A_2 x^{n-2} + \cdots + A_{n-1} x + A_n = 0.$$

Die bekannten Größen $A_0, A_1, \ldots, A_n$ heißen die Koeffizienten der Gleichung ($A_0 \neq 0$). Eine solche Gleichung lösen, heißt alle x bestimmen, welche, in die Gleichung eingesetzt, dieselbe befriedigen. Diese Werte von x heißen Wurzeln.

Unter einer algebraischen Zahl versteht man eine reelle oder komplexe Zahl, welche einer algebraischen Gleichung mit ganzzahligen Koeffizienten genügt. Genügt eine Zahl einer Gleichung mit algebraischen Koeffizienten, so genügt sie auch einer Gleichung mit ganzzahligen Koeffizienten. Genügt eine Zahl keiner derartigen Gleichung, so heißt sie transzendent.

2.) Unter einer algebraischen Gleichung mit den m Unbekannten $x_1, x_2, \ldots, x_m$ versteht man eine Gleichung $G(x_1, x_2, \ldots, x_m) = 0$, wo $G(x_1, x_2, \ldots, x_m)$ eine Summe von Gliedern der Form

$$A_{\alpha,\beta,\gamma,\ldots,\varrho}\, x_1^\alpha x_2^\beta x_3^\gamma \ldots x_m^\varrho$$

ist. Es sind die $A_{\alpha,\beta,\gamma,\ldots,\varrho}$ (die Koeffizienten) beliebige, die $\alpha, \beta, \gamma, \ldots, \varrho$ dagegen positive ganze Zahlen, die auch teilweise oder sämtlich Null sein können. Der größte Wert, den $\alpha + \beta + \gamma + \cdots + \varrho$ in der Gleichung annimmt, ist der Grad der Gleichung. Den Ausdruck $G(x_1, x_2, \ldots, x_m)$ nennt man auch ein Polynom oder eine ganze rationale Funktion von $x_1, x_2, \ldots, x_m$.

Ein System von Gleichungen mit m Unbekannten lösen, heißt alle Wertesysteme $x_1, x_2, \ldots, x_m$ be timmen, welche die Gleichungen gleichzeitig befriedigen.

Im folgenden werden die Koeffizienten stets reell vorausgesetzt.

§ 12. Gleichungen ersten Grades. Matrizen

1.) Die Gleichung ersten Grades mit einer Unbekannten x lautet $ax + b = 0, \quad a \neq 0.$

Ihre Lösung ist $$x = -\frac{b}{a}.$$

2.) Das **System der n Gleichungen ersten Grades**

$$(S)\qquad \begin{array}{l} a_{11}x_1 + a_{12}x_2 + \cdots + a_{1n}x_n = \alpha_1 \\ a_{21}x_1 + a_{22}x_2 + \cdots + a_{2n}x_n = \alpha_2 \\ \dots\dots\dots\dots\dots\dots\dots\dots \\ a_{n1}x_1 + a_{n2}x_2 + \cdots + a_{nn}x_n = \alpha_n \end{array}$$

mit den Unbekannten $x_1, x_2, \ldots, x_n$ besitzt eine und nur eine Lösung $x_1, x_2, \ldots, x_n$, wenn

$$D = \begin{vmatrix} a_{11} & a_{12} & \ldots & a_{1n} \\ a_{21} & a_{22} & \ldots & a_{2n} \\ \cdot & \cdot & \cdot & \cdot \\ a_{n1} & a_{n2} & \ldots & a_{nn} \end{vmatrix}$$

von Null verschieden ist. Der Wert für x_ν wird erhalten, indem man in der Determinante D die ν^{te} Spalte durch die Werte $\alpha_1, \alpha_2, \ldots, \alpha_n$ ersetzt und die auf diese Weise entstandene Determinante durch D dividiert. Sind A_{ik} die adjungierten Unterdeterminanten von D (vgl. § 9, 8), so hat man daher

$$x_\nu = \frac{A_{1\nu}\alpha_1 + A_{2\nu}\alpha_2 + \cdots + A_{n\nu}\alpha_n}{D} \qquad (\nu = 1, 2, \ldots, n).$$

3.) Das System (S) heißt **homogen**, wenn $\alpha_1 = \alpha_2 = \cdots = \alpha_n = 0$ ist. Die notwendige und hinreichende Bedingung dafür, daß die n homogenen Gleichungen nicht nur die Lösung $x_1 = x_2 = \ldots = x_n = 0$ besitzen, ist $D = 0$.

4.) Das Schema

$$\begin{pmatrix} c_{11} & c_{12} & \ldots & c_{1n} \\ c_{21} & c_{22} & \ldots & c_{2n} \\ \cdot & \cdot & \cdot & \cdot \\ c_{m1} & c_{m2} & \ldots & c_{mn} \end{pmatrix}$$

heißt eine **Matrix**. Sie hat den **Rang** r (wo r höchstens gleich der kleineren der Zahlen m und n ist), wenn alle Determinanten $(r+1)$ten Grades, jedoch nicht alle Determinanten r^{ten} Grades verschwinden, welche sich durch Streichung von Zeilen oder Spalten oder Hinzufügung von Nullzeilen oder Nullspalten aus der Matrix bilden lassen.

Das System

$$\begin{array}{l} a_{11}\, x_1 + a_{12}\, x_2 + \cdots + a_{1n}\, x_n = \alpha_1 \\ a_{21}\, x_1 + a_{22}\, x_2 + \cdots + a_{2n}\, x_n = \alpha_2 \\ \cdots\cdots\cdots\cdots\cdots\cdots\cdots\cdots \\ a_{m1}\, x_1 + a_{m2}\, x_2 + \cdots + a_{mn}\, x_n = \alpha_m \end{array}$$

ist dann und nur dann lösbar, wenn die Matrizen

$$\begin{pmatrix} a_{11} & a_{12} & \ldots & a_{1n} & \alpha_1 \\ a_{21} & a_{22} & \ldots & a_{2n} & \alpha_2 \\ \cdot & \cdot & \cdot & \cdot & \cdot \\ a_{m1} & a_{m2} & \ldots & a_{mn} & \alpha_m \end{pmatrix}, \quad \begin{pmatrix} a_{11} & a_{12} & \ldots & a_{1n} \\ a_{21} & a_{22} & \ldots & a_{2n} \\ \cdot & \cdot & \cdot & \cdot \\ a_{m1} & a_{m2} & \ldots & a_{mn} \end{pmatrix}$$

denselben Rang haben. Ist l dieser Rang und etwa

$$\begin{vmatrix} a_{11} & \ldots & a_{1l} \\ \cdot & \cdot & \cdot \\ a_{l1} & \ldots & a_{ll} \end{vmatrix} \neq 0,$$

so sind nur die ersten l Gleichungen wesentlich. Die übrigen $m - l$ Gleichungen sind lineare Kombinationen der ersten l. Den Variablen $x_{l+1}, \ldots, x_n$ können alsdann willkürliche Werte beigelegt werden.

5.) Wenn die Anzahl m der Zeilen einer Matrix gleich der Anzahl n der Spalten ist, heißt die Matrix quadratisch und n ihr Grad oder ihre Ordnung.

6.) Für quadratische Matrizen gleichen Grades gelten die folgenden Rechenregeln:

a) Sind A und B Matrizen vom Grade n mit den Elementen a_{ik} beziehungsweise b_{ik} $(i, k = 1, 2, \cdots, n)$, wobei i der Zeilen- und k der Spaltenindex ist, so ist die Gleichung

$$A = B$$

gleichbedeutend mit den n^2 Gleichungen

$$a_{ik} = b_{ik}$$
$$i, k = 1, 2, \cdots, n.$$

b) Ist λ eine Zahl, so ist

$$B = \lambda A$$

die Matrix mit den Elementen

$$b_{ik} = \lambda a_{ik}.$$

c) Die Summe zweier Matrizen A und B

$$C = A + B$$

ist die Matrix mit den Elementen

$$c_{ik} = a_{ik} + b_{ik}$$
$$i, k = 1, 2, \cdots, n.$$

d) Die Summe von Matrizen genügt dem kommutativen Gesetz

$$A + B = B + A$$

und dem assoziativen Gesetz

$$A + (B + C) = (A + B) + C.$$

e) Unter dem Produkt der Matrizen A und B in dieser Reihenfolge versteht man die Matrix

$$C = AB$$

mit den Elementen

$$c_{ik} = a_{i1} b_{1k} + a_{i2} b_{2k} + \cdots + a_{in} b_{nk}.$$

Das Element c_{ik} ist komponiert aus den Elementen der i-ten Zeile der Matrix A mit den Elementen der k-ten Spalte der Matrix B und steht in der i-ten Zeile und in der k-ten Spalte der Matrix C:

$$\begin{pmatrix} \\ a_{i1} \ldots a_{in} \\ \\ \end{pmatrix} \begin{pmatrix} b_{1k} \\ \vdots \\ \cdots\cdots \\ \vdots \\ b_{nk} \end{pmatrix} = \begin{pmatrix} \vdots \\ \ldots c_{ik} \ldots \\ \vdots \end{pmatrix}.$$

f) Das Produkt BA ist im allgemeinen verschieden von dem Produkt AB. Matrixmultiplikation ist also nicht kommutativ. Jedoch gilt das assoziative Gesetz

$$A(BC) = (AB)C$$

und das distributive Gesetz in den beiden Formen

$$(A + B)C = AC + BC,$$
$$C(A + B) = CA + CB.$$

7.) Unter der Determinante der Matrix A mit den Elementen a_{ik}, $(i, k = 1, 2, \cdots, n)$ versteht man die Determinante mit den Elementen a_{ik}. Sie wird mit

$$|A|$$

bezeichnet.

Unter der Einheitsmatrix E versteht man die Matrix mit den Elementen $a_{ik} = 0$, wenn $i \neq k$, und $a_{ii} = 1$:

$$E = \begin{pmatrix} 1 & 0 & \dots & 0 \\ 0 & 1 & & \cdot \\ \cdot & & \ddots & \cdot \\ \cdot & & & \cdot \\ 0 & \dots & \dots & 1 \end{pmatrix}.$$

Für jede Matrix A gilt

$$EA = AE = A.$$

Für jede Matrix A, deren Determinante nicht verschwindet, existiert eine eindeutig bestimmte Matrix X derart, daß

$$AX = E.$$

Die Matrix X ist mit A vertauschbar und wird mit

$$X = A^{-1}$$

bezeichnet. Sie heißt die zu A rcziproke Matrix. Ihre Elemente sind

$$a_{ik} = \frac{|A_{ki}|}{|A|} \quad (i, k = 1, 2, \cdots, n),$$

wobei $|A_{ik}|$ die zum Element a_{ik} der Determinante $|A|$ adjungierte Unterdeterminante ist (siehe § 9, 8).

Es gelten die Rechenregeln

$$(A^{-1})^{-1} = A$$
$$(AB)^{-1} = B^{-1}A^{-1}.$$

8.) Unter der ganzen positiven Potenz r der Matrix A versteht man die Matrix

$$A^r = A \cdot A \cdots A$$

mit r Faktoren A.

Unter der ganzen negativen Potenz $-r$ der Matrix A versteht man die Matrix

$$A^{-r} = (A^r)^{-1}.$$

Bezeichnet man die Einheitsmatrix E mit A^0, so gelten für beliebige ganze r_1 und r_2 die Rechenregeln

$$A^{r_1} \cdot A^{r_2} = A^{r_1+r_2} = A^{r_2} \cdot A^{r_1}$$

und $$(A^{r_1})^{r_2} = (A^{r_2})^{r_1} = A^{r_1 r_2}.$$

9.) Beispiel: Die Matrizengleichung

$$AXB = C,$$

wobei A, B, C gegebene Matrizen n-ten Grades sind und X eine unbekannte Matrix n-ten Grades ist, hat die Lösung

$$X = A^{-1}CB^{-1}.$$

10.) Die vorhergehenden Regeln für das Rechnen mit quadratischen Matrizen können für beliebige rechteckige Matrizen erweitert werden, indem man durch Hinzufügen von Zeilen und Spalten, die nur Nullelemente enthalten, alle Matrizen in quadratische Matrizen gleichen Grades verwandelt und die gegebenen Regeln anwendet.

11.) Lineare Transformationen. Unter einer linearen Transformation versteht man eine Zuordnung zwischen den Variablen $x_1, x_2, \cdots, x_n$ und $y_1, y_2, \cdots, y_n$ vermittels der Gleichungen

$$\begin{array}{l} y_1 = a_{11} x_1 + a_{12} x_2 + \cdots + a_{1n} x_n \\ y_2 = a_{21} x_2 + a_{22} x_2 + \cdots + a_{2n} x_n \\ \cdots\cdots\cdots\cdots\cdots\cdots\cdots\cdots \\ y_n = a_{n1} x_1 + a_{n2} x_2 + \cdots + a_{nn} x_n, \end{array}$$

wobei die Determinante der Koeffizienten

$$|A| = \begin{vmatrix} a_{11} & a_{12} & \cdots & a_{1n} \\ a_{21} & a_{22} & \cdots & a_{2n} \\ \cdots & \cdots & \cdots & \cdots \\ a_{n1} & a_{n2} & \cdots & a_{nn} \end{vmatrix}$$

von Null verschieden sein möge.

Denkt man sich die einspaltigen Matrizen (auch Vektoren genannt)

$$X = \begin{pmatrix} x_1 \\ x_2 \\ \cdot \\ \cdot \\ x_n \end{pmatrix}, \qquad Y = \begin{pmatrix} y_1 \\ y_2 \\ \cdot \\ \cdot \\ y_n \end{pmatrix}$$

durch Hinzufügung von Spalten mit Nullelementen zu quadratischen Matrizen erweitert, so kann die lineare Transformation mit Benutzung der Koeffizientenmatrix

$$A = \begin{pmatrix} a_{11} & a_{12} & \cdots & a_{1n} \\ a_{21} & a_{22} & \cdots & a_{2n} \\ \cdots & \cdots & \cdots & \cdots \\ a_{n1} & a_{n2} & \cdots & a_{nn} \end{pmatrix}$$

als Matrizengleichung in der Form

$$\begin{pmatrix} y_1 \\ y_2 \\ \cdot \\ \cdot \\ y_n \end{pmatrix} = \begin{pmatrix} a_{11} & a_{12} & \cdots & a_{1n} \\ a_{21} & a_{22} & \cdots & a_{2n} \\ \cdots & \cdots & \cdots & \cdots \\ a_{n1} & a_{n2} & \cdots & a_{nn} \end{pmatrix} \begin{pmatrix} x_1 \\ x_2 \\ \cdot \\ \cdot \\ x_n \end{pmatrix}$$

oder

$$Y = AX$$

geschrieben werden (vgl. 6e).

Die umgekehrte (inverse) Transformation ist dann durch

$$X = A^{-1} Y$$

gegeben. Sind $y_1 = \alpha_1, y_2 = \alpha_2, \cdots, y_n = \alpha_n$ gegebene Konstanten, so stellt diese Beziehung die Lösung des linearen Gleichungssystems (S) (§ 12, 2) in Matrizenform dar.

Ist

$$Z = BY$$

oder

$$\begin{aligned} z_1 &= b_{11}y_1 + b_{12}y_2 + \cdots + b_{1n}y_n \\ z_2 &= b_{21}y_1 + b_{22}y_2 + \cdots + b_{2n}y_n \\ &\cdots\cdots\cdots\cdots\cdots\cdots \\ z_n &= b_{n1}y_1 + b_{n2}y_2 + \cdots + b_{nn}y_n \end{aligned}$$

eine weitere lineare Transformation, welche den Variabeln $y_1, y_2, \cdots y_n$ die Variabeln $z_1, z_2, \cdots, z_n$ zuordnet, so ist

$$Z = BAX$$

die lineare Transformation, welche durch Nacheinanderausführung beider Transformationen entsteht.

12.) Unter der transponierten Matrix einer Matrix A versteht man die Matrix A', welche durch Vertauschung der Zeilen mit den Spalten der Matrix A entsteht. Wenn $C = AB$ ist, gilt $C' = B'A'$.

§ 13. Gleichungen zweiten Grades und Gleichungen, welche auf solche zurückführbar sind

1.) Die **Gleichung 2. Grades** (quadratische Gleichung) mit einer Unbekannten x lautet

$$ax^2 + bx + c = 0, \quad a \neq 0.$$

Sie besitzt die Wurzeln

$$x_{1,2} = \frac{-b \pm \sqrt{b^2 - 4ac}}{2a} = -\frac{b}{2a}\left(1 \mp \sqrt{1 - \frac{4ac}{b^2}}\right).$$

Die Größe $\Delta = b^2 - 4ac$ heißt **Diskriminante** der Gleichung. Die beiden Lösungen sind

reell verschieden, wenn $\Delta > 0$,
reell zusammenfallend, wenn $\Delta = 0$,
konjugiert komplex, wenn $\Delta < 0$ ist.

2.) Im Falle $a = 1$ hat man

$$x_1 + x_2 = -b, \quad x_1 \cdot x_2 = c.$$

Die Gleichungen $x^2 + bx + c = 0$ und $x^2 - bx + c = 0$ haben absolut gleiche, aber mit entgegengesetzten Vorzeichen versehene Lösungen.

3.) Auf zwei im allgemeinen quadratische Gleichungen wird die Gleichung

$$a\left(\frac{\alpha x^2 + \beta x + \gamma}{\alpha_1 x^2 + \beta_1 x + \gamma_1}\right)^2 + b\left(\frac{\alpha x^2 + \beta x + \gamma}{\alpha_1 x^2 + \beta_1 x + \gamma_1}\right) + c = 0$$

durch die Substitution $\dfrac{\alpha x^2 + \beta x + \gamma}{\alpha_1 x^2 + \beta_1 x + \gamma_1} = y$ zurückgeführt.

4.) **Spezielle Systeme** von Gleichungen mit zwei Unbekannten, welche die Lösung quadratischer Gleichungen erfordern:

$$\left.\begin{aligned} ax^2 + bxy + cy^2 + dx + ey + f &= 0 \\ \alpha x + \beta y + \gamma &= 0 \end{aligned}\right\}.$$

Bestimmt man y oder x aus der zweiten Gleichung und setzt den gefundenen Wert in der ersten ein, so erhält man zur Bestimmung von x bzw. y eine quadratische Gleichung.

Beispiele:

$$\left.\begin{aligned} x + y &= a \\ xy &= b \end{aligned}\right\} \begin{aligned} x_{1,2} &= \tfrac{1}{2}\left(a \pm \sqrt{a^2 - 4b}\right) \\ y_{1,2} &= \tfrac{1}{2}\left(a \mp \sqrt{a^2 - 4b}\right) \end{aligned}$$

$$\left.\begin{aligned} x - y &= a \\ xy &= b \end{aligned}\right\} \begin{aligned} x_{1,2} &= \tfrac{1}{2}\left(a \pm \sqrt{a^2 + 4b}\right) \\ y_{1,2} &= \tfrac{1}{2}\left(-a \pm \sqrt{a^2 + 4b}\right) \end{aligned}$$

$$\left.\begin{array}{r} x+y=a \\ x^2+y^2=b \end{array}\right\} \begin{array}{l} x_{1,2}=\frac{1}{2}\left(a \pm \sqrt{2b-a^2}\right) \\ y_{1,2}=\frac{1}{2}\left(a \mp \sqrt{2b-a^2}\right) \end{array}$$

$$\left.\begin{array}{r} x-y=a \\ x^2+y^2=b \end{array}\right\} \begin{array}{l} x_{1,2}=\frac{1}{2}\left(a \pm \sqrt{2b-a^2}\right) \\ y_{1,2}=\frac{1}{2}\left(-a \pm \sqrt{2b-a^2}\right) \end{array}$$

$$\left.\begin{array}{r} x^2+y^2=a \\ xy=b \end{array}\right\} \begin{array}{l} x_{1,2}=\frac{1}{2}\left(\pm \sqrt{a+2b} \pm \sqrt{a-2b}\right) \\ x_{3,4}=\frac{1}{2}\left(\pm \sqrt{a+2b} \mp \sqrt{a-2b}\right) \\ y_{1,2}=\frac{1}{2}\left(\pm \sqrt{a+2b} \mp \sqrt{a-2b}\right) \\ y_{3,4}=\frac{1}{2}\left(\pm \sqrt{a+2b} \pm \sqrt{a-2b}\right) \end{array}$$

§ 14. Binomische Gleichungen

1.) Die Gleichung $x^n = a$ heißt binomische Gleichung.

2.) $x^n = +1 = \cos 2k\pi + i \sin 2k\pi$ hat die n Lösungen

$$x = \sqrt[n]{+1} = \cos\frac{2k\pi}{n} + i\sin\frac{2k\pi}{n},$$

wo k die Werte 0, 1, 2, ..., $(n-1)$ durchläuft.

3.) $x^n = -1 = \cos(2k+1)\pi + i\sin(2k+1)\pi$ hat die n Lösungen

$$x = \sqrt[n]{-1} = \cos\frac{2k+1}{n}\pi + i\sin\frac{2k+1}{n}\pi,$$

$$k = 0, 1, 2, \ldots, (n-1).$$

4.) Insbesondere hat die Gleichung

$x^2 = +1$ d. Lösungen $x_{1,2} = \sqrt{+1} = \cos\frac{2k\pi}{2} + i\sin\frac{2k\pi}{2} = \pm 1.$

$x^2 = -1$ „ „ $x_{1,2} = \sqrt{-1} = \cos\frac{2k+1}{2}\pi + i\sin\frac{2k+1}{2}\pi = \pm i.$

$x^3 = +1$ „ „ $x_1 = 1,$

$$x_2 = \cos 120^0 + i\sin 120^0 = -\frac{1}{2} + \frac{i}{2}\sqrt{3} = \alpha,$$

$$x_3 = \cos 120^0 - i\sin 120^0 = -\frac{1}{2} - \frac{i}{2}\sqrt{3} = \beta.$$

$x^3 = -1$ d. Lösungen $x_1 = \cos 60^0 + i \sin 60^0 = \frac{1}{2} + \frac{i}{2}\sqrt{3} = -\beta,$

$x_2 = -1,$

$x_3 = \cos 60^0 - i \sin 60^0 = \frac{1}{2} - \frac{i}{2}\sqrt{3} = -\alpha.$

5.) $x^n = a$ liefert $x = \left|\sqrt[n]{a}\right| \cdot \sqrt[n]{+1}, \quad a > 0,$

$x^n = -a$ „ $x = \left|\sqrt[n]{a}\right| \cdot \sqrt[n]{-1},$

wobei $\left|\sqrt[n]{a}\right|$ die reelle positive n^{te} Wurzel aus a bedeutet (s. § 5).

Insbesondere ist für die reine kubische Gleichung

$$x^3 = a: \quad x_1 = \left|\sqrt[3]{a}\right|, \qquad x^3 = -a: \quad x_1 = -\left|\sqrt[3]{a}\right|,$$

$$x_2 = \alpha\left|\sqrt[3]{a}\right|, \qquad x_2 = -\alpha\left|\sqrt[3]{a}\right|,$$

$$x_3 = \beta\left|\sqrt[3]{a}\right|, \qquad x_3 = -\beta\left|\sqrt[3]{a}\right|.$$

§ 15. Kubische Gleichungen

1.) Die allgemeine kubische Gleichung

$$x^3 + ax^2 + bx + c = 0$$

wird durch die Transformation $x = y - \frac{a}{3}$ auf die reduzierte Form

$$y^3 + 3py + 2q = 0$$

gebracht, wobei $3p = -\frac{a^2}{3} + b$, $2q = \frac{2a^3}{27} - \frac{ab}{3} + c$ ist.

2.) *Cardani*sche Formeln: Ist $q^2 + p^3 \geqq 0$, und werden unter

$$u = \sqrt[3]{-q + \sqrt{q^2 + p^3}}, \qquad v = \sqrt[3]{-q - \sqrt{q^2 + p^3}}$$

die reellen Wurzeln verstanden, so sind die Lösungen der reduzierten Gleichung:

$$y_1 = u + v,$$

$$y_2 = -\frac{u+v}{2} + \frac{i}{2}\sqrt{3}\,(u-v),$$

$$y_3 = -\frac{u+v}{2} - \frac{i}{2}\sqrt{3}\,(u-v).$$

3.) Trigonometrische Lösungen: ($p \neq 0$, $q \neq 0$)

I.) $q^2 + p^3 \geqq 0.$

a) $p > 0.$

$$\operatorname{tg}\varphi = \frac{\underset{+}{\sqrt{p^3}}}{q}, \qquad \operatorname{tg}\psi = \sqrt[3]{\operatorname{tg}\frac{\varphi}{2}},$$

$$-\frac{\pi}{2} < \varphi < \frac{\pi}{2}, \qquad -\frac{\pi}{4} < \psi < \frac{\pi}{4},$$

$$y_1 = -2\underset{+}{\sqrt{p}}\operatorname{ctg}2\psi,$$

$$y_2 = \underset{+}{\sqrt{p}}\left(\operatorname{ctg}2\psi + \frac{i\sqrt{3}}{\sin 2\psi}\right),$$

$$y_3 = \underset{+}{\sqrt{p}}\left(\operatorname{ctg}2\psi - \frac{i\sqrt{3}}{\sin 2\psi}\right).$$

b) $p < 0.$

$$\sin\varphi = \frac{\underset{+}{\sqrt{-p^3}}}{q}, \qquad \operatorname{tg}\psi = \sqrt[3]{\operatorname{tg}\frac{\varphi}{2}},$$

$$-\frac{\pi}{2} < \varphi < \frac{\pi}{2}, \qquad -\frac{\pi}{4} < \psi < \frac{\pi}{4},$$

$$y_1 = -2\sqrt[+]{-p}\,\frac{1}{\sin 2\psi},$$

$$y_2 = \sqrt[+]{-p}\left(\frac{1}{\sin 2\psi} + i\sqrt{3}\operatorname{ctg} 2\psi\right),$$

$$y_3 = \sqrt[+]{-p}\left(\frac{1}{\sin 2\psi} - i\sqrt{3}\operatorname{ctg} 2\psi\right).$$

II.) $q^2 + p^3 \leqq 0$ (Casus irreducibilis).

$$\cos\varphi = \frac{-q}{\sqrt[+]{-p^3}}.$$

$$y_1 = 2\sqrt[+]{-p}\cos\frac{\varphi}{3},$$

$$y_2 = -2\sqrt[+]{-p}\cos\left(\frac{\varphi}{3} + 60^0\right),$$

$$y_3 = -2\sqrt[+]{-p}\cos\left(\frac{\varphi}{3} - 60^0\right).$$

4.) Die kubische Gleichung besitzt demnach drei reelle verschiedene Lösungen, wenn der Ausdruck $q^2 + p^3 < 0$ ist, drei reelle Lösungen, wovon mindestens zwei gleich sind, wenn $q^2 + p^3 = 0$, und eine reelle und zwei konjugiert komplexe Lösungen, wenn $q^2 + p^3 > 0$ ist.

§ 16. Biquadratische Gleichungen

1.) Die biquadratische Gleichung

$$x^4 + a x^3 + b x^2 + c x + d = 0$$

wird durch die Transformation $x = \xi - \frac{a}{4}$ auf die reduzierte Form $\xi^4 + p\xi^2 + q\xi + r = 0$ gebracht.

2.) Lösung nach der *Euler*schen Methode:

Man bildet die kubische Resolvente

$$y^3 + \frac{p}{2} y^2 + \frac{p^2 - 4r}{16} y - \frac{q^2}{64} = 0.$$

Sind y_1, y_2, y_3 die Wurzeln dieser Gleichung, so erhält man sämtliche vier Lösungen der reduzierten Gleichung aus

$$\xi = \pm \sqrt{y_1} \pm \sqrt{y_2} \pm \sqrt{y_3},$$

wobei die Vorzeichen derart zu kombinieren sind, daß

$$\sqrt{y_1} \cdot \sqrt{y_2} \cdot \sqrt{y_3} = - \frac{q}{8}.$$

§ 17. Allgemeine Sätze über Gleichungen n-ten Grades

1.) Die allgemeine Gleichung n^{ten} Grades

$$A_0 x^n + A_1 x^{n-1} + A_2 x^{n-2} + \cdots + A_n = 0$$

läßt sich durch Division mit $A_0 \neq 0$ auf die Form

$$f(x) = x^n + a_1 x^{n-1} + a_2 x^{n-2} + \cdots + a_n = 0$$

bringen.

2.) Hat $f(x) = 0$ die Wurzel $x = \alpha$, so ist $f(x)$ durch $x - \alpha$ ohne Rest teilbar. Ist $f(x)$ durch $(x - \alpha)^r$, dagegen nicht durch $(x - \alpha)^{r+1}$ teilbar, so heißt α eine r fache Wurzel (vgl. § 17, 10).

3.) Fundamentalsatz der Algebra: Eine Gleichung n^{ten} Grades hat n, aber auch nur n Wurzeln, wenn jede mit Berücksichtigung ihrer Vielfachheit gezählt wird.

4.) Wenn $\alpha_1, \alpha_2, \ldots, \alpha_n$ die Wurzeln der Gleichung $f(x) = 0$ sind, welche auch sämtlich oder teilweise gleich sein können, so ist

$$f(x) = (x - \alpha_1)(x - \alpha_2) \ldots (x - \alpha_n).$$

5.) Zwischen den Koeffizienten und den Wurzeln der Gleichung $f(x) = 0$ bestehen die Beziehungen:

$$a_1 = -(\alpha_1 + \alpha_2 + \cdots + \alpha_n) = -\Sigma C_1(\alpha_1, \alpha_2, \ldots, \alpha_n),$$
$$a_2 = \alpha_1\alpha_2 + \alpha_1\alpha_3 + \cdots + \alpha_2\alpha_3 + \cdots + \alpha_{n-1}\alpha_n$$
$$= \Sigma C_2(\alpha_1, \alpha_2, \ldots, \alpha_n),$$
$$a_3 = -(\alpha_1\alpha_2\alpha_3 + \alpha_1\alpha_2\alpha_4 + \cdots + \alpha_2\alpha_3\alpha_4 + \cdots$$
$$+ \alpha_{n-2}\alpha_{n-1}\alpha_n) = -\Sigma C_3(\alpha_1, \alpha_2, \ldots, \alpha_n),$$
$$\ldots\ldots\ldots\ldots\ldots\ldots\ldots\ldots\ldots\ldots\ldots$$
$$a_n = (-1)^n \alpha_1\alpha_2 \ldots \alpha_n.$$

Hierbei ist $\Sigma C_\nu(\alpha_1\ \alpha_2, \ldots, \alpha_n)$ $(\nu = 1, 2, \ldots, n)$ die Summe der Produkte von denjenigen Elementen $\alpha_1, \alpha_2, \ldots, \alpha_n$, welche den Kombinationen zur ν^{ten} Klasse ohne Wiederholung angehören. Jede dieser Summen heißt eine **symmetrische Grundfunktion** der Wurzeln.

Eine Funktion von n Variablen $\alpha_1, \ldots, \alpha_n$ heißt symmetrisch, wenn sie bei jeder Permutation der $\alpha_1, \ldots, \alpha_n$ ungeändert bleibt.

Jede ganze rationale symmetrische Funktion $g(\alpha_1, \ldots, \alpha_n)$ ist als ganze rationale Funktion der symmetrischen Grundfunktionen der α_ν darstelbar mit Koeffizienten, die ganzzahlige lineare homogene Funktionen der Koeffizienten von g sind.

Newtons Formeln für die Potenzsummen der Wurzeln: Setzt man $\alpha_1^k + \alpha_2^k + \cdots + \alpha_n^k = s_k$ (k ganz), und ist im Falle $k \leqq 0$ der Koeffizient $a_n \neq 0$, so gilt

I. $s_1 + a_1 = 0,\qquad s_{n+1} + a_1 s_n + \cdots + a_{n-1} s_2 + a_n s_1 = 0,$
$s_2 + a_1 s_1 + 2a_2 = 0,\quad s_{n+2} + a_1 s_{n+1} + \cdots + a_{n-1} s_3 + a_n s_2 = 0,$
$\ldots\ldots\ldots\ldots\ldots\ldots\ldots$
$s_n + a_1 s_{n-1} + \cdots + a_{n-1} s_1 + n a_n = 0,$

II. $a_n s_{-1} + a_{n-1} = 0,$
$a_n s_{-2} + a_{n-1} s_{-1} + 2a_{n-2} = 0,$
$\ldots\ldots\ldots\ldots\ldots\ldots\ldots$
$a_n s_{-n} + a_{n-1} s_{-(n-1)} + \cdots + a_1 s_{-1} + n = 0,$
$a_n s_{-(n+1)} + a_{n-1} s_{-n} + \cdots + a_1 s_{-2} + s_{-1} = 0,$
$a_n s_{-(n+2)} + a_{n-1} s_{-(n+1)} + \cdots + a_1 s_{-3} + s_{-2} = 0,$
$\ldots\ldots\ldots\ldots\ldots\ldots\ldots$

Unabhängige Formel:

$$s_r = (-1)^r \begin{vmatrix} a_1 & 1 & 0 & \dots & 0 \\ 2a_2 & a_1 & 1 & \dots & 0 \\ 3a_3 & a_2 & a_1 & \dots & 0 \\ \dots & \dots & \dots & \dots & \dots \\ r\,a_r & a_{r-1} & a_{r-2} & \dots & a_1 \end{vmatrix}.$$

Aus den Potenzsummen der Wurzeln erhält man umgekehrt die Koeffizienten der Gleichung:

$$a_r = \frac{(-1)^r}{r!} \begin{vmatrix} s_1 & 1 & 0 & 0 & \dots & 0 \\ s_2 & s_1 & 2 & 0 & \dots & 0 \\ s_3 & s_2 & s_1 & 3 & \dots & 0 \\ \dots & \dots & \dots & \dots & \dots & \dots \\ s_r & s_{r-1} & s_{r-2} & s_{r-3} & \dots & s_1 \end{vmatrix}.$$

6.) Eine Gleichung von ungeradem Grad hat mindestens eine reelle Wurzel, deren Vorzeichen entgegengesetzt ist dem Vorzeichen von a_n. Ist in einer Gleichung mit geradem n das konstante Glied a_n negativ, so sind mindestens zwei reelle, mit verschiedenen Vorzeichen versehene Wurzeln vorhanden.

7.) Versteht man unter den Zeichenwechseln bzw. -folgen der Gleichung $f(x) = 0$ die Zeichenwechsel bzw. -folgen der Koeffizientenreihe $a_0 = 1, a_1, a_2, \dots, a_n$, wobei verschwindende Koeffizienten fortbleiben, so gilt der Satz von *Descartes*: Eine Gleichung mit reellen Koeffizienten hat ebensoviele reelle positive Wurzeln wie Zeichenwechsel oder eine gerade Anzahl weniger und ebensoviele reelle negative Wurzeln, wie $f(-x) = 0$ Zeichenwechsel hat, oder eine gerade Anzahl weniger.

Bei einer Gleichung, die nur reelle Wurzeln haben kann und bei der kein Koeffizient verschwindet, ist die Anzahl der positiven Wurzeln gleich der Anzahl der Zeichenwechsel, die Anzahl der negativen Wurzeln gleich der Anzahl der Zeichenfolgen.

8.) Wenn eine Gleichung mit reellen Koeffizienten die Wurzel $p + qi$ hat, ist auch $p - qi$ Wurzel der Gleichung.

Die Gleichung hat, wenn sie komplexe Wurzeln hat, stets eine gerade Anzahl derselben.

9.) Sind die Koeffizienten der r niedersten Potenzen von x (x^0 eingeschlossen) gleich Null, so hat die Gleichung $r$mal die Wurzel Null.

10.) Wenn α eine Wurzel der Gleichung $f(x) = 0$ ist, ergibt die Division mit $x - \alpha$ die Gleichung $(n-1)^{\text{ten}}$ Grades

$$\frac{f(x)}{x-\alpha} = x^{n-1} + b_1 x^{n-2} + b_2 x^{n-3} + \cdots + b_{n-2} x + b_{n-1} = 0,$$

wobei $b_r = b_{r-1}\alpha + a_r, \quad b_0 = 1$ ist.

Um die ganzzahligen oder die rationalen Wurzeln einer Gleichung mit rationalen Koeffizienten aufzufinden, multipliziert man die Gleichung mit dem Hauptnenner der Koeffizienten und zerlegt dann den ersten und den letzten Koeffizienten auf alle möglichen Weisen in positive ganzzahlige Faktoren. Sodann bildet man alle rationalen Zahlen $p_1, p_2, \ldots$, deren Zähler ein Teiler des letzten und deren Nenner ein Teiler des ersten Koeffizienten ist, und versucht, ob die Gleichung durch die Größen $x \pm p_1, x \pm p_2, \ldots$ ohne Rest teilbar ist.

1.) Durch die Transformation $x = \xi - k$ geht die Gleichung n^{ten} Grades $f(x) = 0$ in eine Gleichung n^{ten} Grades in ξ über.

In der transformierten Gleichung fehlt das Glied mit ξ^{n-1}, wenn

$$k = \frac{a_1}{n}$$

gewählt wird (vgl. § 15, 1 u. 16, 1).

12.) Mehrfache Wurzeln der Gleichung

$$f(x) = x^n + a_1 x^{n-1} + a_2 x^{n-2} + \cdots + a_{n-2} x^2 + a_{n-1} x + a_n = 0.$$

Man versteht unter $f'(x)$ den Ausdruck:

$$f'(x) = n x^{n-1} + (n-1) a_1 x^{n-2} + (n-2) a_2 x^{n-3} + \cdots + 2 a_{n-2} x + a_{n-1},$$

unter $f''(x)$ denjenigen Ausdruck, welcher aus $f'(x)$ ebenso gebildet wird, wie $f'(x)$ aus $f(x)$, also

$$f''(x) = n(n-1)x^{n-2} + (n-1)(n-2)\,a_1 x^{n-3} + (n-2)(n-3)\,a_2 x^{n-4} + \cdots + 2\,a_{n-2}.$$

In analoger Weise werden $f'''(x), f^{(4)}(x), \ldots, f^{(k)}(x), \ldots$ gebildet.

Ist α eine Wurzel von $f(x) = 0$, ist also $f(x)$ durch $x - \alpha$ teilbar, so ist α eine $(k+1)$ fache Wurzel, falls $f^{(k)}(x)$ durch $x - \alpha$ teilbar, jedoch $f^{(k+1)}(x)$ nicht durch $x - \alpha$ teilbar ist.

Versteht man unter der Diskriminante der Gleichung $f(x) = 0$ den Ausdruck

$$D = \begin{vmatrix} s_0 & s_1 & \ldots & s_{n-1} \\ s_1 & s_2 & \ldots & s_n \\ \ldots & \ldots & \ldots & \ldots \\ s_{n-1} & s_n & \ldots & s_{2n-2} \end{vmatrix} = [(\alpha_1 - \alpha_2)(\alpha_1 - \alpha_3) \ldots \ldots (\alpha_2 - \alpha_3) \ldots (\alpha_2 - \alpha_n) \ldots (\alpha_{n-1} - \alpha_n)]^2 = \prod_{\substack{\lambda,\mu = 1,\ldots,n \\ \lambda < \mu}} (\alpha_\lambda - \alpha_\mu)^2,$$

wobei s_i $(i = 1, 2, \ldots, 2n-2)$ die Summe der i^{ten} Potenzen der Wurzeln $\alpha_1, \alpha_2, \ldots, \alpha_n$ ist (s. Nr. 5), so ist $D = 0$ die Bedingung dafür, daß $f(x) = 0$ mindestens eine mehrfache Wurzel besitzt.

13.) Gemeinschaftliche Wurzeln zweier Gleichungen, Resultante: — Eine gemeinschaftliche Wurzel zweier Gleichungen $f(x) = 0$ und $\varphi(x) = 0$ ist Wurzel der Gleichung, die man durch Nullsetzen eines gemeinschaftlichen Teilers von $f(x)$ und $\varphi(x)$ erhält (s. § 18, 4). Es sei

$$f(x) = a_0 x^n + a_1 x^{n-1} + \cdots + a_n = 0,$$
$$\varphi(x) = b_0 x^m + b_1 x^{m-1} + \cdots + b_m = 0.$$

Als Resultante dieser beiden Gleichungen bezeichnet man die Determinante $(m+n)$ten Grades:

$$R = \begin{vmatrix} a_0 & a_1 \ldots a_{n-1} & a_n & 0 \ldots 0 \\ 0 & a_0 \ldots a_{n-2} & a_{n-1} & a_n \ldots 0 \\ \ldots & \ldots & \ldots & \ldots \\ 0 & 0 \ldots & \ldots & \ldots a_n \\ b_0 & b_1 \ldots & \ldots & \ldots 0 \\ 0 & b_0 \ldots & \ldots & \ldots 0 \\ \ldots & \ldots & \ldots & \ldots \\ 0 & 0 \ldots b_0 & b_1 & b_2 \ldots b_m \end{vmatrix} \begin{matrix} \left.\vphantom{\begin{matrix}a\\a\\a\\a\end{matrix}}\right\} m \text{ Zeilen} \\ \left.\vphantom{\begin{matrix}a\\a\\a\\a\end{matrix}}\right\} n \text{ Zeilen} \end{matrix}$$

Die Bedingung für die Existenz mindestens einer gemeinschaftlichen Wurzel der Gleichungen $f(x) = 0$ und $\varphi(x) = 0$ ist $R = 0$.

14.) Elimination einer Unbekannten aus zwei Gleichungen mit zwei Unbekannten x und y. — Man ordne beide Gleichungen nach Potenzen der einen Unbekannten, z. B. von x, und bilde die Resultante aus beiden, indem man die Koeffizienten jener Unbekannten als bekannte Größen betrachtet. Die Resultante verschwindet wegen des gleichzeitigen Bestehens beider Gleichungen. Diese Resultante, das Eliminationsresultat von x, ist im allgemeinen eine Gleichung vom $m \cdot n^{\text{ten}}$ Grade in y.

§ 18. Höhere numerische Gleichungen und Näherungsmethoden

1.) $f(x) = 0$ hat zwischen den reellen Zahlen $x = p$ und $x = q$ eine gerade (einschl. 0) oder eine ungerade Anzahl von Wurzeln, je nachdem $f(p)$ und $f(q)$ gleiche oder entgegengesetzte Vorzeichen haben. Jede Wurzel ist dabei entsprechend ihrer Vielfachheit zu zählen.

2.) Es sei a_m der erste negative und a_p der numerisch größte negative Koeffizient. Dann ist $1 + \sqrt[m]{-a_p}$ eine obere Schranke für die positiven Wurzeln. Vertauscht man x mit $-x$ und sucht in der neuen Gleichung wieder die obere Schranke für die positiven Wurzeln, so ist dieselbe mit negativem Zeichen versehen eine untere Schranke für die negativen Wurzeln der gegebenen Gleichung.

3.) Satz von *Budan*(-*Fourier*): Bildet man die Reihe $f(x), f'(x), f''(x), \ldots, f^{(n)}(x)$ (s. § 17, 12) und setzt hierin $x = a$ und $x = b$, wobei $a < b$, $f(a) \neq 0$, $f(b) \neq 0$, so hat die Gleichung $f(x) = 0$ ebensoviele Wurzeln zwischen a und b, wie die Reihe Zwischenwechsel verliert, wenn man von a zu b übergeht, oder eine gerade Anzahl weniger. Der letzte Fall tritt nicht ein, wenn die Gleichung nur reelle Wurzeln besitzt. In den Reihen evtl. auftretende Nullen bleiben fort.

4.) Algorithmus zur Bestimmung des größten gemeinsamen Teilers von $f(x)$ und $\varphi(x)$ (vgl. § 19,1):

$f(x)$ habe den Grad n, $\varphi(x)$ den Grad $m \leqq n$. Man dividiert $f(x)$ durch $\varphi(x)$ und erhält im allgemeinen einen von x abhängigen Rest $\varphi_1(x)$ von kleinstem Grade. Nunmehr wird $\varphi(x)$ durch $\varphi_1(x)$ dividiert. Der im allgemeinen vorhandene Rest kleinsten Grades sei $\varphi_2(x)$. Jetzt wird $\varphi_1(x)$ durch $\varphi_2(x)$ dividiert usf. Man gelangt zu folgender Kette von Formeln:

$$f(x) = g(x)\,\varphi(x) + \varphi_1(x),$$
$$\varphi(x) = g_1(x)\,\varphi_1(x) + \varphi_2(x),$$
$$\varphi_1(x) = g_2(x)\,\varphi_2(x) + \varphi_3(x),$$
$$\cdots\cdots\cdots\cdots\cdots\cdots$$

Der Grad von $\varphi_1(x)$ ist kleiner als der von $\varphi(x)$, der Grad von $\varphi_2(x)$ kleiner als der von $\varphi_1(x)$ usf. Wenn die Division mit einem Reste $\varphi_\nu(x)$ aufgeht, ist $\varphi\,(x)$, nachdem man durch den höchsten Koeffizienten dividiert hat, der gesuchte größte gemeinsame Teiler. Andernfalls gelangt man zu einem konstanten Rest. Die Ausdrücke $f(x)$ und $\varphi(x)$ sind dann teilerfremd.

Satz von *Sturm*: $f(x) = 0$ habe keine mehrfachen Wurzeln. Man bilde nach dem Divisionsalgorithmus:

$$f(x) = g(x)\,f'(x) - f_1(x),$$
$$f'(x) = g_1(x)\,f_1(x) - f_2(x),$$
$$f_1(x) = g_2(x)\,f_2(x) - f_3(x),$$
$$\cdots\cdots\cdots\cdots\cdots\cdots$$

Es ist wesentlich, daß man die Reste mit negativem Zeichen nimmt. Der letzte Rest sei f_m. Er ist, da $f(x)$ keine mehrfachen Wurzeln hat, also zu $f'(x)$ teilerfremd ist, eine von 0 verschiedene Konstante. Setzt man alsdann in der Reihe $f, f', f_1, f_2, f_3, \ldots, f_n$ für x einmal a, das andere Mal b (a, b reell und keine Wurzeln von $f(x)$, $a < b$), so hat die erste Reihe gerade so viel Zeichenwechsel mehr als die zweite, wie die Gleichung $f(x) = 0$ verschiedene Wurzeln zwischen a und b hat. Ein bei a oder b verschwindendes f_r ist fortzulassen.

5.) *Newtons* Näherungsmethode: Man habe durch Versuche oder durch Aufzeichnung der Kurve $y = f(x)$ (s. § 86, 2) gefunden, daß α annähernd eine reelle Wurzel der Gleichung $f(x) = 0$ ist. Dann ist im allgemeinen $\alpha + p$ ein

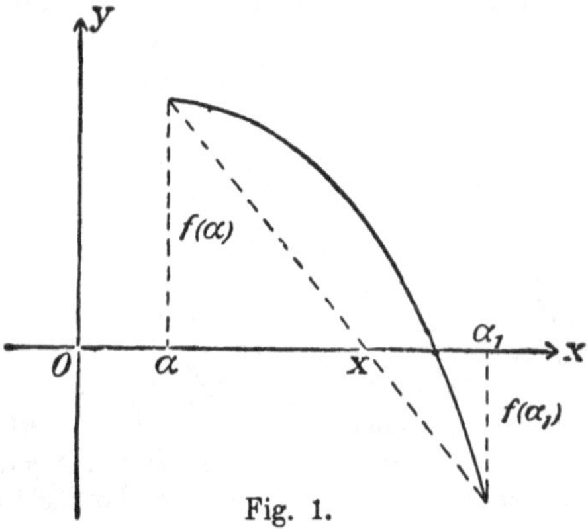

Fig. 1.

besserer Näherungswert, wenn

$$p = \frac{-(\alpha_n + a_1 \alpha^{n-1} + \cdots + a_n)}{n\alpha^{n-1} + (n-1) a_1 \alpha^{n-2} + \cdots + a_{n-1}} = -\frac{f(\alpha)}{f'(\alpha)}$$

gesetzt wird. Wenn man nun $\alpha + p$ an Stelle von α einführt, erhält man aus der angegebenen Beziehung eine weitere Korrektion p_1 usf.

6.) Regula falsi (Fig. 1): Hat die Gleichung $f(x) = 0$ eine reelle Wurzel zwischen α und α_1 [$f(\alpha)$ und $f(\alpha_1)$ haben also entgegengesetzte Vorzeichen], so erhält man einen angenäherten Wert für diese Wurzel, wenn man an Stelle des Schnittpunktes der Kurve mit der X-Achse den der Sehne setzt, welche die zu den Abszissen α und α_1 gehörigen Kurvenpunkte verbindet; der Näherungswert lautet:

$$x = \alpha - \frac{\alpha - \alpha_1}{f(\alpha) - f(\alpha_1)} f(\alpha).$$

Mit dem neuen Wert und einem benachbarten kann das Verfahren wiederholt werden usf. Es ist bei algebraischen und transzendenten Gleichungen anwendbar.

Beispiel:

$$x^x = 100, \quad \text{also}$$
$$x \log x = 2 \quad \text{oder} \quad x \log x - 2 = 0.$$

x	$f(x) = x \log x - 2$
3	$-0{,}5686$
4	$+0{,}4082$

$$x = 3 + \frac{1 \cdot 0{,}57}{0{,}98} = 3{,}58$$

3,58	$+0{,}0171$
3,60	$-0{,}0027$

$$x = 3{,}58 + \frac{0{,}02 \cdot 0{,}0171}{0{,}0198}$$
$$= 3{,}58 + 0{,}01727 = 3{,}59727 \text{ usf.}$$

(die richtige Wurzel liegt zwischen 3,59728 und 3,59729).

7.) Schema von *Horner*:

Zur Berechnung des Ausdrucks

$$a_0 x^n + a_1 x^{n-1} + a_2 x^{n-2} + \cdots + a_{n-1} x + a_n$$

für einen Wert $x = p$ bildet man die Größen

$$\begin{aligned} b_1 &= a_0 p + a_1, \\ b_2 &= b_1 p + a_2, \\ b_3 &= b_2 p + a_3, \\ &\dots\dots\dots\dots \\ b_n &= b_{n-1} p + a_n. \end{aligned}$$

b_n ist der gesuchte Wert. Man benutzt das Schema

$$\begin{array}{ccccc} a_0 & a_1 & a_2 \;\dots & a_{n-1} & a_n \\ & a_0 p & b_1 p \dots & b_{n-2} p & b_{n-1} p \\ \hline & b_1 & b_2 \;\cdots & b_{n-1} & b_n \end{array}.$$

III. Abschnitt
Zahlentheorie

§ 19. Teilbarkeit der ganzen Zahlen

1.) *Euklid*ischer Algorithmus: Der größte gemeinsame Teiler der positiven ganzen Zahlen a und b wird folgendermaßen bestimmt. Man dividiert a durch b. Der Rest sei b_1. Weiter dividiert man b durch b_1. Der Rest sei b_2. Dann dividiert man b_1 durch b_2 usf. Dabei sei $0 < b_\nu < b_{\nu-1}$ für $\nu = 1, 2, \ldots, n$, $b_0 = b$, $b_{n+1} = 0$. Es gilt also:

$$\begin{aligned} a &= b \cdot q + b_1, \\ b &= b_1 \cdot q_1 + b_2, \\ b_1 &= b_2 \cdot q_2 + b_3, \\ &\ldots\ldots\ldots\ldots \\ b_{n-2} &= b_{n-1} \cdot q_{n-1} + b_n, \\ b_{n-1} &= b_n \cdot q_n, \end{aligned}$$

wobei die Größen $q, q_1, q_2, \ldots, q_n$ die größten ganzen Zahlen bedeuten, welche bzw. $\leqq \frac{a}{b}, \frac{b}{b_1}, \frac{b_1}{b_2}, \ldots$ sind. Es ist $q = 0$ für $b > a$. b_n ist der größte gemeinsame Teiler. Die Zahlen a und b sind teilerfremd (relativ prim), falls sich $b_n = 1$ ergibt.

Eine von 1 verschiedene positive ganze Zahl, die nur durch 1 und durch sich selbst teilbar ist, heißt Primzahl. Es gibt unendlich viele Primzahlen.

2.) Dann und nur dann, wenn der größte gemeinsame Teiler von $a_1, a_2, \ldots, a_n$ in k aufgeht, ist die Gleichung

$$a_1 x_1 + a_2 x_2 + \cdots + a_n x_n = k$$

in ganzen Zahlen $x_1, \ldots, x_n$ lösbar. Speziell ist $\alpha x + \beta y = 1$ in ganzen Zahlen x, y lösbar, wenn α und β teilerfremd sind (vgl. § 22).

3.) Kettenbrüche:

a und b seien teilerfremde positive Zahlen. Aus dem *Euklidi*schen Algorithmus ergibt sich die Kettenbruchentwicklung

$$\frac{a}{b} = q + \frac{b_1}{b} = q + \cfrac{1}{q_1 + \cfrac{b_2}{b_1}} = q + \cfrac{1}{q_1 + \cfrac{1}{q_2 + \cfrac{b_3}{b_2}}}$$
$$= \cdots = q + \cfrac{1}{q_1 + \cfrac{1}{q_2 + \cdots + \cfrac{1}{q_n}}}.$$

Unter dem ϱ^{ten} **Näherungsbruch** ($\varrho = 1, 2, \ldots, n$) von $\frac{a}{b}$ versteht man den Bruch

$$\frac{A_\varrho}{B_\varrho} = q + \cfrac{1}{q_1 + \cfrac{1}{q_2 + \cdots + \cfrac{1}{q_{\varrho-1}}}}.$$

Es ist

$$\frac{A_1}{B_1} = q, \quad \frac{A_2}{B_2} = \frac{q q_1 + 1}{q_1}, \quad \frac{A_3}{B_3} = \frac{q q_1 q_2 + q + q_2}{q_1 q_2 + 1}, \ldots.$$

Setzt man $A_0 = 1$, $B_0 = 0$, $A_1 = q$, $B_1 = 1$, so folgt:

$$A_{\varrho+1} = q_\varrho A_\varrho + A_{\varrho-1}, \qquad B_{\varrho+1} = q_\varrho B_\varrho + B_{\varrho-1};$$
$$A_\varrho B_{\varrho-1} - B_\varrho A_{\varrho-1} = (-1)^\varrho,$$

wobei A_ϱ und B_ϱ teilerfremd sind.

4.) Jede positive ganze Zahl $a > 1$ kann, abgesehen von der Reihenfolge der Faktoren, auf eine und nur auf eine Weise als ein Produkt von endlich vielen Primzahlen $p_1, p_2, \ldots, p_n$ dargestellt werden:

$$a = p_1^{\alpha_1} \cdot p_2^{\alpha_2} \cdot p_3^{\alpha_3} \ldots p_n^{\alpha_n}.$$

5.) Es sei d der größte gemeinsame Teiler von a und b. Dann ist

$$\frac{a \cdot b}{d}$$

ihr **kleinstes gemeinschaftliches Vielfaches**.

§ 20. Kongruenz der Zahlen

1.) a heißt **kongruent** zu b **modulo** m, in Zeichen

$$a \equiv b \pmod{m},$$

wenn $a - b$ durch m teilbar ist (a, b, m ganz, $m > 0$).

2.) Aus $a \equiv b \pmod{m}$, $a \equiv c \pmod{m}$
folgt $b \equiv c \pmod{m}$.

3.) Aus $a \equiv b \pmod{m}$, $a' \equiv b' \pmod{m}$ folgt

$$\left.\begin{aligned} a + a' &\equiv b + b' \\ a - a' &\equiv b - b' \\ a \cdot a' &\equiv b \cdot b' \\ a^n &\equiv b^n \end{aligned}\right\} \pmod{m}$$

(n eine ganze positive Zahl).

4.) Es sei d der größte gemeinsame Teiler von c und m. Dann ergibt sich aus der Kongruenz

$$a \cdot c \equiv b \cdot c \pmod{m}$$

die Kongruenz

$$a \equiv b \left(\text{mod.}\ \frac{m}{d}\right).$$

§ 21. Restsysteme und *Euler*sche Funktion

1.) Aus der Gesamtheit aller positiven und negativen ganzen Zahlen (einschl. 0) kann man Systeme von m und nur m Zahlen auswählen, von denen je zwei mod. m inkongruent (nicht kongruent) sind. Ein derartiges System

$$r_0, r_1, r_2, \ldots, r_{m-1}$$

heißt ein vollständiges Restsystem. Das einfachste ist

$$0, 1, 2, \ldots, m-1.$$

Jede andere Zahl ist einer von diesen mod. m kongruent.

2.) Streicht man aus einem vollständigen Restsystem alle zu m nicht teilerfremden Zahlen, so bleibt ein reduziertes Restsystem übrig. Die Anzahl der einem reduzierten Restsystem angehörigen Zahlen hängt nur von m ab (nicht von der besonderen Art des Systems) und wird mit $\varphi(m)$ bezeichnet (*Euler*sche Funktion).

Wenn $a_1, a_2, \ldots, a_\lambda$ zu je zweien teilerfremde Zahlen sind und $m = a_1 \cdot a_2 \ldots a_\lambda$ ist, gilt

$$\varphi(m) = \varphi(a_1) \cdot \varphi(a_2) \ldots \varphi(a_\lambda).$$

Die Primfaktorendarstellung von m sei $m = p_1^{\alpha_1} \cdot p_2^{\alpha_2} \ldots p_n^{\alpha_n}$;

dann ist $$\varphi(m) = m\left(1-\frac{1}{p_1}\right)\left(1-\frac{1}{p_2}\right)\cdots\left(1-\frac{1}{p_\iota}\right).$$

§ 22. *Diophant*ische Gleichungen ersten Grades

Unter den Lösungen der *Diophant*ischen Gleichung
$$ax - b = my,$$
in welcher a, b, m gegebene ganze Zahlen sind ($a \neq 0, m > 0$), versteht man alle ganzzahligen Wertepaare x, y, welche die Gleichung erfüllen. Es ist die ganze Zahl x also derart zu bestimmen, daß $\frac{ax-b}{m}$ eine ganze Zahl wird. Die Lösung der gegebenen Gleichung erfordert somit die Bestimmung von x aus der Kongruenz $ax \equiv b \pmod{m}$.

1.) a) Es sei a zu m teilerfremd. Man multipliziert die Zahlenfolge $$0, 1, 2, 3, \ldots, m-1$$
mit a und bestimmt die Reste, welche die Vielfachen bei Division mit m lassen. Es sei x_0 die Zahl der Zahlenfolge, welche mit a multipliziert einen Rest liefert, der zur Zahl b kongruent ist. Dann ist jede Zahl
$$x \equiv x_0 \pmod{m}$$
eine Lösung der gegebenen Kongruenz (vgl. § 19,2: $a = \alpha$, $m = -\beta$, $b = 1$).

Die Kongruenz hat in diesem Falle eine und nur eine Lösung, wenn alle mod. m kongruenten Lösungen als eine einzige gerechnet werden.

b) a und m mögen den größten gemeinsamen Teiler d haben. Ferner sei d auch Teiler von b. Setzt man alsdann
$$a = da', \quad b = db', \quad m = dm'$$
und ist $x \equiv x_0 \pmod{m'}$ die Lösung der Kongruenz
$$a'x \equiv b' \pmod{m'},$$
so besitzt die gegebene Kongruenz die d in bezug auf den Modul m inkongruenten Lösungen

$$\left.\begin{array}{l} x \equiv x_0 \\ x \equiv x_0 + \frac{m}{d} \\ x \equiv x_0 + \frac{2m}{d} \\ \dots\dots\dots\dots \\ x \equiv x_0 + \frac{(d-1)m}{d} \end{array}\right\} \pmod{m}.$$

Wenn andernfalls d nicht ein Teiler von b ist, ist die Kongruenz unlösbar.

2.) Kettenbruchmethode von *Lagrange*: $a > 0$ sei teilerfremd zu m (im Falle $a < 0$ ersetzt man x durch $-\xi$). Man entwickelt $\frac{m}{a}$ in einen Kettenbruch:

$$\frac{m}{a} = q + \cfrac{1}{q_1 + \cfrac{1}{q_2 + \cdots + \cfrac{1}{q}}}$$

Wenn $\frac{A_n}{B_n}$ der n^{te} Näherungsbruch ist (s. § 19, 3), lautet die Lösung der Kongruenz

$$x \equiv x_0 = (-1)^n b A_n \pmod{m}.$$

Die zu x_0 gehörige Lösung der *Diophant*ischen Gleichung $ax - b = my$ ist

$$y_0 = (-1)^n b B_n.$$

3.) Methode von *Euler* (Absonderung der größten Ganzen): Beispiel: $61x + 7y = 1000.$

$$y = \frac{1000 - 61x}{7} = 143 - 9x + \frac{2x-1}{7}, \quad \frac{2x-1}{7} = u,$$

$$x = \frac{7u+1}{2} = 3u + \frac{u+1}{2}, \quad \frac{u+1}{2} = v,$$

$$u = 2v - 1.$$

Dann ergibt sich $x = 7v - 3, \quad y = 169 - 61v.$

Läßt man v alle ganzen Zahlen durchlaufen, so erhält man sämtliche ganzzahligen Lösungen der gegebenen Gleichung.

§ 23. Sätze von *Fermat* und *Wilson*. Indizes

1.) Satz von *Fermat*: Jede durch die Primzahl p nicht teilbare Zahl a genügt der Kongruenz

$$a^{p-1} \equiv 1 \pmod{p}.$$

2.) Verallgemeinerung von *Euler*: Die Lösungen der Kongruenz

$$x^{\varphi(m)} \equiv 1 \pmod{m},$$

wo $\varphi(m)$ die *Euler*sche Funktion ist, werden durch alle Zahlen eines reduzierten Restsystems $(\text{mod. } m)$ gegeben.

3.) Satz von *Wilson*: Die notwendige und hinreichende Bedingung dafür, daß $p > 1$ eine Primzahl ist, lautet

$$(p-1)! \equiv -1 \pmod{p}.$$

4.) $x = g$ heißt eine primitive Wurzel der Kongruenz $x^{p-1} \equiv 1 \pmod{p}$ oder kurz eine primitive Wurzel mod. p (p eine ungerade Primzahl), wenn $p-1$ der kleinste Exponent ist, für den $g^{p-1} \equiv 1 \pmod{p}$ ist. Die Anzahl der mod. p inkongruenten primitiven Wurzeln der Kongruenz $x^{p-1} \equiv 1 \pmod{p}$ ist $\varphi(p-1)$.

5.) a sei eine durch die Primzahl p nicht teilbare Zahl und g eine primitive Wurzel mod. p. Dann gibt es einen mod. $p-1$ eindeutig bestimmten Exponenten i, für welchen

$$a \equiv g^i \pmod{p}$$

ist. i heißt der Index von a in bezug auf g, in Zeichen

$$i = \overset{g}{\text{ind.}}\, a.$$

Sind a und b durch die Primzahl p nicht teilbar und ist g eine primitive Wurzel mod. p, so ist

$$\overset{g}{\text{ind.}}\, a \cdot b \equiv \overset{g}{\text{ind.}}\, a + \overset{g}{\text{ind.}}\, b \pmod{p-1}.$$

Für die primitiven Wurzeln g und γ $(\text{mod. } p)$ gilt

$$\overset{g}{\text{ind.}}\, a \equiv \overset{g}{\text{ind.}}\, \gamma \cdot \overset{\gamma}{\text{ind.}}\, a \pmod{p-1}.$$

Die Formeln für Indizes sind nach dem Vorhergehenden denen der Logarithmen analog.

§ 24. Quadratische Reste

1.) p sei eine ungerade Primzahl. Je nachdem die Kongruenz
$$x^2 \equiv a \pmod{p}$$
lösbar ist oder nicht, heißt a ein quadratischer Rest oder Nichtrest mod. p. a möge durch p nicht teilbar sein.

Wenn die Kongruenz lösbar ist, besitzt sie zwei und nur zwei mod. p inkongruente Wurzeln $x \equiv x_0$ und $x \equiv -x_0$ (mod. p).

2.) Kriterium von *Euler*: a ist quadratischer Rest oder Nichtrest, je nachdem
$$a^{\frac{p-1}{2}} \equiv 1 \text{ oder } a^{\frac{p-1}{2}} \equiv -1 \pmod{p}$$
ist.

3.) Das Symbol von *Legendre*: Man setzt
$$\left(\frac{a}{p}\right) = +1 \text{ oder } \left(\frac{a}{p}\right) = -1,$$
je nachdem a quadratischer Rest oder Nichtrest ist. Nach dem *Euler*schen Kriterium ist
$$a^{\frac{p-1}{2}} \equiv \left(\frac{a}{p}\right) \pmod{p}.$$
Es gilt
$$\left(\frac{a}{p}\right) = \left(\frac{b}{p}\right) \text{ für } a \equiv b \pmod{p},$$
und für beliebige durch p nicht teilbare Zahlen a und b:
$$\left(\frac{a \cdot b}{p}\right) = \left(\frac{a}{p}\right) \cdot \left(\frac{b}{p}\right).$$

4.) Lemma von *Gauß*: Es sei μ die Anzahl derjenigen unter den absolut kleinsten Resten mod. p der Zahlen
$$a, 2a, 3a, \ldots, \frac{p-1}{2} a,$$
die negativ ausfallen. Dann ist a quadratischer Rest oder Nichtrest, je nachdem μ gerade oder ungerade ist:
$$\left(\frac{a}{p}\right) = (-1)^{\mu}.$$

5.) $\left(\frac{-1}{p}\right) = (-1)^{\frac{p-1}{2}}, \left(\frac{2}{p}\right) = (-1)^{\frac{p^2-1}{8}}$.

6.) Reziprozitätsgesetz: Wenn p und q verschiedene ungerade Primzahlen sind, gilt

$$\left(\frac{p}{q}\right) \cdot \left(\frac{q}{p}\right) = (-1)^{\frac{p-1}{2} \cdot \frac{q-1}{2}}.$$

Vgl. ferner § 28,4 (*Bernoulli*sche Zahlen), § 28,5 (Polygonal- und Pyramidalzahlen), § 33, I, 1 (Pythagoreische Zahlen, Auflösung der Gleichung $a^2 + b^2 = c^2$ in ganzen Zahlen a, b, c).

IV. Abschnitt

Elementare Reihen

§ 25. Arithmetische Reihen erster Ordnung

1.) Unter einer arithmetischen Reihe erster Ordnung versteht man die Summe

$$a + (a + d) + (a + 2d) + \cdots + (a + (n-1)d).$$

Schreibt man an Stelle der Summe $u_1 + u_2 + \cdots + u_n$ in abgekürzter Weise $\sum_{\nu=1}^{n} u_\nu$ (gelesen: Summe u_ν von $\nu = 1$ bis $\nu = n$), so lautet die arithmetische Reihe auch

$$\sum_{\nu=1}^{n} (a + (\nu - 1)d).$$

a heißt das Anfangsglied, $d \neq 0$ die Differenz.

2.) Wenn n die Anzahl der Glieder ist, lautet das Endglied

$$z = a + (n-1)d.$$

Die Summe der Reihe ist

$$s = \frac{(a+z)n}{2} = \frac{[2a + (n-1)d]n}{2}.$$

Beispiel: $1 + 2 + 3 + \cdots + n = \frac{n(n+1)}{2}$.

§ 26. Geometrische Reihen

1.) Unter einer geometrischen Reihe versteht man die Summe

$$a + aq + aq^2 + \cdots + aq^{n-1} = \sum_{\nu=1}^{n} a\, q^{\nu-1}.$$

a ist das Anfangsglied, q der Quotient.

2.) Ist n die Anzahl der Glieder, so lautet das Endglied der Reihe $$z = aq^{n-1},$$
und ihre Summe ist, wenn $q \neq 1$ ist,

$$s = \frac{a(q^n - 1)}{q - 1} = \frac{qz - a}{q - 1}.$$

3.) $$\frac{a^m - b^m}{a - b} = a^{m-1} + a^{m-2}b + a^{m-3}b^2 + \cdots + ab^{m-2} + b^{m-1},$$

$$\frac{a^{2m+1} + b^{2m+1}}{a + b} = a^{2m} - a^{2m-1}b + a^{2m-2}b^2 \mp \cdots - ab^{2m-1} + b^{2m},$$

$$\frac{a^{2m} - b^{2m}}{a + b} = a^{2m-1} - a^{2m-2}b + a^{2m-3}b^2 \mp \cdots + ab^{2m-2} - b^{2m-1}.$$

4.) Wenn in der Reihe 1) $|q| < 1$ ist, erhält man für $n \to \infty$ als Summe (vgl. §§ 87 und 93)

$$s = \frac{a}{1 - q}$$

(Unendliche geometrische Reihe).

5.) Für $|x| < 1$ gilt

$$1 + x + x^2 + x^3 + \cdots \text{ in inf.} = \frac{1}{1 - x}.$$

Insbesondere ist:

$$1 + \frac{1}{2} + \frac{1}{4} + \frac{1}{8} + \cdots + \frac{1}{2^n} + \cdots = 2,$$

$$1 - \frac{1}{2} + \frac{1}{4} - \frac{1}{8} + \cdots + (-1)^n \frac{1}{2^n} \pm \cdots = \frac{2}{3}.$$

§ 27. Zinseszins- und Rentenrechnung.

1.) Bezeichnungen: Zinsfuß $p\%$, Zinsfaktor $q=1+\frac{p}{100}$, ursprüngliches Kapital a, angewachsenes Kapital b, Zahl der Zinsperioden (Jahre) n, Rente r.

2.) Der Endwert, auf den das Kapital a in n Jahren durch Zinseszins anwächst, ist

$$b = a q^n .$$

3.) Der Endwert, den das Kapital a durch Zinseszins erreicht, wenn es am Ende eines jeden Jahres noch um r vermehrt oder vermindert wird, ist

$$b = a q^n \pm \frac{r(q^n - 1)}{q - 1} .$$

Wird a in n Jahren aufgezehrt, so ist $b = 0$.

4.) Bis zum Ende des n^{ten} Jahres ist, wenn am Ende eines jeden Jahres die Zahlung r erfolgt, die Summe erreicht:

$$b = \frac{r(q^n - 1)}{q - 1} ;$$

wenn aber die Zahlung am Anfang eines jeden Jahres erfolgt:

$$b = \frac{r q (q^n - 1)}{q - 1} .$$

5.) Das Ablösungskapital (Mise) einer n mal am Jahresende wiederkehrenden Rente ist

$$a = r \frac{q^n - 1}{(q - 1) q^n} = \frac{r}{q - 1}\left(1 - \frac{1}{q^n}\right) .$$

Das Ablösungskapital einer immerwährenden Rente erhält man für $n \to \infty$. Sein Wert ist

$$a = \frac{r}{q - 1} .$$

6.) Amortisation: Ein geliehenes Kapital soll in n Jahren dadurch abgetragen werden, daß am Ende eines jeden Jahres dieselbe Rat bezahlt wird. Das Kapital bzw. der Restbetrag wachse dabei um $p\%$ (Zinsfaktor q) jährlich an. Die jährliche

Rate setze sich aus $p^0/_0$ für das Anfangskapital berechnete Zinsen und einem Amortisationssatz von $p_1{}^0/_0$ des Anfangskapitals zusammen. Dann lautet die Bedingung dafür, daß das Kapital am Ende des n-ten Jahres getilgt ist:

$$q^n = \frac{p}{p_1} + 1.$$

§ 28. Arithmetische Reihen höherer Ordnung

1.) Gegeben seien die Glieder einer Reihe (die Folge)

$$y_0 \quad y_1 \quad y_2 \quad y_3 \quad y_4 \cdots y_n.$$

Man bezeichnet als 1. Differenzenreihe die Reihe mit den Gliedern

$$\Delta y_0 \quad \Delta y_1 \quad \Delta y_2 \quad \Delta y_3 \ldots \Delta y_{n-1},$$

als 2. Differenzenreihe die Reihe mit den Gliedern

$$\Delta^2 y_0 \quad \Delta^2 y_1 \quad \Delta^2 y_2 \ldots \Delta^2 y_{n-2},$$

als 3. Differenzenreihe die Reihe mit den Gliedern

$$\Delta^3 y_0 \quad \Delta^3 y_1 \ldots \Delta^3 y_{n-3}$$

usf. wobei

$$\Delta^{r+1} y_m = \Delta^r y_{m+1} - \Delta^r y_m$$

gesetzt ist. Die 0te Differenzenreihe ist mit der gegebenen identisch.

Sind die Glieder der r^{ten} Differenzenreihe konstant und $\neq 0$, so heißt die gegebene Reihe

$$y_0 + y_1 + y_2 + \cdots + y_n = \sum_{\nu=0}^{n} y_\nu$$

eine arithmetische Reihe r^{ter} Ordnung.

2.) Es gilt

$$y_n = y_0 + \binom{n}{1} \Delta y_0 + \binom{n}{2} \Delta^2 y_0 + \binom{n}{3} \Delta^3 y_0 + \cdots + \binom{n}{r} \Delta^r y_0.$$

Setzt man $n = \frac{x_n - x_0}{d}$ $(n = 1, 2, \ldots, r)$, so werden durch diese Formel den Werten $x_n = x_0 + nd$ die Werte y_n zugeordnet. Für variable x und y anstelle von x_n, y_n ergibt sich dann die ganze rationale Funktion r-ter Ordnung, welche an den r Stellen x_n die Werte y_n annimmt und deren Koeffizienten sich somit aus den y_0-Differenzen berechnen lassen (vgl. *Newton*'sche Interpolationsformel § 86).

3.) Die Summe der Glieder von y_0 bis zum Glied y_n (einschließlich) ist:

$$S_n = \binom{n+1}{1} y_0 + \binom{n+1}{2} \Delta y_0 + \binom{n+1}{3} \Delta^2 y_0 + \cdots + \binom{n+1}{r+1} \Delta^r y_0 .$$

4.) $1^2 + 2^2 + 3^2 + \cdots + n^2 = \frac{1}{6}(2n+1)(n+1) \cdot n,$

$$1^3 + 2^3 + 3^3 + \cdots + n^3 = \frac{1}{4}(n+1)^2 \; n^2 .$$

Bezeichnet man allgemein mit $S_n^{(k)}$ die Summe der k^{ten} Potenzen der Zahlen von 1 bis n, also

$$1^k + 2^k + 3^k + \cdots + n^k = S_n^{(k)},$$

so ist

$$S_n^{(k)} = \frac{n^{k+1}}{k+1} + \frac{n^k}{2} + \binom{k}{1}\frac{B_1}{2} n^{k-1} - \binom{k}{3}\frac{B_2}{4} n^{k-3} + \binom{k}{5}\frac{B_3}{6} n^{k-5} \mp \cdots$$

für gerades k. Für ungerades k ist das Glied mit $\binom{k}{k}$ zu streichen. Die Größen B_1, B_2, $B_3, \ldots$ heißen *Bernoulli*sche Zahlen*) und haben folgende Werte

$$B_1 = \frac{1}{6}, \quad B_2 = \frac{1}{30}, \quad B_3 = \frac{1}{42}, \quad B_4 = \frac{1}{30},$$

$$B_5 = \frac{5}{66}, \quad B_6 = \frac{691}{2730}, \quad B_7 = \frac{7}{6}, \quad B_8 = \frac{3617}{510}.$$

Die *Bernoulli*schen Zahlen genügen der Rekursionsformel:

$$\binom{2n+1}{2} B_n - \binom{2n+1}{4} B_{n-1} + \cdots + (-1)^{n-1}\binom{2n+1}{2n} B_1 + (-1)^n \cdot \frac{1}{2} = 0 .$$

*) Ihre Definition ist hinsichtlich Numerierung und Vorzeichen in der Literatur nicht einheitlich.

5.) Figurierte Zahlen:

a) Polygonalzahlen:

Dreieckszahlen: 1, 3, 6, 10, 15, ..., $\binom{n}{1} + 1\binom{n}{2}$,

Viereckszahlen: 1, 4, 9, 16, 25, ..., $\binom{n}{1} + 2\binom{n}{2} = n^2$,

Fünfeckszahlen: 1, 5, 12, 22, 35, ..., $\binom{n}{1} + 3\binom{n}{2}$ (Fig. 2),

. . . .

r-eckszahlen: $\binom{n}{1} + (r-2)\binom{n}{2}$.

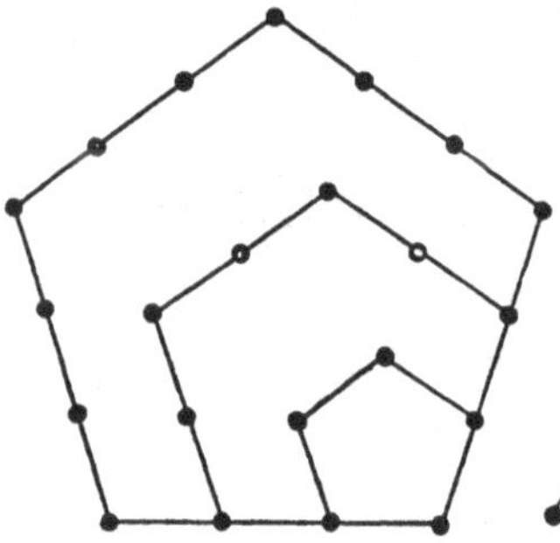

Fig. 2

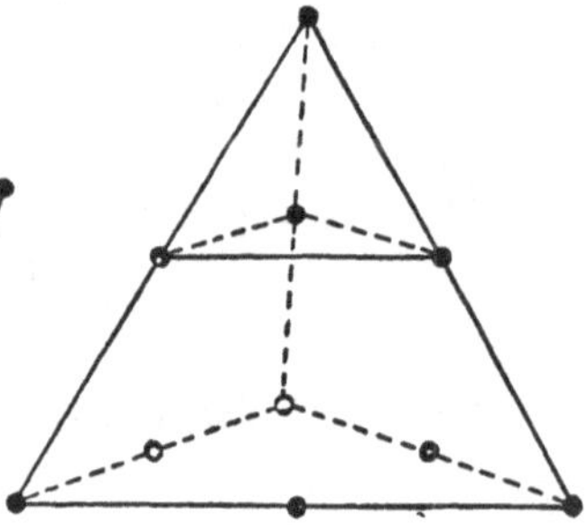

Fig. 3

b) Pyramidalzahlen:

Dreiseitige: 1, 4, 10, 20, 35, ..., $\binom{n+1}{2} + 1\binom{n+1}{3}$ (Fig. 3),

vierseitige: 1, 5, 14, 30, 55, ..., $\binom{n+1}{2} + 2\binom{n+1}{3}$,

fünfseitige: 1, 6, 18, 40, 75, ..., $\binom{n+1}{2} + 3\binom{n+1}{3}$,

. . . .

r-seitige: $\binom{n+1}{2} + (r-2)\binom{n+1}{3}$.

§ 29. Interpolation bei arithmetischen Reihen

Sollen bei einer arithmetischen Reihe r-ter Ordnung, deren allgemeines Glied durch die Formel y_n gegeben ist (s. § 28, 2), zwischen je zwei Glieder p weitere Glieder so eingeschaltet werden, daß die neue Reihe wieder eine Reihe r-ter Ordnung ist, so geschieht dies, indem man in dem Ausdruck für das allgemeine Glied für n der Reihe nach

$$\frac{1}{p+1}, \quad \frac{2}{p+1}, \quad \frac{3}{p+1}, \quad \ldots, \quad \frac{p}{p+1}, \quad 1+\frac{1}{p+1},$$

$$1+\frac{2}{p+1}, \quad \ldots, \quad 2+\frac{1}{p+1}, \ldots$$

setzt. Die Schlußdifferenz der neuen Reihe ist

$$\left(\frac{1}{p+1}\right)^r \Delta^r y_0.$$

Häufig ist es zweckmäßig, nur so viel Glieder der neuen Reihe zu berechnen, daß sich daraus die Anfänge der Differenzenreihen ergeben, und dann die Reihe von der Schlußdifferenz aus weiter zu berechnen. (Weiteres über Interpolation s. § 86, 4.)

V. Abschnitt

Ebene Geometrie

§ 30. Sätze über den Kreis

1.) Ein Peripheriewinkel (Umfangswinkel) ist die Hälfte des Zentriwinkels (Mittelpunktswinkel) über demselben Bogen. Alle Peripheriewinkel über demselben Bogen sind einander gleich (Fig. 4).

2.) Jeder Sehnentangentenwinkel ist gleich dem Peripheriewinkel auf dem vom Sehnentangentenwinkel nicht eingeschlossenen Bogen (Fig. 4):

$$\alpha = \alpha', \ \beta = \beta'.$$

Jeder Umfangswinkel über einem Durchmesser ist gleich 90° (Satz des *Thales*).

Der geometrische Ort für die Spitzen aller Dreiecke auf derselben Seite der gemeinsamen Grundlinie *c* mit demselben Winkel γ an der Spitze ist der Kreisbogen mit der Sehne *c* und dem auf der anderen Seite von *c* gelegenen Sehnentangentenwinkel γ.

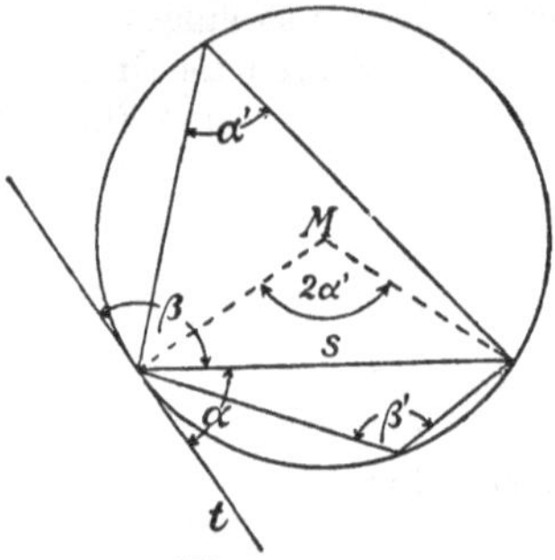

Fig. 4

3.) Im Sehnenviereck ist die Summe zweier gegenüberliegender Winkel gleich der Summe der zwei anderen, also gleich 2R und umgekehrt. Vgl. § 33,4.

4.) Im Tangentenviereck ist die Summe zweier gegenüberliegender Seiten gleich der Summe der zwei anderen und umgekehrt.

§ 31. Proportionalität von Strecken. Ähnlichkeit

1.) Werden die Schenkel eines Winkels oder zweier Scheitelwinkel von zwei Parallelen geschnitten, so sind die Abschnitte auf dem einen Schenkel proportional den entsprechenden auf dem anderen und umgekehrt. Die Parallelen verhalten sich wie die zugehörigen Scheitelabschnitte desselben Schenkels.

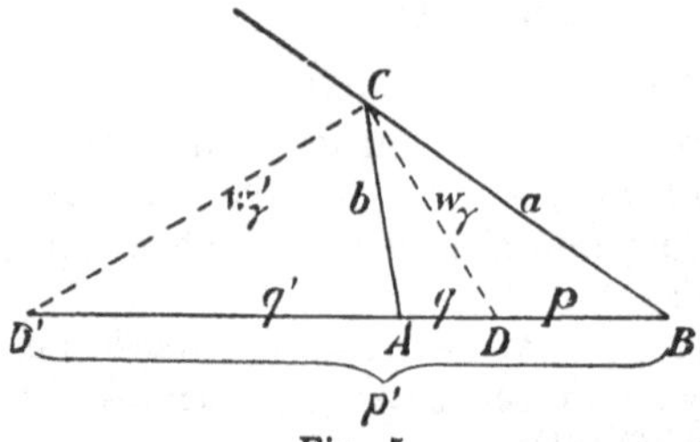

Fig. 5

2.) Die Halbierungslinie eines Winkels im Dreieck teilt

die Gegenseite innerlich im Verhältnis der Anseiten. Die Halbierungslinie des Außenwinkels teilt sie äußerlich in demselben Verhältnis und umgekehrt (Fig. 5):

$$p : q = p' : q' = a : b.$$

3.) Vielecke mit gleicher Seitenzahl heißen ähnlich, wenn entsprechende Winkel einander gleich und entsprechende Seitenpaare proportional sind.

4.) Zwei Dreiecke sind ähnlich, wenn

a) zwei Seitenpaare proportional und der eingeschlossene Winkel gleich,

b) zwei Winkel gleich,

c) die drei Seitenpaare proportional,

d) zwei Seitenpaare proportional und die Gegenwinkel des größeren Seitenpaares gleich sind.

Wenn eine Seite eines Dreiecks der entsprechenden in einem ähnlichen Dreieck gleich ist, so sind beide Dreiecke kongruent, d. h. sie lassen sich zur Deckung bringen. Die Ähnlichkeitssätze gehen alsdann in die Kongruenzsätze über.

5.) Zwei Höhen eines Dreiecks verhalten sich umgekehrt wie die Seiten, auf denen sie senkrecht stehen:

$$h_a : h_b : h_c = \frac{1}{a} : \frac{1}{b} : \frac{1}{c} = bc : ac : ab\,.$$

6.) a) Die Kathete eines rechtwinkligen Dreiecks ist mittlere Proportionale zwischen der Hypotenuse und dem anliegenden Hypotenusenabschnitt (Fig. 6):

$$p : a = a : c\,,$$
$$q : b = b : c\,.$$

b) Die Höhe eines rechtwinkligen Dreiecks ist mittlere Propor-

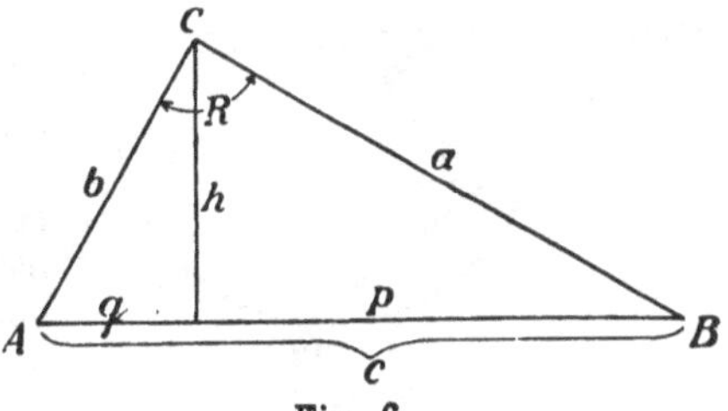

Fig. 6

tionale zu den Hypotenusenabschnitten (Fig. 6):

$$p : h = h : q.$$

7.) Zwei Parallelogramme sind ähnlich, wenn zwei entsprechende Winkel gleich und die sie einschließenden Seitenpaare proportional sind.

8.) Ein Vieleck heißt regelmäßig (regulär), wenn es nur gleiche Seiten und gleiche Winkel besitzt. Regelmäßige Vielecke sind ähnlich, wenn sie die gleiche Seitenzahl haben.

9.) a) Durch die Diagonalen aus zwei entsprechenden Ecken werden zwei ähnliche Vielecke in paarweise ähnliche Dreiecke zerlegt.

b) Werden zwei Vielecke durch die Diagonalen aus zwei Ecken in paarweis ähnliche in gleicher Reihenfolge liegende Dreiecke zerlegt, so sind die Vielecke ähnlich.

10.) Die Umfänge ähnlicher Vielecke verhalten sich wie entsprechende Längen; die Inhalte ähnlicher Vielecke verhalten sich wie die Quadrate entsprechender Längen.

11.) a) Zwei n-Ecke $A_1, A_2, \ldots, A_n$ und $B_1, B_2, \ldots, B_n$ befinden sich in perspektivischer Lage, wenn die Geraden $A_1B_1, A_2B_2, \ldots, A_nB_n$ sich in einem Punkte S schneiden. S heißt Zentrum der Perspektivität, alle durch S gehenden Geraden heißen Strahlen der Perspektivität.

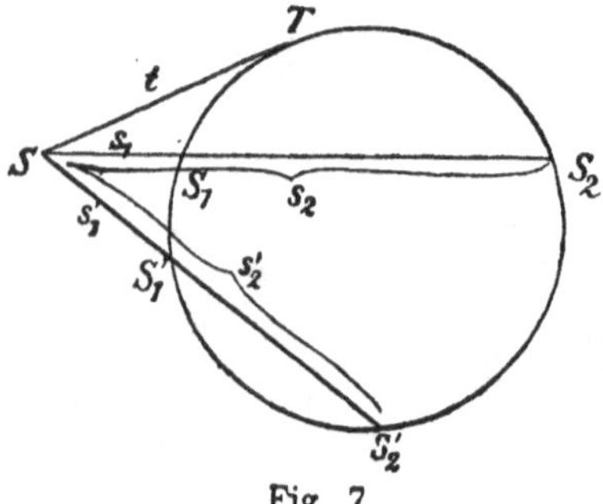

Fig. 7

b) Befinden sich zwei n-Ecke in bezug auf S in perspektivischer Lage und sind $n-1$ in bezug auf S in perspektivischer Lage befindliche Seitenpaare, von denen keines mit einem Strahlenpaar zusammenfällt, einander parallel, so ist auch das n^{te} Paar parallel und die Vielecke sind ähnlich.

c) Sind zwei Vielecke ähnlich und zwei entsprechende Seitenpaare parallel, so sind auch die übrigen parallel, und die Vielecke sind in perspektivischer Lage.

12.) a) Sekantensatz: Schneiden sich zwei Sekanten eines Kreises, so ist das Produkt der Abschnitte der einen, vom Schnittpunkt aus gemessen, gleich dem Produkt der Abschnitte der anderen Sekante (Fig. 7):

$$s_1 \cdot s_2 = s'_1 \cdot s'_2 .$$

Der Schnittpunkt kann innerhalb und außerhalb des Kreises liegen.

b) Sekanten-Tangentensatz: Eine Tangente eines Kreises werde von einer Sekante geschnitten. Dann ist das Quadrat des Tangentenabschnitts gleich dem Produkt der Sekantenabschnitte (Fig. 7):

$$t^2 = s_1 \cdot s_2 .$$

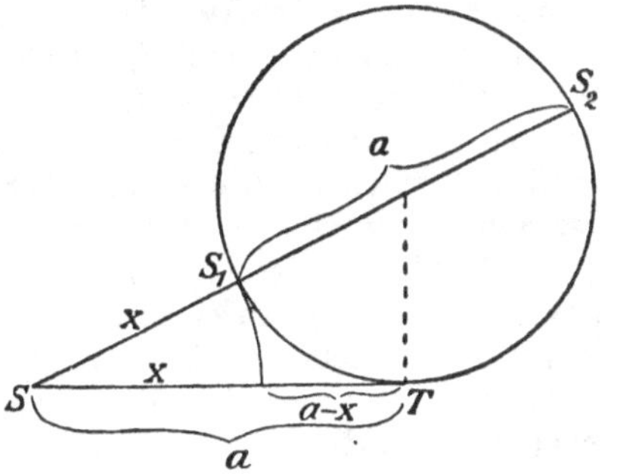

Fig. 8

13.) An einen Kreis vom Radius $\frac{a}{2}$ sei eine Tangente von der Länge a gelegt (die Länge von dem Berührungspunkt aus gerechnet). Es sei x der kürzere Abschnitt der vom Endpunkt der Tangente durch den Mittelpunkt des Kreises gezogenen Sekante. Dann gilt $a : x = x : (a - x)$. (Stetige Teilung der Strecke a, goldener Schnitt, vgl. § 2, 9; s. Fig. 8.)

Ist in einem gleichschenkligen Dreieck die Basis gleich dem größeren Abschnitt des stetig geteilten Schenkels, so ist der Winkel an der Spitze 2/5 R und umgekehrt (Bestimmungsdreieck des regelmäßigen Zehnecks).

§ 32. Pythagoreische Sätze

1.) Das Quadrat über einer Kathete eines rechtwinkligen Dreiecks ist gleich dem Rechteck aus der Hypotenuse und dem anliegenden Hypotenusenabschnitt (vgl. § 31, 6a).

2.) Das Quadrat über der Höhe eines rechtwinkligen Dreiecks ist gleich dem Rechteck aus den Hypotenusenabschnitten (vgl. § 31, 6b).

3.) Pythagoreischer Lehrsatz: Im rechtwinkligen Dreieck ist das Quadrat über der Hypotenuse gleich der Summe der Quadrate über den Katheten (vgl. § 33, I 1 a).

4.) Allgemeiner Pythagoreischer Lehrsatz: Konstruiert man über den Seiten eines rechtwinkligen Dreiecks ähnliche Figuren, so ist die Figur über der Hypotenuse gleich der Summe der Figuren über den Katheten.

5.) Pythagoreischer Lehrsatz für das schiefwinklige Dreieck: Das Quadrat über einer Dreiecksseite ist gleich der Summe der Quadrate der andern Dreiecksseiten vermehrt oder vermindert um das doppelte Rechteck aus einer dieser Seiten und der Projektion der andern auf sie, je nachdem der Gegenwinkel der ersten Seite stumpf oder spitz ist (vgl. § 33, I 1 c).

§ 33. Längen- und Flächenberechnungen

I. Unregelmäßige Vielecke

1.) Das Dreieck:

Bezeichnungen: a, b, c Seiten; α, β, γ Gegenwinkel; h_a, h_b, h_c Höhen; r Radius des umschriebenen Kreises; ϱ Radius des Inkreises; $\varrho_a, \varrho_b, \varrho_c$ Radien der Ankreise; m_a, m_b, m_c Mittellinien; $w_\alpha, w_\beta, w_\gamma$ Halbierungslinien der Innenwinkel; $w_\alpha', w_\beta', w_\gamma'$ Halbierungslinien der Außenwinkel; t_a, t_b, t_c Abschnitte, in welche die Berührungspunkte des Inkreises die Seiten teilen; J Flächeninhalt; $s = \frac{a+b+c}{2}$.

a) Rechtwinkliges Dreieck

$\gamma = 90^0$; a, b Katheten, c Hypotenuse.

$$c^2 = a^2 + b^2, \quad J = \frac{a \cdot b}{2}, \quad h_c = \frac{ab}{c}, \; r = \frac{c}{2},$$

$$\varrho = \frac{a+b-c}{2}, \; \varrho_a = \frac{a+c-b}{2}, \; \varrho_b = \frac{b+c-a}{2}, \; \varrho_c = \frac{a+b+c}{2}.$$

Sind u und v ganze positive Zahlen ($u > v$), so ergeben sich die rationalen rechtwinkligen Dreiecke (Pythagoreische Dreiecke) aus $c = u^2 + v^2$, $a = u^2 - v^2$, $b = 2uv$.

u	v	$u^2 + v^2 = c$	$u^2 - v^2 = a$	$2uv = b$
2	1	5	3	4
3	1	10	8	6
3	2	13	5	12
4	1	17	15	8
4	2	20	12	16
4	3	25	7	24
5	1	26	24	10
5	2	29	21	20

b) Gleichschenkliges Dreieck

$a = b$ (Schenkel), c Grundlinie (Basis).

$$h_c = \frac{1}{2}\sqrt{4a^2 - c^2}, \quad J = \frac{c}{4}\sqrt{4a^2 - c^2}, \quad h_a = h_b = \frac{2J}{a},$$

$$r = \frac{a^2}{2h_c}, \quad \varrho = \frac{c(2a-c)}{4h_c}, \quad \varrho = h_c, \quad \varrho_c = \frac{c(2a+c)}{4h_c}.$$

c) Allgemeines Dreieck

$ap = bq$ (p Projektion von b auf a, q Projektion von a auf b).

$c^2 = a^2 + b^2 \mp 2bq$ (Pythagoreischer Lehrsatz für das schiefwinklige Dreieck). Es gilt das negative oder positive Zeichen je nachdem $\gamma \lesseqgtr 90^0$ ist.

$a^2 - b^2 = p_1^2 - q_1^2$ (p_1 und q_1 Projektionen von a und b auf c).

$$p = \frac{a^2 + b^2 - c^2}{2a}, \quad q = \frac{a^2 + b^2 - c^2}{2b},$$

$$h_a = \frac{bc}{2r}, \quad r = \frac{abc}{4J}, \quad J = \frac{a h_a}{2},$$

$$J = \sqrt{s(s-a)(s-b)(s-c)} = \frac{1}{4}\sqrt{4a^2b^2 - (a^2 + b^2 - c^2)^2},$$

$$\varrho = \frac{2J}{a+b+c}, \quad \varrho_a = \frac{2J}{b+c-a}, \quad \frac{1}{\varrho} = \frac{1}{\varrho_a} + \frac{1}{\varrho_b} + \frac{1}{\varrho_c},$$

$$J = \varrho s = \varrho_a(s-a), \quad J^2 = \varrho\varrho_a\varrho_b\varrho_c, \quad \varrho_a + \varrho_b + \varrho_c - \varrho = 4r,$$

$$m_a = \sqrt{\frac{1}{2}\left(b^2 + c^2 - \frac{1}{2}a^2\right)}, \quad m_a^2 + m_b^2 + m_c^2 = \frac{3}{4}(a^2 + b^2 + c^2),$$

$$w_\alpha = \frac{1}{b+c}\sqrt{bc(a+b+c)(-a+b+c)},$$

$$w'_\alpha = \frac{1}{b-c}\sqrt{bc(a+b-c)(a-b+c)}.$$

Bezeichnen u, v bzw. u', v' die Abschnitte, welche w_α bzw. w'_α auf a erzeugt, gemessen von den Endpunkten von a aus, so gilt:

$$w_\alpha^2 = bc - uv, \quad w_\alpha'^2 = uv' - bc.$$

Da im schiefwinkligen Dreieck keine Seite eine bevorzugte Stellung einnimmt, ergeben sich weitere richtige Formeln, wenn man gleichzeitig a durch b, b durch c, c durch a, α durch $\beta, \ldots$ ersetzt (Zyklische Vertauschung). Auf die durch zyklische Vertauschung erhaltenen Formeln kann nochmals zyklische Vertauschung angewendet werden. Man erhält z. B. in dieser Weise aus $h_a = \frac{bc}{2r}$ die weiteren Formeln $h_b = \frac{ca}{2r}$, $h_c = \frac{ab}{2r}$.

2.) Das Parallelogramm:

a, b Seiten, h_a, h_b Höhen, d_1, d_2 Diagonalen, J Inhalt.

$$J = a h_a = b h_b,$$

$$d_{1,2} = \sqrt{a^2 + b^2 \pm 2a\sqrt{b^2 - h_a^2}}.$$

Im gleichseitigen Parallelogramm (Rhombus) stehen die Diagonalen aufeinander senkrecht.

3.) Das Trapez.

a, b parallele Seiten, c, d nichtparallele Seiten (Schenkel), h Höhe, J Inhalt, $s = \frac{a + b + c + d}{2}$.

$$J = \frac{(a + b)h}{2},$$

$$h = \frac{2}{a - b}\sqrt{s(s - a + b)(s - c)(s - d)}.$$

Diagonale vom Eckpunkt (ac) nach (bd):

$$d_1 = \sqrt{ab + \frac{ac^2 - bd^2}{a - b}}.$$

4.) Das Sehnenviereck: Vgl. § 30.

a, b, c, d Seiten, zyklisch geordnet, r Radius des umschriebenen Kreises, J Inhalt, d_1, d_2 Diagonalen, $s = \frac{a + b + c + d}{2}$.

$$J = \sqrt{(s - a)(s - b)(s - c)(s - d)},$$

$$r = \frac{1}{4J}\sqrt{(ab + cd)(ac + bd)(ad + bc)}.$$

Diagonale d_1 vom Eckpunkt (ab) nach (cd):

$$d_1 = \sqrt{\frac{(ab + cd)(ac + bd)}{ad + bc}}.$$

Satz des *Ptolemaeus*: $d_1 d_2 = ac + bd$.

Ist das Sehnenviereck gleichzeitig ein Tangentenviereck, so gilt

$$J = \sqrt{a b c d}.$$

Weitere Formeln s. § 46.

II. Regelmäßige Vielecke

Bezeichnungen: a Seitenlänge, r Radius des umschriebenen Kreises, ϱ Radius des einbeschriebenen Kreises, d Diagonale, J Inhalt.

Ist n die Anzahl der Seiten, so beträgt der zu einer Seite gehörige Zentriwinkel $\frac{4}{n} R$ und der Polygonwinkel (Innenwinkel) $\frac{2n-4}{n} R$.

1.) Dreieck

$$h = \frac{a}{2}\sqrt{3} = \frac{3r}{2} = 3\varrho \quad \text{(Höhe)},$$

$$r = \frac{2}{3} h = \frac{a}{3}\sqrt{3} = 2\varrho,$$

$$\varrho = \frac{h}{3} = \frac{a}{6}\sqrt{3} = \frac{r}{2},$$

$$J = \frac{a^2}{4}\sqrt{3} = \frac{h^2}{3}\sqrt{3} = \frac{3r^2}{4}\sqrt{3} = 3\varrho^2\sqrt{3}.$$

2.) Sechseck

$$r = a = \frac{2}{3}\varrho\sqrt{3}, \quad \varrho = \frac{a}{2}\sqrt{3} = \frac{r}{2}\sqrt{3},$$

$$J = \frac{3a^2}{2}\sqrt{3} = \frac{3r^2}{2}\sqrt{3} = 2\varrho^2\sqrt{3}.$$

3.) Quadrat

$$r = \frac{a}{2}\sqrt{2} = \varrho\sqrt{2}, \quad \varrho = \frac{a}{2} = \frac{r}{2}\sqrt{2},$$

$$J = a^2 = 2r^2 = 4\varrho^2.$$

4.) Achteck

$$r = \frac{a}{2}\sqrt{4+2\sqrt{2}} = \varrho\sqrt{4-2\sqrt{2}},$$

$$\varrho = \frac{a}{2}(\sqrt{2}+1) = \frac{r}{2}\sqrt{2+\sqrt{2}},$$

$$a = r\sqrt{2-\sqrt{2}} = 2\varrho(\sqrt{2}-1),$$

$$J = 2a^2(\sqrt{2}+1) = 2r^2\sqrt{2} = 8\varrho^2(\sqrt{2}-1).$$

5.) Fünfeck

$$r = \frac{a}{10}\sqrt{50+10\sqrt{5}} = \varrho(\sqrt{5}-1),$$

$$\varrho = \frac{a}{10}\sqrt{25+10\sqrt{5}} = \frac{r}{4}(\sqrt{5}+1),$$

$$a = \frac{r}{2}\sqrt{10-2\sqrt{5}} = 2\varrho\sqrt{5-2\sqrt{5}},$$

$$d = \frac{a}{2}(\sqrt{5}+1) = \frac{r}{2}\sqrt{10+2\sqrt{5}} = \varrho\sqrt{10-2\sqrt{5}},$$

$$J = \frac{a^2}{4}\sqrt{25+10\sqrt{5}} = \frac{5r^2}{8}\sqrt{10+2\sqrt{5}} = 5\varrho^2\sqrt{5-2\sqrt{5}}.$$

6.) Zehneck

$$r = \frac{a}{2}(\sqrt{5}+1) = \frac{\varrho}{5}\sqrt{50-10\sqrt{5}},$$

$$\varrho = \frac{a}{2}\sqrt{5+2\sqrt{5}} = \frac{r}{4}\sqrt{10+2\sqrt{5}},$$

$$a = \frac{r}{2}(\sqrt{5}-1) = \frac{2\varrho}{5}\sqrt{25-10\sqrt{5}},$$

$$J = \frac{5a^2}{2}\sqrt{5+2\sqrt{5}} = \frac{5r^2}{4}\sqrt{10-2\sqrt{5}} = 2\varrho^2\sqrt{25-10\sqrt{5}}.$$

III. Der Kreis

1.) Es ist $\pi = 3{,}14159\ldots$ der halbe Umfang des Kreises mit dem Radius 1. Näherungsweise ist $\pi = \frac{22}{7}$.

Der **Umfang des Vollkreises** mit dem Radius r ist

$$u = 2r\pi.$$

2.) Unter dem **Bogenmaß** $b = \operatorname{arc}\beta$ des Winkels β versteht man die Länge des zum Mittelpunktswinkel β gehörigen Bogens des Kreises mit dem Radius 1:

$$b = \operatorname{arc}\beta = \frac{\pi}{180^0}\beta = \frac{\beta}{57{,}296^0}$$

$\beta =$	0^0	1^0	45^0	90^0	180^0	270^0	360^0
$b =$	0	$\frac{\pi}{180}$	$\frac{\pi}{4}$	$\frac{\pi}{2}$	π	$\frac{3\pi}{2}$	2π

In einem Kreise vom Radius r gehört zum Winkel β der Bogen

$$u_\beta = r\cdot\frac{\pi}{180^0}\cdot\beta = rb.$$

3.) Der Inhalt des vom Mittelpunktswinkel β gebildeten Kreissektors ist

$$J_\beta = \frac{r^2\pi}{360^0}\cdot\beta = \frac{r^2 b}{2}.$$

Der **Inhalt des Vollkreises** ist

$$J = r^2\pi$$

§ 34. Besondere Linien und Punkte am Dreieck

In einem Dreieck schneiden sich:

1.) die **Mittellote** zu den Seiten in einem Punkt, der von den Ecken gleiche Entfernungen hat (**Umkreismittelpunkt** O);

2.) die **Halbierungslinien der Winkel** in einem Punkt, der von den Seiten gleiche Entfernungen hat (**Inkreismittelpunkt** M); desgleichen die Halbierungslinie eines Winkels und die der beiden Außenwinkel an der Gegenseite (**Ankreismittelpunkte** M_a, M_b, M_c);

3.) die **Schwerlinien** (seitenhalbierende Transversalen)

in einem Punkt und teilen sich (von den Eckpunkten aus gerechnet) gegenseitig im Verhältnis 2 : 1 (Schwerpunkt S);

4.) die Höhen in einem Punkt (Höhenschnittpunkt H).

In einem Dreieck liegen:

5.) der Höhenschnittpunkt, der Schwerpunkt und der Umkreismittelpunkt in gerader Linie, und es ist hierbei $\overline{HS} : \overline{SO} = 2 : 1$;

6.) die drei Fußpunkte der Höhen, die drei Halbierungspunkte der Seiten und die drei Halbierungspunkte der oberen Höhenabschnitte auf einem Kreis (*Feuerbach*scher Kreis). Sein Mittelpunkt halbiert die Strecke $\overline{HO}$.

§ 35. Gerichtete Strecken und Winkel. Verhältnis und Doppelverhältnis

1.) Auf einer Geraden werde eine Richtung als positive festgelegt. Die entgegengesetzte Richtung ist die negative. Dann gibt man der absoluten Länge $\overline{AB}$ einer Strecke der Geraden ein positives Zeichen, wenn die Durchlaufung der Strecke von A nach B im positiven Sinne und ein negatives Zeichen, wenn sie im negativen Sinne erfolgt. Eine in dieser Weise mit einem Vorzeichen versehene Strecke heißt **gerichtete Strecke** und wird mit

$$\overrightarrow{AB}$$

bezeichnet, wobei die Reihenfolge der Buchstaben und der Pfeil die Durchlaufungsrichtung der Strecke angeben *).

2.) Sind A, B, C beliebige Punkte einer gerichteten Geraden, so gilt

$$\overrightarrow{AB} = -\overrightarrow{BA},$$

$$\overrightarrow{AB} + \overrightarrow{BC} + \overrightarrow{CA} = 0.$$

3.) Der Punkt C teilt die Strecke $\overrightarrow{AB}$ im **Verhältnis** $\lambda : 1$,

*) AB bedeutet die gesamte Gerade durch die Punkte A und B, dagegen $\overline{AB}$ die absolute und $\overrightarrow{AB}$ die gerichtete Strecke, die von den Punkten A und B begrenzt wird.

wenn

$$\frac{\overrightarrow{AC}}{\overrightarrow{CB}} = \lambda$$

ist. Der Wert des Verhältnisses ist von der Richtung der Geraden unabhängig.

Man erhält die Werte, welche λ annimmt, wenn C die Gerade AB in der Richtung $A \rightarrow B$ vollständig durchläuft (s. Fig. 9), aus folgender Tabelle:

Bewegt sich C	so nimmt λ
von ∞ bis A	die negativen Werte von -1 bis 0 an,
„ A „ B	„ positiven „ „ 0 „ ∞ „ ,
„ B „ ∞	„ negativen „ „ ∞ „ -1 „ .

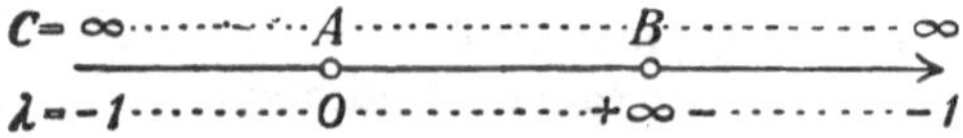

Fig. 9

Bemerkung: Damit jedem Punkte der Geraden nur ein Wert λ und umgekehrt jedem Werte λ nur ein Punkt der Geraden entspricht, ist hierbei angenommen worden, daß eine Gerade nur einen unendlich fernen Punkt (∞) besitzt, und daß die über alle Grenzen wachsenden und die über alle Grenzen abnehmenden Zahlen einem und demselben Werte ∞ zustreben.

4.) Unter dem **Doppelverhältnis** der Punkte A, B, C, D einer Geraden versteht man den Wert

$$\mu = \frac{\overrightarrow{AC}}{\overrightarrow{CB}} : \frac{\overrightarrow{AD}}{\overrightarrow{DB}} = (ABCD).$$

Die Reihenfolge der vier Punkte ist wesentlich. Die Punkte A und B einerseits und C und D andererseits heißen **zugeordnet** oder **konjugiert**. Das Doppelverhältnis ist unabhängig von der Richtung der Geraden.

Das Doppelverhältnis ändert sich nicht, wenn man I.) die

ersten beiden Punkte mit den beiden letzten oder II.) die ersten beiden Punkte unter sich und gleichzeitig die letzten beiden unter sich vertauscht oder III.) beide Vertauschungen gleichzeitig ausführt:

$$(ABCD) = (CDAB) = (BADC) = (DCBA).$$

Von den für die Punkte $ABCD$ möglichen $4! = 24$ Doppelverhältnissen sind daher höchstens 6 verschieden:

$$(ABCD) = \mu, \ (ACBD) = 1 - \mu, \ (ADCB) = \frac{\mu}{\mu - 1},$$

$$(ABDC) = \frac{1}{\mu}, \ (ACDB) = \frac{1}{1-\mu}, \ (ADBC) = \frac{\mu - 1}{\mu}.$$

Die Werte von μ, welche angenommen werden, wenn D die Gerade in der Richtung $A \to C \to B$ vollständig durchläuft, erhält man aus folgender Tabelle (s. Fig. 10):

Bewegt sich D	so nimmt μ
von ∞ bis A	die negativen Werte von $-\frac{\overline{AC}}{\overline{CB}}$ bis ∞ an,
„ A „ C	„ positiven „ „ ∞ „ 1 „,
„ C „ B	„ „ „ „ 1 „ 0 „,
„ B „ ∞	„ negativen „ „ 0 „ $-\frac{\overline{AC}}{\overline{CB}}$ „.

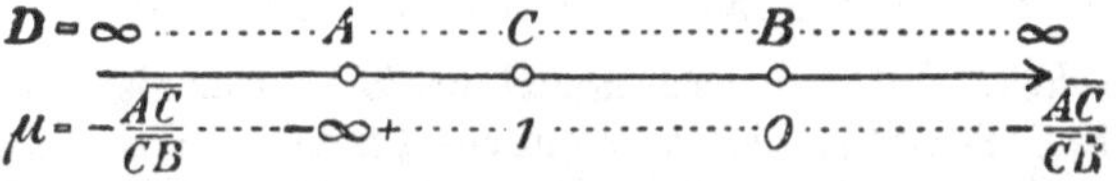

Fig. 10

5.) Unter dem Doppelverhältnis von vier Strahlen a, b, c, d, wo a und b einerseits, c und d andererseits zugeordnet (konjugiert) sind, versteht man den Wert:

$$\mu = \frac{\sin(\widehat{ac})}{\sin(\widehat{cb})} : \frac{\sin(\widehat{ad})}{\sin(\widehat{db})} = (abcd).$$

Hierbei sind $(\widehat{a\,c}), \ldots$ die (**gerichteten**) **Winkel** zwischen den Strahlen a und $c, \ldots$. Sie werden dadurch bis auf Vielfache von 2π eindeutig bestimmt, daß man jedem Strahl eine positive Richtung erteilt und z. B. als Winkel $\widehat{a\,c}$ zwischen den Strahlen a und c denjenigen Winkel bezeichnet, um welchen man den Strahl a im positiven Sinne drehen muß, damit er seiner Richtung nach mit c zusammenfällt. Die Winkel werden im entgegengesetzten Uhrzeigerdrehsinn positiv gerechnet. Das Doppelverhältnis μ ist unabhängig davon, welche Richtungen auf den Strahlen man als positiv festsetzt.

6.) Werden vier Strahlen a, b, c, d von einer Geraden bzw. in den Punkten A, B, C, D geschnitten, so ist

$$(ABCD) = (abcd).$$

§ 36. Harmonische Teilung

1.) Die Strecke $\overrightarrow{AB}$ wird durch die Punkte C und D **harmonisch** geteilt, wenn das Doppelverhältnis

$$(ABCD) = -1,$$

wenn also

$$\frac{\overrightarrow{AC}}{\overrightarrow{CB}} = -\frac{\overrightarrow{AD}}{\overrightarrow{DB}}$$

ist. C ist innerer, D äußerer Teilpunkt der Strecke $\overrightarrow{AB}$. Die Strecke $\overrightarrow{CD}$ wird durch A und B ebenfalls harmonisch geteilt. A, B, C, D heißen vier harmonische Punkte, wobei A und B einerseits, C und D andererseits **zugeordnet** (**konjugiert**) sind.

C und D teilen die Strecke $\overrightarrow{AB}$ innerlich und äußerlich in demselben absoluten Verhältnis; denn setzt man

$$\frac{\overrightarrow{AC}}{\overrightarrow{CB}} = \lambda, \text{ so ist } \frac{\overrightarrow{AD}}{\overrightarrow{DB}} = -\lambda.$$

2.) Gehen die Strahlen eines Büschels durch vier harmonische Punkte, so heißt dasselbe ein **harmonisches Büschel**; je zwei Strahlen, welche durch zwei zugeordnete Punkte gehen, heißen selbst zugeordnet.

Für vier harmonische Strahlen a, b, c, d gilt $(abcd) = -1$.

3.) Jede Gerade schneidet ein harmonisches Büschel in harmonischen Punkten.

4.) Zu einem Teilpunkt einer Strecke gibt es nur einen harmonisch zugeordneten Punkt; zu einem Teilstrahl eines Winkels gibt es nur einen harmonisch zugeordneten Strahl.

5.) Der zum Halbierungspunkt einer Strecke harmonisch zugeordnete Punkt ist der unendlich ferne Punkt; der zur Halbierungslinie eines Winkels harmonisch zugeordnete Strahl ist das Lot zur Halbierungslinie.

6.) a) Wenn man zu einem Strahl eines harmonischen Büschels eine Parallele zieht, so wird das Stück derselben zwischen dem andern Paar zugeordneter Strahlen von dem zum ersten zugeordneten Strahl halbiert.

b) Umgekehrt: Werden durch drei Strahlen eines Büschels auf einer Geraden gleiche Strecken abgeschnitten und ist der vierte Strahl dieser Geraden parallel, so bilden die vier Strahlen ein harmonisches Büschel. (Bestimmung des vierten harmonischen Punktes bzw. Strahles zu drei gegebenen.)

7.) Wenn M der Halbierungspunkt der durch C und D harmonisch geteilen Strecke $\overrightarrow{AB}$ ist, ergibt sich

$$\overrightarrow{AM}^2 = \overrightarrow{MC} \cdot \overrightarrow{MD}.$$

8.) a) Vier Punkte A, B, C, D, von denen nicht drei in gerader Linie liegen, und ihre 6 Verbindungsgeraden bilden die Ecken und Seiten des **vollständigen Vierecks** $ABCD$. Diejenigen Schnittpunkte L, M, N der Seiten, welche nicht mit den Ecken identisch sind, heißen **Diagonalpunkte**. Sie bilden das **Diagonaldreieck**. Die Verbindungsgeraden der Diagonalpunkte sind die Seiten des Diagonaldreiecks. Eine Seite des Diagonaldreiecks bestimmt mit zwei Seiten des Vierecks je einen Schnittpunkt (Fig. 11).

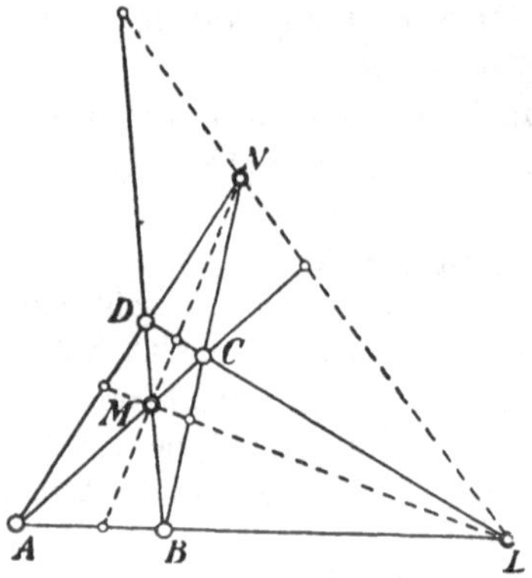

Fig. 11

b) Vier Gerade a, b, c, d, von denen nicht drei durch einen Punkt gehen, und ihre 6 Schnittpunkte bilden die Seiten und Ecken des **vollständigen Vierseits** $abcd$. Diejenigen Verbindungsgeraden l, m, n der Ecken, welche nicht mit den Seiten identisch sind, heißen **Diagonalen**. Sie bilden das **Diagonaldreiseit**. Die Schnittpunkte der Diagonalen sind die Ecken des Diagonaldreiseits. Eine Ecke des Diagonaldreiseits bestimmt mit zwei Ecken des Vierseits je eine Verbindungsgerade (Fig. 12).

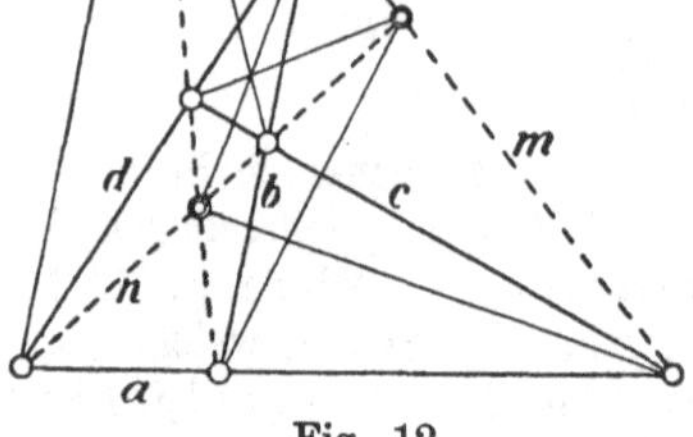

Fig. 12

9.) a) In einem vollständigen Viereck gehen durch jede Ecke des Diagonaldreiecks vier harmonische Strahlen. Auf jeder Seite eines vollständigen Vierecks und auf jeder Seite des Diagonaldreiecks liegen vier harmonische Punkte.

b) In einem vollständigen Vierseit liegen auf jeder Seite des Diagonaldreiseits vier harmonische

Punkte. Durch jede Ecke eines vollständigen Vierseits und durch jede Ecke des Diagonaldreiseits gehen vier harmonische Strahlen. (Vgl. § 65, 3.)

10.) Der geometrische Ort für die Spitzen aller Dreiecke auf derselben Seite der gemeinsamen Grundlinie c mit demselben Verhältnis $\lambda : 1$ für die Seiten a und b ist der Halbkreis über der Strecke zwischen den beiden Punkten, welche c innerlich und äußerlich im Verhältnis $\lambda : 1$ teilen (Satz des *Apollonius*).

§ 37. Kreispolaren

1.) Sind A, B, P, Q vier harmonische Punkte und beschreibt man über $\overline{AB}$ als Durchmesser einen Kreis und errichtet in P ein Lot auf AB, so heißt dieses Lot die Polare des Poles Q in bezug auf den Kreis. Ebenso ist das Lot in Q die Polare von P. Zu einem Pol gehört nur eine Polare und umgekehrt (s. Nr. 2). Zwei Punkte heißen harmonische (reziproke) Pole, wenn jeder auf der Polaren des anderen liegt. Zwei Gerade heißen harmonische (reziproke) Polaren, wenn jede durch den Pol der anderen geht.

2.) Die Berührungssehne der von einem Punkt an einen Kreis gezogenen Tangenten ist Polare jenes Punktes. Eine Tangente ist Polare ihres Berührungspunktes.

Bewegt sich der Pol auf einem Radius nach dem Mittelpunkte M des Kreises, so wird die Polare parallel verschoben, und ihre Entfernung von M strebt gegen ∞.

Damit auch dem Mittelpunkt des Kreises eine und nur eine Polare entspricht, nimmt man an, daß die Gesamtheit aller unendlich fernen Punkte eine Gerade erfüllt, die unendlich ferne Gerade. Dann gilt:

Die Polare des Mittelpunktes eines Kreises ist die unendlich ferne Gerade.

Entsprechend ist der Pol eines Durchmessers der unendlich ferne Punkt des zu ihm senkrechten Durchmessers.

3.) **Wandert ein Punkt auf einer Geraden, so dreht sich seine Polare um einen Punkt, den Pol dieser Geraden.**

Dreht sich eine Gerade um einen Punkt, so durchläuft ihr Pol eine Gerade, die Polare dieses Punktes.

4.) Die Polare des Schnittpunktes zweier Geraden ist die Verbindungsgerade der Pole dieser Geraden.

Der Pol der Verbindungsgeraden zweier Punkte ist der Schnittpunkt der Polaren dieser Punkte.

5.) Jede durch einen Punkt gehende Sekante wird durch diesen, durch seine Polare und die Kreislinie harmonisch geteilt.

6.) In einem vollständigen Sehnenviereck ist ein Diagonalpunkt der Pol zur Verbindungsgeraden der beiden anderen Diagonalpunkte.

In einem vollständigen Tangentenvierseit ist eine Diagonale die Polare zum Schnittpunkt der beiden anderen Diagonalen.

§ 38. Sätze von *Ceva, Menelaos, Pascal, Brianchon*

Die positive Umlaufsrichtung eines Dreiecks sei die von $A \to B \to C \to A$. Dann gilt:

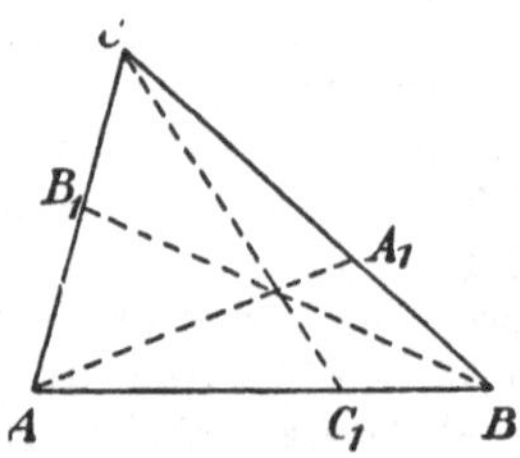

Fig. 13

1.) Satz von *Ceva*: Schneiden sich drei Ecktransversalen eines Dreiecks in einem Punkt innerhalb oder außerhalb des Dreiecks, so ist das Produkt dreier nicht aneinanderliegender (gerichteter) Seitenabschnitte gleich dem Produkt der drei anderen und umgekehrt (Fig. 13):

$$\overrightarrow{BA_1} \cdot \overrightarrow{AC_1} \cdot \overrightarrow{CB_1} = \overrightarrow{A_1C} \cdot \overrightarrow{C_1B} \cdot \overrightarrow{B_1A}\,.$$

2.) Satz von *Menelaos*: Schneidet eine Transversale eines Dreiecks die drei Seiten oder ihre Verlängerungen, so ist das Produkt dreier nicht aneinanderliegender (gerichteter)

Seitenabschnitte gleich dem negativen Produkt der drei anderen und umgekehrt (Fig. 14):

$$\overrightarrow{BA_1} \cdot \overrightarrow{CB_1} \cdot \overrightarrow{AC_1} = - \overrightarrow{A_1C} \cdot \overrightarrow{B_1A} \cdot \overrightarrow{C_1B}.$$

Ferner gelten für den Kreis die Sätze:

3.) Satz von *Pascal*: Die drei Schnittpunkte je zweier Gegenseiten eines Sehnensechsecks liegen in einer Geraden.

4.) Satz von *Brianchon*: Die drei Verbindungslinien je zweier Gegenecken eines Tangentensechsecks schneiden sich in einem Punkt.

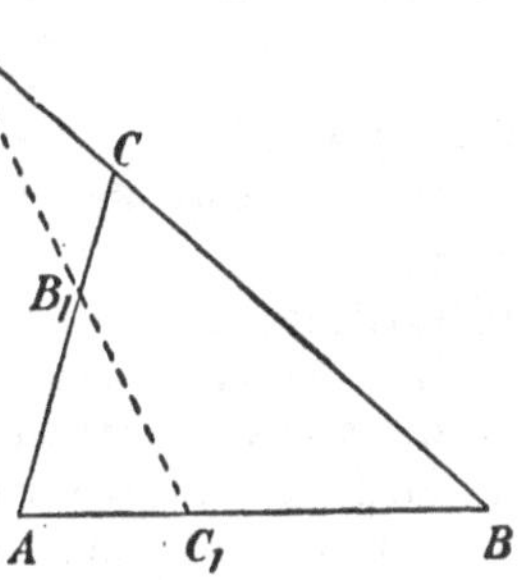

Fig. 14

§ 39. Ähnlichkeitspunkte und Potenzlinien (Chordalen)

1.) Alle Geraden, welche die Endpunkte paralleler gleichgerichteter Radien zweier Kreise verbinden, schneiden sich in einem Punkt, dem äußeren Ähnlichkeitspunkt. Ebenso schneiden sich alle Geraden, welche die Endpunkte paralleler, aber entgegengesetzt gerichteter Radien verbinden, in einem Punkt, dem inneren Ähnlichkeitspunkt. Die Verbindungsgeraden heißen Ähnlichkeitsstrahlen. Die Ähnlichkeitspunkte liegen auf der Zentralen und teilen diese harmonisch.

2.) Satz von *Monge*: Die drei äußeren Ähnlichkeitspunkte dreier Kreise und ebenso je zwei innere und ein äußerer Ähnlichkeitspunkt liegen auf je einer Geraden. Diese vier Geraden heißen Ähnlichkeitsachsen.

3.) Unter der Potenz eines Punktes S in bezug auf einen Kreis versteht man das stets konstante Produkt der Abschnitte einer durch S gelegten beliebigen Sekante.

Sind S_1 und S_2 die Schnittpunkte der Sekante mit dem Kreis, ist d der Mittelpunktsabstand des Punktes S und r der Radius des Kreises, so ist die Potenz

$$\overrightarrow{SS_1} \cdot \overrightarrow{SS_2} = d^2 - r^2$$

(vgl. § 31, 12).

Der Ort aller Punkte, welche in bezug auf zwei Kreise gleiche Potenz haben, ist eine Gerade, die Potenzlinie (Chordale), welche auf der Zentralen senkrecht steht.

Die Tangenten von irgendeinem Punkte der Potenzlinie an die beiden Kreise sind einander gleich.

Sind gemeinschaftliche Tangenten vorhanden, so werden sie von der Potenzlinie halbiert.

Schneiden oder berühren sich die Kreise, so ist die Potenzlinie gemeinschaftliche Sekante bzw. Tangente. Die Potenzlinie liegt außerhalb beider Kreise, wenn diese keinen Punkt gemeinsam haben. Die Potenzlinie konzentrischer Kreise ist die unendlich ferne Gerade.

4.) Die Potenzlinien je zweier von drei gegebenen Kreisen schneiden sich entweder in einem Punkt, dem Potenz- oder Chordalpunkt der drei Kreise, oder sie sind parallel (Anwendung zur Konstruktion der Potenzlinien zweier Kreise bei beliebiger Lage derselben).

VI. Abschnitt

Stereometrie

§ 40. Windschiefe Geraden

1.) Zwei Geraden heißen windschief, wenn sie nicht in einer Ebene liegen. Unter den Winkeln, welche zwei windschiefe Geraden miteinander bilden, versteht man die beiden Winkel, welche zwei zu den windschiefen Geraden parallele, sich schneidende Geraden miteinander bilden.

2.) Der kürzeste Abstand zweier windschiefer Geraden ist der Abstand derjenigen Ebenen durch die beiden Geraden, welche einander parallel sind.

§ 41. Sätze über das Dreikant und das sphärische Dreieck

1.) Ein Dreikant ist gegeben durch drei von einem Punkte (dem Scheitel) ausgehende, nicht in eine Ebene fallende Halbgeraden (Kanten). Unter den Seiten a, b, c des Dreikants versteht man die Winkel, welche die Halbgeraden miteinander einschließen und welche $< 180^0$ sind. Unter den Innenwinkeln α, β, γ versteht man die Winkel, welche die von den Kanten bestimmten Ebenen miteinander einschließen, welche $< 180^0$ sind, bzw. den Seiten a, b, c gegenüber liegen und diesen zugewandt sind. Diejenigen Winkel, welche die Innenwinkel zu 180^0 ergänzen, heißen Außenwinkel des Dreikants.

Fällt man von einem Punkte im Inneren des Dreikants die Lote auf dessen Seitenflächen, so erhält man ein Supplementardreikant. Verschiebt man dieses parallel so, daß sein Scheitel mit dem Scheitel des gegebenen Dreikants zusammenfällt, so entsteht das Polardreikant zu dem gegebenen Dreikant. Sind a', b', c' die Seiten, α', β', γ' die Winkel des Polardreikants, derart, daß die Schenkel von a' auf b und c senkrecht stehen und der Winkel α' der Seite a' gegenüberliegt usw., so gilt

$$a' + \alpha = 180^0, \ldots, \alpha' + a = 180^0, \ldots$$

2.) Unter einem größten Kugelkreise versteht man einen Kreis auf der Kugel, dessen Ebene durch den Mittelpunkt der Kugel geht. Legt man durch zwei Punkte der Kugel einen größten Kreis, so ist der durch die Punkte gebildete kleinere Abschnitt des Kreises die kürzeste Entfernung der beiden Punkte auf der Kugel.

Unter einem sphärischen Dreieck versteht man das (von größten Kreisen gebildete) Dreieck, welches von einem

Dreikant aus der Kugel ausgeschnitten wird, dessen Scheitel im Mittelpunkt der Kugel liegt. Als Seiten, Innen- und Außenwinkel des sphärischen Dreiecks bezeichnet man die entsprechenden Stücke des Dreikants. Alle Seiten und Winkel des sphärischen Dreiecks sind somit $< 180^0$ vorausgesetzt. Unter dem *Polardreieck* versteht man das vom Polardreikant aus der Kugel ausgeschnittene Dreieck. Die Seiten bzw. Winkel des Polardreiecks ergänzen sich mit den Winkeln bzw. Seiten des ursprünglichen Dreiecks zu je 180^0.

3.) Zwei Dreikante oder zwei sphärische Dreiecke gleicher Kugeln sind kongruent oder spiegelbildlich symmetrisch, wenn

a) zwei Seiten und der eingeschlossene Winkel,

b) eine Seite und zwei anliegende Winkel,

c) die drei Seiten,

d) die drei Winkel,

e) zwei Seiten und der Gegenwinkel der einen gleich sind, und der Gegenwinkel der andern in beiden zugleich $\lesseqgtr 90^0$ ist,

f) zwei Winkel und die Gegenseite des einen gleich sind, und die Gegenseite des andern in beiden zugleich $\lesseqgtr 90^0$ ist.

4.) In jedem Dreikant und jedem sphärischen Dreieck

a) liegen gleichen Seiten gleiche Winkel gegenüber und umgekehrt,

b) liegt dem größeren Winkel die größere Seite gegenüber und umgekehrt,

c) ist die Summe zweier Seiten größer als die dritte,

d) ist die Summe zweier Winkel kleiner als der um 2R vermehrte dritte,

e) ist, wenn die Summe zweier Seiten $\gtreqless 180^0$ ist, auch die Summe der Gegenwinkel $\gtreqless 180^0$ und umgekehrt.

5.) In einem Dreikant und in einem sphärischen Dreieck liegt die Summe

a) der Seiten zwischen 0 und 4 R,

b) der Winkel „ 2R „ 6R.

6.) In einem Dreikant schneiden sich

a) die seitenhalbierenden Ebenen in einer Geraden, der Schwerlinie des Dreikants,

b) die Halbierungsebenen der Innenwinkel in einer Geraden und die Halbierungsebenen je eines Innenwinkels und zweier Außenwinkel in einer Geraden; die vier Geraden sind die Achsen der Kegel, welche die drei Seitenflächen berühren,

c) die Mittellotebenen (Ebenen, welche auf den Seiten senkrecht stehen und durch deren Winkelhalbierende gehen) in einer Geraden, der Achse des dem Dreikant umschriebenen Kegels,

d) die Höhenebenen (senkrechte Ebenen der Seiten, welche durch die gegenüberliegende Kante gehen) in einer Geraden.

7.) Bezeichnet man diejenigen Großkreise, welche von den in 6.) angegebenen Ebenen aus der Kugel ausgeschnitten werden bzw. als Mittellinien, Winkelhalbierende, Mittellote und Höhen des sphärischen Dreiecks, so schneiden sich diese je in einem Punkte.

8.) In einem sphärischen Dreieck gibt es einen Inkreis, drei Ankreise und einen umschriebenen Kreis. Diese Kreise werden bzw. von den unter Nr. 6.) b) und 6.) c) angegebenen Kegeln aus der Kugel ausgeschnitten.

§ 42. Allgemeine Sätze über Polyeder

1.) Unter einem Polyeder versteht man einen nur von ebenen Flächen begrenzten, im Endlichen gelegenen Körper. Ein Polyeder heißt konvex, wenn die Neigungswinkel benachbarter Begrenzungsebenen, im Innern des Körpers gemessen, sämtlich kleiner als 180° sind.

2.) Satz von *Euler*: Ist E die Anzahl der Ecken, F die Anzahl der Flächen, K die Anzahl der Kanten eines konvexen Polyeders, so ist

$$E + F = K + 2 .$$

3.) Die Anzahl K der Kanten eines konvexen Polyeders ist halb so groß wie die Anzahl W der Winkel zwischen den Kanten:

$$K = \frac{W}{2}.$$

4.) Unter einem **regulären Polyeder** versteht man ein Polyeder, dessen Oberfläche aus kongruenten regulären Vielecken besteht und an dessen sämtlichen Ecken die gleiche Anzahl Vielecke zusammenstoßen.

5.) Es gibt nur 5 reguläre konvexe Polyeder:

a) das Tetraeder, begrenzt von 4 gleichseitigen Dreiecken,
b) den Würfel, „ „ 6 Quadraten,
c) das Oktaeder, „ „ 8 gleichseitigen Dreiecken,
d) das Dodekaeder, „ „ 12 regulären Fünfecken,
e) das Ikosaeder, „ „ 20 gleichseitigen Dreiecken.

§ 43. Sätze und Formeln zur Berechnung von Körpern

1.) Ein **Parallelschnitt** zur Grundfläche einer Pyramide ist ein der Grundfläche ähnliches Vieleck, und es verhält sich der Inhalt des Parallelschnittes zu dem der Grundfläche wie die Quadrate ihrer Entfernungen oder derjenigen entsprechender Ecken von der Spitze der Pyramide.

2.) Satz des *Cavalieri*: Haben zwei Körper gleiche Höhe und gleiche Grundflächen und sind alle Parallelschnitte, die in denselben Entfernungen von den entsprechenden Grundflächen gelegt sind, einander gleich, so sind die Körper selbst inhaltsgleich.

3.) Ähnliche Körper verhalten sich der Oberfläche nach wie die Quadrate, dem Inhalt nach wie die Kuben entsprechender Längen.

Bezeichnungen: M Mantel, O Oberfläche, V Rauminhalt, G Grundfläche, G_1 Deckfläche, h Höhe, r Grundkreishalbmesser, r_1 Deckkreishalbmesser, R Kugelhalbmesser, a, b, c Kanten, d Diagonale, s Mantellinie, S Mittelschnitt.

4.) **Quader:** $O = 2(ab + bc + ca)$,
$V = abc$, $d = \sqrt{a^2 + b^2 + c^2}$.

5.) **Prisma:** $V = G \cdot h$.
Gerades regelmäßiges 6seitiges Prisma (Grundkante a):
$$V = \frac{3}{2} a^2 h \sqrt{3}, \quad O = 3a(a\sqrt{3} + 2h).$$

6.) **Pyramide:** $V = G \cdot \frac{h}{3}$.
Gerade regelmäßige 6seitige Pyramide (Grundkante a):
$$V = \frac{1}{2} a^2 h \sqrt{3}, \quad O = 3a\left(\frac{a}{2}\sqrt{3} + \sqrt{h^2 + \frac{3}{4}a^2}\right).$$

7.) **Kreiszylinder:**
beliebig: $V = r^2 \pi h$,
gerade: $M = 2 r \pi h$, $O = 2 r \pi (h + r)$.
Hohlzylinder: $V = (r^2 - r_1^2)\pi h$ (r_1 innerer Grundkreisradius).

8.) **Kreiskegel:**
beliebig: $V = \frac{1}{3} r^2 \pi h$,
gerade: $M = r\pi s$, $O = r\pi(s + r)$,.
$s = \sqrt{r^2 + h^2}$.

9.) **Pyramidenstumpf** (Deckfläche parallel zur Grundfläche):
$$V = \frac{h}{3}\left(G + \sqrt{G G_1} + G_1\right).$$

10.) **Kegelstumpf** (Deckfläche parallel zur Grundfläche):
beliebig: $V = \frac{\pi h}{3}(r^2 + r r_1 + r_1^2)$,
gerade: $M = (r + r_1)\pi s = 2 p \pi h$
(p Mittellot zur Mantellinie bis zur Achse).

11.) **Prismatoid:** $V = \frac{h}{6}(G + G_1 + 4S)$.

12.) **Schiefabgeschnittenes gerades dreiseitiges**

Prisma: $V = G \cdot \frac{a+b+c}{3}$.

13.) Kugel: $O = 4R^2\pi$, $V = \frac{4R^3\pi}{3}$.

Kugelzone (ausgeschnitten von zwei parallelen Ebenen im Abstande h voneinander):

$M = 2R\pi h, O = \pi(r^2 + 2Rh + r_1^2)$,

$V = \frac{\pi h}{6}(3r^2 + 3r_1^2 + h^2)$.

Kugelabschnitt (Kugelsegment, h seine Höhe):

$$M = 2R\pi h = \pi(r^2 + h^2),\ O = \pi(2r^2 + h^2),$$

$$V = \frac{\pi h}{6}(3r^2 + h^2) = \frac{\pi h^2}{3}(3R - h).$$

Kugelausschnitt (Kugelsektor, r Radius, h Höhe der Kalotte):

$$O = \pi R(r + 2h),\quad V = \frac{2}{3}R^2\pi h.$$

Kugelkeil: $V = \frac{\pi R^3 \cdot \alpha}{270^0}$

(α ist der Winkel der beiden durch den Mittelpunkt gehenden Begrenzungsebenen des Keils).

14.) Ellipsoid: $V = \frac{4}{3}\pi abc$ (a, b, c Halbachsen).

15.) Umdrehungsellipsoid: $V = \frac{4}{3}\pi ab^2$ ($2a$ Drehachse).

16.) Umdrehungsparaboloid: $V = \frac{1}{2}r^2\pi h$.

17.) Abgestumpftes Umdrehungsparaboloid:

$$V = \frac{1}{2}\pi(r^2 + r_1^2)h$$

(r, r_1 Halbmesser der Endflächen, h Höhe).

18.) Kreisring: $V = 2\pi^2 R r^2$, $O = 4\pi^2 R r$
(r Halbmesser des gedrehten Kreises, R Abstand seines Mittelpunktes von der Drehachse).

19.) Schief abgeschnittener gerader Kreiszylinder: $V = \pi r^2 \frac{h_1 + h_2}{2}$, $M = \pi r (h_1 + h_2)$
(h_1 kürzeste, h_2 längste Mantellinie).

20.) Zylinderhuf:

$$V = \frac{h}{3b}[a(3r^2 - a^2) + 3r^2(b - r)\varphi],$$

$$M = \frac{2rh}{b}[(b - r)\varphi + a]$$

(h längste Mantellinie, $2a$ Hufkante, b Länge des Lotes vom Fußpunkt von h auf $2a$, 2φ Länge des Bogens bezogen auf den Halbmesser 1; Fig. 15).

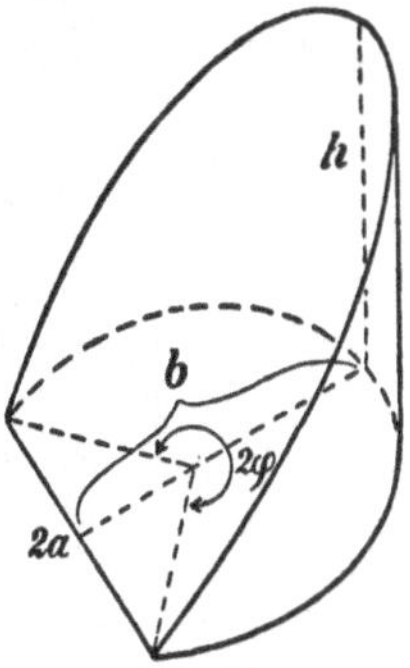

Fig. 15

21.) Reguläre Polyeder: R Halbmesser der umbeschriebenen, r derjenige der einbeschriebenen Kugel, a Kante.

Tetraeder: $R = \frac{a}{4}\sqrt{6}$, $r = \frac{a}{12}\sqrt{6}$,
$O = a^2\sqrt{3}$, $V = \frac{a^3}{12}\sqrt{2}$.

Würfel: $R = \frac{a}{2}\sqrt{3}$, $r = \frac{a}{2}$,
$O = 6a^2$, $V = a^3$.

Oktaeder: $R = \frac{a}{2}\sqrt{2}$, $r = \frac{a}{6}\sqrt{6}$,
$O = 2a^2\sqrt{3}$, $V = \frac{a^3}{3}\sqrt{2}$.

Dodekaeder: $R = \frac{a}{4}(1 + \sqrt{5})\sqrt{3}$,

$$r = \frac{a}{4}\sqrt{\frac{50+22\sqrt{5}}{5}} = a \operatorname{ctg} 36^0 \cos 36^0 .$$

$$O = 3a^2\sqrt{5(5+2\sqrt{5})},$$

$$V = 4F\cdot r \quad (F \text{ Seitenfläche})$$

$$= \frac{a^3}{4}(15+7\sqrt{5}) = 5a^3 \operatorname{ctg}^2 36^0 \cos 36^0 .$$

Ikosaeder: $R = \frac{a}{4}\sqrt{2(5+\sqrt{5})},$

$$r = \frac{a}{2}\sqrt{\frac{7+3\sqrt{5}}{6}} = \frac{a}{4}\cdot\frac{3+\sqrt{5}}{\sqrt{3}}$$

$$= \frac{2a\cos^2 36^0}{\sqrt{3}},$$

$$O = 5a^2\sqrt{3},$$

$$V = \frac{20\cdot F\cdot r}{3} = \frac{5a^3}{12}(3+\sqrt{5})$$

$$= \frac{10a^3}{3}\cos^2 36^0 .$$

VII. Abschnitt

Ebene Trigonometrie

I. Goniometrie

§ 44. Die trigonometrischen Funktionen einfacher Winkel

1.) Unter den trigonometrischen Funktionen Sinus, Cosinus, Tangens, Cotangens, Sekans, Cosekans eines spitzen Winkels α im rechtwinkligen Dreieck mit der Hypotenuse c (Fig. 16) versteht man bzw. die Werte:

$$\sin\alpha = \frac{a}{c}, \quad \operatorname{tg}\alpha = \frac{a}{b}, \quad \sec\alpha = \frac{c}{b},$$

$$\cos\alpha = \frac{b}{c}, \quad \operatorname{ctg}\alpha = \frac{b}{a}, \quad \operatorname{cosec}\alpha = \frac{c}{a}.$$

2.) In einem rechtwinkligen Koordinatensystem (§ 61, 1) sei x die Abszisse, y die Ordinate, r der Radiusvektor eines

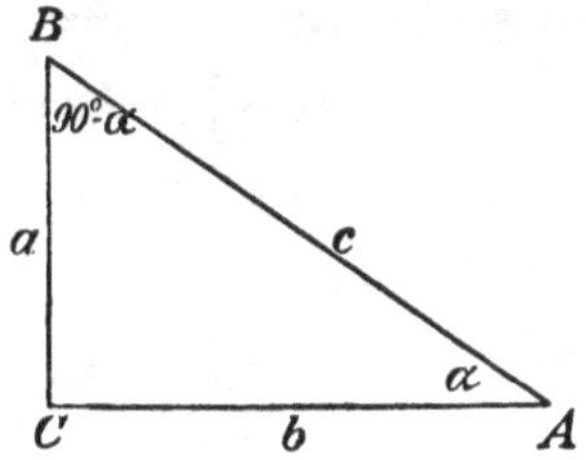

Fig. 16

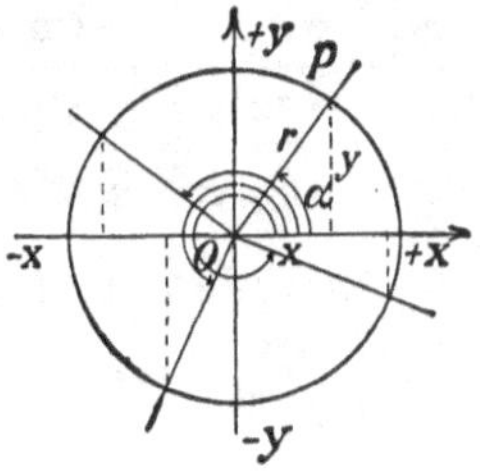

Fig. 17

Punktes auf einem Schenkel des beliebigen Winkels α, dessen anderer Schenkel mit der positiven x-Achse zusammenfällt (Fig. 17). Dann sind die trigonometrischen Funktionen von α definiert durch die Gleichungen:

$$\sin\alpha = \frac{y}{r}, \quad \operatorname{tg}\alpha = \frac{y}{x}, \quad \sec\alpha = \frac{r}{x},$$

$$\cos\alpha = \frac{x}{r}, \quad \operatorname{ctg}\alpha = \frac{x}{y}, \quad \operatorname{cosec}\alpha = \frac{r}{y}.$$

Der sin hat das Vorzeichen der Ordinate, der cos das der Abszisse, tg und ctg haben gleiches Vorzeichen.

Vorzeichen in den vier Quadranten:

	sin	cos	tg	ctg
I.	+	+	+	+
II.	+	−	−	−
III.	−	−	+	+
IV.	−	+	−	−

3.)	$-\alpha$	$R \pm \alpha$	$2R \pm \alpha$	$3R \pm \alpha$	$4nR \pm \alpha$
sin	$-\sin\alpha$	$\cos\alpha$	$\mp\sin\alpha$	$-\cos\alpha$	$\pm\sin\alpha$
cos	$\cos\alpha$	$\mp\sin\alpha$	$-\cos\alpha$	$\pm\sin\alpha$	$\cos\alpha$
tg	$-\operatorname{tg}\alpha$	$\mp\operatorname{ctg}\alpha$	$\pm\operatorname{tg}\alpha$	$\mp\operatorname{ctg}\alpha$	$\pm\operatorname{tg}\alpha$
ctg	$-\operatorname{ctg}\alpha$	$\mp\operatorname{tg}\alpha$	$\pm\operatorname{ctg}\alpha$	$\mp\operatorname{tg}\alpha$	$\pm\operatorname{ctg}\alpha$

4.) Grenzwerte und besondere Werte:

	0^0 360^0	90^0	180^0	270^0	45^0	30^0	60^0
sin	0	1	0	-1	$\frac{1}{2}\sqrt{2}$	$\frac{1}{2}$	$\frac{1}{2}\sqrt{3}$
cos	1	0	-1	0	$\frac{1}{2}\sqrt{2}$	$\frac{1}{2}\sqrt{3}$	$\frac{1}{2}$
tg	0	$\pm\infty$	0	$\pm\infty$	1	$\frac{1}{3}\sqrt{3}$	$\sqrt{3}$
ctg	$\pm\infty$	0	$\pm\infty$	0	1	$\sqrt{3}$	$\frac{1}{3}\sqrt{3}$

5.) Zusammenhang der Funktionen:

$$\sin^2\alpha + \cos^2\alpha = 1$$

$$\operatorname{tg}\alpha = \frac{\sin\alpha}{\cos\alpha} = \frac{1}{\operatorname{ctg}\alpha}$$

$$\operatorname{ctg}\alpha = \frac{\cos\alpha}{\sin\alpha} = \frac{1}{\operatorname{tg}\alpha}$$

$$\operatorname{tg}\alpha \cdot \operatorname{ctg}\alpha = 1$$

$$1 + \operatorname{tg}^2\alpha = \frac{1}{\cos^2 x}$$

$$1 + \operatorname{ctg}^2\alpha = \frac{1}{\sin^2\alpha}.$$

	$\sin\alpha$	$\cos\alpha$	$\operatorname{tg}\alpha$	$\operatorname{ctg}\alpha$
$\sin\alpha =$		$\sqrt{1-\cos^2\alpha}$	$\frac{\operatorname{tg}\alpha}{\sqrt{1+\operatorname{tg}^2\alpha}}$	$\frac{1}{\sqrt{1+\operatorname{ctg}^2\alpha}}$
$\cos\alpha =$	$\sqrt{1-\sin^2\alpha}$		$\frac{1}{\sqrt{1+\operatorname{tg}^2\alpha}}$	$\frac{\operatorname{ctg}\alpha}{\sqrt{1+\operatorname{ctg}^2\alpha}}$
$\operatorname{tg}\alpha =$	$\frac{\sin\alpha}{\sqrt{1-\sin^2\alpha}}$	$\frac{\sqrt{1-\cos^2\alpha}}{\cos\alpha}$		$\frac{1}{\operatorname{ctg}\alpha}$
$\operatorname{ctg}\alpha =$	$\frac{\sqrt{1-\sin^2\alpha}}{\sin\alpha}$	$\frac{\cos\alpha}{\sqrt{1-\cos^2\alpha}}$	$\frac{1}{\operatorname{tg}\alpha}$	

Die Vorzeichen der Wurzeln ergeben sich aus der Vorzeichentabelle in Nr. 2.

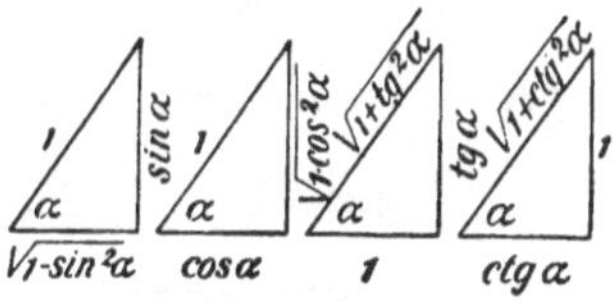

Fig. 18

§ 45. Funktionen zusammengesetzter Winkel

1.) Additionstheoreme (Umformung der Funktionen von Summen und Differenzen):

$$\begin{cases} \sin(\alpha\pm\beta) = \sin\alpha\cos\beta \pm \cos\alpha\sin\beta \\ \cos(\alpha\pm\beta) = \cos\alpha\cos\beta \mp \sin\alpha\sin\beta \\ \operatorname{tg}(\alpha\pm\beta) = \dfrac{\operatorname{tg}\alpha \pm \operatorname{tg}\beta}{1 \mp \operatorname{tg}\alpha\cdot\operatorname{tg}\beta} \\ \operatorname{ctg}(\alpha\pm\beta) = \dfrac{\operatorname{ctg}\alpha\operatorname{ctg}\beta \mp 1}{\operatorname{ctg}\beta \pm \operatorname{ctg}\alpha}. \end{cases}$$

Im besonderen ist:

a) $$\begin{cases} \sin 2\alpha = 2\sin\alpha\cos\alpha & \cos 2\alpha = \cos^2\alpha - \sin^2\alpha \\ \operatorname{tg} 2\alpha = \dfrac{2\operatorname{tg}\alpha}{1-\operatorname{tg}^2\alpha} & \operatorname{ctg} 2\alpha = \dfrac{\operatorname{ctg}^2\alpha - 1}{2\operatorname{ctg}\alpha} \end{cases}$$

b) $$\begin{cases} 2\sin^2\alpha = 1-\cos 2\alpha \qquad 2\cos^2\alpha = 1+\cos 2\alpha \\ \operatorname{tg}\alpha = \sqrt{\dfrac{1-\cos 2\alpha}{1+\cos 2\alpha}} = \dfrac{\sin 2\alpha}{1+\cos 2\alpha} = \dfrac{1-\cos 2\alpha}{\sin 2\alpha} \end{cases}$$

c) $$\begin{cases} \sin 3\alpha = 3\sin\alpha - 4\sin^3\alpha & \cos 3\alpha = 4\cos^3\alpha - 3\cos\alpha \\ \operatorname{tg} 3\alpha = \dfrac{3\operatorname{tg}\alpha - \operatorname{tg}^3\alpha}{1-3\operatorname{tg}^2\alpha} & \operatorname{ctg} 3\alpha = \dfrac{\operatorname{ctg}^3\alpha - 3\operatorname{ctg}\alpha}{3\operatorname{ctg}^2\alpha - 1} \end{cases}$$

d) $$\begin{cases} \sin n\alpha = \binom{n}{1}\cos^{n-1}\alpha\sin\alpha - \binom{n}{3}\cos^{n-3}\alpha\sin^3\alpha \\ \qquad + \binom{n}{5}\cos^{n-5}\alpha\sin^5\alpha \mp \cdots \\ \cos n\alpha = \cos^n\alpha - \binom{n}{2}\cos^{n-2}\alpha\sin^2\alpha \\ \qquad + \binom{n}{4}\cos^{n-4}\alpha\sin^4\alpha \mp \cdots \\ \qquad (n \text{ positiv ganz}). \end{cases}$$

e) n ungerade:

$$\begin{cases} \sin^n\alpha = \dfrac{(-1)^{\frac{n-1}{2}}}{2^{n-1}}\Bigg[\sin n\alpha - \binom{n}{1}\sin(n-2)\alpha \\ \quad + \binom{n}{2}\sin(n-4)\alpha \pm \cdots + (-1)^{\frac{n-1}{2}}\dbinom{n}{\frac{n-1}{2}}\sin\alpha\Bigg], \\ \cos^n\alpha = \left(\dfrac{1}{2}\right)^{n-1}\Bigg[\cos n\alpha + \binom{n}{1}\cos(n-2)\alpha \\ \quad + \binom{n}{2}\cos(n-4)\alpha + \cdots + \dbinom{n}{\frac{n-1}{2}}\cos\alpha\Bigg], \end{cases}$$

n gerade:

$$\left\{\begin{aligned}
\sin^n\alpha &= \frac{(-1)^{\frac{n}{2}}}{2^{n-1}}\Bigg[\cos n\alpha - \binom{n}{1}\cos(n-2)\alpha \\
&+ \binom{n}{2}\cos(n-4)\alpha \mp \cdots + (-1)^{\frac{n-2}{2}}\binom{n}{\frac{n-2}{2}}\cos 2\alpha\Bigg] \\
&\qquad + \binom{n}{\frac{n}{2}}\frac{1}{2^n}, \\
\cos^n\alpha &= \left(\frac{1}{2}\right)^{n-1}\Bigg[\cos n\alpha + \binom{n}{1}\cos(n-2)\alpha \\
&+ \binom{n}{2}\cos(n-4)\alpha + \cdots + \binom{n}{\frac{n-2}{2}}\cos 2\alpha\Bigg] + \binom{n}{\frac{n}{2}}\frac{1}{2^n}.
\end{aligned}\right.$$

2.) **Umformung von Summen und Differenzen der Funktionen:**

a)
$$\left\{\begin{aligned}
\sin\alpha + \sin\beta &= 2\sin\frac{\alpha+\beta}{2}\cos\frac{\alpha-\beta}{2} \\
\sin\alpha - \sin\beta &= 2\cos\frac{\alpha+\beta}{2}\sin\frac{\alpha-\beta}{2} \\
\cos\alpha + \cos\beta &= 2\cos\frac{\alpha+\beta}{2}\cos\frac{\alpha-\beta}{2} \\
\cos\alpha - \cos\beta &= -2\sin\frac{\alpha+\beta}{2}\sin\frac{\alpha-\beta}{2}
\end{aligned}\right.$$

b)
$$\left\{\begin{aligned}
\cos\alpha \pm \sin\beta &= 2\sin\left(45^0 - \frac{\alpha\mp\beta}{2}\right)\sin\left(45^0 + \frac{\alpha\pm\beta}{2}\right) \\
\operatorname{ctg}\alpha \pm \operatorname{tg}\beta &= \frac{\cos(\alpha\mp\beta)}{\sin\alpha\cos\beta}
\end{aligned}\right.$$

c) $\begin{cases} \cos\alpha + \sin\alpha = \sqrt{2}\cdot\sin(45^0+\alpha) \\ \cos\alpha - \sin\alpha = \sqrt{2}\cdot\cos(45^0+\alpha) \end{cases}$

d) $\begin{cases} \operatorname{ctg}\alpha + \operatorname{tg}\alpha = \dfrac{2}{\sin 2\alpha} \qquad \operatorname{ctg}\alpha - \operatorname{tg}\alpha = 2\operatorname{ctg}2\alpha \\ \dfrac{1+\operatorname{tg}\alpha}{1-\operatorname{tg}\alpha} = \operatorname{tg}(45^0+\alpha) \qquad \dfrac{\operatorname{ctg}\alpha+1}{\operatorname{ctg}\alpha-1} = \operatorname{ctg}(45^0-\alpha). \end{cases}$

Analoge Formeln für die hyperbolischen Funktionen s. § 96, 7.

II. Dreieck und Vieleck

§ 46. Formeln für das schiefwinklige Dreieck

Bezeichnungen s. § 33, I, 1, siehe auch zyklische Vertauschung.

1.) $\begin{cases} \alpha+\beta+\gamma = 2\mathrm{R}, \qquad \dfrac{\alpha}{2}+\dfrac{\beta}{2}+\dfrac{\gamma}{2} = \mathrm{R} \\ \sin(\beta+\gamma) = \sin(2\mathrm{R}-\alpha) = \sin\alpha \\ \cos(\beta+\gamma) = \cos(2\mathrm{R}-\alpha) = -\cos\alpha \\ \sin\dfrac{\beta+\gamma}{2} = \sin\left(\mathrm{R}-\dfrac{\alpha}{2}\right) = \cos\dfrac{\alpha}{2} \\ \cos\dfrac{\beta+\gamma}{2} = \cos\left(\mathrm{R}-\dfrac{\alpha}{2}\right) = \sin\dfrac{\alpha}{2}. \end{cases}$

2.) $\begin{cases} h_a = b\sin\gamma = c\sin\beta \text{ (Höhenformel)}, \\ h_a = a\dfrac{\sin\beta\sin\gamma}{\sin\alpha}. \\ a:b:c = \sin\alpha:\sin\beta:\sin\gamma \text{ (Sinussatz)}, \\ a = 2r\sin\alpha \text{ (Sehnenformel)}, \end{cases}$

(Fig. 19).

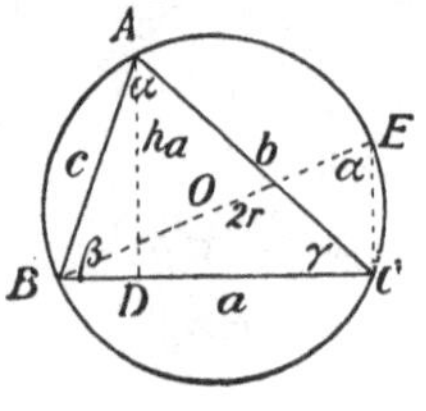

Fig. 19

3.) $a = b\cos\gamma + c\cos\beta$ (Projektionssatz).

4.) $$\frac{a+b}{a-b} = \frac{\operatorname{tg}\frac{\alpha+\beta}{2}}{\operatorname{tg}\frac{\alpha-\beta}{2}}$$ (Tangenssatz).

5.) $$\begin{cases} (b+c)\sin\frac{\alpha}{2} = a\cos\frac{\beta-\gamma}{2} \\ (b-c)\cos\frac{\alpha}{2} = a\sin\frac{\beta-\gamma}{2} \end{cases}$$ (*Mollweide*sche Gleichungen).

6.) Pythagoreischer Lehrsatz für das schiefwinklige Dreieck (Kosinussatz):

$$a^2 = b^2 + c^2 - 2bc \cdot \cos\alpha .$$

Folgerungen:

$$a^2 = \begin{cases} (b+c)^2 - 4bc\cos^2\frac{\alpha}{2} \\ (b-c)^2 + 4bc\sin^2\frac{\alpha}{2} . \end{cases}$$

7.) $$\sin\frac{\alpha}{2} = \sqrt{\frac{(s-b)(s-c)}{bc}}, \quad \cos\frac{\alpha}{2} = \sqrt{\frac{s(s-a)}{bc}},$$

$$\sin\alpha = \frac{2}{bc}\sqrt{s(s-a)(s-b)(s-c)},$$

$$\operatorname{tg}\frac{\alpha}{2} = \sqrt{\frac{(s-b)(s-c)}{s(s-a)}} .$$

Die Wurzeln haben positives Zeichen.

8.) $$J = \frac{1}{2}ab\sin\gamma,$$

$$J = 2r^2\sin\alpha\sin\beta\sin\gamma = \frac{abc}{4r} .$$

9.) $\varrho = (s-a)\operatorname{tg}\frac{\alpha}{2}$, $\varrho_a = s\operatorname{tg}\frac{\alpha}{2}$ (Fig. 20).

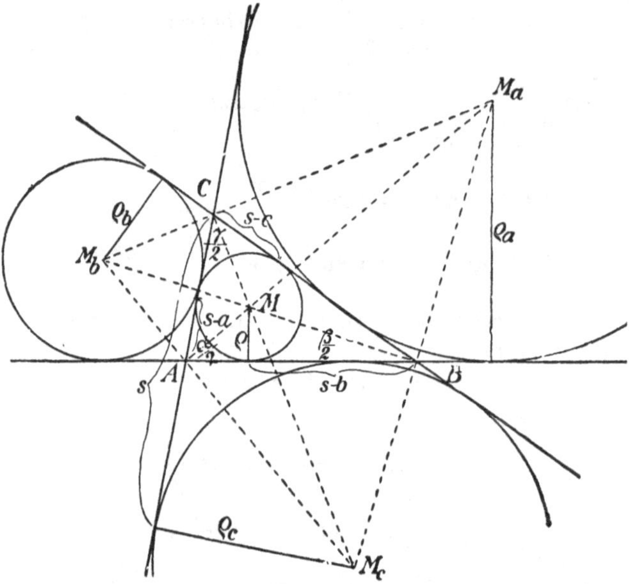

Fig. 20

$$10.)\quad \begin{cases} \varrho = 4r \sin\dfrac{\alpha}{2}\sin\dfrac{\beta}{2}\sin\dfrac{\gamma}{2} \\ s = 4r\cos\dfrac{\alpha}{2}\cos\dfrac{\beta}{2}\cos\dfrac{\gamma}{2}. \end{cases}$$

Weitere Formeln s. § 33.

§ 47. Beispiele für Berechnungen

I. Das rechtwinklige Dreieck (c Hypotenuse):

1. Gegeben c, α:

$$a = c\sin\alpha,\qquad b = c\cos\alpha.$$

2. Gegeben a, α:

$$b = a\operatorname{ctg}\alpha,\qquad c = \frac{a}{\sin\alpha}.$$

3. Gegeben c, a:

$$\sin\alpha = \frac{a}{c}, \quad b = \sqrt{c^2 - a^2} = c\cos\alpha = a\operatorname{ctg}\alpha; \quad \alpha < 90^0.$$

4. Gegeben a, b:

$$\operatorname{tg}\alpha = \frac{a}{b}, \quad c = \sqrt{a^2 + b^2} = \frac{a}{\sin\alpha} = \frac{b}{\cos\alpha},$$

$$2J = ab = ac\cos\alpha = \frac{c^2}{2}\sin 2\alpha = a^2\operatorname{ctg}\alpha.$$

II. Das gleichschenklige Dreieck (c Grundlinie):

1. Gegeben a, α:

$$c = 2a\cos\alpha, \quad h_c = a\sin\alpha.$$

2. Gegeben c, γ:

$$a = \frac{c}{2\sin\frac{\gamma}{2}}, \quad h_c = \frac{c}{2\operatorname{tg}\frac{\gamma}{2}}.$$

3. Gegeben a, c:

$$\cos\alpha = \frac{c}{2a}, \quad h_c = a\sin\alpha = \frac{c}{2}\operatorname{tg}\alpha = \sqrt{a^2 - \frac{c^2}{4}},$$

$$J = \frac{a^2}{2}\sin\gamma = \frac{c^2}{4}\operatorname{tg}\alpha.$$

III. Das regelmäßige (reguläre) n-Eck:

Bezeichnungen: a Seite, r Radius des umschriebenen, ϱ Radius des einbeschriebenen Kreises, J Inhalt.

1. Gegeben a:

$$r = \frac{a}{2\sin\frac{180^0}{n}}, \quad \varrho = \frac{a}{2}\operatorname{ctg}\frac{180^0}{n}, \quad J = \frac{n a^2}{4}\operatorname{ctg}\frac{180^0}{n}.$$

2. Gegeben r:

$$a = 2r\sin\frac{180^0}{n}, \quad \varrho = r\cos\frac{180^0}{n}, \quad J = \frac{n r^2}{2}\sin\frac{360^0}{n}.$$

3. Gegeben ϱ:

$$r = \frac{\varrho}{\cos\frac{180^0}{n}}, \quad a = 2\varrho\operatorname{tg}\frac{180^0}{n}, \quad J = n\varrho^2\operatorname{tg}\frac{180^0}{n}.$$

IV. Kreissektor und Kreissegment:

Der Inhalt des zum Winkel α gehörigen Sektors im Kreise mit dem Radius r ist

$$\frac{r^2\pi\alpha}{360^0} = \frac{r^2}{2}\operatorname{arc}\alpha.$$

Der Inhalt des zugehörigen Dreiecks ist $\frac{r^2}{2}\sin\alpha$. Der Inhalt des zum Winkel α gehörigen Segments ist

$$\frac{r^2}{2}\left(\frac{\pi\,\alpha}{180^0}-\sin\alpha\right)=\frac{r^2}{2}(\operatorname{arc}\alpha-\sin\alpha).$$

V. **Das schiefwinklige Dreieck:**

1. Gegeben a, β, γ:

$$\alpha = 180^0-(\beta+\gamma),\quad b=\frac{a\sin\beta}{\sin\alpha},\quad c=\frac{a\sin\gamma}{\sin\alpha}.$$

2. Gegeben b, c, α:

$$\frac{\beta+\gamma}{2}=R-\frac{\alpha}{2}$$

$$\operatorname{tg}\frac{\beta-\gamma}{2}=\frac{b-c}{b+c}\operatorname{tg}\frac{\beta+\gamma}{2}$$

$$\begin{cases}\beta=\dfrac{\beta+\gamma}{2}+\dfrac{\beta-\gamma}{2}\\[2mm] \gamma=\dfrac{\beta+\gamma}{2}-\dfrac{\beta-\gamma}{2}\end{cases}$$

$$a=\frac{b\sin\alpha}{\sin\beta}$$

$$=\sqrt{b^2+c^2-2bc\cdot\cos\alpha}$$

oder:

$$\operatorname{tg}\beta=\frac{b\sin\alpha}{c-b\cos\alpha}$$

$$a=\frac{b\sin\alpha}{\sin\beta}=\frac{c-b\cos\alpha}{\cos\beta}.$$

3. Gegeben a, b, c:

$$J=\sqrt{s(s-a)(s-b)(s-c)},\quad \varrho=\frac{J}{s};$$

$$\operatorname{tg}\frac{\alpha}{2}=\frac{\varrho}{s-a},\quad \operatorname{tg}\frac{\beta}{2}=\frac{\varrho}{s-b},\quad \operatorname{tg}\frac{\gamma}{2}=\frac{\varrho}{s-c}.$$

Proben:

$$s\cdot\operatorname{tg}\frac{\alpha}{2}\cdot\operatorname{tg}\frac{\beta}{2}\cdot\operatorname{tg}\frac{\gamma}{2}=\varrho,$$

$$\frac{\alpha}{2}+\frac{\beta}{2}+\frac{\gamma}{2}=90^0.$$

4. Gegeben a, b, β:

a) $b > a$.

$$\sin\alpha=\frac{a\sin\beta}{b},\quad \alpha<90^0,$$

$$\gamma=180^0-(\alpha+\beta),$$

$$c=\frac{b\sin\gamma}{\sin\beta}=\frac{a\sin\gamma}{\sin\alpha}.$$

b) $b < a$. $\sin\alpha = \frac{a \sin\beta}{b}$

hierbei sind α und $180^0 - \alpha$ brauchbar, daher ergeben sich 2 Werte für c:

$$c_1 = a\cos\beta + b\cos\alpha\,,\quad c_2 = a\cos\beta - b\cos\alpha\,.$$

§ 48. Anwendungen

1. Das Problem der unzugänglichen Distanz (Fig. 21): Die Entfernung x zweier unzugänglicher Punkte A und B zu bestimmen:

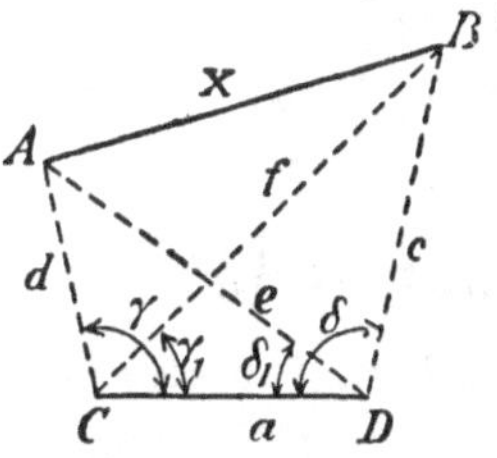

Fig. 21

Gegeben: $a, \gamma, \gamma_1, \delta, \delta_1$, gesucht: x.

$$d = \frac{a \sin\delta_1}{\sin(\gamma+\delta_1)}, \quad e = \frac{a\sin\gamma}{\sin(\gamma+\delta_1)},$$

$$c = \frac{a\sin\gamma_1}{\sin(\delta+\gamma_1)}, \quad f = \frac{a\sin\delta}{\sin(\delta+\gamma_1)}.$$

Die Berechnung von x erfolgt dann entweder aus dem Dreieck ABC oder aus dem Dreieck ABD nach § 47, V.

2. Das Vorwärtseinschneiden (Fig. 22):

Gegeben: $b, c, \alpha, \beta, \gamma$, gesucht: x, y, z.

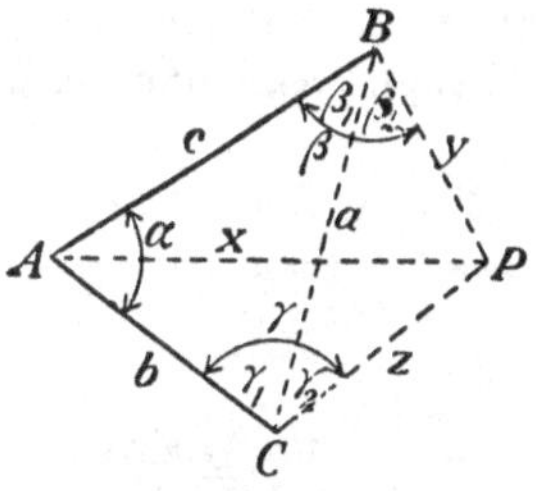

Fig. 22

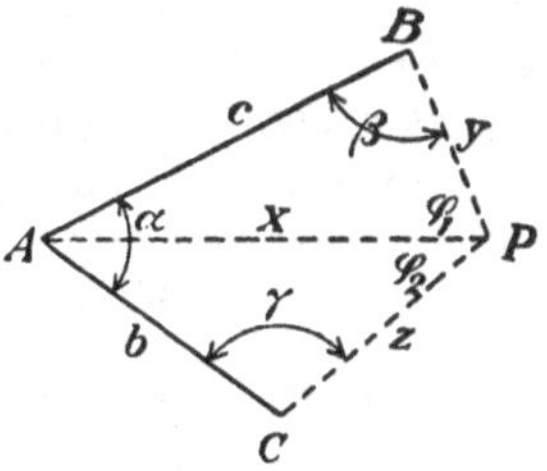

Fig. 23

Es werden bestimmt:

a aus dem Dreieck ABC,

β_1, γ_1 „ „ „ ABC,

$\beta_2 = \beta - \beta_1, \quad \gamma_2 = \gamma - \gamma_1$.

y und z werden aus dem Dreieck BCP berechnet, und x ergibt sich dann aus dem Dreieck ABP oder aus dem Dreieck ACP.

3. Das Rückwärtseinschneiden (Fig. 23):

Gegeben $b, c, \alpha, \varphi_1, \varphi_2$, gesucht: x, y, z.
Hilfsgrößen: $\varphi = \varphi_1 + \varphi_2$,

$$\operatorname{tg} \varepsilon_1 = \frac{c \sin \varphi_2}{b \sin(\alpha + \varphi) \sin \varphi_1}, \quad \operatorname{tg} \varepsilon_2 = \frac{b \sin \varphi_1}{c \sin(\alpha + \varphi) \sin \varphi_2}.$$

Dann ist:

$$\operatorname{ctg} \beta = -\frac{\cos(\alpha + \varphi - \varepsilon_1)}{\cos \varepsilon_1 \sin(\alpha + \varphi)}, \quad \operatorname{ctg} \gamma = -\frac{\cos(\alpha + \varphi - \varepsilon_2)}{\cos \varepsilon_2 \sin(\alpha + \varphi)}.$$

Die Berechnung von x, y, z erfolgt nunmehr aus den Dreiecken ABP und ACP mit Benutzung von β und γ.

VIII. Abschnitt

Sphärische Trigonometrie

§ 49. Das rechtwinklige sphärische Dreieck

I. Formeln

Vgl. § 41 (c Hypotenuse).

1.) $\cos c = \cos a \cdot \cos b$.

Die Hypotenuse ist spitz, wenn beide Katheten zugleich spitz oder stumpf sind. Sie ist stumpf, wenn eine Kathete spitz, die andere stumpf ist.

2.) $\cos c = \operatorname{ctg} \alpha \cdot \operatorname{ctg} \beta$; $\quad 90^0 < \alpha + \beta < 270^0$.

3.) $\cos \alpha = \cos a \cdot \sin \beta$, $\quad \cos \beta = \cos b \cdot \sin \alpha$;

$$-90^0 < \alpha - \beta < +90^0.$$

4.) $\sin \alpha = \dfrac{\sin a}{\sin c}$, $\quad \sin \beta = \dfrac{\sin b}{\sin c}$

5.) $\cos \alpha = \dfrac{\operatorname{tg} b}{\operatorname{tg} c}$, $\quad \cos \beta = \dfrac{\operatorname{tg} a}{\operatorname{tg} c}$

(zu 4.) und 5.): $\sin a \leqq \sin c$, $\sin b \leqq \sin c$.)

6.) $\operatorname{tg} \alpha = \dfrac{\operatorname{tg} a}{\sin b}$, $\quad \operatorname{tg} \beta = \dfrac{\operatorname{tg} b}{\sin a}$.

Eine Kathete und ihr Gegenwinkel sind zugleich spitz oder stumpf.

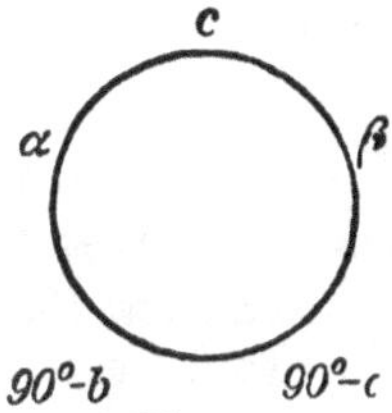

Fig. 24

7.) *Nepers* **Regel:** Der cos irgendeines der in Fig. 24 angeschriebenen Stücke ist gleich dem Produkt der sin der getrennten und gleich dem Produkt der ctg der anliegenden Stücke.

Nach dieser Gedächtnisregel lassen sich die Formeln 1.) bis 6.) ohne weiteres hinschreiben.

II. Berechnung des rechtwinkligen Dreiecks

1. Gegeben c, a:

$$\cos b = \frac{\cos c}{\cos a}, \quad \cos \beta = \frac{\operatorname{tg} a}{\operatorname{tg} c}, \quad \sin \alpha = \frac{\sin a}{\sin c}.$$

Nur lösbar, wenn $\sin a \leq \sin c$ ist. a und α sind gleichzeitig $\lesseqgtr 90^0$.

2. Gegeben a, b:

$$\cos c = \cos a \cdot \cos b, \quad \operatorname{tg} \alpha = \frac{\operatorname{tg} a}{\sin b}, \quad \operatorname{tg} \beta = \frac{\operatorname{tg} b}{\sin a}.$$

3. Gegeben c, α:

$$\operatorname{ctg} \beta = \cos c \cdot \operatorname{tg} \alpha, \quad \operatorname{tg} b = \operatorname{tg} c \cdot \cos \alpha, \quad \sin a = \sin c \cdot \sin \alpha.$$

a und α sind gleichzeitig $\lesseqgtr 90^0$.

4. Gegeben a, α:

$$\sin c = \frac{\sin a}{\sin \alpha}, \quad \sin b = \frac{\operatorname{tg} a}{\operatorname{tg} \alpha}, \quad \sin \beta = \frac{\cos \alpha}{\cos a}.$$

Nur lösbar, wenn $\sin a \leq \sin \alpha$ und a mit α gleichzeitig spitz oder stumpf ist. Es ergeben sich im Falle $a \neq \alpha$ zwei verschiedene Dreiecke.

5. Gegeben a, β:

$$\operatorname{tg} c = \frac{\operatorname{tg} a}{\cos \beta}, \quad \operatorname{tg} b = \sin a \cdot \operatorname{tg} \beta, \quad \cos \alpha = \cos a \cdot \sin \beta.$$

6. Gegeben α, β:

$$\cos c = \operatorname{ctg} \alpha \cdot \operatorname{ctg} \beta, \quad \cos a = \frac{\cos \alpha}{\sin \beta}, \quad \cos b = \frac{\cos \beta}{\sin \alpha}.$$

Nur lösbar, wenn $90^0 < \alpha + \beta < 270^0$ und $-90^0 < \alpha - \beta < +90^0$ ist.

§ 50. Das schiefwinklige sphärische Dreieck

I. Formeln

1.*) $\sin a \cdot \sin\beta = \sin b \cdot \sin\alpha = \sin h_c$ (Höhenformel).
$\sin a : \sin b : \sin c = \sin\alpha : \sin\beta : \sin\gamma$ (Sinussatz).

2.) $\cos a = \cos b \cos c + \sin b \sin c \cos\alpha$ (Kosinussatz für die Seiten).

$\cos\alpha = -\cos\beta\cos\gamma + \sin\beta\sin\gamma\cos a$ (Kosinussatz für die Winkel).

3.)
$$\left.\begin{aligned} \sin a \cos\beta &= \cos b \sin c - \sin b \cos c \cos\alpha \\ \sin a \cos\gamma &= \cos c \sin b - \sin c \cos b \cos\alpha \end{aligned}\right\}$$
$$\left.\begin{aligned} \sin\alpha \cos b &= \cos\beta \sin\gamma + \sin\beta \cos\gamma \cos a \\ \sin\alpha \cos c &= \cos\gamma \sin\beta + \sin\gamma \cos\beta \cos a \end{aligned}\right\}$$

4.)
$$\left.\begin{aligned} \sin\frac{\alpha}{2}\sin\frac{b+c}{2} &= \sin\frac{a}{2}\cos\frac{\beta-\gamma}{2} \\ \sin\frac{\alpha}{2}\cos\frac{b+c}{2} &= \cos\frac{a}{2}\cos\frac{\beta+\gamma}{2} \\ \cos\frac{\alpha}{2}\sin\frac{b-c}{2} &= \sin\frac{a}{2}\sin\frac{\beta-\gamma}{2} \\ \cos\frac{\alpha}{2}\cos\frac{b-c}{2} &= \cos\frac{a}{2}\sin\frac{\beta+\gamma}{2} \end{aligned}\right\}$$
(*Delambre*sche bzw. *Gauß*sche Gleichungen).

5.)
$$\left.\begin{aligned} \operatorname{tg}\frac{b+c}{2}\cos\frac{\beta+\gamma}{2} &= \operatorname{tg}\frac{a}{2}\cos\frac{\beta-\gamma}{2} \\ \operatorname{tg}\frac{\beta+\gamma}{2}\cos\frac{b+c}{2} &= \operatorname{ctg}\frac{\alpha}{2}\cos\frac{b-c}{2} \\ \operatorname{tg}\frac{b-c}{2}\sin\frac{\beta+\gamma}{2} &= \operatorname{tg}\frac{a}{2}\sin\frac{\beta-\gamma}{2} \\ \operatorname{tg}\frac{\beta-\gamma}{2}\sin\frac{b+c}{2} &= \operatorname{ctg}\frac{\alpha}{2}\sin\frac{b-c}{2} \end{aligned}\right\}$$
(*Neper*sche Gleichungen).

6.) $a + b + c = 2s,\quad \alpha + \beta + \gamma = 2\sigma,$

---

*) Weitere Formeln ergeben sich durch zyklische Vertauschung (s. § 33, I, 1).

$$\sin\frac{\alpha}{2}=\sqrt{\frac{\sin(s-b)\cdot\sin(s-c)}{\sin b\cdot\sin c}},\ \cos\frac{\alpha}{2}=\sqrt{\frac{\sin s\cdot\sin(s-a)}{\sin b\cdot\sin c}},$$

$$\sin\frac{a}{2}=\sqrt{\frac{-\cos\sigma\cos(\sigma-\alpha)}{\sin\beta\sin\gamma}},\ \cos\frac{a}{2}=\sqrt{\frac{\cos(\sigma-\beta)\cos(\sigma-\gamma)}{\sin\beta\sin\gamma}}.$$

7.) $$S=\underset{+}{\sqrt{\sin s\cdot\sin(s-a)\cdot\sin(s-b)\cdot\sin(s-c)}},$$

$$\sin\alpha=\frac{2S}{\sin b\sin c}.$$

$$\Sigma=\underset{+}{\sqrt{-\cos\sigma\cdot\cos(\sigma-\alpha)\cdot\cos(\sigma-\beta)\cdot\cos(\sigma-\gamma)}},$$

$$\sin a=\frac{2\Sigma}{\sin\beta\cdot\sin\gamma}.$$

8.) $$k=\underset{+}{\sqrt{\frac{\sin(s-a)\cdot\sin(s-b)\cdot\sin(s-c)}{\sin s}}},$$

$$\operatorname{ctg}\frac{\alpha}{2}=\frac{\sin(s-a)}{k}.$$

$$\varkappa=\underset{+}{\sqrt{\frac{\cos(\sigma-\alpha)\cdot\cos(\sigma-\beta)\cdot\cos(\sigma-\gamma)}{-\cos\sigma}}},$$

$$\operatorname{tg}\frac{a}{2}=\frac{\cos(\sigma-\alpha)}{\varkappa}.$$

9.) $\varepsilon=\alpha+\beta+\gamma-180^0$ (sphärischer Exzeß),

$$\operatorname{tg}\frac{\varepsilon}{4}=\underset{+}{\sqrt{\operatorname{tg}\frac{s}{2}\operatorname{tg}\frac{s-a}{2}\operatorname{tg}\frac{s-b}{2}\operatorname{tg}\frac{s-c}{2}}},$$

$$\operatorname{tg}\left(\frac{\alpha}{2}-\frac{\varepsilon}{4}\right)=\underset{+}{\sqrt{\frac{\operatorname{tg}\frac{s-b}{2}\operatorname{tg}\frac{s-c}{2}}{\operatorname{tg}\frac{s}{2}\operatorname{tg}\frac{s-a}{2}}}},$$

(*L'Huilier*sche Gleichung).

$$d = 360^0 - (a + b + c) \text{ (sphärischer Defekt)},$$

$$\operatorname{tg}\frac{d}{4} = \sqrt[+]{-\operatorname{tg}\left(45^0 + \frac{\sigma}{2}\right)\operatorname{tg}\left(45^0 - \frac{\sigma-\alpha}{2}\right)\operatorname{tg}\left(45^0 - \frac{\sigma-\beta}{2}\right)\operatorname{tg}\left(45^0 - \frac{\sigma-\gamma}{2}\right)}.$$

$$\operatorname{tg}\left(\frac{a}{2} - \frac{d}{4}\right) = \sqrt[+]{\frac{\operatorname{tg}\frac{\sigma-\beta}{2}\operatorname{tg}\frac{\sigma-\gamma}{2}}{\operatorname{tg}\frac{\sigma}{2}\operatorname{tg}\frac{\sigma-\alpha}{2}}}.$$

10.) Der sphärische Umkreishalbmesser r des sphärischen Dreiecks ist der Winkel zwischen Achse und einer Mantellinie des dem zugehörigen Dreikant umschriebenen Kegels (s. § 41,8). Es ist:

$$\operatorname{ctg} r = \varkappa. \qquad \text{(s. Nr. 8).}$$

11.) Sphärischer Inkreishalbmesser ϱ (vgl. Nr. 10):

$$\operatorname{tg}\varrho = k. \qquad \text{(s. Nr. 8).}$$

12.) Inhalt des sphärischen Dreiecks: (Kugelradius R)

$$J = R^2 \cdot \operatorname{arc}\varepsilon. \qquad \text{(s. Nr. 9).}$$

13.) Inhalt des sphärischen Zweiecks mit dem Winkel α: (Kugelradius R) $J = 2R^2 \operatorname{arc}\alpha$.

II. Berechnung des schiefwinkligen Dreiecks

1. Gegeben a, b, c:

$$a + b + c = 2s, \quad k = \sqrt[+]{\frac{\sin(s-a)\sin(s-b)\sin(s-c)}{\sin s}}$$

$$\operatorname{ctg}\frac{\alpha}{2} = \frac{\sin(s-a)}{k}, \quad \operatorname{ctg}\frac{\beta}{2} = \frac{\sin(s-b)}{k}, \quad \operatorname{ctg}\frac{\gamma}{2} = \frac{\sin(s-c)}{k}.$$

Nur lösbar, wenn die Summe je zweier der gegebenen Stücke größer als das dritte ist.

2. Gegeben α, β, γ:

$$\alpha + \beta + \gamma = 2\sigma, \quad \varkappa = \sqrt[+]{\frac{\cos(\sigma-\alpha)\cos(\sigma-\beta)\cos(\sigma-\gamma)}{-\cos\sigma}}$$

$$\operatorname{tg}\frac{a}{2}=\frac{\cos(\sigma-\alpha)}{\varkappa},\quad \operatorname{tg}\frac{b}{2}=\frac{\cos(\sigma-\beta)}{\varkappa},\quad \operatorname{tg}\frac{c}{2}=\frac{\cos(\sigma-\gamma)}{\varkappa}$$

Nur lösbar, wenn $6R>\alpha+\beta+\gamma>2R$ und die Summe zweier Winkel kleiner als der um $2R$ vermehrte dritte Winkel ist.

3. Gegeben b, c, α:

$$\operatorname{tg}\frac{\beta+\gamma}{2}=\frac{\cos\frac{\alpha}{2}\cos\frac{b-c}{2}}{\sin\frac{\alpha}{2}\cos\frac{b+c}{2}}=\frac{Z}{N},$$

$$\operatorname{tg}\frac{\beta-\gamma}{2}=\frac{\cos\frac{\alpha}{2}\sin\frac{b-c}{2}}{\sin\frac{\alpha}{2}\sin\frac{b+c}{2}}=\frac{Z'}{N'},$$

$$\sin\frac{a}{2}=\frac{Z'}{\sin\frac{\beta-\gamma}{2}}=\frac{N'}{\cos\frac{\beta-\gamma}{2}},\quad \cos\frac{a}{2}=\frac{Z}{\sin\frac{\beta+\gamma}{2}}=\frac{N}{\cos\frac{\beta+\gamma}{2}}$$

oder Anwendung des Kosinussatzes für die Seite a.

4. Gegeben β, γ, a:

$$\operatorname{tg}\frac{b+c}{2}=\frac{\sin\frac{a}{2}\cos\frac{\beta-\gamma}{2}}{\cos\frac{a}{2}\cos\frac{\beta+\gamma}{2}}=\frac{Z}{N},$$

$$\operatorname{tg}\frac{b-c}{2}=\frac{\sin\frac{a}{2}\sin\frac{\beta-\gamma}{2}}{\cos\frac{a}{2}\sin\frac{\beta+\gamma}{2}}=\frac{Z'}{N'},$$

$$\sin\frac{\alpha}{2}=\frac{Z}{\sin\frac{b+c}{2}}=\frac{N}{\cos\frac{b+c}{2}},\quad \cos\frac{\alpha}{2}=\frac{Z'}{\sin\frac{b-c}{2}}=\frac{N'}{\cos\frac{b-c}{2}}$$

oder Anwendung des Kosinussatzes für den Winkel α.

5. Gegeben a, b, α:

$$\sin\beta=\frac{\sin b\sin\alpha}{\sin a},$$

$$\operatorname{tg}\frac{c}{2}=\operatorname{tg}\frac{a+b}{2}\cdot\frac{\cos\frac{\alpha+\beta}{2}}{\cos\frac{\alpha-\beta}{2}}=\operatorname{tg}\frac{a-b}{2}\cdot\frac{\sin\frac{\alpha+\beta}{2}}{\sin\frac{\alpha-\beta}{2}},$$

$$\operatorname{tg}\frac{\gamma}{2} = \operatorname{ctg}\frac{\alpha+\beta}{2}\cdot\frac{\cos\frac{a-b}{2}}{\cos\frac{a+b}{2}} = \operatorname{ctg}\frac{\alpha-\beta}{2}\cdot\frac{\sin\frac{a-b}{2}}{\sin\frac{a+b}{2}}.$$

Nur lösbar, wenn $\sin b \sin \alpha \leqq \sin a$ ist. Für β ergeben sich zunächst im allgemeinen zwei Werte. Bei der Entscheidung, ob beide zulässig sind, ist zu berücksichtigen, daß für $a \gtreqless b$ bzw. auch $\alpha \gtreqless \beta$ und für $a + b \gtreqless 180^0$ bzw. auch $\alpha + \beta \gtreqless 180^0$ sein muß. Es bestehen dann folgende Möglichkeiten:

Für					Anzahl der Dreiecke:
I.) $\alpha < 90^0$:	1.) $b < 90^0$	$b \leqq a$	folgt	$\beta < 90^0$	1
		$b > a$	„	$\beta \gtrless 90^0$	2
	2.) $b > 90^0$	$180^0 \leqq a + b$	„	$\beta > 90^0$	1
		$180^0 > a + b$	„	$\beta \gtrless 90^0$	2
II.) $\alpha > 90^0$:	1.) $b > 90^0$	$b \geqq a$	„	$\beta > 90^0$	1
		$b < a$	„	$\beta \gtrless 90^0$	2
	2.) $b < 90^0$	$180^0 \geqq a + b$	„	$\beta < 90^0$	1
		$180^0 < a + b$	„	$\beta \gtrless 90^0$	2.

6. Gegeben α, β, a:

$\sin b = \frac{\sin a \sin \beta}{\sin \alpha}$, alsdann ergeben sich c und γ aus den unter 5. benutzten Formeln für $\operatorname{tg}\frac{c}{2}$ und $\operatorname{tg}\frac{\gamma}{2}$.

Die Aufgabe ist nur lösbar, wenn $\sin a \sin \beta \leqq \sin \alpha$ ist. Die Entscheidung darüber, welche der beiden Werte von b zulässig sind, erfolgt wie im Falle 5. Es bestehen folgende Möglichkeiten:

Für					Anzahl der Dreiecke:
I.) $a < 90^0$:	1.) $\beta < 90^0$	$\beta \leqq \alpha$	folgt	$b < 90^0$	1
		$\beta > \alpha$	„	$b \gtrless 90^0$	2
	2.) $\beta > 90^0$	$180^0 \leqq \alpha + \beta$	„	$b > 90^0$	1
		$180^0 > \alpha + \beta$	„	$b \gtrless 90^0$	2
II.) $a > 90^0$:	1.) $\beta > 90^0$	$\beta \geqq \alpha$	„	$b > 90^0$	1
		$\beta < \alpha$	„	$b \gtrless 90^0$	2
	2.) $\beta < 90^0$	$180^0 \geqq \alpha + \beta$	„	$b < 90^0$	1
		$180^0 < \alpha + \beta$	„	$b \gtrless 90^0$	2.

Anmerkung. Die Aufgaben 2, 4, 6 sind die Polarfälle zu den Aufgaben 1, 3, 5; ihre Lösung kann daher durch Übergang zum Polardreieck auf die Lösung der Aufgaben 1, 3, 5 zurückgeführt werden. Insbesondere kann die Aufgabe 6 mit $a = 90^0$ auf das rechtwinklige sphärische Dreieck zurückgeführt werden.

IX. Abschnitt

Mathematische Geographie und Astronomie

§ 51. Die Erde

1.) Das Koordinatensystem *) der Erde:

Grundkreise: Äquator (Größter Kreis senkrecht zur Drehungsachse der Erde) und Meridian durch Greenwich. (Größter Kreis durch Greenwich, senkrecht zum Äquator.)

Koordinaten: Geographische Länge λ, gerechnet von 0^0 bis 180^0 positiv in Richtung der Erddrehung (nach Osten), negativ in entgegengesetzter Richtung (nach Westen); geographische Breite φ, gerechnet vom Äquator aus von 0^0 bis 90^0 nach Norden positiv, nach Süden negativ.

2.) Sphärische Entfernung e zweier Punkte λ_1, φ_1 und λ_2, φ_2 der Erdoberfläche:

$$\cos e = \sin \varphi_1 \sin \varphi_2 + \cos \varphi_1 \cos \varphi_2 \cos(\lambda_1 - \lambda_2)\,.$$

Liegen beide auf demselben Meridian, so ist

$$e = \varphi_1 - \varphi_2\,.$$

Liegen sie auf demselben Parallelkreis zum Äquator, so ist

$$\varphi_1 = \varphi_2 = \varphi$$

und

$$\sin \frac{e}{2} = \cos \varphi \cdot \sin \frac{\lambda_1 - \lambda_2}{2}\,.$$

3.) Flächeninhalt J einer Zone zwischen den geographischen Breiten φ_1 und φ_2 (r Erdradius):

$$J = 2 r \pi h = 2 r \pi (r \sin \varphi_1 - r \sin \varphi_2)$$

*) Vgl. §§ 61, 1 und 76, 2.

$$= 4 r^2 \pi \cos \frac{\varphi_1 + \varphi_2}{2} \sin \frac{\varphi_1 - \varphi_2}{2};$$

der Teil dieser Zone, der von den Meridianen mit den Längen λ_1 und λ_2 begrenzt wird, ist

$$J = \frac{\lambda_1 - \lambda_2}{360^0} 4 r^2 \pi \cos \frac{\varphi_1 + \varphi_2}{2} \sin \frac{\varphi_1 - \varphi_2}{2}$$

(Berechnung des Inhalts von Kartenblättern).

4.) Kimm und Kimmtiefe: Die Kimm ist der Kreis, in welchem die von einem Punkte in der Höhe h über der Erdoberfläche an die Erdkugel gezogenen Tangenten diese berühren. Er stellt die Grenze der Sehweite dar. Der Radius der Kimm sei a. Die Kimmtiefe (α) ist der Winkel zwischen der Tangente (dem Sehstrahl) und der Horizontalen. Da der Erdradius r im allgemeinen groß gegen h ist, folgt

$$a = \sqrt{2 r h},$$

$$\alpha = \frac{a}{r} \text{ (im Bogenmaß)}$$

oder $\alpha = \frac{a}{r} \cdot \frac{180 \cdot 60 \cdot 60''}{\pi} = \sqrt{\frac{2h}{r}} \cdot 206\,265''$ (im Winkelmaß).

5.) Einige Daten für die Erde (als Umdrehungsellipsoid):

Große Halbachse (Äquatorialhalbmesser) $r = 6378{,}4$ km.

Kleine " (Polarhalbmesser) $r' = 6356{,}9$ " .

Mittlerer Meridianhalbmesser (Radius des Kreises von gleichem Umfang wie ein Meridian) $r'' = 6368{,}1$ km.

Äquatorgrad 111,3 " .

Mittlerer Meridiangrad 111,1 " .

Abplattung $\frac{r - r'}{r} = 0{,}003367 = \frac{1}{297}$.

Oberfläche $O = 510\,100\,934$ qkm.

Rauminhalt $V = 1\,083\,319\,780\,000$ ckm.

§ 52. Ausgezeichnete Linien und Punkte der scheinbaren Himmelskugel

S. Figur 25.

1.) Unter der Weltachse versteht man die verlängerte Erdachse, die Drehungsach e der Himmelskugel. Der Nordpol (P) und der Südpol (P') sind die Schnittpunkte der Weltachse mit der Himmelskugel.

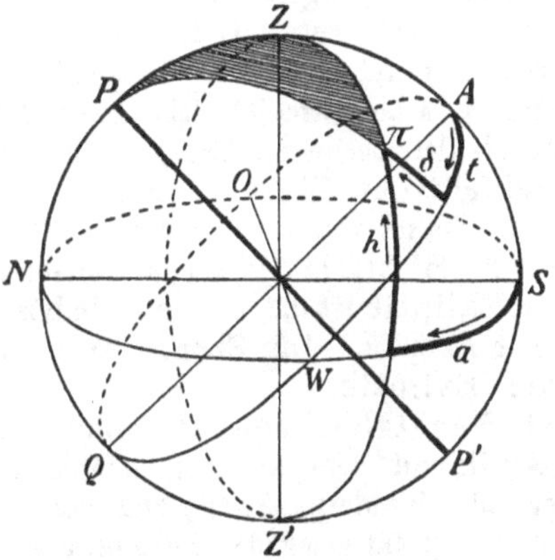

Fig. 25 (schematisch)

2.) Unter dem Äquator des Himmels versteht man die Schnittlinie der durch den Erdmittelpunkt gehenden, zur Weltachse senkrechten Ebene mit der Himmelskugel.

3.) Meridiane oder Deklinationskreise sind Kreise durch die Pole. Sie stehen senkrecht auf dem Äquator.

4.) Der scheinbare Horizont ist der Kreis, in welchem die Tangentialebene der Erdkugel im Beobachtungsort die Himmelskugel schneidet. Der wahre Horizont ist der größte Kreis, in welchem die zum scheinbaren Horizont parallele Ebene durch den Erdmittelpunkt die Himmelskugel schneidet.

5.) Die Zenitlinie ist die Senkrechte zum Horizont im Beobachtungsort. Sie schneidet die Himmelskugel im Zenit Z (Scheitelpunkt) und im Nadir Z' (Fußpunkt).

6.) Ostpunkt (O) und Westpunkt (W) sind die Schnittpunkte des wahren Horizonts mit dem Himmelsäquator.

Südpunkt (S) und *Nordpunkt* (N) sind diejenigen Punkte des wahren Horizonts, welche vom Ost- und Westpunkt um je 90° entfernt sind. Die *Mittagslinie* (*Hauptmeridian* des Beobachtungsortes) ist der Kreis durch Südpunkt, Zenit und Nordpunkt.

7.) *Vertikalkreise* (Höhenkreise) sind die Schnittkreise der durch die Zenitlinie gelegten Ebenen mit der Himmelskugel. Sie stehen senkrecht auf dem Horizont. Der erste Vertikalkreis geht durch Ost- und Westpunkt.

8.) Die *Ekliptik* ist die scheinbare jährliche Bahn der Sonne, d. i. die Schnittlinie der Ebene der Erdbahn mit der Himmelskugel. Die *Schiefe der Ekliptik* ist ihre Neigung gegen den Äquator. Sie ist veränderlich, für den Anfang des Jahres 1936: 23° 26′ 51,39″ (jährliche Abnahme 0,47″). Die *Achse der Ekliptik* ist das Lot im Erdmittelpunkt auf der Ebene der Ekliptik. Die Endpunkte dieser Achse heißen *Pole der Ekliptik*.

9.) Die *Tag- und Nachtgleichepunkte* sind die Schnittpunkte der Ekliptik mit dem Äquator, Frühlingsäquinoktium (Frühlings- oder Widderpunkt ♈) und Herbstäquinoktium (in der Jungfrau ♍ gelegen). Sie sind etwas veränderlich (vgl. § 55, Nr. 8). Die *Sonnenwendepunkte* oder Solstitien liegen auf der Ekliptik und stehen von den vorigen Punkten um je 90° ab.

10.) *Breitenkreise* sind die Großkreise durch die Pole der Ekliptik senkrecht zu dieser.

§ 53. Koordinatensysteme

1.) Grundkreise: Horizont und Hauptmeridian. Der Ort eines Sternes wird bestimmt durch (die Koordinaten):

die *Höhe* h, gezählt auf dem Vertikalkreise vom Horizont aus von 0° bis 90° nördlich positiv, südlich negativ *).

---

*) Wir sagen kurz, ein Stern befindet sich nördlich oder südlich von einem Großkreise, je nachdem er auf derselben Halbkugel liegt wie der Nordpol oder nicht.

Das **Azimut** a, gezählt auf dem Horizont vom Südpunkt aus über W, N, O von 0^0 bis 360^0.

Die **Polhöhe** (Höhe des Himmelsnordpols) ist gleich der geographischen Breite φ des Beobachtungsortes.

Sichtbare Sterne für einen Ort von der geographischen Breite φ sind diejenigen, deren Abstand vom sichtbaren Pol $< 180^0 - \varphi$, vom unsichtbaren $> \varphi$ ist.

Zirkumpolarsterne haben vom sichtbaren Pol einen Abstand $\leqq \varphi$.

2.) Grundkreise: Äquator und Hauptmeridian. Koordinaten:

Die **Deklination** δ, nördlich positiv und südlich negativ gerechnet, ist der sphärische Abstand des Sternes vom Äquator. Die Poldistanz des Sternes ist $90^0 - \delta$. Der Kreis durch die Pole und den Stern heißt Deklinationskreis.

Der **Stundenwinkel** t ist der Winkel zwischen dem Hauptmeridian und dem Deklinationskreis des Sternes, gezählt von dem ersteren aus über W und N (wie das Azimut) von 0^0 bis 360^0. Statt Gradzählung kann man auch Stundenzählung anwenden: $15^0 = 1^h$, $360^0 = 24^h$.

3.) Grundkreise: Äquator und Meridian des Frühlingspunktes:

Koordinaten:

Die Deklination δ (wie in Nr. 2).

Die Rektaszension α, gezählt auf dem Äquator vom Frühlingspunkt (♈) aus, entgegengesetzt dem Sinne der täglichen Bewegung der Sonne von 0^0 bis 360^0.

4.) Grundkreise: Ekliptik und Breitenkreis durch den Frühlingspunkt:

Koordinaten:

Die **Breite** β ist der nördliche (positive) oder südliche (negative) Abstand des Sternes von der Ekliptik, gezählt von der Ekliptik aus.

Die **Länge** λ ist der Bogen der Ekliptik zwischen Frühlingspunkt und Breitenkreis, gezählt vom Frühlingspunkt aus von 0^0 bis 360^0 entgegengesetzt dem Sinne der täglichen Bewegung der Sonne.

§ 54. Umrechnung der verschiedenen Koordinatensysteme ineinander

I. Die geographische Breite φ des Beobachtungsortes wird als bekannt vorausgesetzt.

1.) Gegeben a, h, gesucht t, δ (s. Fig. 25 u. 26).

$$\sin \delta = \sin h \sin \varphi - \cos h \cos \varphi \cos a ,$$

$$\sin t = \frac{\cos h \sin a}{\cos \delta}, \quad \cos t = \frac{\sin h \cos \varphi + \cos h \sin \varphi \cos a}{\cos \delta}.$$

2.) Gegeben t, δ, gesucht a, h (s. Fig. 26).

$$\sin h = \sin \delta \sin \varphi + \cos \delta \cos \varphi \cos t ,$$

$$\sin a = \frac{\cos \delta \sin t}{\cos h},$$

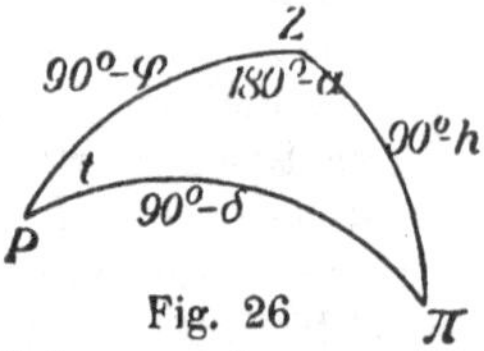

Fig. 26

$$\cos a = \frac{-\sin \delta \cos \varphi + \cos \delta \sin \varphi \cos t}{\cos h}.$$

II. Die Schiefe der Ekliptik ε wird als bekannt vorausgesetzt.

1.) Gegeben α, δ, gesucht β, λ.

$$\sin \beta = -\cos \delta \sin \alpha \sin \varepsilon + \sin \delta \cos \varepsilon ,$$

$$\sin \lambda = \frac{\cos \delta \sin \alpha \cos \varepsilon + \sin \delta \sin \varepsilon}{\cos \beta}, \quad \cos \lambda = \frac{\cos \delta \cos \alpha}{\cos \beta}.$$

2.) Gegeben β, λ, gesucht α, δ.

$$\sin \delta = \cos \beta \sin \lambda \sin \varepsilon + \sin \beta \cos \varepsilon ,$$

$$\sin \alpha = \frac{\cos \beta \sin \lambda \cos \varepsilon - \sin \beta \sin \varepsilon}{\cos \delta},$$

$$\cos x = \frac{\cos \beta \cos \lambda}{\cos \delta}.$$

§ 55. Die Zeit

1.) Unter der oberen Kulmination eines Sternes versteht man seinen Durchgang durch den Hauptmeridian des Beobachtungsortes, bei dem er die größte Höhe erreicht.

2.) Unter einem Sterntag (zu 24 Sternstunden) versteht man die Zeit zwischen zwei aufeinanderfolgenden oberen Kulminationen des Frühlingspunktes am Beobachtungsort.

Unter der Sternzeit Θ versteht man den Stundenwinkel des Frühlingspunktes (je $15^0 = 1^h$). Es ist 0^h Sternzeit, wenn der Frühlingspunkt im Hauptmeridian steht. Um 1^h Sternzeit ist der Stundenwinkel des Frühlingspunktes 15^0.

Zwischen der Sternzeit Θ, einem Stundenwinkel t und der Rektaszension α besteht die Beziehung

$$\Theta - t = \alpha .$$

3.) Unter einem wahren Sonnentag (zu 24 Stunden) versteht man die Zeit zwischen zwei oberen Kulminationen der Sonne. Unter der wahren Sonnenzeit (wahren Ortszeit: w. Z.) versteht man den Stundenwinkel der Sonne (je $15^0 = 1^h$). Der wahre Sonnentag ist keine konstante Größe, da die Sonne sich nicht gleichförmig bewegt.

4.) Unter dem mittleren Sonnentage (bürgerlichen Tage) versteht man die Zeit zwischen zwei oberen Kulminationen einer gedachten (mittleren) Sonne, welche sich im Äquator mit gleichförmiger Geschwindigkeit bewegt und dieselbe Umlaufszeit wie die wahre Sonne hat. Unter der mittleren Sonnenzeit (mittleren Ortszeit: m. Z.) versteht man den Stundenwinkel der mittleren Sonne. Der mittlere Sonnentag hat 24 Stunden mittlerer Sonnenzeit.

Um den Ort der mittleren Sonne zu bestimmen, denkt man sich zunächst an die Stelle der wahren, sich in der Ekliptik mit ungleichförmiger Geschwindigkeit bewegenden Sonne eine solche mit gleichförmiger Geschwindigkeit gesetzt, welche mit der wahren im Augenblick der größten täglichen Bewegung zusammenfällt. Mit dieser gedachten Sonne geht die mittlere Sonne gleichzeitig durch den Frühlingspunkt.

5.) Die **Zeitgleichung** g ist die Differenz zwischen mittlerer und wahrer Sonnenzeit:

$$g = \text{m. Z.} - \text{w. Z.}$$

Sie nimmt positive und negative Werte an.

6.) **Beziehungen** zwischen Sterntag und mittlerem Sonnentag:

24^h Sternzeit $= 23{,}935^h = 23^h\,56^m\,4{,}1^s$ m. Z.

24^h m. Z. $= 24^h\,3^m\,56{,}6^s$ Sternzeit.

7.) Unter einem **siderischen Jahr** versteht man die Zeit, welche die Sonne braucht, um von einem Fixstern zu diesem zurückzugelangen. Das siderische Jahr ist die wirkliche Umlaufszeit der Erde um die Sonne. Es beträgt 365,2564 mittlere Tage $= 365^d\,6^h\,9^m\,9{,}54^s$ m. Z. $= 366{,}2564$ Sterntage.

8.) Das **tropische Jahr** ist die Zeit, welche die Sonne braucht, um vom Frühlingspunkt zu diesem zurückzugelangen. Es beträgt $365{,}2422^d$ m. Z. $= 365^d\,5^h\,48^m\,46^s$ m. Z. $= 366{,}2422$ Sterntage.

9.) Der **siderische Monat** ist die Umlaufszeit des Mondes von einem Fixstern bis zu diesem zurück $= 27{,}32^d$ m. Z.

10.) Der **synodische Monat** ist die Zeit von Neumond zu Neumond, d. i. die Zeit zwischen zwei aufeinanderfolgenden Zeitpunkten, in denen Sonne und Mond dieselbe Länge haben (Konjunktionen).

11.) **Astronomische Jahreszeiten**:

Beginn des Frühlings am 21. März, Sonne im Äquator, im ♈ Punkt, Tag- und Nachtgleiche.

Beginn des Sommers am 21. Juni, Sonne im Wendekreis des Krebses, längster Tag (Sommersolstitium).

Beginn des Herbstes am 23. September, Sonne im Äquator, Tag- und Nachtgleiche.

Beginn des Winters am 22. Dezember, Sonne im Wendekreis des Steinbocks, kürzester Tag (Wintersolstitium).

§ 56. Aufgang und Untergang der Gestirne

1.) Für Auf- und Untergang der Gestirne ist $h = 0$. Bei gegebener geographischer Breite φ des Beobachtungsortes und gegebener Deklination δ des Sternes ergeben sich die beiden Stundenwinkel des Auf- und Untergangspunktes aus (vgl. § 54, I 2)

$$\cos t = -\operatorname{tg}\delta \cdot \operatorname{tg}\varphi .$$

Die Azimute von Auf- und Untergangspunkt erhält man aus

$$\cos a = -\frac{\sin\delta}{\cos\varphi} .$$

2.) Die Tageslänge ist gleich dem doppelten Stundenwinkel des Untergangspunktes. Ergibt sich z. B. als Stundenwinkel des Untergangspunktes $t = 120^0 = 8^h$, so ist die Tageslänge 16^h.

3.) Für Morgen- und Abendweite w (Bogen zwischen Ost- und Aufgangspunkt, bzw. zwischen West- und Untergangspunkt) ist

$$\sin w = \frac{\sin\delta}{\cos\varphi} .$$

§ 57. Die Parallaxe

1.) Die Höhenparallaxe p ist der Winkel, unter welchem vom Gestirn aus der zum Beobachtungsort gehörige Erdradius r erscheint. Sind h' und h die Höhen des Gestirns über dem wahren und dem scheinbaren Horizont, so ist

$$p = h' - h .$$

Die Entfernung R des Gestirns ist dann

$$R = \frac{r\cos h}{\sin p} .$$

2.) Steht das Gestirn im Horizont, so heißt p die Horizontalparallaxe und wird mit π bezeichnet. Es ist

$$R = \frac{r}{\sin\pi} .$$

Ist der in Frage kommende Halbmesser ein Äquatorhalbmesser, so heißt π die Äquatorial-Horizontalparallaxe.

3.) Die Horizontalparallaxe des Mondes ist im Mittel 57′ 2,7″.

" " der Sonne ist im Mittel 8,80″.

4.) Bei Fixsternen ist die Parallaxe des Erdhalbmessers (tägl. Parallaxe) verschwindend; man benutzt für sie die Parallaxe des Erdbahnhalbmessers, die jährliche Parallaxe. Sie ist bei keinem Fixstern größer als 1″.

§ 58. Weltsysteme

1.) Ptolemäisches System: Die Erde ist Mittelpunkt des Weltalls, um sie bewegen sich Mond, Merkur, Venus, Sonne, Mars, Jupiter, Saturn. Die Bewegung wird durch Epizykeln erklärt.

2.) Kopernikanisches System: Die Sonne steht still, um sie bewegen sich Merkur, Venus, Erde, Mars, Jupiter, Saturn in nahezu kreisförmigen, exzentrischen Bahnen.

Keplers Gesetze:

1. Die Bahnen der Planeten sind Ellipsen, in deren einem Brennpunkt die Sonne steht.
2. Der Planet bewegt sich so, daß der Leitstrahl in gleichen Zeiten gleiche Flächen beschreibt.
3. Die Quadrate der Umlaufszeiten verhalten sich wie die dritten Potenzen der großen Achsen.

§ 59. Planeten, Sonne und Mond

	Mittlere Entfernung von der Sonne Mill.km	Siderische Umlaufszeit in mittl. Tagen	Exzentrizität	Mittlere Durchmesser	Masse	Dichte	Rotationsdauer	Anzahl der Trabanten
Merkur ☿	57,85	87,969	0,20562	0,39	0,04	0,7	88^d	—
Venus ♀	108,10	224,701	0,00680	0,97	0,81	0,88	225^d ?	—
Erde ♁	149,50	365,256	0,01673	1	1	1*	$23^h 56^m 4^s$	1
Mars ♂	227,72	686,980	0,09335	0,53	0,11	0,72	$24^h 37^m 23^s$	2

*) Auf Wasser = 1 bezogen ist die Dichte der Erde 5,53 (vgl. § 51, 5).

	Mittlere Entfernung von der Sonne Mill. km	Siderische Umlaufszeit in mittl. Tagen	Exzentrizität	Mittlere Durchmesser	Masse	Dichte	Rotationsdauer	Anzahl der Trabanten
Planetoiden		3—12 J						
Jupiter ♃	777,6	4332,589	0,04841	10,95	316,94	0,24	$9^h 50^m$	11
Saturn ♄	1425,6	10759,20	0,05573	9,0	94,9	0,13	$10^h 14^m$	10 und Ring
Uranus ♅	2868,1	30685,93	0,04717	4,0	14,66	0,23	$10,7^h$	4
Neptun ♆	4494,1	60187,6	0,00856	3,9	17,16	0,29	$15,8^h$	1
Pluto ♇	5907,9	90737	0,24852	1,0	0,93	1 ?	?	
Sonne ☉				109,05	331950	0,26	$25^d - 27^d$	
Mond ☾	von d. Erde 60,267 Äqu.-Halbmesser d. E.	27,322	0,05490	0,27	0,0123	0,60	$27^d 7^h 43^m$	

§ 60. Die Sternbilder des Tierkreises

Die zwölf Sternbilder des Tierkreises sind:

Widder	♈	Löwe	♌	Schütze	♐
Stier	♉	Jungfrau	♍	Steinbock	♑
Zwillinge	♊	Wage	♎	Wassermann	♒
Krebs	♋	Skorpion	♏	Fische	♓

X. Abschnitt

Analytische Geometrie der Ebene

I. Punkt und Gerade

§ 61. Punktkoordinaten und deren Transformation

1.) Gegeben seien zwei sich schneidende gerichtete Geraden OX und OY, die x-Achse und die y-Achse, wobei O

der Schnittpunkt (Anfangspunkt, Ursprung, Nullpunkt) sei. Die Geraden seien so gelegen, daß die positive Richtung der x-Achse durch Drehung um einen positiven Winkel $\omega < 180^0$ in die positive Richtung der y-Achse übergeführt werden kann (vgl. § 35). ω heißt der Achsenwinkel. Die durch einen Punkt P der Ebene zu den Achsen gezogenen Parallelen schneiden von den Achsen zwei Stücke x bzw. y ab, welche positiv oder negativ zu rechnen sind, je nachdem sie, von O aus durchlaufen, ihrer Richtung nach mit den positiven oder negativen Achsenrichtungen zusammenfallen. x und y heißen die Parallel- oder Kartesischen Koordinaten des Punktes P; x ist insbesondere seine Abszisse, y seine Ordinate (s. Fig. 27).

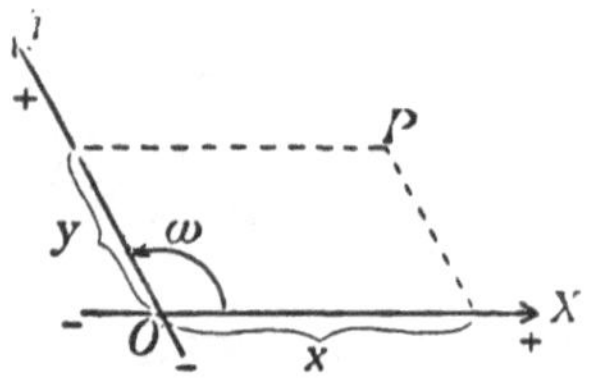

Fig. 27

Jedem im Endlichen gelegenen Punkt der Ebene entspricht ein und nur ein Wertepaar x, y und umgekehrt entspricht jedem Wertepaar x, y ein und nur ein Punkt der Ebene.

2.) Parallelverschiebung des Koordinatensystems: Es seien die Achsen eines Koordinatensystems (x', y') den Achsen des (x, y) Systems bzw. parallel und gleichgerichtet. Der Anfangspunkt des (x', y') Systems habe im (x, y) System die Koordinaten a, b. Sind x', y' die Koordinaten eines Punktes im (x', y') System, so hat der Punkt im (x, y) System die Koordinaten

$$x = a + x', \quad y = b + y',$$

und umgekehrt ist

$$x' = x - a, \quad y' = y - b.$$

3.) Transformation beliebiger Koordinatensysteme ineinander: Die x'-Achse und die y'-Achse eines (x', y') Systems mögen mit der x-Achse des (x, y) Systems bzw. die Winkel α und β einschließen, so daß $\alpha = (x, x')$, $\beta = (x, y')$ ist. Der Anfangspunkt O' des (x', y') Systems habe im (x, y) System die Koordinaten a und b. Der Achsenwinkel des (x, y) Systems sei ω. Sind dann x', y' die Koordinaten eines Punktes im (x', y') System, so sind seine Koordinaten im (x, y) System:

$$x = a + \frac{x' \sin(\omega - \alpha) + y' \sin(\omega - \beta)}{\sin \omega},$$

$$y = b + \frac{x' \sin \alpha + y' \sin \beta}{\sin \omega}.$$

Umgekehrt ist

$$x' = \frac{(x - a) \sin \beta - (y - b) \sin(\omega - \beta)}{\sin(\beta - \alpha)},$$

$$y' = \frac{-(x - a) \sin \alpha + (y - b) \sin(\omega - \alpha)}{\sin(\beta - \alpha)}.$$

4.) Parallelverschiebung und Drehung des rechtwinkligen Koordinatensystems: Sind die Achsenwinkel beider Systeme gleich 90° und beide Systeme kongruent, d. h. durch Verschieben und Drehen innerhalb der Ebene einschließlich der Richtung miteinander zur Deckung zu bringen, so folgt aus den Formeln Nr. 3 wegen $\omega = 90°$ und $\beta = 90° + \alpha$:

$$x = a + x' \cos \alpha - y' \sin \alpha, \quad y = b + x' \sin \alpha + y' \cos \alpha$$

bzw.

$$x' = (x - a) \cos \alpha + (y - b) \sin \alpha,$$

$$y' = -(x - a) \sin \alpha + (y - b) \cos \alpha.$$

Ist $a = b = 0$, d. h. fallen die Anfangspunkte beider Systeme zusammen, so stellen die letzten Formeln lediglich eine Drehung des rechtwinkligen Systems um den Winkel α dar.

5.) Polarkoordinaten: Durch den Anfangspunkt O des rechtwinkligen Koordinatensystems (x, y) werde eine gerichtete Gerade g gelegt, welche durch den Punkt P geht. Die Strecke $\overline{OP} = r$ heißt der Radiusvektor des Punktes

P und der Winkel ϑ zwischen der positiven x-Achse (der Polarachse) und der gerichteten Geraden g seine Amplitude. r und ϑ sind die Polarkoordinaten des Punktes P O heißt der Pol des Polarkoordinatensystems. ϑ wird von der positiven x-Achse aus im entgegengesetzten Uhrzeigerdrehsinn positiv gerechnet. ϑ ist durch g nur bis auf additive Vielfache von 2π bestimmt.

Zwischen den rechtwinkligen und den Polarkoordinaten bestehen die Formeln:

$$x = r\cos\vartheta\,,\ y = r\sin\vartheta. \quad |r| = \underset{+}{\sqrt{x^2 + y^2}}\,.$$

Homogene Koordinaten: vgl. § 64, 1.

§ 62. Allgemeine Sätze über Gleichungen zwischen Punktkoordinaten

1.) Es sei $G(x, y)$ eine Summe, deren Glieder von der Form $a_{\nu\mu} x^\nu y^\mu$ sind, wo $a_{\nu\mu}$ eine beliebige reelle Konstante ist und $\nu, \mu \geqq 0$ ganze Zahlen bedeuten, d. h es sei $G(x, y)$ ein Polynom in x und y (§ 11. 2) Unter dem Grade n der Gleichung $G(x, y) = 0$ versteht man den höchsten Wert, welchen $\nu + \mu$ annimmt. Die Gesamtheit aller Punkte x, y, welche der Gleichung $G(x, y) = 0$ genügen, erfüllen im allgemeinen eine Kurve (Kurve n^{ter} Ordnung). (Vgl. hierzu § 86, 2, 3.)

2.) Der Grad einer Gleichung $G(x, y) = 0$ wird durch Koordinatentransformation nicht geändert.

3.) Ist λ ein konstanter Wert ($\neq 0$), so stellt $\lambda G(x, y) = 0$ dieselbe Kurve wie $G(x, y) = 0$ dar.

4.) Die Wertesysteme x, y, welche den Gleichungen zweier Kurven $G(x, y) = 0$ und $g(x, y) = 0$ gleichzeitig genügen, sind die Koordinaten der Schnittpunkte beider Kurven.

Setzt man speziell in $G(x, y) = 0$ für y den Wert 0, so ergeben sich aus der erhaltenen Gleichung mit der Unbekannten x die Abszissen der Schnittpunkte der durch

$G(x,y)=0$ dargestellten Kurve mit der x-Achse. Ebenso liefert $x=0$ die Schnittpunkte mit der y-Achse.

5.) Es sei λ irgendeine reelle Zahl. Dann stellt

$$G(x,y)+\lambda g(x,y)=0$$

die Gleichung einer Kurve dar, welche durch die Schnittpunkte der Kurven $G(x,y)=0$ und $g(x,y)=0$ hindurchgeht. und deren Ordnung nicht größer ist als die Ordnung derjenigen der letzteren Kurven, welche die höhere Ordnung besitzt.

§ 63. Größenbeziehungen in Punktkoordinaten

Hier wie in den folgenden §§ beziehen sich alle Formeln auf das rechtwinklige Koordinatensystem, falls nicht ausdrücklich eine andere Angabe gemacht ist.

1.) Koordinaten x,y des Punktes P, welcher die Strecke $\overrightarrow{P_1P_2}$ im Verhältnis $m:n=\lambda:1$ teilt:

$$\overrightarrow{P_1P}:\overrightarrow{PP_2}=m:n=\lambda:1.$$

P_1 und P_2 mögen bzw. die Koordinaten x_1, y_1; x_2, y_2 haben. Dann gilt

$$x=\frac{mx_2+nx_1}{m+n}=\frac{x_1+\lambda x_2}{1+\lambda},$$

$$y=\frac{my_2+ny_1}{m+n}=\frac{y_1+\lambda y_2}{1+\lambda}.$$

Über die Lage von P in bezug auf P_1 und P_2 bei verschiedenen Werten von λ vgl. § 35, 3.

Koordinaten des Halbierungspunktes:

$$x=\frac{x_1+x_2}{2},\quad y=\frac{y_1+y_2}{2}.$$

Vorstehende Formeln gelten auch für schiefwinklige Koordinaten.

2.) Entfernung zweier Punkte x_1, y_1; x_2, y_2:

$$e=\underset{+}{\sqrt{(x_1-x_2)^2+(y_1-y_2)^2}};$$

im schiefwinkligen Koordinatensystem mit dem Achsenwinkel ω:

$$e = \overset{}{\underset{+}{}}\sqrt{(x_1 - x_2)^2 + (y_1 - y_2)^2 + 2(x_1 - x_2)(y_1 - y_2)\cos\omega}\,.$$

Sind die Punkte in Polarkoordinaten r_1, ϑ_1; r_2, ϑ_2 gegeben, so ist

$$e = \underset{+}{}\sqrt{r_1^2 + r_2^2 - 2r_1 r_2 \cos(\vartheta_2 - \vartheta_1)}\,.$$

3.) Inhalt des Dreiecks mit den Ecken x_1, y_1; x_2, y_2; x_3, y_3:

$$J = \frac{1}{2}\begin{vmatrix} x_1 & y_1 & 1 \\ x_2 & y_2 & 1 \\ x_3 & y_3 & 1 \end{vmatrix} = \frac{1}{2}\left\{x_1(y_2 - y_3) + x_2(y_3 - y_1) + x_3(y_1 - y_2)\right\}.$$

Dieser Ausdruck ist positiv, wenn bei Umlaufung des Dreiecks in der Richtung $\overrightarrow{P_1P_2P_3P_1}$ das Innere zur Linken bleibt. Andernfalls ist J negativ, oder es ist $J = 0$, wenn die drei Punkte in einer Geraden liegen.

Fällt x_3, y_3 in den Anfangspunkt, so wird

$$J = \frac{1}{2}(x_1 y_2 - x_2 y_1)\,.$$

Inhalt des Dreiecks mit den Ecken r_1, ϑ_1; r_2, ϑ_2; r_3, ϑ_3:

$$J = \frac{1}{2}\{r_1 r_2 \sin(\vartheta_2 - \vartheta_1) + r_2 r_3 \sin(\vartheta_3 - \vartheta_2) + r_3 r_1 \sin(\vartheta_1 - \vartheta_3)\},$$

und falls $r_3 = 0$ ist: $J = \frac{1}{2} r_1 r_2 \sin(\vartheta_2 - \vartheta_1)$.

4.) Inhalt des n-Ecks mit den Ecken x_ν, y_ν ($\nu = 1, 2, \ldots n$):

$$2J = x_1(y_2 - y_n) + x_2(y_3 - y_1) + x_3(y_4 - y_2) + \cdots + x_n(y_1 - y_{n-1}).$$

Über das Vorzeichen gilt Entsprechendes wie in Nr 3.

§ 64. Die Gleichung der Geraden

Bezeichnungen. Mit einer Geraden g der Ebene eines (x, y) Systems wird stets ein in dieser Ebene liegendes gerichtetes Lot (Normale) fest verbunden gedacht. Die Gerade g teilt die Ebene in zwei Halbebenen, und man bezeichnet als positive (negative) Seite der Geraden g oder Halbebene diejenige Halbebene, nach der die positive (negative) Richtung der Normalen zeigt. Der Winkel zwischen der x-Achse und der positiven Normalenrichtung sei α. Setzt man als positive Richtung der Geraden g diejenige Richtung fest, die man erhält, wenn man die Normale um $+90^0$ dreht, so ist der Winkel zwischen der x-Achse und der Geraden $\varphi = \alpha + \frac{\pi}{2}$. Die Richtungskonstante der Geraden ist $m = \operatorname{tg} \varphi$. Das Lot p von O auf die Gerade werde positiv oder negativ gerechnet, je nachdem es die gleiche Richtung wie die Normale oder die entgegengesetzte hat. Die Abschnitte der Geraden auf den Koordinatenachsen seien a und b.

1.) Gleichungsformen der Geraden:

I.) $Ax + By + C = 0$ (Allgemeine Form), wobei A und B nicht gleichzeitig Null sein mögen.

$$a = -\frac{C}{A},\quad b = -\frac{C}{B},\quad m = \operatorname{tg}\varphi = -\frac{A}{B},\quad p = -\frac{C}{\sqrt{A^2+B^2}}$$

$$\cos\alpha = \frac{A}{\sqrt{A^2+B^2}},\qquad \sin\alpha = \frac{B}{\sqrt{A^2+B^2}}.$$

Durch die Wahl des Vorzeichens der Wurzel ist die Richtung der Normalen festgelegt. Wählt man im Falle $C \neq 0$ das Vorzeichen entgegengesetzt zu dem Vorzeichen von C, so liegt O auf der negativen Seite der Geraden.

II.) $x\cos\alpha + y\sin\alpha - p = 0$ (*Hesse*sche Normalform)

III.) $y - mx - b = 0$

$$\left.\begin{array}{l}\text{IV.)}\ \frac{x}{a} + \frac{y}{b} - 1 = 0 \\ \text{V.)}\ ux + vy + 1 = 0,\ \text{wo}\ u = -\frac{1}{a}, v = -\frac{1}{b}\end{array}\right\} \begin{array}{l} a \neq 0, b \neq 0, \\ \text{s. Nr. 3.}\end{array}$$

Die Gleichung jeder Geraden ist vom 1. Grade und läßt

sich, abgesehen von der unendlich fernen Geraden (s. § 37, 2 und § 65, 1), auf die Form I.) bringen. Die Formen II.)—V.) sind Spezialfälle von I.). Aus jeder im folgenden für I.) angegebenen Formel lassen sich daher im allgemeinen durch spezielle Wahl der Konstanten A, B, C entsprechende Formeln für die Gleichungen II.)—V.) aufstellen.

Um eine Gleichungsform zu erhalten, in der auch die unendlich ferne Gerade enthalten ist, führt man homogene Koordinaten ein, indem man $x = \frac{\xi_1}{\xi_3}$, $y = \frac{\xi_2}{\xi_3}$ setzt. Die nicht gleichzeitig verschwindenden Zahlen ξ_1, ξ_2, ξ_3 heißen **homogene Punktkoordinaten.** Durch diese ist ein Punkt eindeutig bestimmt. Umgekehrt jedoch sind durch einen Punkt nur die Verhältnisse der zugehörigen homogenen Koordinaten eindeutig bestimmt. Die allgemeinste Gleichung der Geraden lautet dann

$$A\xi_1 + B\xi_2 + C\xi_3 = 0.$$

Die Gleichung der unendlich fernen Geraden ist speziell

$$\xi_3 = 0.$$

Die homogenen Koordinaten des unendlich fernen Punktes der Geraden $Ax + By + C = 0$ $(B \neq 0)$ haben die Gestalt:

$$\xi_1, \quad \xi_2 = -\frac{A}{B}\xi_1, \quad \xi_3 = 0,$$

wobei ξ_1 eine beliebige reelle Zahl $\neq 0$ ist.

Will man in einer Aufgabe der analytischen Geometrie unendlich ferne Elemente mit in Betracht ziehen, so hat man am besten die homogenen Punktkoordinaten zu benutzen (vgl. auch § 65, 1).

Die **linke Seite** der Gleichung einer Geraden, deren rechte Seite 0 ist, werde mit L bezeichnet, so daß die Gleichung der Geraden

$$L = 0$$

lautet. Soll L die linke Seite einer speziellen Gleichungsform, z. B. der *Hesse*schen Normalform sein, so wird dies im folgenden besonders erwähnt.

Gleichung der Geraden in Polarkoordinaten:

$$r \cos(\vartheta - \alpha) = p\,.$$

2.) Besondere Fälle:

$x = a$ Gleichung einer Geraden parallel zur y-Achse,
$y = b$ „ „ „ „ „ x-Achse,
insbesondere sind $x=0$ und $y=0$ die Gleichungen der Achsen.

3.) Gerade durch den Punkt x_1, y_1:

$$A(x - x_1) + B(y - y_1) = 0\,.$$

Speziell lautet die Gleichung einer Geraden durch den Nullpunkt

$$Ax + By = 0\,.$$

Ihre Achsenabschnitte sind beide gleich Null.

4.) Gerade durch zwei Punkte x_1, y_1; x_2, y_2:

$$y - y_1 = \frac{y_2 - y_1}{x_2 - x_1}(x - x_1) \text{ oder } \frac{y - y_1}{y_2 - y_1} = \frac{x - x_1}{x_2 - x_1} \text{ oder}$$

$$\begin{vmatrix} x & y & 1 \\ x_1 & y_1 & 1 \\ x_2 & y_2 & 1 \end{vmatrix} = 0\,.$$

Letztere Gleichung ist auch die Bedingung dafür, daß drei Punkte x, y; x_1, y_1; x_2, y_2 in einer Geraden liegen.

Gerade durch den Anfangspunkt und x_1, y_1:

$$x_1 y - y_1 x = 0\,.$$

5.) Abstand p_1 des Punktes x_1, y_1 von der Geraden

$$Ax + By + C = 0 \text{ oder } x\cos\alpha + y\sin\alpha - p = 0$$

$$p_1 = \frac{Ax_1 + By_1 + C}{\sqrt{A^2 + B^2}} = x_1\cos\alpha + y_1\sin\alpha - p.$$

p_1 ist positiv oder negativ, je nachdem der Punkt x_1, y_1 auf der positiven oder negativen Seite der Geraden liegt (vgl. die Bezeichnungen und Nr. 1).

6.) Koordinaten des Schnittpunktes der Geraden $A_1 x + B_1 y + C_1 = 0$ $A_2 x + B_2 y + C_2 = 0$, wobei $A_1 B_2 - A_2 B_1 \neq 0$:

$$x = \frac{B_1 C_2 - B_2 C_1}{A_1 B_2 - A_2 B_1}, \quad y = \frac{C_1 A_2 - C_2 A_1}{A_1 B_2 - A_2 B_1}.$$

7.) Winkel τ zwischen zwei Geraden

$$A_1 x + B_1 y + C_1 = 0 \quad \text{und} \quad A_2 x + B_2 y + C_2 = 0$$

oder

$$y - m_1 x - b_1 = 0 \quad \text{und} \quad y - m_2 x - b_2 = 0:$$

$$\operatorname{tg} \tau = \frac{A_1 B_2 - A_2 B_1}{A_1 A_2 + B_1 B_2} = \frac{m_2 - m_1}{m_1 m_2 + 1}.$$

Unter dem Winkel τ wird hier derjenige positive Winkel verstanden, um den man die erste Gerade drehen muß damit sie mit der zweiten einschließlich der Richtung zusammenfällt.

Die Geraden sind parallel (schneiden sich in einem unendlich fernen Punkt, vgl. Nr. 1), wenn

$$A_1 : A_2 = B_1 : B_2 \quad \text{oder} \quad m_2 = m_1$$

ist und fallen zusammen, wenn

$$A_1 : A_2 = B_1 : B_2 = C_1 : C_2$$

oder

$$m_2 = m_1, \quad b_2 = b_1$$

ist. Die Gleichungen paralleler Geraden lassen sich auf Formen bringen, welche sich nur in dem von x und y freien Gliede, dem konstanten Gliede, unterscheiden:

$$Ax + By + C_1 = 0, \quad Ax + By + C_2 = 0.$$

Die Geraden sind senkrecht zueinander, wenn

$$A_1 A_2 + B_1 B_2 = 0 \quad \text{bzw.} \quad m_2 = -\frac{1}{m_1} \quad \text{ist.}$$

8.) Gleichung der Geraden, welche mit der Geraden $Ax + By + C = 0$ den Winkel τ (vgl. Nr. 7) bildet und durch den Punkt x_1, y_1 geht:

$$y - y_1 = \frac{B \operatorname{tg} \tau - A}{A \operatorname{tg} \tau + B} (x - x_1).$$

9.) Der Abstand der Geraden g_2 von der parallelen Geraden g_1 ist das gerichtete Lot von einem Punkte von g_1 nach g_2. Es wird mit Benutzung von O gemäß Nr. 5 bestimmt.

10.) Drei Geraden

$$L_1 = A_1 x + B_1 y + C_1 = 0, \quad L_2 = A_2 x + B_2 y + C_2 = 0,$$
$$L_3 = A_3 x + B_3 y + C_3 = 0$$

gehen durch einen Punkt, wenn

$$\begin{vmatrix} A_1 & B_1 & C_1 \\ A_2 & B_2 & C_2 \\ A_3 & B_3 & C_3 \end{vmatrix} = 0$$

ist, oder, was auf dasselbe hinauskommt, wenn sich drei Zahlen λ_1, λ_2, λ_3 so bestimmen lassen, daß

$$\lambda_1 L_1 + \lambda_2 L_2 + \lambda_3 L_3 \equiv 0$$

wird. Hierbei bedeutet $\equiv$ identisch gleich, d. h. daß die Gleichung für alle x und y erfüllt ist. Das ist nur dann der Fall, wenn alle Koeffizienten für sich Null sind, wenn also

$$\lambda_1 A_1 + \lambda_2 A_2 + \lambda_3 A_3 = 0, \quad \lambda_1 B_1 + \lambda_2 B_2 + \lambda_3 B_3 = 0,$$
$$\lambda_1 C_1 + \lambda_2 C_2 + \lambda_3 C_3 = 0$$

ist. Der Schnittpunkt kann auch ein unendlich ferner Punkt sein (vgl. Nr. 1 u. 7).

11.) Eine Kurve n^{ter} Ordnung (s. § 62, 1) wird von einer Geraden in n Punkten geschnitten, welche auch teilweise oder sämtlich zusammenfallen und auch imaginär sein oder im Unendlichen liegen können (vgl. Nr. 1).

§ 65. Linienkoordinaten und die Gleichung des Punktes

1.) Ist die Gleichung einer Geraden in der Form

$$ux + vy + 1 = 0$$

gegeben, so ist die Lage der Geraden durch die Konstanten u und v eindeutig bestimmt. Umgekehrt gehört zu jeder Geraden ein Wertepaar u, v. Diese Konstanten heißen daher die Koordinaten jener Linie oder kurz Linienkoordinaten. u und v sind die negativen reziproken Achsenabschnitte der Geraden (§ 64, 1).

Ist eine der Linienkoordinaten Null, so ist die Gerade einer Achse parallel.

Festsetzung: Die Gesamtheit aller unendlich fernen

Punkte ist eine Gerade, die unendlich ferne Gerade. Man legt ihr die Koordinaten $u = 0$, $v = 0$ bei.

Die Koordinaten einer Geraden durch den Nullpunkt sind unendlich. Man legt $-\frac{u}{v}$ in diesem Falle den Wert der Richtungskonstanten der Geraden bei.

Die Gleichung $ux + vy + 1 = 0$ stellt bei konstanten Werten u, v die Gleichung der Geraden mit den Linienkoordinaten u, v in Punktkoordinaten x, y dar. Sind x, y konstant und verändern sich u, v derart, daß jene Gleichung stets erfüllt ist, so erhalten wir die Gesamtheit aller Geraden, welche durch den Punkt x, y gehen. Obige Gleichung nennt man daher die Gleichung des Punktes (Normalform) mit den Punktkoordinaten x, y in Linienkoordinaten u, v.

$$Au + Bv + C = 0$$

ist die allgemeine Form der Gleichung eines vom Nullpunkt verschiedenen Punktes. Sie läßt sich auf die Normalform bringen, falls $C \neq 0$ ist. Die Koordinaten des Punktes sind

$$x = \frac{A}{C}, \quad y = \frac{B}{C}.$$

Die Gleichung $\quad Au + Bv = 0, \quad A, B \neq 0, 0,$
stellt einen unendlich fernen Punkt dar, zu welchem man gelangt, wenn man sich längs der Geraden mit der Gleichung

$$y = \frac{B}{A} x$$

(gleichgültig nach welcher Seite) ins Unendliche bewegt. Um eine Gleichungsform des Punktes zu erhalten, welche auch den Nullpunkt umfaßt, hat man homogene Linienkoordinaten η_1, η_2, η_3 einzuführen, indem man $u = \frac{\eta_1}{\eta_3}$, $v = \frac{\eta_2}{\eta_3}$ setzt. Die allgemeinste Gleichungsform des Punktes ist dann

$$A\eta_1 + B\eta_2 + C\eta_3 = 0.$$

Die Gleichung des Nullpunktes lautet speziell

$$\eta_3 = 0.$$

(Vgl. hierzu § 64, 1.)

Die **linke Seite** der Gleichung des Punktes werde mit P bezeichnet.

2.) Es sei $\Gamma(u, v) = 0$ eine algebraische Gleichung vom Grade n in bezug auf u, v (vgl. § 62, 1). Deutet man u, v als veränderliche Linienkoordinaten, so stellt diese Gleichung eine Gesamtheit von Geraden dar, welche im allgemeinen eine Kurve umhüllen (Kurve n^{ter} Klasse). $\Gamma(u, v) = 0$ heißt die Gleichung der Kurve.

Von einem Punkte lassen sich an eine Kurve n^{ter} Klasse n Tangenten ziehen, welche aber teilweise oder sämtlich zusammenfallen und auch imaginär sein können.

Es mögen $\Gamma_1(u, v) = 0$ und $\Gamma_2(u, v) = 0$ die Gleichungen zweier Kurven mit den Klassenzahlen n_1 und $n_2 \leqq n_1$ bedeuten. λ sei eine beliebige Zahl. Dann stellt

$$\Gamma_1(u, v) + \lambda\, \Gamma_2(u, v) = 0$$

eine Kurve dar, welche alle gemeinschaftlichen Tangenten von $\Gamma_1 = 0$ und $\Gamma_2 = 0$ berührt, und deren Klasse höchstens gleich n_1 ist.

3.) Das **Dualitätsprinzip**: Ein Satz, welcher nur Lagebeziehungen zwischen Punkten und Geraden und Doppelverhältnisse zwischen diesen Elementen enthält, geht in einen richtigen Satz über, wenn man Punkt und Gerade in dem Satze vertauscht.

Beispiele: (Vgl. § 64.)

Je nachdem man $\xi, \eta; \xi_1, \eta_1; \ldots$ als Punkt- oder als Linienkoordinaten deutet, ist:

1.) $$A\xi + B\eta + C = 0$$

die Gleichung einer Geraden.	die Gleichung eines Punktes.

2.) $$A(\xi - \xi_1) + B(\eta - \eta_1) = 0$$

die Gleichung einer Geraden durch einen gegebenen Punkt.	die Gleichung eines Punktes auf einer gegebenen Geraden.

3.) $$\eta - \eta_1 = \frac{\eta_2 - \eta_1}{\xi_2 - \xi_1}(\xi - \xi_1)$$

die Gleichung der Geraden durch zwei gegebene Punkte. | die Gleichung des Schnittpunktes zweier gegebener Geraden.

4.) $$\begin{vmatrix} \xi_1 & \eta_1 & 1 \\ \xi_2 & \eta_2 & 1 \\ \xi_3 & \eta_3 & 1 \end{vmatrix} = 0$$

die Bedingung dafür, daß drei Punkte in einer Geraden liegen. | die Bedingung dafür, daß drei Geraden d. einen Punkt gehen.

5.) $$\xi = \frac{B_1 C_2 - B_2 C_1}{A_1 B_2 - A_2 B_1}, \qquad \eta = \frac{C_1 A_2 - C_2 A_1}{A_1 B_2 - A_2 B_1}$$

das Koordinatenpaar d. Schnittpunktes der Geraden | das Koordinatenpaar der Geraden durch die Punkte

$$A_1 \xi + B_1 \eta + C_1 = 0, \quad A_2 \xi + B_2 \eta + C_2 = 0.$$

6.) $$\begin{vmatrix} A_1 & B_1 & C_1 \\ A_2 & B_2 & C_2 \\ A_3 & B_3 & C_3 \end{vmatrix} = 0$$

die Bedingung dafür, daß die Geraden | die Bedingung dafür, daß die Punkte

$$A_\nu \xi + B_\nu \eta + C_\nu = 0, \quad \nu = 1, 2, 3$$

durch einen Punkt gehen. | auf einer Geraden liegen.

§ 66. Strahlenbüschel und Punktreihe

1.) Sind $L_1 = 0$, $L_2 = 0$ die Gleichungen zweier sich im Endlichen schneidender Geraden, so ist die allgemeine Gleichung einer dritten Geraden, die durch den Schnittpunkt der beiden ersten geht,

$$L_3 \equiv L_1 + \lambda L_2 = 0\,.$$

Wenn L_1 und L_2 die Normalformen bedeuten, ist λ das negative Abstandsverhältnis eines Punktes der Geraden L_3 von den Geraden L_1 und L_2.

Die Halbierenden der Winkel, welche von den in den Normalformen gegebenen Geraden $L_1 = 0$, $L_2 = 0$ gebildet werden, haben die Gleichungen

$$L_1 + L_2 = 0\,, \qquad L_1 - L_2 = 0.$$

Bei veränderlichem λ stellt die Gleichung $L_1 + \lambda L_2 = 0$ ein Strahlenbüschel dar.

Sind die Geraden L_1 und L_2 parallel, so stellt $L_1 + \lambda L_2 = 0$

die zu L_1 und L_2 parallelen Geraden dar (Parallel-Strahlenbüschel).

2.) Sind $P_1 = 0$, $P_2 = 0$ die Gleichungen zweier Punkte, so ist die allgemeine Gleichung eines dritten Punktes, der auf der Verbindungsgeraden der ersten beiden liegt,

$$P_3 \equiv P_1 + \lambda P_2 = 0 .$$

Wenn P_1 und P_2 die Normalformen bedeuten, ist λ das Verhältnis, in welchem P_3 die Strecke $\overrightarrow{P_1 P_2}$ teilt,

$$\lambda = \frac{\overrightarrow{P_1 P_3}}{\overrightarrow{P_3 P_2}} .$$

Die Halbierungspunkte der Strecken, welche von den in den Normalformen gegebenen Punkten gebildet werden, haben die Gleichungen

$$P_1 + P_2 = 0 , \quad P_1 - P_2 = 0 .$$

Die zweite stellt den unendlich fernen Punkt der Geraden $P_1 P_2$ dar.

Bei veränderlichem λ liefert die Gleichung $P_1 + \lambda P_2 = 0$ eine Punktreihe.

3.) Vier sich in einem Punkte schneidende Geraden können dargestellt werden durch die Gleichungen

$$L_1 = 0, \ L_2 = 0, \ L_3 \equiv L_1 + \lambda_1 L_2 = 0, \ L_4 \equiv L_1 + \lambda_2 L_2 = 0 .$$

Das Doppelverhältnis dieser vier Strahlen ist $\frac{\lambda_1}{\lambda_2}$ (vgl. § 35, 5).

Das Doppelverhältnis des Büschels

$$L_1 + \lambda_1 L_2 = 0, L_1 + \lambda_2 L_2 = 0, L_1 + \lambda_3 L_2 = 0, L_1 + \lambda_4 L_2 = 0$$

ist
$$\frac{\lambda_1 - \lambda_3}{\lambda_2 - \lambda_3} : \frac{\lambda_1 - \lambda_4}{\lambda_2 - \lambda_4} .$$

4.) Vier in einer Geraden liegende Punkte können dargestellt werden durch die Gleichungen

$$P_1 = 0, \ P_2 = 0, \ P_3 \equiv P_1 + \lambda_1 P_2 = 0, \ P_4 \quad P_1 + \lambda_2 P_2 = 0.$$

Ihr Doppelverhältnis ist $\frac{\lambda_1}{\lambda_2}$ (vgl. § 35, 4).

Das Doppelverhältnis der vier Punkte

$$P_1 + \lambda_1 P_2 = 0,\quad P_1 + \lambda_2 P_2 = 0,\quad P_1 + \lambda_3 P_2 = 0,\quad P_1 + \lambda_4 P_2 = 0$$

ist

$$\frac{\lambda_1 - \lambda_3}{\lambda_2 - \lambda_3} : \frac{\lambda_1 - \lambda_4}{\lambda_2 - \lambda_4}$$

5.) Vier Strahlen sind harmonische Strahlen, wenn ihr Doppelverhältnis gleich -1 ist. Ihre Gleichungen lauten:

$$L_1 = 0\,,\ L_2 = 0\,,\ L_1 + \lambda L_2 = 0\,,\ L_1 - \lambda L_2 = 0$$

Vier durch den Anfangspunkt gehende Geraden

$$y = m_1 x\,,\ y = m_2 x\,,\ y = n_1 x\,,\ y = n_2 x$$

sind harmonische Strahlen, wenn

$$2(m_1 m_2 + n_1 n_2) = (m_1 + m_2)(n_1 + n_2)$$

ist.

6.) Vier harmonische Punkte haben die Gleichungen

$$P_1 = 0\,,\quad P_2 = 0\,,\quad P_1 + \lambda P_2 = 0\,,\quad P_1 - \lambda P_2 = 0\,.$$

Falls x_1, y_1, x_2, y_2; ξ_1, η_1; ξ_2, η_2 die Koordinaten der vier harmonischen Punkte sind, gelten die Beziehungen:

$$2(x_1 x_2 + \xi_1 \xi_2) = (x_1 + x_2)(\xi_1 + \xi_2)\,,$$
$$2(y_1 y_2 + \eta_1 \eta_2) = (y_1 + y_2)(\eta_1 + \eta_2)\,.$$

7.) Zwei Strahlenbüschel mit je vier Strahlen heißen projektivisch, wenn ein Doppelverhältnis des einen Büschels gleich dem entsprechenden Doppelverhältnis des anderen Büschels ist. Ihre Gleichungen lauten:

$$L_1 + \lambda_1 L_2 = 0,\ L_1 + \lambda_2 L_2 = 0,\ L_1 + \lambda_3 L_2 = 0,\ L_1 + \lambda_4 L_2 = 0$$

und

$$M_1 + \lambda_1 M_2 = 0,\quad M_1 + \lambda_2 M_2 = 0,\quad M_1 + \lambda_3 M_2 = 0,\quad M_1 + \lambda_4 M_2 = 0\,.$$

8.) Entsprechend sind die Gleichungen von zwei projektivischen Punktreihen.

$$P_1 + \lambda_1 P_2 = 0, P_1 + \lambda_2 P_2 = 0, P_1 + \lambda_3 P_2 = 0, P_1 + \lambda_4 P_2 = 0$$

und

$$Q_1 + \lambda_1 Q_2 = 0,\ Q_1 + \lambda_2 Q_2 = 0,\ Q_1 + \lambda_3 Q_2 = 0,\ Q_1 + \lambda_4 Q_2 = 0.$$

9.) Drei Strahlenpaare

$$L_1 + \lambda_\nu L_2 = 0\,,\quad L_1 + \mu_\nu L_2 = 0\,,\quad \nu = 1, 2, 3$$

bilden eine Strahleninvolution, wenn sich ein viertes Strahlenpaar finden läßt, welches zu jedem der gegebenen harmonisch ist. Die notwendige und hinreichende Bedingung dafür ist

$$\begin{vmatrix} \lambda_1 + \mu_1 & \lambda_1 \mu_1 & 1 \\ \lambda_2 + \mu_2 & \lambda_2 \mu_2 & 1 \\ \lambda_3 + \mu_3 & \lambda_3 \mu_3 & 1 \end{vmatrix} = 0$$

10.) Unter der gleichen Bedingung bilden die drei Punktepaare

$$P_1 + \lambda_\nu P_2 = 0\,,\; P_1 + \mu_\nu P_2 = 0\,,\; \nu = 1, 2, 3$$

eine Punktinvolution.

H. Kurven zweiter Ordnung (Kegelschnitte)

§ 67. Die allgemeine Gleichung zweiten Grades

1.) Die allgemeine algebraische Gleichung zweiten Grades in x, y lautet

$$f(x,y) = a_{11} x^2 + 2 a_{12} xy + a_{22} y^2 + 2 a_{13} x + 2 a_{23} y + a_{33} = 0$$

oder

$$(a_{11} x + a_{12} y + a_{13}) x + (a_{21} x + a_{22} y + a_{23}) y \\ + (a_{31} x + a_{32} y + a_{33}) = 0\,,$$

wobei $a_{ik} = a_{ki}$ $(i,\ k = 1, 2, 3)$ ist. Man bezeichnet die Klammern in dieser Gleichung bzw mit f_1, f_2, f_3, so daß die allgemeine Gleichung zweiten Grades auch lautet

$$f(x,y) = f_1 x + f_2 y + f_3 = 0\,.$$

Hat man in f_1, f_2, f_3 für x und y die Koordinaten eines festen Punktes x_1, y_1 eingesetzt, so mögen diese Größen bzw. mit f_1', f_2', f_3' bezeichnet werden.[1])

2.) Unter der zum Pol x_1, y_1 gehörigen Polaren versteht man die Gerade mit der Gleichung

$$f_1' x + f_2' y + f_3' = 0$$

oder

---

[1]) Über die Verwendung und Bedeutung der homogenen Koordinaten vgl. hier und im folgenden § 64, 1 und § 65, 1.

$$a_{11}x_1x + a_{12}(y_1x + x_1y) + a_{22}y_1y + a_{13}(x_1 + x) + a_{23}(y_1 + y) + a_{33} = 0\,.$$

Regel: Die Gleichung der zum Pol x_1, y_1 gehörigen Polaren wird erhalten, indem man in der Kurvengleichung für x^2, $2xy, y^2, 2x, 2y$ bzw. x_1x, $y_1x + x_1y$, y_1y, $x_1 + x$, $y_1 + y$ einsetzt.

Die Polare ist Tangente im Punkte x_1, y_1, wenn dieser auf der Kurve liegt, d. h. $f(x_1, y_1) = 0$ ist.

Die Koordinaten der Tangente sind in diesem Falle

$$u = \frac{f'_1}{f'_3},\ v = \frac{f'_2}{f'_3}.$$

Diese Gleichungen lassen sich nach x_1, y_1 auflösen, wenn

$$A = \begin{vmatrix} a_{11} & a_{12} & a_{13} \\ a_{21} & a_{22} & a_{23} \\ a_{31} & a_{32} & a_{33} \end{vmatrix} \neq 0$$

ist (eigentlicher, nicht zerfallender Kegelschnitt). Setzt man die gefundenen Werte in $f'_1x_1 + f'_2y_1 + f'_3 = 0$ ein, so erhält man die Gleichung des Kegelschnitts in Linienkoordinaten. Sie kann durch Multiplikation mit einer Konstanten auf eine Form gebracht werden, bei welcher ihre Koeffizienten $A_{ik}(i, k = 1, 2, 3)$ die zu a_{ik} adjungierten Unterdeterminanten von A sind.

3.) Der Mittelpunkt einer eigentlichen Kurve zweiter Ordnung ist der Pol, dessen Polare die unendlich ferne Gerade ist. Seine Koordinaten x, y genügen den Gleichungen

$$f_1 = a_{11}x + a_{12}y + a_{13} = 0,$$
$$f_2 = a_{21}x + a_{22}y + a_{23} = 0$$

und werden aus diesen bestimmt.

Eine Kurve zweiter Ordnung besitzt dann und nur dann einen im Endlichen gelegenen Mittelpunkt, wenn

$$A_{33} = \begin{vmatrix} a_{11} & a_{12} \\ a_{21} & a_{22} \end{vmatrix} \neq 0$$

ist. Ist $A_{33} = 0$ und eine der Determinanten

$$\begin{vmatrix} a_{13} & a_{12} \\ a_{23} & a_{22} \end{vmatrix},\quad \begin{vmatrix} a_{11} & a_{13} \\ a_{21} & a_{23} \end{vmatrix}$$

von Null verschieden — die andere ist dann ebenfalls ungleich Null —, so besitzt eine Kurve zweiter Ordnung einen Mittelpunkt im Unendlichen.

4.) Unter einem Durchmesser versteht man den Ort der Mittelpunkte paralleler Sehnen. Er ist eine Gerade durch den Mittelpunkt. Der Durchmesser heißt konjugiert zu der Sehnenschar, welche er halbiert. Zwei Durchmesser heißen zueinander konjugiert, wenn jeder die zu dem anderen parallele Sehnenschar halbiert.

Der Durchmesser, welcher zu der Sehnenschar konjugiert ist, die mit der x-Achse den Winkel α (vgl. § 64, Bezeichnungen, wie bei φ) bildet, hat die Gleichung

$$f_1 \cos\alpha + f_2 \sin\alpha = 0$$

oder

$$(a_{11}x + a_{12}y + a_{13}) \cos\alpha + (a_{21}x + a_{22}y + a_{23}) \sin\alpha = 0.$$

5.) Eine Kurve zweiter Ordnung besitzt höchstens zwei konjugierte Durchmesser, welche aufeinander senkrecht stehen. Zwei derartige Durchmesser heißen Hauptachsen. Die Richtungen der Hauptachsen, von welchen eine mit der x-Achse den Winkel α bildet, ergeben sich aus

$$\operatorname{tg} 2\alpha = \frac{2a_{12}}{a_{11} - a_{22}}.$$

6.) Diskussion der Kurven 2. Ordnung in rechtwinkligen oder schiefwinkligen Koordinaten (s. Nr. 2 u. 3).

Die allgemeine Gleichung zweiten Grades stellt dar:

I.) einen eigentlichen Kegelschnitt, wenn $A \neq 0$, und zwar

1.) eine Ellipse, wenn $A_{33} > 0$ ist. Sie ist reell oder imaginär, je nachdem a_{11} und A verschiedene oder gleiche Vorzeichen haben. Für rechtwinklige Koordinaten ist sie ein Kreis, wenn $a_{11} = a_{22}$ und $a_{12} = 0$ ist;

2.) eine Parabel, wenn $A_{33} = 0$ ist;

3.) eine Hyperbel, wenn $A_{33} < 0$ ist.

II.) einen **zerfallenden Kegelschnitt**, wenn $A = 0$ ist, und zwar

1.) ein reelles sich im Endlichen schneidendes Geradenpaar, wenn $A_{33} < 0$ ist;

2.) ein paralleles Geradenpaar, wenn $A_{33} = 0$ ist (reell und verschieden, zusammenfallend oder imaginär, je nachdem A_{11} oder $A_{22} \lesseqqgtr 0$).

3.) ein imaginäres Geradenpaar mit reellem Schnittpunkt im Endlichen, wenn $A_{33} > 0$ ist.

7.) Zwei eigentliche Kegelschnitte

$$a_{11}x^2 + 2a_{12}xy + a_{22}y^2 + 2a_{13}x + 2a_{23}y + a_{33} = 0,$$
$$\alpha_{11}x^2 + 2\alpha_{12}xy + \alpha_{22}y^2 + 2\alpha_{13}x + 2\alpha_{23}y + \alpha_{33} = 0$$

sind einander **ähnlich**, wenn

a.) $\quad a_{11}a_{22} - a_{12}^2 = \alpha_{11}\alpha_{22} - \alpha_{12}^2 = 0$ oder

b.) $\quad a_{11}a_{22} - a_{12}^2 \neq 0, \quad \alpha_{11}\alpha_{22} - \alpha_{12}^2 \neq 0$ und

$$\frac{a_{11}}{\alpha_{11}} = \frac{a_{12}}{\alpha_{12}} = \frac{a_{22}}{\alpha_{22}} \text{ ist.}$$

8.) Die Gleichung jedes eigentlichen Kegelschnitts läßt sich durch Koordinatentransformation auf die Form

$$y^2 = 2px - (1 - \varepsilon^2)x^2$$

bringen (Scheitelgleichung). Die x-Achse ist Hauptachse, die y-Achse Tangente des Kegelschnitts.

Die Gleichung stellt den Ort aller Punkte dar, für welche das Verhältnis der Entfernung von einem festen Punkt F, dem Brennpunkt, und einer festen Geraden l, der Leitlinie, einen konstanten Wert ε besitzt. ε heißt numerische Exzentrizität. Die x-Achse ist die Senkrechte zur Leitlinie durch F. Die y-Achse teilt den Abstand des Punktes F von der Leitlinie von F aus im Verhältnis $\varepsilon : 1$ (im Scheitelpunkt). Die Ordinate p im Brennpunkt heißt Parameter.

Der Abstand des Brennpunktes von der Leitlinie ist $\frac{p}{\varepsilon}$.

Die Scheitelgleichung stellt eine Ellipse, Parabel

oder **Hyperbel** dar, je nachdem $\varepsilon \lesseqgtr 1$ ist. Dem Werte $\varepsilon = 0$ entspricht ein Kreis.

9.) In **Polarkoordinaten** ϱ, ϑ lautet die Gleichung der eigentlichen Kegelschnitte

$$\varrho = \frac{p}{1 + \varepsilon \cos\vartheta},$$

wenn der eine Brennpunkt Pol, die x-Achse Polarachse ist, und ϑ von dem Scheitel aus gerechnet wird, der dem Pol am nächsten liegt.

§ 68. Der Kreis

Koordinaten des Mittelpunktes (a, b), Halbmesser r.

1.) **Allgemeine Gleichung des Kreises:**

$$K \equiv x^2 + y^2 + 2Ax + 2By + C = 0 \text{ oder}$$
$$(x-a)^2 + (y-b)^2 = r^2,$$
$$a = -A, \quad b = -B, \quad r = \sqrt{A^2 + B^2 - C}.$$

Ist $A^2 = C$ oder $B^2 = C$, dann berührt der Kreis die X- bzw. die Y-Achse; ist $C = 0$, so geht der Kreis durch den **Ursprung**. — Für die Koordinaten der Schnittpunkte mit den Achsen ist $x_1 + x_2 = 2a$, $y_1 + y_2 = 2b$.

Der Ursprung ist Mittelpunkt:

$$x^2 + y^2 = r^2 \quad \text{(Mittelpunktsgleichung).}$$

Mittelpunkt auf der X-Achse im Abstand r vom Ursprung:

$$y^2 = 2rx - x^2 \quad \text{(Scheitelgleichung).}$$

Gleichung für ein schiefwinkliges System:

$$(x-a)^2 + (y-b)^2 + 2(x-a)(y-b)\cos\omega = r^2$$
$$(\omega \text{ Achsenwinkel}).$$

Sind ϱ_1 und ϑ_1 die Polarkoordinaten des Kreismittelpunktes, so lautet die Kreisgleichung in **Polarkoordinaten** ϱ, ϑ:
$$\varrho^2 - 2\varrho\varrho_1 \cos(\vartheta - \vartheta_1) + \varrho_1^2 - r^2 = 0.$$

Gleichung in Linienkoordinaten:

$$r^2(u^2 + v^2) - (au + bv - 1)^2 = 0.$$

2.) Tangente im Berührungspunkt x_1, y_1. Mittelpunkt 0, 0:
$$x x_1 + y y_1 = r^2.$$
Mittelpunkt a, b:
$$(x-a)(x_1-a)+(y-b)(y_1-b)=r^2.$$
Tangenten vom Punkt x_1, y_1 an den Kreis um O mit r:
$$y - y_1 = \frac{-x_1 y_1 \pm r\sqrt{x_1^2+y_1^2-r^2}}{r^2-x_1^2}(x-x_1).$$

3.) Die Gleichung der Polaren des Punktes x_1, y_1 in bezug auf den Kreis $x^2+y^2=r^2$ ist
$$x x_1 + y y_1 = r^2.$$
Die Koordinaten des Pols der Geraden $Ax+By+C=0$ sind
$$x_1 = -\frac{A r^2}{C}, \; y_1 = -\frac{B r^2}{C}.$$

4.) Gleichung des Kreises durch die drei Punkte x_1, y_1; x_2, y_2; x_3, y_3:
$$\begin{vmatrix} x^2+y^2 & x & y & 1 \\ x_1^2+y_1^2 & x_1 & y_1 & 1 \\ x_2^2+y_2^2 & x_2 & y_2 & 1 \\ x_3^2+y_3^2 & x_3 & y_3 & 1 \end{vmatrix} = 0.$$
(Zugleich Bedingung dafür, daß vier Punkte auf einem Kreise liegen.)

5.) Zwei Kreise
$$x^2+y^2+2A_1x+2B_1y+C_1=0,$$
$$x^2+y^2+2A_2x+2B_2y+C_2=0$$
sind konzentrisch, wenn $A_1 = A_2$, $B_1 = B_2$ ist.

6.) Die Gleichung des durch die reellen oder imaginären Schnittpunkte zweier Kreise $K_1 = 0$, $K_2 = 0$ gehenden Kreisbüschels ist
$$K_1 + \lambda K_2 = 0.$$
Zu den Kreisen des Büschels gehört für $\lambda = -1$ eine Gerade, die Potenzlinie beider Kreise:
$$K_1 - K_2 = 0$$
oder
$$2(A_1-A_2)x + 2(B_1-B_2)y + C_1 - C_2 = 0$$

§ 69. Formeln für die Parabel

Gleichungen: $y^2 = 2px$; $\varrho = \frac{p}{1 + \cos\vartheta}$ (Pol = Brennpunkt), $v^2 = \frac{2u}{p}$ (in Linienkoordinaten).

Krümmungsradius im Scheitel $x = 0$: $\varrho_0 = p$ (vgl. § 112, 8.)

1.) Polare des Poles x_1, y_1: $\quad yy_1 = p(x + x_1)$.
(bzw. Tangente im Punkte x_1, y_1 der Kurve.)

2.) Koordinaten des Poles der Geraden $Ax + By + C = 0$:

$$x_1 = \frac{C}{A}, \quad y_1 = -\frac{Bp}{A}.$$

3.) Tangenten vom Punkte x_1, y_1 an die Parabel:

$$y - y_1 = \frac{y_1 \pm \sqrt{y_1^2 - 2px_1}}{2x_1}(x - x_1).$$

4.) Tangente mit gegebener Richtungskonstante m:

$$y - mx = \frac{p}{2m}.$$

5.) Normale im Punkte x_1, y_1:

$$p(y - y_1) + y_1(x - x_1) = 0.$$

6.) Gleichung des konjugierten Durchmessers zur Sehnenschar mit der Richtungskonstante m: $y = \frac{p}{m}$.

7.) Gleichung der Leitlinie (Polare des Brennpunktes mit den Koordinaten $\frac{p}{2}, 0$): $x = -\frac{p}{2}$.

8.) Länge des Brennstrahls zum Punkte x_1, y_1:

$$r = x_1 + \frac{p}{2}.$$

9.) Inhalt des Segments, abgeschnitten von der Sehne mit den Endpunkten x_1, y_1; x_2, y_2:

$$S = \frac{(y_1 - y_2)^3}{12p} = \frac{x_1 - x_2}{6} \cdot \frac{(y_1 - y_2)^2}{y_1 + y_2}.$$

Ist die Sehne mit dem Endpunkt x_1, y_1 senkrecht zur x-Achse, so folgt
$$S = \frac{4}{3} x_1 y_1 .$$

§ 70. Formeln für Ellipse und Hyperbel

Hauptachsengleichungen:

$$\text{Ellipse } \frac{x^2}{a^2} + \frac{y^2}{b^2} = 1, \quad \text{Hyperbel } \frac{x^2}{a^2} - \frac{y^2}{b^2} = 1,$$

a große Halbachse, b kleine Halbachse (bei der Hyperbel imaginär).

Krümmungsradien (s. § 112, 8):

Ellipse $x = a$, $\varrho_a = \frac{b^2}{a}$; $x = 0$, $\varrho_b = \frac{a^2}{b}$;

Hyperbel $x = a$, $\varrho_a = \frac{b^2}{a}$.

Polargleichungen in bezug auf den Mittelpunkt als Pol.

$$\text{Ellipse } \varrho^2 = \frac{b^2}{1 - \varepsilon^2 \cos^2\vartheta}, \quad \text{Hyperbel } \varrho^2 = \frac{-b^2}{1 - \varepsilon^2 \cos^2\vartheta}:$$

Gleichungen in Linienkoordinaten:

Ellipse $a^2u^2 + b^2v^2 = 1$, Hyperbel $a^2u^2 - b^2v^2 = 1$.

In den folgenden Formeln gilt das obere Zeichen für die Ellipse, das untere für die Hyperbel.

1.) Polare des Punktes x_1, y_1: $\frac{x x_1}{a^2} \pm \frac{y y_1}{b^2} = 1$.

Tangente im Punkte x_1, y_1, wenn dieser auf der Kurve liegt.

2.) Koordinaten des Pols der Geraden $Ax + By + C = 0$:
$$x_1 = -\frac{a^2 A}{C}, \quad y_1 = \mp \frac{b^2 B}{C}.$$

3.) Tangenten vom Punkte x_1, y_1 an die Kurven:
$$y - y_1 = \frac{-x_1 y_1 + \sqrt{\pm b^2 x_1^2 + a^2 y_1^2 \mp a^2 b^2}}{a^2 - x_1^2}(x - x_1),$$
$$y - y_1 = \frac{-x_1 y_1 - \sqrt{\pm b^2 x_1^2 + a^2 y_1^2 \mp a^2 b^2}}{a^2 - x_1^2}(x - x_1).$$

4.) Tangenten mit der Richtungskonstanten m:

$$y-mx=+\sqrt{m^2a^2\pm b^2}\,,\qquad y-mx=-\sqrt{m^2a^2\pm b^2}$$

5.) Asymptoten der Hyperbel (Gerade, denen sich die Kurve unbegrenzt nähert, ohne sie im Endlichen zu erreichen):

$$\frac{x}{a}+\frac{y}{b}=0\,,\qquad \frac{x}{a}-\frac{y}{b}=0$$

Ist der Asymptotenwinkel 2φ (d. i. der Winkel, in dem die Kurvenäste liegen), so ist $\operatorname{tg}\varphi=\frac{b}{a}$.

Bei der gleichseitigen Hyperbel ($b=a$) stehen die Asymptoten aufeinander senkrecht.

Ein Durchmesser $y=mx$ schneidet die Hyperbel, berührt sie in einem unendlich fernen Punkt (ist also Asymptote) oder trifft die Hyperbel nicht, je nachdem

$$m^2 \lesseqgtr \frac{b^2}{a^2}$$

6.) Normale im Punkte x_1, y_1:

$$y-y_1=\pm\frac{a^2y_1}{b^2x_1}(x-x_1)\,.$$

7.) Zwei konjugierte Durchmesser:

$$Ax+By=0\,,\qquad \frac{Bx}{a^2}\mp\frac{Ay}{b^2}=0$$

Jede Asymptote der Hyperbel ist mit ihrem konjugierten Durchmesser identisch.

Gleichungen der Kurven in bezug auf zwei konjugierte Durchmesser $2a_1, 2b_1$.

$$\frac{x^2}{a_1^2}\pm\frac{y^2}{b_1^2}=1,\quad a_1^2\pm b_1^2=a^2\pm b^2.$$

Sind φ_1 und φ_2 die Winkel, welche zwei konjugierte Durchmesser $2a_1$ und $2b_1$ mit der großen Achse bilden (vgl. § 64, Bezeichnungen), so ist

$$\operatorname{tg}\varphi_1 \quad \operatorname{tg}\varphi_2 = \mp\frac{b^2}{a^2}, \quad a_1 b_1 \sin(\varphi_2 - \varphi_1) = ab$$

(s. § 74, 7 und 8).

Gleichung der Hyperbel in bezug auf die beiden Asymptoten als Koordinatenachsen:

$$xy = \frac{e^2}{4} = \frac{a^2 + b^2}{4} \quad \text{(s. Nr. 8).}$$

8.) Abszissen der Brennpunkte (lineare Exzentrizität):

$$e = +\sqrt{a^2 \mp b^2}, \; e' = -\sqrt{a^2 \mp b^2} = -e.$$

9.) Gleichung der Leitlinie (Polare des Brennpunktes $e, 0$):

$$x = \frac{a^2}{e} = \frac{a}{\varepsilon} \quad \text{(s. § 67, 8).}$$

10.) Länge der Brennstrahlen zu dem Punkte x_1, y_1:

$$r_1 = a + x_1\varepsilon, \quad r_2 = \pm(a - x_1\varepsilon), \quad r_1 \pm r_2 = 2a.$$

11.) Inhalt der Ellipsenzone zwischen der kleinen Achse und der im Abstand x_1 $(0 \leqq x_1 \leqq a)$ zu dieser parallelen Sehne:

$$Z = \frac{b}{a}\left(x_1 \sqrt[+]{a^2 - x_1^2} + a^2 \arcsin\frac{x_1}{a}\right), \quad 0 \leqq \arcsin\frac{x_1}{a} \leqq 1.$$

Gesamte Ellipsenfläche: $J = ab\pi$.

Inhalt des Hyperbelsegments, abgeschnitten von der Sehne $x = x_1$ (senkrecht zur x-Achse, $a \leqq x_1$):

$$S = x_1 y_1 - ab \operatorname{Log}\left(\frac{x_1}{a} + \frac{y_1}{b}\right)$$

§ 71. Konfokale Kegelschnitte

1.) Die Gleichung $\dfrac{x^2}{a^2 - \lambda} + \dfrac{y^2}{b^2 - \lambda} = 1 \quad (a^2 > b^2)$

stellt bei veränderlichem λ eine Schar konfokaler (mit den gleichen Brennpunkten versehener) Ellipsen und Hyperbeln in bezug auf die Hauptachsen als Koordinatenachsen dar. Man erhält die Ellipsen für $\lambda = u$, wo $u < b^2$ und die Hyperbeln für $\lambda = v$, wo $a^2 > v > b^2$ ist:

$$\frac{x^2}{a^2 - u} + \frac{y^2}{b^2 - u} = 1\,, \qquad \frac{x^2}{a^2 - v} + \frac{y^2}{b^2 - v} = 1\,.$$

Für $v > a^2$ ergeben sich imaginäre Kurven.

Je zwei konfokale Ellipsen und je zwei konfokale Hyperbeln schneiden sich nicht.

Jede Ellipse wird von jeder konfokalen Hyperbel senkrecht geschnitten. Die Gesamtheit der konfokalen Ellipsen und Hyperbeln bildet ein Netz von sich senkrecht schneidenden (orthogonalen) Kurven (vgl. § 74, 4).

Die Schnittpunkte einer durch u gegebenen Ellipse mit einer durch v gegebenen Hyperbel sind

$$x = \sqrt{\frac{(a^2 - u)(a^2 - v)}{a^2 - b^2}}\,, \qquad y = \sqrt{\frac{(b^2 - u)(b^2 - v)}{b^2 - a^2}}\,.$$

Durch jeden Punkt der Ebene geht eine Ellipse und eine mit ihr konfokale Hyperbel.

Jedem Punkte $x > 0$, $y > 0$ ist hierdurch ein und nur ein Wertepaar u, v zugeordnet, und umgekehrt entspricht einem den angegebenen Bedingungen genügenden Wertepaar u, v ein positives Wertepaar x, y, wenn man die Wurzeln positiv wählt. u, v heißen die elliptischen Koordinaten des Punktes x, y.

2.) Die Gleichung

$$y^2 = 2\lambda\left(x + \frac{\lambda}{2}\right)$$

stellt bei veränderlichem λ die Gesamtheit aller konfokalen Parabeln dar, deren Brennpunkt der Nullpunkt und deren Achse die x-Achse ist.

Parabeln, deren λ-Werte gleiche Vorzeichen haben, schneiden sich nicht. Haben diese Werte entgegengesetzte Vorzeichen, so schneiden sich die zugehörigen Parabeln rechtwinklig.

Entgegengesetzt gleichen λ-Werten entsprechen in

bezug auf die y-Achse symmetrische Parabeln. Für die y-Achse selbst ist $\lambda = 0$.

Durch jeden Punkt der Ebene gehen zwei konfokale Parabeln.

§ 72. Allgemeine Sätze über Kegelschnitte

(Vgl. § 67)

1.) Die Schnittpunkte entsprechender Strahlen zweier projektiver Strahlenbüschel liegen auf einer Kurve 2. Ordnung.

Die Verbindungsgeraden entsprechender Punkte zweier projektiver Punktreihen gehören einer Kurve 2. Klasse an.

Die Tangenten einer eigentlichen Kurve 2. Ordnung bilden eine eigentliche Kurve 2. Klasse, und umgekehrt umhüllen die Geraden einer eigentlichen Kurve 2. Klasse eine eigentliche Kurve 2. Ordnung (Identität der eigentlichen Kurven 2. Ordnung und 2. Klasse). Ein Kegelschnitt ist im allgemeinen durch $5 - r$ Punkte und r Tangenten $(r = 0, 1, 2, \ldots, 5)$ vollständig bestimmt.

2.) Bewegt sich der Pol auf einer Geraden, so dreht sich seine Polare um einen Punkt, den Pol jener Geraden, und umgekehrt.

3.) Die Berührungssehne zweier von einem Punkt ausgehender Tangenten ist die Polare dieses Punktes. Eine Gerade durch den Pol liefert mit dem Kegelschnitt und der Polaren Schnittpunkte, die zusammen mit dem Pol harmonisch sind.

4.) Ein Durchmesser ist Polare eines unendlich fernen Punktes.

5.) Der zu einer parallelen Sehnenschar konjugierte Durchmesser geht durch den Berührungspunkt einer zu der Sehnenschar parallelen Tangente.

6.) Zieht man in den Endpunkten einer durch den Brennpunkt gehenden Sehne Tangenten, so schneiden sich diese auf der Leitlinie, und die Verbindungslinie des Schnittpunktes mit dem Brennpunkt steht senkrecht auf der Sehne.

7.) Der Schnittpunkt zweier Tangenten liegt auf demjenigen Durchmesser, welcher der Sehne zwischen den Berührungspunkten konjugiert ist.

8.) Satz des *Pascal*: Bei jedem einem Kegelschnitt einbeschriebenen (geschlossenen) Sechseck schneiden sich die drei Paare von Gegenseiten in drei Punkten einer Geraden. (Konstruktion eines Kegelschnittes aus fünf Punkten.)

9.) Satz des *Brianchon*: Bei jedem einem Kegelschnitt umbeschriebenen Sechsseit schneiden sich die drei Verbindungslinien von je zwei Gegenecken in einem Punkte. (Konstruktion eines Kegelschnittes aus fünf Tangenten.)

§ 73. Sätze über die Parabel

1.) Die Durchmesser einer Parabel sind parallel zur Achse.

2.) Der Fußpunkt des Lotes vom Brennpunkt auf eine Tangente liegt auf der Scheiteltangente. (Konstruktion der Parabel durch Umhüllung.)

3.) Der Ort des Schnittpunktes zweier Parabeltangenten, die senkrecht aufeinander stehen, ist die Leitlinie.

4.) Die Entfernung des Berührungspunktes einer Tangente vom Brennpunkt ist gleich der Entfernung des letzteren vom Schnittpunkt der Tangente mit der Achse. (Konstruktion der Tangente.)

5.) Die Tangente halbiert den einen der Winkel zwischen dem Brennstrahl und dem durch den Berührungspunkt gehenden Durchmesser, die Normale den andern. (Konstruktion der Tangente und Normale.)

6.) Der Scheitel halbiert das Stück der x-Achse zwischen dem Schnittpunkt der Tangente und dem Fußpunkt des Lotes vom Berührungspunkt auf die x-Achse.

Das Stück zwischen dem Schnittpunkt der Normalen und dem Fußpunkt des Lotes hat die konstante Länge p.

§ 74. Sätze über Ellipse und Hyperbel

1.) Hat man ein System von Ellipsen bzw. Hyperbeln, welche eine Hauptachse gemeinschaftlich haben, so schneiden sich alle Tangenten, welche auf dieser Achse dieselbe Koordinate für den Berührungspunkt haben, in einem und demselben Punkt der gemeinschaftlichen Achse. (Konstruktion der Tangente.)

2.) In jedem umbeschriebenen Parallelogramm sind die Diagonalen konjugierte Durchmesser; in jedem einbeschriebenen Parallelogramm sind die Seiten zwei konjugierten Durchmessern parallel.

3.) Das Produkt der Entfernungen der Brennpunkte von einer Tangente ist unveränderlich ($= b^2$), und die Fußpunkte der Lote liegen auf einem Kreis, der die große (bzw. reelle) Achse zum Durchmesser hat. (Konstruktion des Kegelschnitts durch Umhüllung.)

4.) Die Tangente und die Normale in einem Punkt der Ellipse oder Hyperbel halbieren die Winkel, welche die Brennstrahlen nach diesem Punkt miteinander bilden. (Konstruktion der Tangente und der Normale.)

Hieraus folgt: Eine Ellipse und eine zu ihr konfokale Hyperbel schneiden sich unter rechten Winkeln (vgl. § 71, 1).

5.) Bei der Ellipse ist die Summe, bei der Hyperbel die Differenz der Brennstrahlen nach einem Punkt der Kurve unveränderlich und zwar gleich der großen (reellen) Achse. (Fadenkonstruktion der Kurven.)

6.) Auf jeder Sekante einer Hyperbel sind die beiden Abschnitte, welche zwischen der Kurve und ihren beiden Asymptoten liegen, einander gleich; der Abschnitt einer Tangente zwischen den Asymptoten wird durch den Berührungspunkt halbiert.

(Konstruktion der Hyperbel, wenn ein Punkt und die Asymptoten derselben gegeben sind.)

7.) Der Inhalt eines Dreiecks, das zwischen zwei konjugierten Halbmessern einer Ellipse und der Verbindungslinie ihrer Endpunkte liegt, ist unveränderlich.

8.) Der Inhalt eines Dreiecks, das von den Asymptoten und einer zwischen denselben liegenden Tangente einer Hyperbel eingeschlossen wird, ist unveränderlich.

9.) Zwei Ellipsen mit den Halbachsen a_1, b_1; a_2, b_2 sind einander ähnlich, wenn $\frac{a_1}{b_1} = \frac{a_2}{b_2}$ ist. Hyperbeln sind einander ähnlich, wenn dieselbe Bedingung erfüllt ist, d. h. wenn sie gleiche Asymptotenwinkel haben.

§ 75. Konstruktion der Kegelschnitte

1.) Parabel:

a) DX Achse, SY Scheiteltangente, DE Leitlinie, $DS = SF = \frac{p}{2}$. Man ziehe durch einen Punkt C der Achse

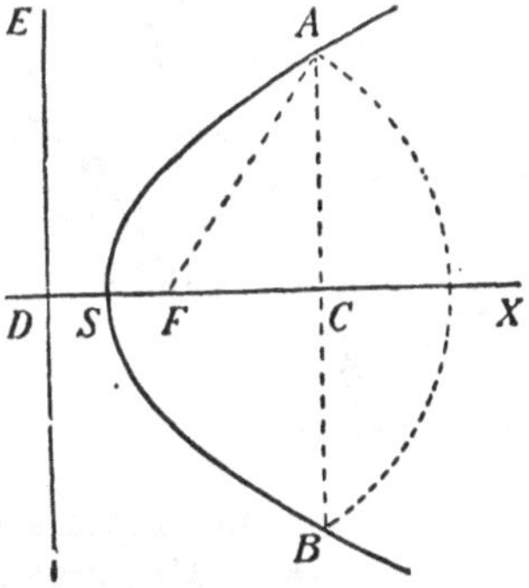

Fig. 28

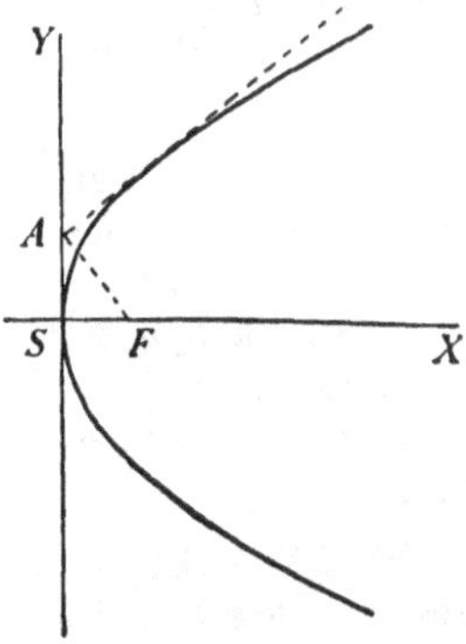

Fig. 29

die Parallele zur Leitlinie und beschreibe um F mit DC als Radius den Kreis. Dieser schneidet die Parallele in den Parabelpunkten A und B (Fig. 28).

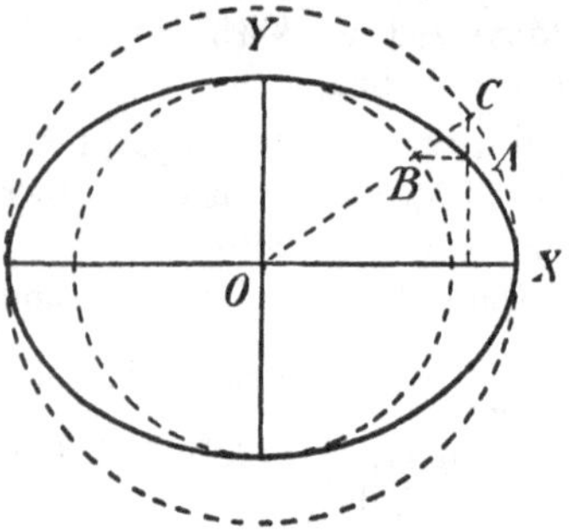

Fig. 30

b) Durch Umhüllung. SX Achse, SY Scheiteltangente, F Brennpunkt. Man verbinde F mit einem Punkte A der Scheiteltangente und errichte auf AF in A das Lot. Dieses umhüllt die Parabel (Fig. 29).

2.) Ellipse:

a) $OX = a$, halbe große Achse; $OY = b$, halbe kleine Achse. Man beschreibe um O mit a und b Kreise, ziehe durch O eine Gerade, welche die Kreise in B und C schneidet und ziehe $CA \parallel OY$, $BA \parallel OX$, so ist A ein Punkt der Ellipse (Fig. 30).

In entsprechender Weise kann man die Ellipse mit Benutzung zweier konjugierter Halbmesser OX' und OY' konstruieren.

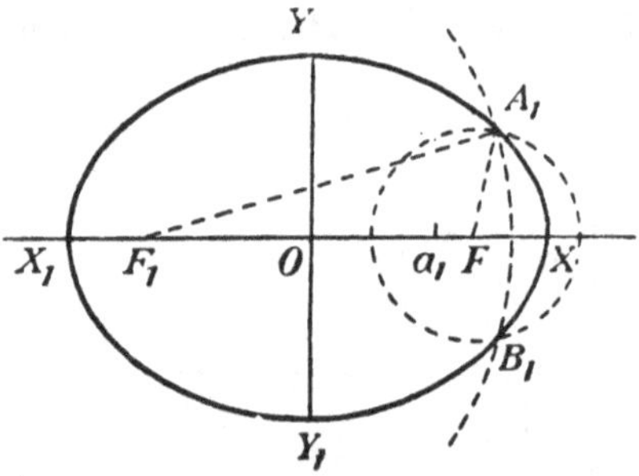

Fig. 31

b) $OX = OX_1 = a$, $OY = OY_1 = b$. Man bestimme die Brennpunkte F und F_1 durch $FY = F_1Y = a$. Man nehme auf XX_1 den Punkt a_1 beliebig an und beschreibe um F mit

Xa_1 und um F_1 mit X_1a_1 Kreisbögen, die sich in A_1 und B_1 schneiden. A_1 und B_1 sind Punkte der Ellipse (Fig. 31).

3.) **Hyperbel.**

$$OX = OX_1 = a\,,$$

$$OF = OF_1 = \sqrt{a^2 + b^2}\,.$$

Man nehme auf der Verlängerung von XX_1 einen Punkt a_1 an und beschreibe um F mit Xa_1 und um F_1 mit X_1a_1 Kreisbögen, die sich in A_1 und B_1 schneiden. A_1 und B_1 sind Punkte der Hyperbel (Fig. 32).

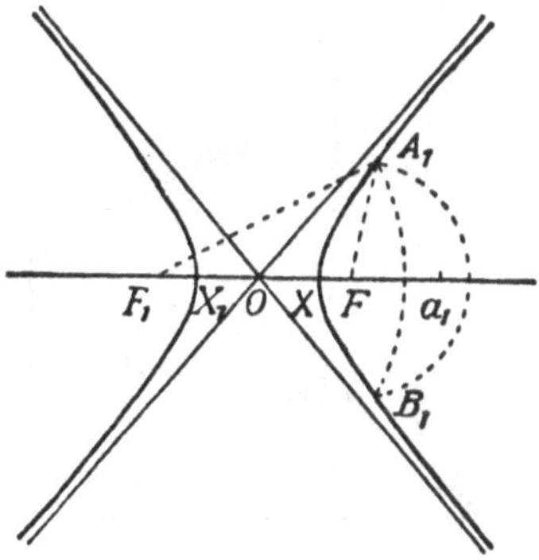

Fig. 32

XI. Abschnitt.

Analytische Geometrie des Raumes und Vektorrechnung

I. Punkt, Ebene und Gerade

§ 76. Punktkoordinaten und Vektoren

1.) **Rechtwinklige Koordinaten:** Gegeben seien drei sich schneidende gerichtete Geraden OX, OY, OZ, die x-, y- und die z-**Achse**. Der Schnittpunkt O heißt **Nullpunkt, Anfangspunkt** oder **Ursprung**. Die Achsen mögen aufeinander senkrecht stehen und so orientiert sein, daß für einen auf der (x, y)-Ebene (Ebene der x- und der y-Achse) in Richtung der positiven z-Achse stehenden Beobachter die y-Achse um den positiven Winkel 90^0 gegen die x-Achse, also links herum, gedreht erscheint. Ein derartig

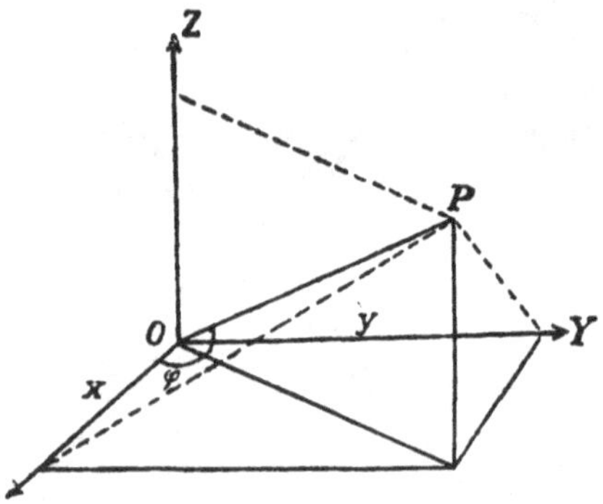

Fig. 33

orientiertes System heißt ein **Rechtssystem** (andernfalls ein **Linkssystem**), eine Bezeichnung, die auch dann angewendet wird, wenn die Achsen beliebige Winkel zwischen 0° und 180° miteinander einschließen. Die durch einen Punkt P gehenden zu den Ebenen (x,y), (y,z), (z,x) parallelen Ebenen schneiden auf den Achsen die **Koordinaten** x, y, z des Punktes P ab, welche von O aus in den positiven Achsenrichtungen positiv gerechnet werden, in den entgegengesetzten Richtungen dagegen negativ (Fig. 33).

Jedem im Endlichen gelegenen Punkte des Raumes entspricht ein und nur ein Wertetripel x, y, z, und umgekehrt ist jedem Wertetripel x, y, z ein und nur ein Punkt des Raumes zugeordnet.

2.) **Kugelkoordinaten:** Es sei $\overline{OP} = r$ und φ der Winkel zwischen $\overrightarrow{OP}$ und der (x, y)-Ebene, gezählt von der letzteren gegen die positive z-Achse positiv, gegen die negative z-Achse negativ (von 0° bis 90°). ψ sei der Winkel den die Ebene durch die z-Achse und durch r mit der (x, z) Ebene bildet, gezählt von der positiven x-Achse aus im positiven Drehungssinn von 0° bis 360°. r, φ, ψ heißen Kugelkoordinaten oder räumliche Polarkoordinaten.

Umrechnung von rechtwinkligen Koordinaten in Kugelkoordinaten und umgekehrt:

$$r = \underset{+}{\sqrt{x^2 + y^2 + z^2}}, \quad \sin \varphi = \frac{z}{r},$$

$$\cos \psi = \frac{x}{\underset{+}{\sqrt{x^2 + y^2}}}, \quad \sin \psi = \frac{y}{\underset{+}{\sqrt{x^2 + y^2}}}.$$

$$x = r \cos \varphi \cos \psi, \quad y = r \cos \varphi \sin \psi, \quad z = r \sin \varphi .$$

3.) **Zylinderkoordinaten** ϱ, ψ, z.

ϱ ist die Projektion von r auf die (x, y)-Ebene. ψ hat dieselbe Bedeutung wie in 2.).

$$\varrho = \underset{+}{\sqrt{x^2 + y^2}}, \quad \cos \psi = \frac{x}{\underset{+}{\sqrt{x^2 + y^2}}}, \quad \sin \psi = \frac{y}{\underset{+}{\sqrt{x^2 + y^2}}}, \quad z = z.$$

$$x = \varrho \cos \psi, \quad y = \varrho \sin \psi, \quad z = z.$$

Über homogene Koordinaten vgl. § 80, 1.

4.) **Vektoren.** Ein **Vektor** $\mathfrak{a}$ wird durch eine gerichtete Strecke im Raum dargestellt, wobei zwei gerichtete Strecken, welche sich durch Parallelverschiebung ihrer Länge und ihrer Richtung nach zur Deckung bringen lassen, denselben Vektor darstellen sollen, andernfalls aber verschiedene Vektoren. Die Länge der Strecke, welche einen Vektor darstellt, heißt seine Länge oder sein **absoluter Betrag** $|\mathfrak{a}|$, die Richtung der Strecke heißt seine **Richtung**.

Im folgenden werden Vektoren durch deutsche, reelle Zahlen (**Skalare**) durch griechische oder lateinische Buchstaben bezeichnet. Eine den Vektor $\mathfrak{a}$ darstellende Strecke wird ebenfalls mit $\mathfrak{a}$ bezeichnet.

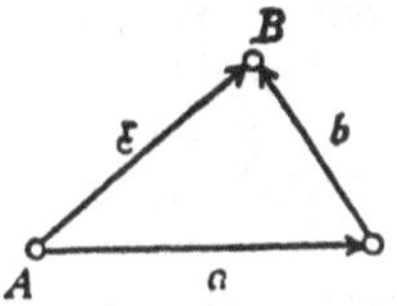

Fig 34

Die Vektoren $\mathfrak{a}$ und $\mathfrak{b}$ werden **addiert**, indem man in den Endpunkt einer den Vektor $\mathfrak{a}$ darstellenden Strecke den Anfangspunkt der den Vektor $\mathfrak{b}$ darstellenden Strecke legt. Dann ist $\mathfrak{x} = \mathfrak{a} + \mathfrak{b}$ der eindeutig bestimmte Vektor, welcher durch die Strecke $\overrightarrow{AB}$ dargestellt wird, die den Anfangspunkt A von $\mathfrak{a}$ mit dem Endpunkt B von $\mathfrak{b}$ verbindet (Fig. 34). Für beliebige Vektoren $\mathfrak{a}$, $\mathfrak{b}$, $\mathfrak{c}$ gelten die Regeln:

$$\mathfrak{a} + \mathfrak{b} = \mathfrak{b} + \mathfrak{a},$$
$$(\mathfrak{a} + \mathfrak{b}) + \mathfrak{c} = \mathfrak{a} + (\mathfrak{b} + \mathfrak{c}) = \mathfrak{a} + \mathfrak{b} + \mathfrak{c}.$$

Unter $-\mathfrak{a}$ versteht man den Vektor, welcher die gleiche Länge wie der Vektor $\mathfrak{a}$, aber die entgegengesetzte Richtung besitzt. Ist λ eine positive Zahl, so ist $\lambda\mathfrak{a} = \mathfrak{a}\lambda$ der eindeutig bestimmte Vektor, welcher die λ-fache Länge und die gleiche Richtung wie der Vektor $\mathfrak{a}$ besitzt. Ferner ist

$$1 . \mathfrak{a} = \mathfrak{a}, (-\lambda)\,\mathfrak{a} = \lambda(-\mathfrak{a}) = -\lambda\mathfrak{a}.$$

Es sei $\bar{\mathfrak{a}}$ der Vektor vom absoluten Betrage 1 (Einheitsvektor), welcher dieselbe Richtung wie $\mathfrak{a}$ hat. Ist a der absolute Betrag von $\mathfrak{a}$, so ist

$$\mathfrak{a} = a\bar{\mathfrak{a}}.$$

Unter der Differenz $\mathfrak{a} - \mathfrak{b}$ der Vektoren $\mathfrak{a}$ und $\mathfrak{b}$ ($\mathfrak{b} \neq \mathfrak{a}$) versteht man den Vektor $\mathfrak{a} + (-\mathfrak{b})$. Man betrachtet die Summe $\mathfrak{a} + (-\mathfrak{a})$, wie auch $\mathfrak{a}$ gewählt sei, als einen eindeutig bestimmten Vektor, den Nullvektor. Er werde mit $\mathfrak{o}$ oder auch einfach mit 0 bezeichnet. Man setzt $0 \cdot \mathfrak{a} = \mathfrak{o}$.

Sind λ und μ beliebige reelle Zahlen, so gilt:

$$\lambda(\mu\mathfrak{a}) = (\lambda\mu)\mathfrak{a}, \qquad \lambda(\mathfrak{a} + \mathfrak{b}) = \lambda\mathfrak{a} + \lambda\mathfrak{b},$$
$$(\lambda + \mu)\mathfrak{a} = \lambda\mathfrak{a} + \mu\mathfrak{a}.$$

Sind $\mathfrak{a}$ und $\mathfrak{b}$ gegebene Vektoren, so besitzt die Gleichung $\mathfrak{a} + \mathfrak{x} = \mathfrak{b}$ die eindeutig bestimmte Lösung $\mathfrak{x} = \mathfrak{b} - \mathfrak{a}$. Insbesondere ist die Lösung der Gleichung $\mathfrak{a} + \mathfrak{x} = \mathfrak{a}$ der Nullvektor $\mathfrak{x} = \mathfrak{o}$.

Besteht zwischen zwei Vektoren $\mathfrak{a}, \mathfrak{b}$ eine lineare Beziehung $\alpha\mathfrak{a} + \beta\mathfrak{b} = 0$, so sind sie parallel und umgekehrt.

Besteht zwischen drei Vektoren $\mathfrak{a}, \mathfrak{b}, \mathfrak{c}$ eine lineare Beziehung $\alpha\mathfrak{a} + \beta\mathfrak{b} + \gamma\mathfrak{c} = 0$, so sind sie derselben Ebene parallel und umgekehrt.

5.) Koordinaten von Vektoren: Gegeben sei ein rechtwinkliges x, y, z-Koordinatensystem im Raum. Es seien $\mathfrak{i}, \mathfrak{j}, \mathfrak{k}$ die Vektoren vom absoluten Betrage 1, deren Richtungen bzw. mit den Richtungen der Achsen zusammenfallen. Dann läßt sich jeder Vektor $\mathfrak{a}$ eindeutig in der Form

$$\mathfrak{a} = x\mathfrak{i} + y\mathfrak{j} + z\mathfrak{k}$$

darstellen, wobei x, y, z reelle Zahlen, die Koordinaten des Vektors $\mathfrak{a}$, sind. Man schreibt auch

$$\mathfrak{a} = (x, y, z).$$

§ 77. Allgemeine Sätze

1.) Eine Fläche wird dargestellt durch eine Gleichung zwischen x, y, z in der Form

$$F(x, y, z) = 0$$

oder in der Form

$$z = f(x, y)$$

oder durch drei Gleichungen, die zwei veränderliche Parameter u, v enthalten

$$x = \varphi(u, v), \quad y = \chi(u, v), \quad z = \psi(u, v)$$

oder durch den Vektor $\mathfrak{w}$ mit diesen Koordinaten:

$$\mathfrak{w} = (x, y, z) = (\varphi(u, v), \chi(u, v), \psi(u, v)) = \mathfrak{w}(u, v),$$

wobei man sich den Anfangspunkt des Vektors im Nullpunkt gelegen denkt, so daß sein Endpunkt die Fläche beschreibt.

2.) Eine Linie (Kurve) ist durch zwei Gleichungen in x, y und z bestimmt; die Linie ist die Schnittlinie der durch jene zwei Gleichungen dargestellten Flächen. Jeder Punkt, dessen Koordinaten die beiden Gleichungen $F(x, y, z) = 0$ und $f(x, y, z) = 0$ befriedigen, liegt auf der Schnittlinie der durch die beiden Gleichungen dargestellten Flächen.

Eine Kurve läßt sich ferner durch drei Gleichungen darstellen, welche einen veränderlichen Parameter t enthalten:

$$x = \varphi(t), \; y = \chi(t), \; z = \psi(t)$$

oder durch den Vektor $\mathfrak{v}$ mit diesen Koordinaten:

$$\mathfrak{v} = (x, y, z) = (\varphi(t), \chi(t), \psi(t)) = \mathfrak{v}(t),$$

dessen Anfangspunkt wie in Nr. 1 in O gedacht wird.

3.) Setzt man in der Gleichung $F(x, y, z) = 0$ eine der

Koordinaten, z. B. z, gleich Null, so erhält man die Gleichung der Schnittlinie der Fläche mit der Ebene der anderen Koordinaten, z. B. der XY-Ebene.

4.) Eliminiert man aus den Gleichungen zweier Flächen eine Koordinate, so erhält man die Gleichung der Projektion der Schnittlinie beider Flächen auf die Ebene der beiden anderen Koordinaten. Bestimmt man aus den Gleichungen dreier Flächen die gemeinschaftlichen Werte von x, y, z, so stellen diese die Koordinaten der Schnittpunkte der drei Flächen dar.

5.) $F(x, y, z) + \lambda f(x, y, z) = 0$ gibt die Gleichung einer Fläche an, welche durch die Schnittlinie oder die gemeinschaftlichen evtl. imaginären Punkte der beiden Flächen $F(x, y, z) = 0$, $f(x, y, z) = 0$ geht.

Über den im vorhergehenden benutzten Funktionsbegriff vgl. §§ 86, 113, 114.

§ 78. Größenbeziehungen

Bezeichnungen: Es seien x, y, z die Koordinaten des Punktes P, r seine (positive) Entfernung von O (Radius, Radiusvektor) und α, β, γ die Winkel, welche r mit den positiven Achsen einschließt, und die $\leqq 180^0$ sind. Es sei $\mathfrak{a}$ der Vektor mit den Koordinaten x, y, z, ferner $\mathfrak{a}_i$ der Vektor mit den Koordinaten x_i, y_i, z_i.

1.) Die Koordinaten von P sind die Projektionen von $\overline{OP} = r$ auf die Achsen:

$$x = r\cos\alpha\,,\quad y = r\cos\beta\,,\quad z = r\cos\gamma\,,\quad r = \underset{+}{\sqrt{x^2 + y^2 + z^2}}\,,$$

$$\cos^2\alpha + \cos^2\beta + \cos^2\gamma = 1,\quad |\mathfrak{a}| = r.$$

2.) Entfernung zweier Punkte x_1, y_1, z_1; x_2, y_2, z_2:

$$e = \underset{+}{\sqrt{(x_1 - x_2)^2 + (y_1 - y_2)^2 + (z_1 - z_2)^2}}\,.$$

3.) Koordinaten des Punktes P, welcher die Strecke

$\overrightarrow{P_1P_2}$, gebildet von den Punkten x_1, y_1, z_1; x_2, y_2, z_2 im Verhältnis $m:n = \lambda:1$ teilt $(\overrightarrow{P_1P} : \overrightarrow{PP_2} = m:n = \lambda:1)$:

$$x = \frac{m x_2 + n x_1}{m+n}, \quad y = \frac{m y_2 + n y_1}{m+n}, \quad z = \frac{m z_2 + n z_1}{m+n},$$

$$x = \frac{x_1 + \lambda x_2}{1+\lambda}, \quad y = \frac{y_1 + \lambda y_2}{1+\lambda}, \quad z = \frac{z_1 + \lambda z_2}{1+\lambda},$$

(vgl. § 35, 3).

Vektoriell: $$\mathfrak{a} = \frac{m\,\mathfrak{a}_2 + n\mathfrak{a}_1}{m+n}$$

4.) Wenn l_1, l_2, l_3 die Projektionen einer Strecke l auf die Koordinatenebenen sind, gilt

$$l_1^2 + l_2^2 + l_3^2 = 2\,l^2$$

Wenn l_1, l_2, l_3 die Projektionen einer Strecke l auf die Koordinatenachsen sind, ist

$$l_1^2 + l_2^2 + l_3^2 = l^2$$

5.) Sind f_1, f_2, f_3 die Projektionen einer ebenen Fläche f auf die Koordinatenebenen, so ist

$$f_1^2 + f_2^2 + f_3^2 = f^2,$$

$$f_1 = f\cos\alpha, \quad f_2 = f\cos\beta, \quad f_3 = f\cos\gamma,$$

wobei α, β, γ die spitzen Neigungswinkel der Fläche f gegen die Koordinatenebenen sind. Ferner ist

$$f = f_1\cos\alpha + f_2\cos\beta + f_3\cos\gamma$$

Anwendung auf das Dreieck

Der Inhalt J des Dreiecks mit den Ecken x_1, y_1, z_1, x_2, y_2, z_2; x_3, y_3, z_3 ergibt sich aus

$$J^2 = J_1^2 + J_2^2 + J_3^2,$$

wo

$$J_1 = \frac{1}{2}\begin{vmatrix} y_1 & z_1 & 1 \\ y_2 & z_2 & 1 \\ y_3 & z_3 & 1 \end{vmatrix}, \quad J_2 = \frac{1}{2}\begin{vmatrix} z_1 & x_1 & 1 \\ z_2 & x_2 & 1 \\ z_3 & x_3 & 1 \end{vmatrix}, \quad J_3 = \frac{1}{2}\begin{vmatrix} x_1 & y_1 & 1 \\ x_2 & y_2 & 1 \\ x_3 & y_3 & 1 \end{vmatrix}$$

ist, oder aus

$$J = -\frac{1}{2\delta}\begin{vmatrix} x_1 & y_1 & z_1 \\ x_2 & y_2 & z_2 \\ x_3 & y_3 & z_3 \end{vmatrix},$$

wo δ der Abstand der Dreiecksebene vom Anfangspunkt ist (s. § 80, 5).

Die Ebene des Dreiecks wird mit einer gerichteten Normalen versehen. Dann ist der Inhalt positiv oder negativ, je nachdem für einen Beobachter, der in Richtung der positiven Normalen auf der Dreiecksebene steht, die Eckpunkte im positiven oder negativen Sinne aufeinander folgen.

6.) Volumen des Tetraeders mit den Ecken $P_1(x_1, y_1, z_1)$, $P_2(x_2, y_2, z_2)$, $P_3(x_3, y_3, z_3)$, $P_4(x_4, y_4, z_4)$:

$$V = \frac{1}{6} \begin{vmatrix} x_1 & y_1 & z_1 & 1 \\ x_2 & y_2 & z_2 & 1 \\ x_3 & y_3 & z_3 & 1 \\ x_4 & y_4 & z_4 & 1 \end{vmatrix}.$$

Das Volumen ist positiv oder negativ, je nachdem die drei Vektoren $\overrightarrow{P_4P_1}$, $\overrightarrow{P_4P_2}$, $\overrightarrow{P_4P_3}$ ebenso zueinander liegen wie OX, OY, OZ oder nicht (vgl. Nr. 9).

$V = 0$ ist die Bedingung dafür, daß die vier Punkte in einer Ebene liegen.

7.) Winkel $\tau \leqq 180^0$ zwischen zwei Radienvektoren r_1, r_2 nach den Punkten (x_1, y_1, z_1), (x_2, y_2, z_2):

$$\cos\tau = \frac{x_1 x_2 + y_1 y_2 + z_1 z_2}{r_1 r_2} = \cos\alpha_1 \cos\alpha_2 + \cos\beta_1 \cos\beta_2 + \cos\gamma_1 \cos\gamma_2 .$$

r_1 und r_2 stehen senkrecht aufeinander, wenn

$$\cos\alpha_1 \cos\alpha_2 + \cos\beta_1 \cos\beta_2 + \cos\gamma_1 \cos\gamma_2 = 0$$

ist.

Skalares Produkt der Vektoren $\mathfrak{a}_1 = (x_1, y_1, z_1)$, $\mathfrak{a}_2 = (x_2, y_2, z_2)$:

$\mathfrak{a}_1 \mathfrak{a}_2 = (\mathfrak{a}_1 \mathfrak{a}_2) = x_1 x_2 + y_1 y_2 + z_1 z_2 = |\mathfrak{a}_1|\,|\mathfrak{a}_2| \cos(\mathfrak{a}_1, \mathfrak{a}_2)$, **wobei $(\mathfrak{a}_1, \mathfrak{a}_2)$ der Winkel zwischen den Richtungen der Vektoren $\mathfrak{a}_1$ und $\mathfrak{a}_2$ ist, der $\leqq 180^0$ ist. Das skalare Produkt ist gleich dem absoluten Betrag des einen Vektors multipliziert** in die Projektion des anderen auf die Richtung des ersten. Das skalare Produkt wird auch als inneres Produkt bezeichnet.

8.) Vektorielles Produkt der Vektoren $\mathfrak{a}_1 = (x_1, y_1, z_1)$, $\mathfrak{a}_2 = (x_2, y_2, z_2)$:

$$[\mathfrak{a}_1\mathfrak{a}_2] = \mathfrak{a}_1 \times \mathfrak{a}_2 = (y_1 z_2 - y_2 z_1,\ z_1 x_2 - z_2 x_1,\ x_1 y_2 - x_2 y_1),$$
$$|[\mathfrak{a}_1\mathfrak{a}_2]| = |\mathfrak{a}_1|\,|\mathfrak{a}_2| \sin(\mathfrak{a}_1, \mathfrak{a}_2).$$

Das vektorielle Produkt ist der Vektor, dessen absoluter Betrag gleich dem Inhalt (vgl. Nr. 5) des aus $\mathfrak{a}_1$ und $\mathfrak{a}_2$ gebildeten Parallelogramms ist, der auf dessen Ebene senkrecht steht und der gegen $\mathfrak{a}_1$ und $\mathfrak{a}_2$ ebenso orientiert ist, wie die z-Achse gegen die x- und die y-Achse. Das vektorielle Produkt, vielfach äußeres Produkt genannt, wird auch, wenn notwendig (s. Nr. 9), mit $[\mathfrak{a}_1, \mathfrak{a}_2]$ bezeichnet.

9.) Weitere Formeln für Vektoren (vgl. § 76, 5):

$$\mathfrak{a}\mathfrak{b} = \mathfrak{b}\mathfrak{a}, \qquad [\mathfrak{a}\mathfrak{b}] = -[\mathfrak{b}\mathfrak{a}],$$
$$(\mathfrak{a} + \mathfrak{b})\,\mathfrak{c} = \mathfrak{a}\mathfrak{c} + \mathfrak{b}\mathfrak{c}, \qquad [\mathfrak{a} + \mathfrak{b}, \mathfrak{c}] = [\mathfrak{a}\mathfrak{c}] + [\mathfrak{b}\mathfrak{c}],$$
$$(\lambda\mathfrak{a})\,\mathfrak{b} = \lambda(\mathfrak{a}\mathfrak{b}); \qquad [\lambda\mathfrak{a}, \mathfrak{b}] = [\mathfrak{a}, \lambda\mathfrak{b}] = \lambda[\mathfrak{a}\mathfrak{b}].$$
$$\mathfrak{i}\mathfrak{i} = \mathfrak{j}\mathfrak{j} = \mathfrak{k}\mathfrak{k} = 1, \qquad [\mathfrak{i}\mathfrak{i}] = [\mathfrak{j}\mathfrak{j}] = [\mathfrak{k}\mathfrak{k}] = 0,$$
$$\mathfrak{i}\mathfrak{j} = \mathfrak{j}\mathfrak{k} = \mathfrak{k}\mathfrak{i} = 0; \qquad [\mathfrak{i}\mathfrak{j}] = \mathfrak{k},\ [\mathfrak{j}\mathfrak{k}] = \mathfrak{i},\ [\mathfrak{k}\mathfrak{i}] = \mathfrak{j}.$$

Die Vektoren $\mathfrak{a}$ und $\mathfrak{b}$ sind senkrecht zueinander, wenn $\mathfrak{a}\mathfrak{b} = 0$, und parallel, wenn $[\mathfrak{a}\mathfrak{b}] = 0$ ist. Speziell gilt $(\mathfrak{a}\mathfrak{a}) = \mathfrak{a}^2 = a^2$ (Norm von $\mathfrak{a}$), $[\mathfrak{a}\mathfrak{a}] = 0$, $\mathfrak{a}[\mathfrak{a}\mathfrak{b}] = 0$.

$$\mathfrak{a}[\mathfrak{b}\mathfrak{c}] = \mathfrak{b}[\mathfrak{c}\mathfrak{a}] = \mathfrak{c}[\mathfrak{a}\mathfrak{b}],$$
$$[\mathfrak{a}[\mathfrak{b}\mathfrak{c}]] = \mathfrak{b}(\mathfrak{a}\mathfrak{c}) - \mathfrak{c}(\mathfrak{a}\mathfrak{b}),$$
$$[\mathfrak{a}\mathfrak{b}][\mathfrak{c}\mathfrak{d}] = (\mathfrak{a}\mathfrak{c})(\mathfrak{b}\mathfrak{d}) - (\mathfrak{b}\mathfrak{c})(\mathfrak{a}\mathfrak{d}),$$
$$[[\mathfrak{a}\mathfrak{b}][\mathfrak{c}\mathfrak{d}]] = \mathfrak{c}([\mathfrak{a}\mathfrak{b}]\mathfrak{d}) - \mathfrak{d}([\mathfrak{a}\mathfrak{b}]\mathfrak{c}).$$

Zerlegung des Vektors $\mathfrak{a}$ in zwei Komponenten, von denen die erste parallel, die zweite senkrecht zu einem beliebigen Einheitsvektor $\mathfrak{e}$ ist.

$$\mathfrak{a} = \mathfrak{e}(\mathfrak{e}\mathfrak{a}) + [\mathfrak{e}[\mathfrak{a}\mathfrak{e}]].$$

Die von einem Punkte ausgehenden Vektoren $\mathfrak{a}_1, \mathfrak{a}_2, \mathfrak{a}_3$ bilden ein Tetraeder mit dem Volumen

$$V = \tfrac{1}{6}(\mathfrak{a}_1, \mathfrak{a}_2, \mathfrak{a}_3) = \tfrac{1}{6}\mathfrak{a}_3[\mathfrak{a}_1\mathfrak{a}_2]$$

(vgl. Nr. 6). Der Ausdruck $(\mathfrak{a}_1, \mathfrak{a}_2, \mathfrak{a}_3)$ heißt das Volumenprodukt der drei Vektoren. Es ist also in Koordinaten

$$(\mathfrak{a}_1, \mathfrak{a}_2, \mathfrak{a}_3) = \begin{vmatrix} x_1 & y_1 & z_1 \\ x_2 & y_2 & z_2 \\ x_3 & y_3 & z_3 \end{vmatrix}.$$

§ 79. Koordinatentransformation

1.) Parallelverschiebung des Koordinatensystems:

Die Achsen eines Systems (x', y', z') seien den Achsen des (x, y, z)-Systems parallel und gleichgerichtet. Der Anfangspunkt des neuen Systems (x', y', z') habe im ursprünglichen die Koordinaten a, b, c. Sind nun x', y', z' die Koordinaten eines Punktes im (x', y', z')-System, so sind seine Koordinaten im (x, y, z)-System

$$x = a + x', \quad y = b + y', \quad z = c + z',$$

und umgekehrt ist

$$x' = x - a, \quad y' = y - b, \quad z' = z - c.$$

2.) Drehung und Parallelverschiebung des Koordinatensystems:

Der Anfangspunkt des (x', y', z')-Systems, dessen Achsen gegeneinander ebenso orientiert sein mögen, wie die des (x, y, z)-Systems, habe in diesem die Koordinaten a, b, c. Die positiven Achsen des (x', y', z')-Systems mögen mit den positiven Achsen des (x, y, z)-Systems Winkel ($\leq 180^0$) einschließen, deren Kosinus gemäß der folgenden Tabelle bezeichnet werden:

	x	y	z
x'	α_1	β_1	γ_1
y'	α_2	β_2	γ_2
z'	α_3	β_3	γ_3.

Dann gilt:

$$x = a + x'\alpha_1 + y'\alpha_2 + z'\alpha_3,$$
$$y = b + x'\beta_1 + y'\beta_2 + z'\beta_3,$$
$$z = c + x'\gamma_1 + y'\gamma_2 + z'\gamma_3;$$
$$x' = (x - a)\alpha_1 + (y - b)\beta_1 + (z - c)\gamma_1,$$
$$y' = (x - a)\alpha_2 + (y - b)\beta_2 + (z - c)\gamma_2,$$
$$z' = (x - a)\alpha_3 + (y - b)\beta_3 + (z - c)\gamma_3.$$

Zwischen den Kosinus $\alpha_i, \beta_i, \gamma_i (i = 1, 2, 3)$ bestehen die Beziehungen:

$$\begin{aligned} \alpha_1^2 + \alpha_2^2 + \alpha_3^2 &= 1\,, & \alpha_1^2 + \beta_1^2 + \gamma_1^2 &= 1\,, \\ \beta_1^2 + \beta_2^2 + \beta_3^2 &= 1\,, & \alpha_2^2 + \beta_2^2 + \gamma_2^2 &= 1\,, \\ \gamma_1^2 + \gamma_2^2 + \gamma_3^2 &= 1; & \alpha_3^2 + \beta_3^2 + \gamma_3^2 &= 1; \end{aligned}$$

$$\begin{aligned} \alpha_1 \beta_1 + \alpha_2 \beta_2 + \alpha_3 \beta_3 &= 0\,, & \alpha_1 \alpha_2 + \beta_1 \beta_2 + \gamma_1 \gamma_2 &= 0\,, \\ \beta_1 \gamma_1 + \beta_2 \gamma_2 + \beta_3 \gamma_3 &= 0\,, & \alpha_2 \alpha_3 + \beta_2 \beta_3 + \gamma_2 \gamma_3 &= 0\,, \\ \gamma_1 \alpha_1 + \gamma_2 \alpha_2 + \gamma_3 \alpha_3 &= 0; & \alpha_3 \alpha_1 + \beta_3 \beta_1 + \gamma_3 \gamma_1 &= 0\,. \end{aligned}$$

Hieraus folgen die weiteren Beziehungen:

$$\begin{vmatrix} \alpha_1 & \beta_1 & \gamma_1 \\ \alpha_2 & \beta_2 & \gamma_2 \\ \alpha_3 & \beta_3 & \gamma_3 \end{vmatrix} = 1\,,$$

$$\begin{aligned} \alpha_1 &= \beta_2 \gamma_3 - \beta_3 \gamma_2, & \beta_1 &= \gamma_2 \alpha_3 - \gamma_3 \alpha_2, & \gamma_1 &= \alpha_2 \beta_3 - \alpha_3 \beta_2, \\ \alpha_2 &= \beta_3 \gamma_1 - \beta_1 \gamma_3, & \beta_2 &= \gamma_3 \alpha_1 - \gamma_1 \alpha_3, & \gamma_2 &= \alpha_3 \beta_1 - \alpha_1 \beta_3, \\ \alpha_3 &= \beta_1 \gamma_2 - \beta_2 \gamma_1; & \beta_3 &= \gamma_1 \alpha_2 - \gamma_2 \alpha_1; & \gamma_3 &= \alpha_1 \beta_2 - \alpha_2 \beta_1. \end{aligned}$$

§ 80. Die Ebene

Bezeichnungen: Mit einer Ebene wird stets eine gerichtete Normale fest verbunden gedacht. Die Ebene teilt den Raum in zwei Halbräume. Als positive (negative) Seite bezeichnet man denjenigen Halbraum, nach dem die positive (negative) Richtung der Normalen zeigt. Es seien α, β, γ die positiven Winkel $\leqq 180^0$, welche die positive Normale mit den positiven Achsen bildet. Ihre Kosinus heißen die Richtungskosinus der Ebene. a, b, c seien die Achsenabschnitte der Ebene. Das Lot p von O auf die Ebene werde positiv oder negativ gerechnet, je nachdem es die gleiche Richtung wie die Normale oder die entgegengesetzte hat.

1.) Gleichungsformen:

I.) $Ax + By + Cz + D = 0$ (allgemeine Form), A, B, C nicht gleichzeitig Null.

$$a = -\frac{D}{A}, \; b = -\frac{D}{B}, \; c = -\frac{D}{C}, \; p = -\frac{D}{\sqrt{A^2 + B^2 + C^2}},$$

$$\cos\alpha = \frac{A}{\sqrt{A^2+B^2+C^2}}, \quad \cos\beta = \frac{B}{\sqrt{A^2+B^2+C^2}},$$
$$\cos\gamma = \frac{C}{\sqrt{A^2+B^2+C^2}}.$$

Durch die Wahl des Zeichens der Wurzel ist die positive Richtung der Normalen festgelegt. Wählt man im Falle $D \neq 0$ das Vorzeichen entgegengesetzt zu dem Vorzeichen von D, so liegt O auf der negativen Seite der Ebene.

II.) $x\cos\alpha + y\cos\beta + z\cos\gamma - p = 0$ (*Hesse*sche **Normalform**).

$$\left.\begin{array}{ll} \text{III.)} & \dfrac{x}{a} + \dfrac{y}{b} + \dfrac{z}{c} - 1 = 0 \\ \text{IV.)} & ux + vy + wz + 1 = 0, \\ & u = -\dfrac{1}{a},\ v = -\dfrac{1}{b},\ w = -\dfrac{1}{c} \end{array}\right\} \begin{array}{c} a \neq 0, b \neq 0, \\ c \neq 0 \\ \text{(s. Nr. 2).} \end{array}$$

Die Gleichung jeder von der unendlich fernen (vgl. § 81, 1) verschiedenen Ebene läßt sich auf die Form I.) bringen. Die Formen II.)—IV.) sind Spezialfälle von I.). Aus jeder im folgenden für I.) aufgestellten Formel lassen sich daher im allgemeinen durch spezielle Wahl der Konstanten A, B, C, D entsprechende Formeln für die Gleichungen II.) bis IV.) herleiten. Um eine Gleichungsform zu erhalten, welche auch die unendlich ferne Ebene umfaßt, führt man **homogene Punktkoordinaten** $\xi_1, \xi_2, \xi_3, \xi_4$ ein, indem man

$$x = \frac{\xi_1}{\xi_4}, \quad y = \frac{\xi_2}{\xi_4}, \quad z = \frac{\xi_3}{\xi_4} \quad (\xi_1, \xi_2, \xi_3, \xi_4 \neq 0, 0, 0, 0)$$

setzt. Die allgemeinste Gleichung der Ebene lautet dann

$$A\xi_1 + B\xi_2 + C\xi_3 + D\xi_4 = 0,$$

die Gleichung der unendlich fernen Ebene speziell

$$\xi_4 = 0$$

(vgl. hierzu § 64, 1).

Die linke Seite der Gleichung einer Ebene werde mit E bezeichnet, so daß ihre Gleichung $E = 0$ ist.

2.) Besondere Fälle:

$x = a$: Ebene parallel zur (y, z)-Ebene.

$x = 0$: Gleichung der (y, z)-Ebene.

$Ax + By + D = 0$: Ebene parallel zur z-Achse.

$Ax + By + Cz = 0$: Ebene durch den Ursprung.

$Ax + By = 0$: Ebene durch die z-Achse.

3.) Ebene durch den Punkt x_0, y_0, z_0:

$$A(x - x_0) + B(y - y_0) + C(z - z_0) = 0 .$$

Ebene durch die Punkte x_1, y_1, z_1; x_2, y_2, z_2; x_3, y_3, z_3:

$$\begin{vmatrix} x & y & z & 1 \\ x_1 & y_1 & z_1 & 1 \\ x_2 & y_2 & z_2 & 1 \\ x_3 & y_3 & z_3 & 1 \end{vmatrix} = 0.$$

4.) Vektorielle Formen:

Eine Ebene sei bestimmt durch den Endpunkt eines von O ausgehenden Vektors $\mathfrak{w}_0$ und zwei Vektoren $\mathfrak{a}$ und $\mathfrak{b}$, denen die Ebene parallel ist. $\mathfrak{w}$ sei der variable Vektor von O nach einem Punkte der Ebene.

Dann gilt

$$\mathfrak{w} = \mathfrak{w}_0 + \xi\,\mathfrak{a} + \eta\mathfrak{b}$$

(ξ, η Parameter).

In Koordinaten:

$\mathfrak{w} = (x, y, z)$, $\mathfrak{w}_0 = (x_0, y_0, z_0)$, $\mathfrak{a} = (\alpha_1, \alpha_2, \alpha_3)$, $\mathfrak{b} = (\beta_1, \beta_2, \beta_3)$:

$$x = x_0 + \xi\alpha_1 + \eta\beta_1$$
$$y = y_0 + \xi\alpha_2 + \eta\beta_2$$
$$z = z_0 + \xi\alpha_3 + \eta\beta_3$$

(Parameterdarstellung der Ebene).

Setzt man $\eta = 0$, so ergibt sich die Gleichung der Geraden durch den Endpunkt von $\mathfrak{w}_0$ parallel zu $\mathfrak{a}$:

$$\mathfrak{w} = \mathfrak{w}_0 + \xi\mathfrak{a},$$

in Koordinaten:

$$x = x_0 + \xi\alpha_1,\quad y = y_0 + \xi\alpha_2,\quad z = z_0 + \xi\alpha_3$$

(Parameterdarstellung der Geraden).

Die Gleichung der Ebene durch den Endpunkt des Vektors $\mathfrak{w}_0$, deren Normale durch den Vektor $\mathfrak{n} = (A, B, C)$ gegeben ist, lautet

$$(\mathfrak{w} - \mathfrak{w}_0)\,\mathfrak{n} = 0$$

(vgl. Nr. 3).

Die Gleichung der Ebene durch die Endpunkte der von O ausgehenden Vektoren $\mathfrak{a}_1, \mathfrak{a}_2, \mathfrak{a}_3$ lautet:

$$(\mathfrak{a}_1 - \mathfrak{w},\ \mathfrak{a}_2 - \mathfrak{w},\ \mathfrak{a}_3 - \mathfrak{w}) = 0$$

(vgl. Nr. 3 und § 78, 9).

5.) Abstand p_1 des Punktes x_1, y_1, z_1 von der Ebene

$$Ax + By + Cz + D = 0 \quad \text{bzw.}$$

$$x\cos\alpha + y\cos\beta + z\cos\gamma - p = 0:$$

$$p_1 = \frac{Ax_1 + By_1 + Cz_1 + D}{\sqrt{A^2 + B^2 + C^2}}$$

$$= x_1\cos\alpha + y_1\cos\beta + z_1\cos\gamma - p.$$

Der Abstand ist positiv oder negativ, je nachdem der Punkt x_1, y_1, z_1 auf der positiven oder negativen Seite der Ebene liegt.

Der Abstand des Endpunktes des Vektors $\mathfrak{w}_1$ von der Ebene $(\mathfrak{w} - \mathfrak{w})\mathfrak{n} = 0$ ist

$$p_1 = (\mathfrak{w}_1 - \mathfrak{w}_0)\frac{\mathfrak{n}}{\underset{+}{\sqrt{\mathfrak{n}^2}}}$$

und von der Ebene $\mathfrak{w} = \mathfrak{w}_0 + \xi\mathfrak{a} + \eta\mathfrak{b}$ gleich

$$p_1 = (\mathfrak{w}_1 - \mathfrak{w}_0)\frac{[\mathfrak{a}\,\mathfrak{b}]}{\underset{+}{\sqrt{[\mathfrak{a}\,\mathfrak{b}]^2}}}.$$

Die Normale bildet hierbei mit den Vektoren $\mathfrak{a}$ und $\mathfrak{b}$ ein Rechtssystem, und p_1 ist positiv oder negativ, je nachdem der durch $\mathfrak{w}_1$ bestimmte Punkt auf der positiven oder der negativen Seite der Ebene liegt. Setzt man $p_1 = 0$ und $\mathfrak{w}_1 = \mathfrak{w}$ variabel, so erhält man die Hessesche Normalform der Ebenengleichung.

6.) Der Winkel τ, unter welchem sich die Ebenen $A_1x + B_1y + C_1z + D_1 = 0$, $A_2x + B_2y + C_2z + D_2 = 0$ schneiden, ist bestimmt durch

$$\cos\tau = \frac{A_1A_2 + B_1B_2 + C_1C_2}{\sqrt{A_1^2 + B_1^2 + C_1^2}\sqrt{A_2^2 + B_2^2 + C_2^2}}$$

(Über die Vorzeichen der Wurzeln vgl. Nr. 1.)

Die Ebenen sind **parallel**, wenn

$$\frac{A_1}{A_2} = \frac{B_1}{B_2} = \frac{C_1}{C_2}$$

ist, und identisch, wenn diese Quotienten auch $\frac{D_1}{D_2}$ gleich sind. Sie sind **senkrecht** zueinander, falls

$$A_1 A_2 + B_1 B_2 + C_1 C_2 = 0 \quad \text{ist.}$$

Der Abstand paralleler Ebenen ergibt sich in Analogie zu § 64, 9 aus Nr. 5 mit Benutzung des Anfangpunktes O.

Die Ebenen

$$\mathfrak{w} = \mathfrak{w}_0 + \xi\mathfrak{a} + \eta\mathfrak{b}, \qquad \mathfrak{w}' = \mathfrak{w}_0' + \xi'\mathfrak{a}' + \eta'\mathfrak{b}'$$

sind parallel oder identisch, wenn

$$[[\mathfrak{a}\mathfrak{b}]\,[\mathfrak{a}'\mathfrak{b}']] = 0$$

und senkrecht zueinander, wenn

$$[\mathfrak{a}\mathfrak{b}]\,[\mathfrak{a}'\mathfrak{b}'] = 0$$

ist. Allgemein ist der Winkel τ zwischen diesen Ebenen gegeben durch

$$\cos\tau = \frac{[\mathfrak{a}\mathfrak{b}]\,[\mathfrak{a}'\mathfrak{b}']}{|[\mathfrak{a}\mathfrak{b}]|\cdot|[\mathfrak{a}'\mathfrak{b}']|}$$

7.) **Koordinaten des Schnittpunktes der Ebenen** $A_1 x + B_1 y + C_1 z + D_1 = 0$, $A_2 x + B_2 y + C_2 z + D_2 = 0$, $A_3 x + B_3 y + C_3 z + D_3 = 0$:

$$x = \frac{1}{\Delta}\begin{vmatrix} -D_1 & B_1 & C_1 \\ -D_2 & B_2 & C_2 \\ -D_3 & B_3 & C_3 \end{vmatrix}, \quad y = \frac{1}{\Delta}\begin{vmatrix} A_1 & -D_1 & C_1 \\ A_2 & -D_2 & C_2 \\ A_3 & -D_3 & C_3 \end{vmatrix},$$

$$z = \frac{1}{\Delta}\begin{vmatrix} A_1 & B_1 & -D_1 \\ A_2 & B_2 & -D_2 \\ A_3 & B_3 & -D_3 \end{vmatrix}, \quad \Delta = \begin{vmatrix} A_1 & B_1 & C_1 \\ A_2 & B_2 & C_2 \\ A_3 & B_3 & C_3 \end{vmatrix}.$$

Ist $\Delta = 0$, so sind entweder alle drei Ebenen parallel oder zwei parallel, oder sie schneiden sich in derselben Geraden.

8.) **Ebenenbüschel:** Sind $E_1 = 0$, $E_2 = 0$ die Gleichungen zweier Ebenen, so ist

$$E_3 \equiv E_1 + \lambda E_2 = 0$$

die Gleichung einer Ebene durch die Schnittgerade der gegebenen Ebenen. Wenn E_1 und E_2 die Normalformen bedeuten, ist λ gleich dem negativen Abstandsverhältnis eines Punktes der Ebene E_3 von den Ebenen E_1 und E_2. Die Schnittgerade kann auch eine unendlich ferne sein (Parallel-Ebenenbüschel).

Als Gleichungen der Winkelhalbierenden ergeben sich daher:

$$E_1 + E_2 = 0\,, \quad E_1' - E_2 = 0\,.$$

9.) Drei Ebenen $E_1 = 0$, $E_2 = 0$, $E_3 = 0$ gehen durch eine Gerade, wenn drei Zahlen $\lambda_1, \lambda_2, \lambda_3$ existieren, für welche

$$\lambda_1 E_1 + \lambda_2 E_2 + \lambda_3 E_3 \equiv 0$$

ist (vgl. § 64, 10)

10.) Vier Ebenen $E_1 = 0$, $E_2 = 0$, $E_3 = 0$, $E_4 = 0$ gehen durch einen Punkt, wenn vier Zahlen $\lambda_1, \lambda_2, \lambda_3, \lambda_4$ existieren, so daß

$$\lambda_1 E_1 + \lambda_2 E_2 + \lambda_3 E_3 + \lambda_4 E_4 \equiv 0$$

ist, d. h. wenn

$$\begin{vmatrix} A_1 & B_1 & C_1 & D_1 \\ A_2 & B_2 & C_2 & D_2 \\ A_3 & B_3 & C_3 & D_3 \\ A_4 & B_4 & C_4 & D_4 \end{vmatrix} = 0$$

ist. Der Schnittpunkt kann auch ein unendlich ferner sein.

§ 81. Ebenenkoordinaten und die Gleichung des Punktes

1.) Ist $ux + vy + wz + 1 = 0$ die Gleichung einer Ebene, so bezeichnet man in Analogie zum § 65 die konstanten

Größen $\quad u = -\dfrac{1}{a}\,, \; v = -\dfrac{1}{b}\,, \; w = -\dfrac{1}{c}$

als Koordinaten der Ebene. Ist eine dieser Koordinaten Null, so ist die Ebene einer Achse parallel, wenn zwei Koordinaten Null sind, ist sie einer Koordinatenebene parallel.

Festsetzung: Die Gesamtheit aller unendlich fernen

Punkte des Raumes bildet eine Ebene, die unendlich ferne Ebene. Man legt ihr die Koordinaten $u=0$, $v=0$, $w=0$ bei.

Die Koordinaten jeder Ebene durch den Nullpunkt sind unendlich. Doch legt man den Ausdrücken

$$-\frac{u}{\sqrt{u^2+v^2+w^2}},\quad -\frac{v}{\sqrt{u^2+v^2+w^2}},\quad -\frac{w}{\sqrt{u^2+v^2+w^2}}$$

bestimmte Werte bei, nämlich die Werte der Richtungskosinus der Ebene.

Sind x, y, z konstant und u, v, w veränderlich, so stellt die Gleichung $ux+vy+wz+1=0$ die Gleichung (Normalform) des Punktes in Ebenenkoordinaten dar. $Au+Bv+Cw+D=0$ ist die allgemeine Gleichung eines vom Nullpunkt verschiedenen Punktes Sie läßt sich auf die Normalform bringen, falls $D \neq 0$ ist. Dann sind die Koordinaten des Punktes

$$x=\frac{A}{D},\ y=\frac{B}{D},\ z=\frac{C}{D}.$$

Die Gleichung $\quad Au+Bv+Cw=0$

liefert den unendlich fernen Punkt, zu welchem man gelangt, wenn man sich längs derjenigen Geraden nach dem Unendlichen bewegt (gleichgültig nach welcher Seite), deren Richtungskosinus

$$\frac{A}{\sqrt{A^2+B^2+C^2}},\quad \frac{B}{\sqrt{A^2+B^2+C^2}},\quad \frac{C}{\sqrt{A^2+B^2+C^2}}$$

sind.

Homogene Ebenenkoordinaten: Man setzt

$$u=\frac{\eta_1}{\eta_4},\ v=\frac{\eta_2}{\eta_4},\ w=\frac{\eta_3}{\eta_4}\quad (\eta_1, \eta_2, \eta_3, \eta_4 \neq 0, 0, 0, 0).$$

$\eta_1, \eta_2, \eta_3, \eta_4$ heißen homogene Ebenenkoordinaten. Die allgemeinste Gleichung des Punktes lautet dann

$$A\eta_1+B\eta_2+C\eta_3+D\eta_4=0,$$

die Gleichung des Nullpunktes speziell $\eta_4=0$ (vgl. § 65, 1)

2.) **Eine Gleichung zwischen u, v, w:**

$$F(u\ v, w) = 0$$

stellt im allgemeinen eine Fläche dar, welche von allen Ebenen, deren Koordinaten der Gleichung genügen, umhüllt wird.

$$F_1(u, v, w) + \lambda F_2(u, v, w) = 0$$

ist eine Fläche, welche die den Flächen $F_1 = 0$ und $F_2 = 0$ gemeinsamen Tangentialebenen berührt.

3.) Das Dualitätsprinzip: Ein Satz, welcher nur Lagebeziehungen zwischen Punkten, Ebenen und Geraden und Doppelverhältnisse zwischen diesen Elementen enthält, geht in einen richtigen Satz über, wenn man Punkt und Ebene in dem Satze vertauscht, Gerade jedoch beibehält.

Beispiele: (Vgl. § 80.)

Je nachdem man $\xi, \eta, \zeta; \xi_1, \eta_1, \zeta_1; \ldots$ als Punkt- oder als Ebenenkoordinaten deutet, ist:

1.) $$A\xi + B\eta + C\zeta + D = 0$$

die Gleichung einer Ebene. | die Gleichung eines Punktes.

2.) $$A(\xi - \xi_1) + B(\eta - \eta_1) + C(\zeta - \zeta_1) = 0$$

die Gleichung einer Ebene durch einen gegebenen Punkt. | die Gleichung eines Punktes in einer gegebenen Ebene.

3.) $$\begin{vmatrix} \xi & \eta & \zeta & 1 \\ \xi_1 & \eta_1 & \zeta_1 & 1 \\ \xi_2 & \eta_2 & \zeta_2 & 1 \\ \xi_3 & \eta_3 & \zeta_3 & 1 \end{vmatrix} = 0$$

die Gleichung der Ebene durch drei gegebene Punkte oder die Bedingung dafür, daß vier Punkte in einer Ebene liegen | die Gleichung des Schnittpunktes dreier gegebener Ebenen oder die Bedingung dafür, daß vier Ebenen durch denselben Punkt gehen.

4.) $$\xi = \frac{1}{\Delta}\begin{vmatrix} -D_1 & B_1 & C_1 \\ -D_2 & B_2 & C_2 \\ -D_3 & B_3 & C_3 \end{vmatrix}, \quad \eta = \frac{1}{\Delta}\begin{vmatrix} A_1 & -D_1 & C_1 \\ A_2 & -D_2 & C_2 \\ A_3 & -D_3 & C_3 \end{vmatrix},$$

$$\zeta = \frac{1}{\Delta}\begin{vmatrix} A_1 & B_1 & -D_1 \\ A_2 & B_2 & -D_2 \\ A_3 & B_3 & -D_3 \end{vmatrix}, \quad \Delta = \begin{vmatrix} A_1 & B_1 & C_1 \\ A_2 & B_2 & C_2 \\ A_3 & B_3 & C_3 \end{vmatrix}$$

das Koordinatentripel des Schnittpunktes der Ebenen | das Koordinatentripel der Ebene durch die Punkte

$$A_\nu \xi + B_\nu \eta + C_\nu \zeta + D_\nu = 0.$$
$$\nu = 1, 2, 3.$$

5.) $(A_1\xi + B_1\eta + C_1\zeta + D_1) + \lambda(A_2\xi + B_2\eta + C_2\zeta + D_2) = 0$

die Gleichung des Ebenenbüschels (Ebenen durch eine Gerade).

die Gleichung der Punktreihe (Punkte in einer Geraden).

3.)
$$\begin{vmatrix} A_1 & B_1 & C_1 & D_1 \\ A_2 & B_2 & C_2 & D_2 \\ A_3 & B_3 & C_3 & D_3 \\ A_4 & B_4 & C_4 & D_4 \end{vmatrix} = 0$$

die Bedingung dafür, daß die vier Ebenen

die Bedingung dafür, daß die vier Punkte

$$A_\nu\xi + B_\nu\eta + C_\nu\zeta + D_\nu = 0,$$
$$\nu = 1, 2, 3, 4$$

durch einen Punkt gehen.

in einer Ebene liegen.

§ 82. Die Gerade

1.) Gleichungsformen: Eine Gerade ist durch zwei unabhängige Gleichungen ersten Grades zwischen x, y, z bestimmt.

I.) $A_1x + B_1y + C_1z + D_1 = 0$, abgekürzt $E_1 = 0$ ⎫ allgemeine
$A_2x + B_2y + C_2z + D_2 = 0$, „ $E_2 = 0$ ⎭ Form

(Gerade als Schnitt zweier beliebiger Ebenen.)

II.)
$$y = mx + b\,,$$
$$z = nx + c\,,$$

(Gerade als Schnitt zweier Ebenen, von denen die eine auf der (x, y)-Ebene, die andere auf der (x, z)-Ebene senkrecht steht. Die Gerade ist also durch ihre Projektionen auf die betreffenden Ebenen bestimmt. S. Nr. 2.)

Zur Umrechnung der im folgenden für I.) aufgestellten Formeln in die für II.) gültigen dienen die Beziehungen:

$$A_1 = -m\,,\quad B_1 = 1\,,\quad C_1 = 0\,,\quad D_1 = -b;$$
$$A_2 = -n\,,\quad B_2 = 0\,,\quad C_2 = 1\,,\quad D_2 = -c;$$
$$\begin{vmatrix} B_1 & C_1 \\ B_2 & C_2 \end{vmatrix} = 1\,,\quad \begin{vmatrix} C_1 & A_1 \\ C_2 & A_2 \end{vmatrix} = m\,,\quad \begin{vmatrix} A_1 & B_1 \\ A_2 & B_2 \end{vmatrix} = n\,,$$
$$N^2 = 1 + m^2 + n^2.$$

2.) Besondere Fälle: Eine zur (y, z)-Ebene parallele Gerade ist durch II.) nicht darstellbar. Ihre Gleichungen sind
$$x = a\,,\ y = pz + q\,.$$

$y = b$, $z = c$: Gerade parallel zur x-Achse.

$y = 0$, $z = 0$: Gleichung der x-Achse.

$y = mx$, $z = nx$: Gerade durch den Anfangspunkt.

$Ax + By + D = 0$, $z = 0$: Gerade in der (x, y)-Ebene. (Spur der Ebene $Ax + By + Cz + D = 0$ in der (x, y)-Ebene.)

3.) Winkel α, β, γ zwischen der Geraden $E_1 = 0$, $E_2 = 0$ und den Achsen:

$$\cos\alpha = \frac{1}{N}\begin{vmatrix} B_1 C_1 \\ B_2 C_2 \end{vmatrix}, \quad \cos\beta = \frac{1}{N}\begin{vmatrix} C_1 A_1 \\ C_2 A_2 \end{vmatrix}, \quad \cos\gamma = \frac{1}{N}\begin{vmatrix} A_1 B_1 \\ A_2 B_2 \end{vmatrix};$$

$$N^2 = \begin{vmatrix} B_1 C_1 \\ B_2 C_2 \end{vmatrix}^2 + \begin{vmatrix} C_1 A_1 \\ C_2 A_2 \end{vmatrix}^2 + \begin{vmatrix} A_1 B_1 \\ A_2 B_2 \end{vmatrix}^2$$

Dem doppelten Vorzeichen von N entsprechend erhält man zwei Tripel von Richtungswinkeln, welche die beiden entgegengesetzten Richtungen auf der Geraden bestimmen.

4.) Gerade durch den Punkt x_1, y_1, z_1 mit der Richtung α, β, γ:

$$\frac{x - x_1}{\cos\alpha} = \frac{y - y_1}{\cos\beta} = \frac{z - z_1}{\cos\gamma}.$$

Bezeichnet man den (veränderlichen) Quotienten mit t, so folgt:

$$x = x_1 + t\cos\alpha, \quad y = y_1 + t\cos\beta, \quad z = z_1 + t\cos\gamma$$

(Parameterdarstellung der Geraden). Die Gleichung jeder Geraden läßt sich auf diese Form bringen. Vgl. § 80, 4.

Allgemeiner lautet die Gleichung der Geraden durch einen gegebenen Punkt

$$\frac{x - x_1}{l} = \frac{y - y_1}{m} = \frac{z - z_1}{n},$$

wo $\quad l : m : n = \cos\alpha : \cos\beta : \cos\gamma$

ist.

Man erhält im Nenner die Kosinus, wenn man l, m, n durch $\sqrt{l^2 + m^2 + n^2}$ dividiert.

5.) Gerade durch zwei Punkte x_1, y_1, z_1; x_2, y_2, z_2

$$\frac{x - x_1}{x_2 - x_1} = \frac{y - y_1}{y_2 - y_1} = \frac{z - z_1}{z_2 - z_1}.$$

Gerade durch den Anfangspunkt und x_1, y_1, z_1:

$$\frac{x}{x_1} = \frac{y}{y_1} = \frac{z}{z_1}.$$

6.) Winkel τ zwischen zwei Geraden mit den Richtungen $\alpha_1, \beta_1, \gamma_1$ und $\alpha_2, \beta_2, \gamma_2$ (vgl. § 78, 7):

$$\cos\tau = \cos\alpha_1 \cos\alpha_2 + \cos\beta_1 \cos\beta_2 + \cos\gamma_1 \cos\gamma_2 .$$

Es ist ferner:

$$\sin\tau = \underset{+}{\sqrt{(\cos\beta_1 \cos\gamma_2 - \cos\beta_2 \cos\gamma_1)^2 + (\cos\gamma_1 \cos\alpha_2 - \cos\gamma_2 \cos\alpha_1)^2 + (\cos\alpha_1 \cos\beta_2 - \cos\alpha_2 \cos\beta_1)^2}}.$$

Die Geraden sind senkrecht zueinander, wenn $\cos\tau = 0$, sie sind parallel, wenn

$$\cos\alpha_1 = \pm \cos\alpha_2, \quad \cos\beta_1 = \pm \cos\beta_2, \quad \cos\gamma_1 = \pm \cos\gamma_2$$

ist. Im Falle des positiven Zeichens sind sie gleichgerichtet, andernfalls entgegengesetzt gerichtet.

7.) Kürzester Abstand der Geraden:

$$\frac{x - x_1}{\cos\alpha_1} = \frac{y - y_1}{\cos\beta_1} = \frac{z - z_1}{\cos\gamma_1} \text{ und } \frac{x - x_2}{\cos\alpha_2} = \frac{y - y_2}{\cos\beta_2} = \frac{z - z_2}{\cos\gamma_2}:$$

$$d = \frac{1}{\sin\tau} \begin{vmatrix} x_1 - x_2 & \cos\alpha_1 & \cos\alpha_2 \\ y_1 - y_2 & \cos\beta_1 & \cos\beta_2 \\ z_1 - z_2 & \cos\gamma_1 & \cos\gamma_2 \end{vmatrix} \quad \text{(s. Nr. 6).}$$

(Das Vorzeichen bleibt unberücksichtigt.)

Die Geraden schneiden sich, wenn die Determinante Null ist

Setzt man für x_1, y_1, z_1 veränderliche Koordinaten x, y, z, so stellt die gleich Null gesetzte Determinante die Ebene dar, welche durch die zweite Gerade geht und der ersten parallel ist.

Diese Ebene ist die Ebene durch die beiden Geraden, wenn sie sich schneiden.

Der Abstand zweier paralleler Geraden ist

$$d = \overset{+}{\sqrt{(x_1 - x_2)^2 + (y_1 - y_2)^2 + (z_1 - z_2)^2 - \varrho^2}},$$

wo $\varrho = (x_1 - x_2)\cos\alpha + (y_1 - y_2)\cos\beta + (z_1 - z_2)\cos\gamma$ ist.

Der Abstand der Geraden

$$\mathfrak{w} = \mathfrak{w}_0 + \xi\mathfrak{a},$$
$$\mathfrak{w}' = \mathfrak{w}'_0 + \xi'\mathfrak{a}'$$

ist

$$d = \frac{(\mathfrak{w}'_0 - \mathfrak{w}_0)\,[\mathfrak{a}\mathfrak{a}']}{\sqrt{[\mathfrak{a}\mathfrak{a}']^2}}.$$

Sind die Geraden parallel, und ist $\mathfrak{n}$ ein Normalvektor in der Ebene der beiden Geraden zu diesen, so ist

$$d = \frac{(\mathfrak{w}'_0 - \mathfrak{w}_0)\,\mathfrak{n}}{\sqrt{\mathfrak{n}^2}}.$$

8.) Der Neigungswinkel ω, den die Gerade

$$\frac{x - x_1}{\cos\alpha} = \frac{y - y_1}{\cos\beta} = \frac{z - z_1}{\cos\gamma}$$

mit der Ebene $Ax + By + Cz + D = 0$ bildet, ist der spitze Winkel, für den

$$\sin\omega = \frac{A\cos\alpha + B\cos\beta + C\cos\gamma}{\sqrt{A^2 + B^2 + C^2}} \quad \text{ist},$$

wobei die Wurzel dasselbe Vorzeichen wie der Zähler hat

Die Gerade ist parallel der Ebene, wenn

$$A\cos\alpha + B\cos\beta + C\cos\gamma = 0$$

ist. Sie liegt in der Ebene, wenn überdies

$$Ax_1 + By_1 + Cz_1 + D = 0$$

ist.

Die Gerade ist senkrecht zur Ebene, wenn sich

$$A : B : C = \cos\alpha : \cos\beta : \cos\gamma$$

verhält.

9.) Ebene durch den Punkt x, y, z senkrecht zur Richtung α, β, γ:

$$(x - x_1)\cos\alpha + (y - y_1)\cos\beta + (z - z_1)\cos\gamma = 0.$$

10.) Gerade durch den Punkt x_1, y_1, z_1 senkrecht zur Ebene $Ax + By + Cz + D = 0$:

$$\frac{x - x_1}{A} = \frac{y - y_1}{B} = \frac{z - z_1}{C}.$$

11.) *Plückers* Linienkoordinaten: Zwei Punkte einer Geraden seien durch die Vektoren $\mathfrak{w}_1$ und $\mathfrak{w}_2$ gegeben. Dann heißen die Koordinaten der Vektoren

$$\mathfrak{a} = \varrho(\mathfrak{w}_2 - \mathfrak{w}_1), \quad \bar{\mathfrak{a}} = \varrho[\mathfrak{w}_1 \, \mathfrak{w}_2]$$

die *Plücker*schen homogenen Linienkoordinaten der Geraden. Dabei ist $\varrho \neq 0$ ein beliebiger Faktor, und es ist

$$\mathfrak{a}\bar{\mathfrak{a}} = 0.$$

II. Flächen zweiter Ordnung

§ 83. Die allgemeine Gleichung zweiten Grades

1.) Die allgemeine Gleichung zweiten Grades in x, y, z lautet:

$$\begin{aligned} f(x, y, z) = a_{11} x^2 + 2 a_{12} x y + a_{22} y^2 + 2 a_{13} x z + 2 a_{23} y z \\ + a_{33} z^2 + 2 a_{14} x + 2 a_{24} y + 2 a_{34} z + a_{44} = 0 \end{aligned}$$

oder

$$\begin{aligned} f(x, y, z) = (a_{11} x + a_{12} y + a_{13} z + a_{14}) x \\ + (a_{21} x + a_{22} y + a_{23} z + a_{24}) y \\ + (a_{31} x + a_{32} y + a_{33} z + a_{34}) z \\ + (a_{41} x + a_{42} y + a_{43} z + a_{44}) = 0, \end{aligned}$$

wobei $a_{ik} = a_{ki}$ für $i, k = 1, 2, 3, 4$ sein soll. Wenn man die Klammern bzw. mit f_1, f_2, f_3, f_4 bezeichnet, folgt

$$f(x, y, z) = f_1 x + f_2 y + f_3 z + f_4 = 0.$$

Hat man in f_1, f_2, f_3, f_4 für x, y, z die Koordinaten eines festen Punktes x_1, y_1, z_1 eingesetzt, so mögen diese Größen bzw. mit f'_1, f'_2, f'_3, f'_4 bezeichnet werden[1]).

2.) Unter der zum Pol x_1, y_1, z_1 gehörigen Polarebene versteht man die Ebene mit der Gleichung

$$f'_1 x + f'_2 y + f'_3 z + f'_4 = 0$$

[1]) Über die Verwendung homogener Koordinaten vgl. § 80, 1; § 81, 1.

oder $a_{11}x_1x + a_{12}(y_1x + x_1y) + a_{22}y_1y + a_{13}(z_1x + x_1z)$
$+ a_{23}(z_1y + y_1z) + a_{33}z_1z + a_{14}(x_1 + x) + a_{24}(y_1 + y)$
$+ a_{34}(z_1 + z) + a_{44} = 0.$ (Vgl. § 67, 2.)

Die Polarebene ist Tangentialebene im Punkte x_1, y_1, z_1, wenn dieser auf der Fläche liegt (Berührungspunkt).

Die Koordinaten der Tangentialebene sind

$$u = \frac{f_1'}{f_4'}, \quad v = \frac{f_2'}{f_4'}, \quad w = \frac{f_3'}{f_4'}.$$

Diese Gleichungen lassen sich nach x_1, y_1, z_1 auflösen, wenn

$$A = \begin{vmatrix} a_{11} & a_{12} & a_{13} & a_{14} \\ a_{21} & a_{22} & a_{23} & a_{24} \\ a_{31} & a_{32} & a_{33} & a_{34} \\ a_{41} & a_{42} & a_{43} & a_{44} \end{vmatrix} \neq 0$$

ist (eigentliche Fläche zweiter Ordnung). Die gefundenen Werte, in $f_1'x_1 + f_2'y_1 + f_3'z_1 + f_4' = 0$ eingesetzt, liefern die Gleichung der Fläche in Ebenenkoordinaten. Sie läßt sich durch Multiplikation mit einer Konstanten auf eine Form bringen, in welcher die Koeffizienten A_{ik} $(i, k = 1, 2, 3, 4)$ die zu a_{ik} adjungierten Unterdeterminanten von A sind.

3.) Der Mittelpunkt einer Fläche zweiter Ordnung ist der Pol der unendlich fernen Ebene. Seine Koordinaten genügen den Gleichungen

$$f_1 = a_{11}x + a_{12}y + a_{13}z + a_{14} = 0,$$
$$f_2 = a_{21}x + a_{22}y + a_{23}z + a_{24} = 0,$$
$$f_3 = a_{31}x + a_{32}y + a_{33}z + a_{34} = 0$$

und werden aus diesen bestimmt.

Es gibt einen und nur einen im Endlichen gelegenen Mittelpunkt, wenn

$$A_{44} = \begin{vmatrix} a_{11} & a_{12} & a_{13} \\ a_{21} & a_{22} & a_{23} \\ a_{31} & a_{32} & a_{33} \end{vmatrix} \neq 0 \qquad \text{ist}$$

Ist $A_{44} = 0$ und mindestens eine der Unterdeterminanten A_{41}, A_{42}, A_{43} von A von Null verschieden, so besitzt die

Fläche einen Mittelpunkt im Unendlichen. Wenn sämtliche Unterdeterminanten A_{4i} $(i = 1, 2, 3, 4)$ Null sind, hat die Fläche unendlich viele Mittelpunkte, die in einer Ebene liegen, falls die Ebenen $f_1 = 0$, $f_2 = 0$, $f_3 = 0$ identisch sind, oder in einer Geraden, wenn diese Ebenen sich in einer Geraden schneiden.

4.) Unter einer Durchmesser-(Diametral-)Ebene versteht man eine Ebene durch den Mittelpunkt. Unter einem Durchmesser versteht man eine Sehne durch den Mittelpunkt. Der Ort der Mittelpunkte paralleler Sehnen ist eine Durchmesserebene. Sie heißt den Sehnen (bzw. deren Richtung) konjugiert (zugeordnet). Der zu den Sehnen gehörige Durchmesser heißt konjugiert zu der Durchmesserebene und den zu ihr parallelen Ebenen. Drei Durchmesser sind zueinander konjugiert, wenn jeder zur Ebene der beiden anderen konjugiert ist.

Die Gleichung der Durchmesserebene, die der Richtung α, β, γ konjugiert ist, lautet

$$f_1 \cos\alpha + f_2 \cos\beta + f_3 \cos\gamma = 0$$

Die Gleichungen des Durchmessers, welcher zur Ebene $x \cos\alpha + y \cos\beta + z \cos\gamma - p = 0$ konjugiert ist, sind

$$\frac{f_1}{\cos\alpha} = \frac{f_2}{\cos\beta} = \frac{f_3}{\cos\gamma}$$

5.) Hauptdiametralebene oder Hauptebene heißt jede Ebene, welche senkrecht steht auf den von ihr halbierten Sehnen, den Hauptsehnen. Die Richtungskosinus einer Hauptebene genügen den Gleichungen

$$\begin{aligned}
(a_{11} - \lambda) \cos\alpha + a_{12} \cos\beta + a_{13} \cos\gamma &= 0\,, \\
a_{21} \cos\alpha + (a_{22} - \lambda) \cos\beta + a_{23} \cos\gamma &= 0\,, \\
a_{31} \cos\alpha + a_{32} \cos\beta + (a_{33} - \lambda) \cos\gamma &= 0\,, \\
\cos^2\alpha + \cos^2\beta + \cos^2\gamma &= 1\,,
\end{aligned}$$

wo λ eine Lösung der kubischen Gleichung (Hauptachsengleichung)

$$\begin{vmatrix} a_{11}-\lambda & a_{12} & a_{13} \\ a_{21} & a_{22}-\lambda & a_{23} \\ a_{31} & a_{32} & a_{33}-\lambda \end{vmatrix} = 0$$

oder $$\lambda^3 - A''_{44}\lambda^2 + A'_{44}\lambda - A_{44} = 0 \text{ ist.}$$

Deren Koeffizienten haben die Werte

$$A''_{44} = a_{11} + a_{22} + a_{33},$$

$$A'_{44} = \begin{vmatrix} a_{11} & a_{12} \\ a_{21} & a_{22} \end{vmatrix} + \begin{vmatrix} a_{22} & a_{23} \\ a_{32} & a_{33} \end{vmatrix} + \begin{vmatrix} a_{33} & a_{31} \\ a_{13} & a_{11} \end{vmatrix},$$

$$A_{44} = \begin{vmatrix} a_{11} & a_{12} & a_{13} \\ a_{21} & a_{22} & a_{23} \\ a_{31} & a_{32} & a_{33} \end{vmatrix}.$$

Die Wurzeln $\lambda_1, \lambda_2, \lambda_3$ dieser Gleichung sind stets reell, brauchen aber nicht verschieden zu sein.

Man setzt noch:

$$A' = A_{11} + A_{22} + A_{33} + A_{44},$$

$$A'' = \begin{vmatrix} a_{11} & a_{12} \\ a_{21} & a_{22} \end{vmatrix} + \begin{vmatrix} a_{11} & a_{13} \\ a_{31} & a_{33} \end{vmatrix} + \begin{vmatrix} a_{11} & a_{14} \\ a_{41} & a_{44} \end{vmatrix} + \begin{vmatrix} a_{22} & a_{23} \\ a_{32} & a_{33} \end{vmatrix}$$
$$+ \begin{vmatrix} a_{22} & a_{24} \\ a_{42} & a_{44} \end{vmatrix} + \begin{vmatrix} a_{33} & a_{34} \\ a_{43} & a_{44} \end{vmatrix},$$

$$A''' = a_{11} + a_{22} + a_{33} + a_{44}.$$

6.) Die Durchmesser, in denen sich die Hauptebenen schneiden, heißen **Hauptachsen**. Sind x_1, y_1, z_1 die Koordinaten des Mittelpunktes, so sind die Längen der halben Hauptachsen gleich

$$\sqrt{-\frac{f'_4}{\lambda_1}}, \quad \sqrt{-\frac{f'_4}{\lambda_2}}, \quad \sqrt{-\frac{f'_4}{\lambda_3}}.$$

7.) **Übersicht** über die Flächen 2. Ordnung:

I. Eigentliche Flächen: $A \neq 0$

		$A > 0$		$A < 0$
		$A'_{44}, A'A''_{44} > 0$	$A'_{44}, A'A''_{44}$ nicht beide > 0	
$A_{44} \neq 0$	$A'_{44} > 0$, $A_{44}A''_{44} > 0$	Imag. Ellipsoid		Ellipsoid
	$A'_{44}, A_{44}A''_{44}$ nicht beide > 0		Einschaliges Hyperboloid	Zweischaliges Hyperboloid
$A_{44} = 0$, $A'_{44} \neq 0$	$A'_{44} > 0$			Elliptisches Paraboloid
	$A'_{44} < 0$		Hyperbolisches Paraboloid	

II. Uneigentliche Flächen: $A = 0$

		$A' \neq 0$		$A' = 0$, $A'' \neq 0$		$A' = 0$, $A'' = 0$, $A''' \neq 0$
		$A'_{44} > 0$, $A'A''_{44} > 0$	$A'_{44}, A'A''_{44}$ nicht beide > 0	$A'' > 0$	$A'' < 0$	
$A_{44} \neq 0$	$A'_{44} > 0$, $A_{44}A''_{44} > 0$	Imag. ell. Kegel				
	$A'_{44}, A_{44}A''_{44}$, nicht beide > 0		Ellipt. Kegel			
$A_{44} = 0$, $A'_{44} \neq 0$	$A'_{44} > 0$	Imag. ell. Zylinder	Ellipt. Zylinder	Imag. Ebenenpaar		
	$A'_{44} < 0$		Hyperb. Zylinder		Reelles Ebenenpaar	
$A_{44} = 0, A'_{44} = 0, A''_{44} \neq 0$			Parabol. Zylinder	Imag. Parallel-eb.-Paar	Reelles Parallel-eb.-Paar	Doppelebene

§ 84. Allgemeine Sätze

1.) Eine Fläche zweiter Ordnung ist im allgemeinen durch r Punkte und $9-r$ Tangentialebenen vollständig bestimmt ($r = 0, 1, 2, \ldots, 9$).

2.) Eine Fläche zweiter Ordnung wird von einer Ebene in einer Kurve zweiter Ordnung und von einer Geraden in zwei Punkten geschnitten, oder die Gerade gehört der Fläche ganz an.

3.) Wenn ein Teil des Schnittes zweier Flächen zweiter Ordnung eine ebene Kurve ist, so ist auch der übrige Teil eine solche.

4.) Wenn ein Punkt eine Ebene durchläuft, so dreht sich seine Polarebene um einen Punkt, den Pol dieser Ebene und umgekehrt.

5.) Wenn ein Punkt eine Gerade durchläuft, so dreht sich seine Polarebene um eine Gerade und umgekehrt. Die beiden Geraden heißen reziproke Polaren.

6.) Eine Verbindungsgerade des Poles mit einem Punkt der Schnittkurve seiner Polarebene mit der Fläche ist Tangente an diese. Die Gesamtheit derartiger Geraden bildet den zum Pol als Spitze gehörigen Tangentenkegel der Fläche. Ist die Polarebene die unendlich ferne Ebene, der Pol also der Mittelpunkt, so ist der zugehörige Tangentenkegel der Asymptotenkegel. Die Tangentenkegel brauchen nicht stets reell zu sein.

§ 85. Die einzelnen Flächen zweiter Ordnung

1.) Das reelle Ellipsoid: $\frac{x^2}{a^2} + \frac{y^2}{b^2} + \frac{z^2}{c^2} = 1$ (bezogen auf die Hauptachsen).

Die Fläche liegt ganz im Endlichen. Sie wird von jeder Ebene in einer reellen oder imaginären Ellipse geschnitten.

Polarebene zum Pol x_1, y_1, z_1:

$$\frac{x x_1}{a^2} + \frac{y y_1}{b^2} + \frac{z z_1}{c^2} = 1 .$$

Liegt x_1, y_1, z_1 auf der Fläche, so stellt diese Gleichung die Tangentialebene mit dem Berührungspunkte x_1, y_1, z_1 dar.

Gleichung der Durchmesserebene, welche der Richtung α, β, γ konjugiert ist:

$$\frac{x\cos\alpha}{a^2}+\frac{y\cos\beta}{b^2}+\frac{z\cos\gamma}{c^2}=0.$$

Es seien $\alpha_1, \beta_1, \gamma_1$; $\alpha_2, \beta_2, \gamma_2$; $\alpha_3, \beta_3, \gamma_3$ die Richtungen dreier konjugierter Durchmesser. Dann ist

$$\frac{\cos\alpha_1\cos\alpha_2}{a^2}+\frac{\cos\beta_1\cos\beta_2}{b^2}+\frac{\cos\gamma_1\cos\gamma_2}{c^2}=0,$$

$$\frac{\cos\alpha_2\cos\alpha_3}{a^2}+\frac{\cos\beta_2\cos\beta_3}{b^2}+\frac{\cos\gamma_2\cos\gamma_3}{c^2}=0,$$

$$\frac{\cos\alpha_3\cos\alpha_1}{a^2}+\frac{\cos\beta_3\cos\beta_1}{b^2}+\frac{\cos\gamma_3\cos\gamma_1}{c^2}=0.$$

Sind zwei Hauptachsen des Ellipsoids einander gleich, so ist die Fläche eine Umdrehungsfläche mit der dritten Achse als Drehungsachse.

Die Fläche ist eine Kugel, falls alle drei Hauptachsen einander gleich sind. Wenn r der Radius und der Anfangspunkt ihr Mittelpunkt ist, lautet ihre Gleichung

$$x^2+y^2+z^2=r^2,$$

und wenn der Mittelpunkt die Koordinaten x_1, y_1, z_1 hat,

$$(x-x_1)^2+(y-y_1)^2+(z-z_1)^2=r^2.$$

Die allgemeine Gleichung der Kugel hat die Form

$$A(x^2+y^2+z^2)+2Bx+2Cy+2Dz+E=0,\ A\neq 0.$$

Das Produkt der Abschnitte aller Kugelsekanten durch denselben Punkt $P_0(x_0, y_0, z_0)$ ist konstant. Sind R und S die Schnittpunkte einer Sekante mit der Kugel, so ist dieses Produkt (die Potenz)

$$\overrightarrow{P_0R}\cdot\overrightarrow{P_0S}=x_0^2+y_0^2+z_0^2-r^2=d^2,$$

wenn die Gleichung der Kugel $x^2+y^2+z^2=r^2$ und d die Länge der Tangenten von P_0 an die Kugel ist.

2.) Das einschalige Hyperboloid:

$$\frac{x^2}{a^2}+\frac{y^2}{b^2}-\frac{z^2}{c^2}=1$$

(bezogen auf die Hauptachsen).

Die Fläche besteht aus einem sich ins Unendliche erstreckenden Mantel. Sie besitzt einen reellen in ihrem Inneren liegenden Asymptotenkegel mit der Gleichung

$$\frac{x^2}{a^2}+\frac{y^2}{b^2}-\frac{z^2}{c^2}=0\,.$$

Seine Achse ist die z-Achse.

Eine Ebene schneidet die Fläche in einer Hyperbel, Parabel oder Ellipse, je nachdem die Ebene zwei Mantellinien, einer oder keiner Mantellinie des Asymptotenkegels parallel ist.

Auf dem Mantel der Fläche liegen zwei Scharen gerader Linien:

$$\text{I.)}\ \frac{x}{a}+\frac{z}{c}=\lambda\left(1+\frac{y}{b}\right),\quad \lambda\left(\frac{x}{a}-\frac{z}{c}\right)=1-\frac{y}{b}\,,$$

$$\text{II.)}\ \frac{x}{a}+\frac{z}{c}=\mu\left(1-\frac{y}{b}\right),\quad \mu\left(\frac{x}{a}-\frac{z}{c}\right)=1+\frac{y}{b}\,,$$

wobei λ und μ alle Werte von $-\infty$ bis $+\infty$ annehmen können.

Jede Gerade der einen Schar schneidet alle Geraden der anderen Schar. Zwei Gerade derselben Schar schneiden sich nicht. Durch jeden Punkt der Fläche gehen zwei Geraden. Die Fläche ist der Ort einer Geraden, welche drei feste Geraden schneidet.

Ist $a=b$, so ist die Fläche eine Umdrehungsfläche mit der z-Achse als Drehungsachse.

Die Gleichungen der Polarebene und der konjugierten Durchmesser erhält man aus den entsprechenden für das Ellipsoid (Nr. 1), indem man c^2 durch $-c^2$ ersetzt.

3.) Zweischaliges Hyperboloid:

$$\frac{x^2}{a^2}+\frac{y^2}{b^2}-\frac{z^2}{c^2}+1=0$$

(bezogen auf die Hauptachsen).

Die Fläche besteht aus zwei sich ins Unendliche erstreckenden Mänteln. Sie enthält keine reellen Geraden. Der Asymptotenkegel mit der Gleichung

$$\frac{x^2}{a^2}+\frac{y^2}{b^2}-\frac{z^2}{c^2}=0$$

liegt außerhalb der Fläche. Über die Schnitte einer Ebene mit der Fläche gilt dasselbe wie bei 2.), nur kann die Ellipse auch imaginär sein. $a=b$ liefert eine Umdrehungsfläche mit der z-Achse als Rotationsachse.

Die Gleichungen der Polarebene und der konjugierten Durchmesser ergeben sich aus den für das Ellipsoid gültigen, indem man a^2 und b^2 durch $-a^2$ und $-b^2$ ersetzt.

4.) Elliptisches Paraboloid: $\frac{x^2}{a}+\frac{y^2}{b}=2z$ (a und b haben gleiches Zeichen). Die (x,z)- und die (y,z)-Ebene sind Symmetrieebenen. Die (x,y)-Ebene ist Tangentialebene im Anfangspunkt (Scheitelpunkt). Jede zur z-Achse parallele Ebene schneidet die Fläche in einer Parabel, jede andere Ebene schneidet sie in einer reellen oder imaginären Ellipse. $a=b$ liefert ein Umdrehungsparaboloid mit der z-Achse als Drehungsachse.

5.) Hyperbolisches Paraboloid: $\frac{x^2}{a}-\frac{y^2}{b}=2z$ (a, b positiv).

Die (x,z)- und die (y,z)-Ebene sind Symmetrieebenen. Die (x,y)-Ebene ist Tangentialebene im Anfangspunkt. Sie schneidet die Fläche in zwei Geraden. Der Anfangspunkt heißt Sattelpunkt. Jede Ebene schneidet die Fläche in einer Parabel oder Hyperbel, je nachdem sie der z-Achse parallel ist oder nicht. Die Fläche enthält zwei Scharen von Geraden:

$$\text{I.)}\quad \frac{x}{\sqrt{a}}+\frac{y}{\sqrt{b}}=\lambda\,,\qquad \frac{x}{\sqrt{a}}-\frac{y}{\sqrt{b}}=\frac{2z}{\lambda}\,,$$

$$\text{II.)}\quad \frac{x}{\sqrt{a}}-\frac{y}{\sqrt{b}}=\mu\,,\qquad \frac{x}{\sqrt{a}}+\frac{y}{\sqrt{b}}=\frac{2z}{\mu}\,,$$

wo λ und μ alle Werte von $-\infty$ bis $+\infty$ durchlaufen können. Die Wurzeln haben gleiche Vorzeichen. Die Geraden der

Schar I.) sind parallel der Ebene $\frac{x}{\sqrt{a}} + \frac{y}{\sqrt{b}} = 0$, die der Schar II.) sind parallel der Ebene $\frac{x}{\sqrt{a}} - \frac{y}{\sqrt{b}} = 0$.

6.) Kegel (mit der Spitze im Ursprung und der z-Achse als Achse):

$$\text{Imaginärer Kegel: } \frac{x^2}{a^2} + \frac{y^2}{b^2} + \frac{z^2}{c^2} = 0\,.$$

$$\text{Reeller Kegel: } \frac{x^2}{a^2} + \frac{y^2}{b^2} - \frac{z^2}{c^2} = 0\,.$$

Letztere Fläche enthält eine Schar von Geraden (die Mantellinien), welche durch die Spitze gehen:

$$\frac{x}{a} + \frac{z}{c} = \frac{y}{b\lambda}\,, \quad \frac{x}{a} - \frac{z}{c} = -\frac{\lambda y}{b}\,.$$

Die Fläche wird von jeder nicht durch die Spitze gehenden Ebene in einer Hyperbel, Parabel oder Ellipse geschnitten, je nachdem die Ebene zwei Mantellinien, einer oder keiner Mantellinie parallel ist.

Jede Gleichung von der Form

$$Ax^2 + By^2 + Cz^2 + Dxy + Exz + Fyz = 0$$

stellt einen Kegel dar.

7.) Zylinder:

a) Elliptischer Zylinder: $\frac{x^2}{a^2} + \frac{y^2}{b^2} = 1$

b) Hyperbolischer Zylinder: $\frac{x^2}{a^2} - \frac{y^2}{b^2} = 1$

} Die (x, z)- und die (y, z)-Ebene sind Symmetrieebenen.

c) Parabolischer Zylinder: $\frac{x^2}{a^2} - \frac{2y}{b} = 0$. Die (y, z)-Ebene ist Symmetrieebene, die (x, z)-Ebene Tangentialebene, welche die Fläche in der z-Achse berührt.

Jede zur (x, y)-Ebene senkrechte Ebene schneidet die sich

ins Unendliche erstreckenden Flächen in einem reellen oder imaginären Geradenpaar. Jede andere Ebene schneidet die Flächen a), b), c) bzw. in einer Ellipse, Hyperbel oder Parabel.

XII. Abschnitt
Differentialrechnung

§ 86. Funktionen

1.) Unter einem offenen Intervall (Bereich, Gebiet) (a, b) der x-Achse versteht man die Gesamtheit aller x-Werte, welche der Bedingung $a < x < b$ genügen. a und b sind die Endpunkte oder Grenzen des Intervalls. Werden die Endpunkte mit zum Intervall gerechnet, so spricht man von einem abgeschlossenen Intervall. Die zu diesem gehörigen x-Werte genügen der Bedingung $a \leqq x \leqq b$. Es können auch eine der Grenzen oder beide $-\infty$ bzw. $+\infty$ sein.

2.) y heißt eine Funktion von x im Intervall $a < x < b$, symbolisch geschrieben $y = f(x)$, $y = \varphi(x)$ u. dgl., wenn jedem Werte von x aus diesem Intervall endlich oder unendlich viele Werte von y nach einem bestimmten Gesetze zugeordnet werden. x heißt unabhängige, y abhängige Veränderliche. Deutet man x als Abszisse, y als Ordinate in einem rechtwinkligen Koordinatensystem, so stellt die Funktion im allgemeinen eine Kurve dar. Entsprechen jedem Werte x des Intervalls n Werte von y, so heißt die Funktion n-deutig. Speziell heißt sie eindeutig, wenn $n = 1$ ist, und unendlich vieldeutig, wenn $n = \infty$ ist.

Der Inhalt eines Kreises oder einer Kugel ist eine Funktion des Halbmessers r. In diesen Fällen ist das Intervall der unabhängigen Veränderlichen $x = r$ gegeben durch $0 < x < \infty$.

Im vorhergehenden wurde x als stetig veränderliche Größe (s. § 88) im Intervall vorausgesetzt. Das ist nicht notwendig. Z. B. ist $y = x!$ (x Fakultät) eine nur für positive ganze x erklärte Funktion (vgl. jedoch § 102, 6). Doch kommen in der Differential- und Integralrechnung vorwiegend die ersteren Funktionen in Betracht.

Wenn die Funktion y von x durch eine Gleichung gegeben ist, auf deren linker Seite y und auf deren rechter Seite ein Ausdruck mit x allein steht, so heißt y eine nach x entwickelte oder eine explizite Funktion von x. Insbesondere eine solche Funktion wird mit $y = f(x)$, $y = \varphi(x)$ u. dgl. bezeichnet. Andernfalls heißt eine Funktion unentwickelt oder implizit und kann in der Form $F(x, y) = 0$, $\Phi(x, y) = 0$ oder dgl. geschrieben werden.

3.) Einteilung der Funktionen ($a, b, a_0, b_0, \ldots$ Konstanten):

$y = a_0 + a_1 x$ ganze lineare Funktion,

$y = \dfrac{a_0 + a_1 x}{b_0 + b_1 x}$ gebrochene „ „

$y = a_0 + a_1 x + a_2 x^2 + \cdots + a_n x^n$ ganze rationale Funktion n^{ten} Grades, $a_n \neq 0$,

$y = \dfrac{a_0 + a_1 x + a_2 x^2 + \cdots + a_n x^n}{b_0 + b_1 x + b_2 x^2 + \cdots + b_m x^m}$ gebrochene rationale Funktion,

} rationale Funktionen, n, m positiv ganzzahlig.

Die Gleichung $G(x,y) = \sum_{\mu=0}^{n} \sum_{\nu=0}^{m} a_{\mu\nu} x^{\mu} y_{\nu} = 0$ definiert (implizite) eine Funktion y von x (vgl. § 62, 1), die man als algebraische Funktion von x bezeichnet. Diese enthält die rationalen als Spezialfälle.

Funktionen, die nicht algebraisch sind, heißen transzendent. Zu diesen gehören z. B. die trigonometrischen Funktionen

$$y = \sin x, \quad y = \cos x, \quad y = \operatorname{tg} x, \quad y = \operatorname{ctg} x$$

und deren Umkehrungen (Vertauschung von x und y und Auflösung nach y), die zyklometrischen Funktionen

$$y = \operatorname{arc} \sin x, \quad y = \operatorname{arc} \cos x, \quad y = \operatorname{arc} \operatorname{tg} x, \quad y = \operatorname{arc} \operatorname{ctg} x.$$

Die zyklometrischen Funktionen sind unendlich vieldeutig. Diejenigen Werte, welche den Beziehungen

$$
\begin{aligned}
-\frac{\pi}{2} &\leqq \operatorname{arc} \sin x \leqq +\frac{\pi}{2}, \\
0 &\leqq \operatorname{arc} \cos x \leqq \pi, \\
-\frac{\pi}{2} &< \operatorname{arc} \operatorname{ctg} x < +\frac{\pi}{2}, \\
0 &< \operatorname{arc} \operatorname{tg} x \; < \pi
\end{aligned}
$$

genügen, heißen die **Hauptwerte** der Funktionen.

Zu den transzendenten Funktionen gehören ferner die Funktion

$$y = \ln x$$

(vgl. § 7) und ihre Umkehrung, die **Exponentialfunktion**

$$y = e^x,$$

sowie die **hyperbolischen Funktionen**

$$y = \mathfrak{Sin}\, x = \frac{e^x - e^{-x}}{2}, \quad y = \mathfrak{Cof}\, x = \frac{e^x + e^{-x}}{2},$$

$$y = \mathfrak{Tg}\, x = \frac{\mathfrak{Sin}\, x}{\mathfrak{Cof}\, x}, \quad y = \mathfrak{Ctg}\, x = \frac{\mathfrak{Cof}\, x}{\mathfrak{Sin}\, x}$$

und ihre Umkehrungen

$$
\begin{aligned}
y &= \mathfrak{Ar}\,\mathfrak{Sin}\, x, \quad & y &= \mathfrak{Ar}\,\mathfrak{Cof}\, x, \\
y &= \mathfrak{Ar}\,\mathrm{tg}\, x, \quad & y &= \mathfrak{Ar}\,\mathfrak{Ctg}\, x \text{ (vgl. § 96).}
\end{aligned}
$$

4.) **Interpolation.** Es gibt eine und nur eine ganze rationale Funktion n^{ten} Grades, welche an den voneinander verschiedenen Stellen $x_0, x_1, x_2, \ldots, x_n$ die vorgegebenen Werte $y_0, y_1, y_2, \ldots, y_n$ annimmt. Man erhält sie aus

a) der Interpolationsformel von *Lagrange*:

$$
\begin{aligned}
y = & \frac{(x - x_1)(x - x_2)(x - x_3)\ldots(x - x_n)}{(x_0 - x_1)(x_0 - x_2)(x_0 - x_3)\ldots(x_0 - x_n)} y_0 \\
& + \frac{(x - x_0)(x - x_2)(x - x_3)\ldots(x - x_n)}{(x_1 - x_0)(x_1 - x_2)\, x_1 - x_3)\ldots(x_1 - x_n)} y_1 + \cdots \\
& + \frac{(x - x_0)(x - x_1)\ldots(x - x_{n-1})}{(x_n - x_0)(x_n - x_1)\ldots(x_n - x_{n-1})} y_n;
\end{aligned}
$$

b) *Newtons* Interpolationsformel:

$$y = y_0 + A_0(x - x_0) + A_1(x - x_0)(x - x_1) + \cdots + A_{n-1}(x - x_0)(x - x_1)\ldots(x - x_{n-1}),$$

wobei die A_k für $k = 0, 1, \ldots n - 1$ gegeben werden durch

$$A_k = \frac{y_0}{(x_0 - x_1)(x_0 - x_2)\ldots(x_0 - x_{k+1})} + \frac{y_1}{(x_1 - x_0)(x_1 - x_2)\ldots(x_1 - x_{k+1})} + \cdots + \frac{y_{k+1}}{(x_{k+1} - x_0)(x_{k+1} - x_1)\ldots(x_{k+1} - x_k)} \quad \text{(vgl. § 28).}$$

5.) Unter einem **Bereich** (**Gebiet**) B **der Ebene** versteht man eine Menge von Punkten mit der Eigenschaft, daß um jeden ihrer Punkte eine Kreisfläche existiert, welche vollständig zu der Menge gehört, und daß sich zwei beliebige Punkte der Menge durch eine stetige Linie (§ 88, 1) verbinden lassen, deren sämtliche Punkte zu der Menge gehören.

Ein Bereich ist entweder unbegrenzt, dann besteht er aus der gesamten Ebene einschließlich des Unendlichen oder er ist begrenzt. Die Begrenzung gehört zunächst nicht zum Bereich. Nimmt man sie zum Bereich hinzu, so spricht man von einem **abgeschlossenen** Bereich.

Die Anzahl der Begrenzungen eines sich nicht selbst überschneidenden Bereiches heißt sein **Zusammenhang**.

Beispiel: Alle Punkte der Ebene mit den Koordinaten x, y, welche der Bedingung $r_1^2 < x^2 + y^2 < r_2^2$ genügen, bilden einen zweifach zusammenhängenden Bereich (das Innere eines konzentrischen Kreisrings mit den Radien r_1 und r_2). $r_1^2 \leqq x^2 + y^2 \leqq r_2^2$ liefert einen abgeschlossenen zweifach zusammenhängenden Bereich.

6.) z heißt eine **Funktion von** x **und** y im Bereiche B, wenn jedem Wertepaar x, y des Bereiches B endlich oder unendlich viele Werte von z nach einem bestimmten Gesetz zugeordnet sind. x und y sind die unabhängigen Veränderlichen, z ist die von diesen abhängige Veränderliche.

Die Funktion z von x und y stellt im dreiachsigen rechtwinkligen Koordinatensystem im allgemeinen eine Fläche dar.

In Analogie zu Nr. 2 heißt $z = f(x, y)$ eine explizite Funktion. $F(x, y, z) = 0$ definiert eine implizite Funktion z von x und y.

Beispiel: Der Inhalt z eines Rechtecks ist eine Funktion der Seiten x und y, wo x und y dem Bereiche $0 < x < \infty$, $0 < y < \infty$, d. h. dem Inneren des ersten Quadranten, angehören.

Im folgenden werden alle Funktionen, soweit nichts anderes gesagt ist, als eindeutig vorausgesetzt.

§ 87. Limesrechnung

1.) Die Folge der reellen Zahlen $a_0, a_1, a_2, \ldots, a_n, \ldots$ strebt mit wachsendem n gegen den Grenzwert a, in Zeichen $\lim\limits_{n \to \infty} a_n = a$, wenn nach Vorgabe eines beliebig kleinen positiven ε eine ganze positive Zahl N so bestimmt werden kann, daß für alle $n \geqq N$ die Ungleichung $| a_n - a | < \varepsilon$ erfüllt ist. Man setzt $\lim\limits_{n \to \infty} a_n = +\infty$ bzw. $\lim\limits_{n \to \infty} a_n = -\infty$, wenn sich nach Vorgabe eines beliebig kleinen positiven ε eine positive ganze Zahl N so bestimmen läßt, daß für alle $n \geqq N$ die Ungleichung $a_n > \frac{1}{\varepsilon}$ bzw. $a_n < -\frac{1}{\varepsilon}$ erfüllt ist. (Hinsichtlich des Grenzwertes komplexer Zahlenfolgen vgl. § 106.)

Die notwendige und hinreichende Bedingung dafür, daß die Zahlenfolge $a_0, a_1, a_2, \ldots, a_n, \ldots$ einen endlichen Grenzwert besitzt, ist die Existenz einer positiven ganzen Zahl N derart, daß für alle $n \geqq N$ und alle positiven ganzen ϱ die Ungleichung $| a_{n+\varrho} - a_n | < \varepsilon$ gilt.

Ein Wert a heißt Häufungswert einer Zahlenfolge, wenn in jeder Umgebung von a unendlich viele Zahlen der Folge liegen. Dabei versteht man unter einer Umgebung einer endlichen Stelle a alle x, für die $|x - a| < \sigma$ ist, wo σ eine (kleine) positive Zahl bedeutet. Unter der Umgebung von $+\infty$ bzw. $-\infty$ versteht man alle x, für die $x > \frac{1}{\sigma}$ bzw. $x < -\frac{1}{\sigma}$ ist. Besitzt eine Zahlenfolge nur einen Häufungswert, so ist dieser der Grenzwert der Folge. Jede unendliche Zahlenfolge besitzt mindestens einen Häufungswert. Besitzt eine Zahlenfolge mehr als einen Häufungswert, so gibt es einen größten und einen kleinsten, genannt oberer bzw. unterer Limes ($\overline{\lim}$ bzw. $\underline{\lim}$).

Eine endliche Zahl α heißt obere bzw. untere Grenze einer Zahlenfolge, wenn kein Glied der Folge $> \alpha$ bzw. $< \alpha$, aber mindestens ein Glied $> \alpha - \varepsilon$ bzw. $< \alpha + \varepsilon$ ist, wo ε eine beliebig kleine positive Zahl ist. Die obere bzw. untere Grenze ist $+\infty$ bzw. $-\infty$, wenn es für jedes ε mindestens ein Glied der Folge gibt, das $> \frac{1}{\varepsilon}$ bzw. $< -\frac{1}{\varepsilon}$ ist. Jede Zahlenfolge besitzt eine obere und eine untere Grenze.

2.) Es sei $\lim\limits_{n \to \infty} a_n = a$, $\lim\limits_{n \to \infty} b_n = b$, ($a$, b endlich), dann ist:

$$\lim_{n \to \infty} (a_n \pm b_n) = a \pm b\,, \quad \lim_{n \to \infty} a_n \cdot b_n = a \cdot b$$

und, falls $b \neq 0$ ist, $\lim\limits_{n \to \infty} \frac{a_n}{b_n} = \frac{a}{b}$.

3.) Die Funktion $f(x)$ sei in einem Intervall höchstens mit Ausnahme der Stelle a im Inneren des Intervalls erklärt. Dann sagt man, $f(x)$ besitze bei Annäherung an die Stelle a den Grenzwert $\lim\limits_{x \to a} f(x) = A$, wenn für jede von a verschiedene Zahlenfolge $x_1, x_2, \ldots, x_n, \ldots$ aus dem Intervall, für welche $\lim\limits_{n\to\infty} x_n = a$ ist, die Beziehung $\lim\limits_{n\to\infty} f(x_n) = A$ gilt. Gilt entsprechendes für jede Zahlenfolge mit der Beschränkung auf $x_n > a$, so heißt der Grenzwert ein rechtsseitiger, in Zeichen $\lim\limits_{x\to a+0} f(x) = A$ und analog im Falle $x_n < a$ ein linksseitiger in Zeichen $\lim\limits_{x\to a-0} f(x) = A$. Die beiden letzten Grenzwerte bezeichnet man auch mit $f(a+0)$ bzw. $f(a-0)$.

Ist $f(x, y)$ in einem Bereiche höchstens mit Ausnahme der Stelle a, b im Inneren des Bereiches erklärt, so sagt man, $f(x, y)$ besitze bei Annäherung an diese Stelle den Grenzwert $\lim\limits_{\substack{x\to a\\ y\to b}} f(x, y) = A$, wenn stets $\lim\limits_{n\to\infty} f(x_n, y_n) = A$ gilt, wie auch die von a, b verschiedenen Punkte (x_1, y_1), $(x_2, y_2), \ldots,$ $(x_n, y_n), \ldots$ aus dem Bereiche mit der Eigenschaft $\lim\limits_{n\to\infty} x_n = a$, $\lim\limits_{n\to\infty} y_n = b$ gewählt sein mögen.

4.) **Es sei φ eine Funktion von h. Dann sagt man, φ werde mit h von n^{ter} Ordnung unendlich, wenn $\lim\limits_{h\to\infty} \frac{\varphi(h)}{h^n}$ ein endlicher von Null verschiedener Wert ist.**

Ebenso sagt man, $\varphi(h)$ werde mit h von n^{ter} Ordnung Null, wenn $\lim\limits_{h\to 0} \frac{\varphi(h)}{h^n}$ ein endlicher von Null verschiedener Wert ist.

5.) **Häufig benutzte Grenzwerte:**

$$\lim_{h\to 0} (1+h)^{\frac{1}{h}} = \lim_{n\to\infty} \left(1 + \frac{1}{n}\right)^n = e = 2{,}71828\ldots,$$

$$\lim_{n\to\infty} \left(1 + \frac{x}{n}\right)^n = e^x, \qquad \lim_{h\to 0} \frac{a^h - 1}{h} = \frac{\log a}{\log e},$$

$$\lim_{h\to 0}\frac{\sin h}{h}=1\,,\ \lim_{h\to 0}\frac{\sin h x}{h}=x\,,\ \lim_{h\to 0}\frac{\operatorname{tg} h}{h}=1\,,\ \lim_{h\to 0}\frac{\operatorname{tg} h x}{h}=x,$$

$$\lim_{n\to\infty}\frac{n!}{n^n e^{-n}\sqrt{2\pi n}}=1 \quad (\textit{Stirling}\text{sche Formel}),$$

$$\lim_{n\to\infty}\frac{2\cdot 2\cdot 4\cdot 4\cdot 6\cdot 6\ldots(2n-2)\cdot 2n}{1\cdot 3\cdot 3\cdot 5\cdot 5\cdot 7\ldots(2n-1)(2n-1)}=\frac{\pi}{2} \quad (\textit{Wallis}\text{sches Produkt}).$$

§ 88. Stetigkeit

1.) Die Funktion (Kurve) $y = f(x)$ sei im Intervall $a \leqq x \leqq b$ erklärt. Sie heißt an der Stelle $x = x_0$ im Inneren des Intervalls **stetig**, wenn sie bei Annäherung an diese Stelle ihren Funktionswert $f(x_0)$ als Grenzwert besitzt (vgl. § 87,3). Ist $\lim\limits_{x\to a+0} f(x) = f(a)$, so heißt $f(x)$ bei a **rechtsstetig** und analog im Falle $\lim\limits_{x\to b-0} f(x) = f(b)$ bei b **linksstetig**.

Die Funktion heißt im ganzen Intervall stetig, wenn sie an jeder Stelle desselben stetig ist.

2.) Sind $f(x)$ und $g(x)$ im Intervall $a \leqq x \leqq b$ stetige Funktionen, so sind auch die Funktionen $f(x) \pm g(x)$, $f(x)\cdot g(x)$ und für $g(x) \neq 0$ auch $\dfrac{f(x)}{g(x)}$ in diesem Intervall stetig.

3.) Die Funktion $z = f(x, y)$ sei in einem Bereiche B der (x, y)-Ebene erklärt. Sie heißt an einer Stelle $x = x_0$, $y = y_0$ im Inneren des Bereiches **stetig**, wenn sie bei beliebiger Annäherung an diese Stelle ihren Funktionswert als Grenzwert besitzt (vgl. § 87,3).

Die Funktion $z = f(x, y)$ ist im ganzen Bereich stetig, wenn sie an jeder Stelle desselben stetig ist.

Es gilt 2.) in entsprechender Weise auch für Funktionen von zwei Variabeln.

§ 89. Differentialquotient und Differentiation

1.) Unter dem Differentialquotienten der Funktion $y = f(x)$ an der Stelle x ihres Definitionsintervalls versteht man den Grenzwert

$$\lim_{h \to 0} \frac{f(x+h) - f(x)}{h} = f'(x).$$

Bezeichnet man den Zuwachs h von x mit Δx, die zugehörige Differenz der Funktionswerte $f(x+h) - f(x)$ mit y, so erhält man als Differentialquotient

$$\lim_{\Delta x \to 0} \frac{f(x + \Delta x) - f(x)}{\Delta x} = \lim_{\Delta x \to 0} \frac{\Delta y}{\Delta x} = f'(x).$$

Der Differentialquotient wird auch mit $\frac{dy}{dx}$, $\frac{df(x)}{dx}$ oder y' bezeichnet. $\frac{\Delta y}{\Delta x}$ heißt Differenzenquotient.

Wenn der Grenzwert existiert (was nicht notwendig ist) und endlich ist, heißt die Funktion (Kurve) an der Stelle x differenzierbar. Die Funktion heißt in einem Intervall differenzierbar, wenn sie an jeder Stelle des Intervalls differenzierbar ist.

Eine Funktion ist dort, wo sie differenzierbar ist, auch stetig, jedoch braucht umgekehrt eine Funktion nicht differenzierbar zu sein, wo sie stetig ist. Es gibt stetige Funktionen, welche stellenweise nicht differenzierbar, und solche, welche nirgends differenzierbar sind.

Der Differentialquotient einer in einem Intervall differenzierbaren Funktion ist im allgemeinen wieder eine Funktion von x, die abgeleitete Funktion oder kurz die (erste) Ableitung. Durch Differentiation dieser Funktion (sofern das möglich ist) erhält man die zweite Ableitung usf.

$$\frac{d^2y}{dx^2} = y'' = f''(x), \quad \frac{d^3y}{dx^3} = y''' = f'''(x), \ldots,$$

$$\frac{d^n y}{dx^n} = y^{(n)} = f^{(n)}(x).$$

Im folgenden werden alle Funktionen so oft wie notwendig differenzierbar vorausgesetzt.

2.) Es seien u, v, w Funktionen von x; A, B, C Konstanten.

$$\frac{dC}{dx} = 0, \frac{d(u \pm v)}{dx} = \frac{du}{dx} \pm \frac{dv}{dx} = u' \pm v', \frac{d(u \pm C)}{dx} = \frac{du}{dx} = u',$$

$$\frac{d(u \cdot v)}{dx} = u'v + v'u = uv\left(\frac{u'}{u} + \frac{v'}{v}\right), \quad \frac{d(C \cdot u)}{dx} = C \cdot u',$$

$$\frac{d(u \cdot v \cdot w \cdots)}{dx} = uvw \cdots \left(\frac{u'}{u} + \frac{v'}{v} + \frac{w'}{w} + \cdots\right),$$

$$\frac{d\left(\frac{u}{v}\right)}{dx} = \frac{u'v - uv'}{v^2}, \quad \frac{d(u^v)}{dx} = \left(v' \ln u + \frac{v}{u} u'\right) u^v, \ (u > 0).$$

3.) $$\frac{d^n(Au + Bv)}{dx^n} = Au^{(n)} + Bv^{(n)},$$

$$(uv)^{(n)} = \binom{n}{0} u^{(n)} v + \binom{n}{1} u^{(n-1)} v' + \binom{n}{2} u^{(n-2)} v'' + \cdots$$
$$\cdots + \binom{n}{n-1} u' v^{(n-1)} + \binom{n}{n} u v^{(n)}.$$

4.) Wenn $y = \psi(x)$ an der Stelle x und $z = \varphi(y)$ an der Stelle $y = \psi(x)$ differenzierbar ist, ist auch $z = \varphi(\psi(x))$ an der Stelle x differenzierbar, und zwar ist:

$$\frac{dz}{dx} = \frac{dz}{dy} \cdot \frac{dy}{dx}.$$

5.) Wenn x und y Funktionen von t sind und $\frac{dx}{dt} \neq 0$ ist, folgt

$$\frac{dy}{dx} = \frac{dy}{dt} : \frac{dx}{dt} = \frac{y'}{x'},$$

$$\frac{d^2y}{dx^2} = \left(\frac{dx}{dt} \cdot \frac{d^2y}{dt^2} - \frac{dy}{dt} \cdot \frac{d^2x}{dt^2}\right) : \left(\frac{dx}{dt}\right)^3 = \frac{x'y'' - y'x''}{x'^3}.$$

6.) Ist x als Funktion von y gegeben, so ist für ein Intervall, in dem $\frac{dx}{dy} \neq 0$ ist,

$$\frac{dy}{dx} = 1 : \frac{dx}{dy}, \qquad \frac{d^2y}{dx^2} = -\frac{d^2x}{dy^2} : \left(\frac{dx}{dy}\right)^3.$$

Man schreibt auch

$$dy = f'(x)dx$$

und nennt dy das Differential von y, welches zum Differential dx gehört.

7.) Es seien ξ, η, ζ Funktionen von t. Dann versteht man unter dem Differentialquotienten des Vektors $\mathfrak{a} = (\xi, \eta, \zeta)$ nach der skalaren Größe t den Vektor (vgl. § 76, 5)

$$\frac{d\mathfrak{a}}{dt} = \frac{d\xi}{dt}\mathfrak{i} + \frac{d\eta}{dt}\mathfrak{j} + \frac{d\zeta}{dt}\mathfrak{k}.$$

Ist λ eine Funktion von t, so gilt

$$\frac{d\lambda\mathfrak{a}}{dt} = \frac{d\lambda}{dt}\mathfrak{a} + \lambda\frac{d\mathfrak{a}}{dt}.$$

Insbesondere gilt für $\mathfrak{a} = a\bar{\mathfrak{a}}$ (s. § 76, 4):

$$\frac{d\mathfrak{a}}{dt} = \frac{da}{dt}\bar{\mathfrak{a}} + a\frac{d\bar{\mathfrak{a}}}{dt}.$$

$\frac{d\bar{\mathfrak{a}}}{dt}$ ist ein zu $\bar{\mathfrak{a}}$ senkrechter Vektor. Ferner ist

$$\frac{d(\mathfrak{a}+\mathfrak{b})}{dt} = \frac{d\mathfrak{a}}{dt} + \frac{d\mathfrak{b}}{dt},$$

$$\frac{d[\mathfrak{a}\mathfrak{b}]}{dt} = \left[\frac{d\mathfrak{a}}{dt}\mathfrak{b}\right] + \left[\mathfrak{a}\frac{d\mathfrak{b}}{dt}\right].$$

Hier ist die Reihenfolge der Faktoren wesentlich.

8.) Graphische Differentiation:

Um den Differentialquotienten einer graphisch gegebenen Kurve $y = f(x)$ im Punkte x zu bestimmen, berechne man die Werte

$$z_k = \frac{f(x + k\Delta x) - f(x)}{k\Delta x}$$

für ein festes Δx und einige positive und negative Werte von k (z. B. für $k = \pm 1, \pm 2$) und trage die Werte z_k als Ordinaten über den k-Werten als Abszissen auf. Verbindet man die Punkte z_k durch eine einfache Kurve, so ist deren Ordinate für $k = 0$ näherungsweise der Differentialquotient: $z_0 = f'(x)$.

§ 90. Spezielle Formeln

1.) $$\frac{dx^n}{dx} = nx^{n-1},$$

$$\frac{d^r x^n}{dx^r} = n(n-1)(n-2)\cdots(n-r+1)x^{n-r}.$$

2.) $$\frac{da^x}{dx} = a^x \ln a, \qquad \frac{d^r a^x}{dx^r} = a^x (\ln a)^r,$$

$$\frac{de^x}{dx} = e^x, \qquad \frac{d^r e^x}{dx^r} = e^x.$$

3.) $$\frac{d \overset{a}{\log} x}{dx} = \frac{1}{x} \overset{a}{\log} e = \frac{1}{x} \frac{1}{\ln a},$$

$$\frac{d^r \overset{a}{\log} x}{dx^r} = (-1)^{r-1}(r-1)! \frac{\overset{a}{\log} e}{x^r},$$

$$\frac{d \ln x}{dx} = \frac{1}{x}, \qquad \frac{d^r \ln x}{dx^r} = (-1)^{r-1}(r-1)! \frac{1}{x^r}.$$

4.) $$\frac{d \sin x}{dx} = \cos x = \sin\left(x + \frac{\pi}{2}\right),$$

$$\frac{d^r \sin x}{dx^r} = \sin\left(x + r\frac{\pi}{2}\right).$$

$$\frac{d\cos x}{dx} = -\sin x = \cos\left(x + \frac{\pi}{2}\right),$$

$$\frac{d^r \cos x}{dx^r} = \cos\left(x + r\,\frac{\pi}{2}\right),$$

$$\frac{d\,\mathrm{tg}\,x}{dx} = \frac{1}{\cos^2 x}, \qquad \frac{d\,\mathrm{ctg}\,x}{dx} = -\frac{1}{\sin^2 x}.$$

5.) $$\frac{d\arcsin x}{dx} = \frac{1}{\sqrt{1-x^2}} \text{ für } -1 < x < +1.$$

Das Vorzeichen der Wurzel ist positiv, wenn

$$-\frac{\pi}{2} < \arcsin x < \frac{\pi}{2} \text{ ist.}$$

$$\frac{d\arccos x}{dx} = -\frac{1}{\sqrt{1-x^2}} \text{ für } -1 < x < +1.$$

Das Vorzeichen der Wurzel ist positiv, wenn

$$0 < \arccos x < \pi \text{ ist.}$$

Für jedes x ist ferner

$$\frac{d\,\mathrm{arc\,tg}\,x}{dx} = \frac{1}{1+x^2}, \qquad \frac{d\,\mathrm{arc\,ctg}\,x}{dx} = -\frac{1}{1+x^2}.$$

6.) $$\frac{d\,\mathfrak{Sin}\,x}{dx} = \mathfrak{Cof}\,x, \qquad \frac{d\,\mathfrak{Cof}\,x}{dx} = \mathfrak{Sin}\,x,$$

$$\frac{d\,\mathfrak{Tg}\,x}{dx} = \frac{1}{\mathfrak{Cof}^2 x}, \qquad \frac{d\,\mathfrak{Ctg}\,x}{dx} = -\frac{1}{\mathfrak{Sin}^2 x}.$$

7.) $$\frac{d\,\mathfrak{Ar}\,\mathfrak{Sin}\,x}{dx} = \frac{1}{\sqrt{x^2+1}}, \qquad \frac{d\,\mathfrak{Ar}\,\mathfrak{Cof}\,x}{dx} = \frac{1}{\sqrt{x^2-1}},$$

$$\frac{d\,\mathfrak{Ar}\,\mathfrak{Tg}\,x}{dx} = \frac{d\,\mathfrak{Ar}\,\mathfrak{Ctg}\,x}{dx} = \frac{1}{1-x^2}.$$

§ 91. Differentiation von Funktionen mehrerer Veränderlichen

1.) Betrachtet man in der Funktion $z = f(x, y)$ die eine der Größen x und y, z. B. x, als veränderlich, die andere als konstant, so heißt die Ableitung der Funktion nach dieser Veränderlichen x die partielle Ableitung nach x. Sie wird mit $\frac{\partial z}{\partial x}$, $f_x(x, y)$ oder f_x bezeichnet. Es ist demnach

$$\frac{\partial z}{\partial x} = \lim_{\Delta x \to 0} \frac{f(x + \Delta x, y) - f(x, y)}{\Delta x},$$

$$\frac{\partial z}{\partial y} = \lim_{\Delta y \to 0} \frac{f(x, y + \Delta y) - f(x, y)}{\Delta y}.$$

Unter den partiellen Differentialen von z nach x und y versteht man die Ausdrücke

$$\frac{\partial z}{\partial x} dx, \quad \frac{\partial z}{\partial y} dy.$$

Das totale (vollständige) Differential von z ist

$$dz = \frac{\partial z}{\partial x} dx + \frac{\partial z}{\partial y} dy.$$

Das totale Differential der Funktion $u = f(x, y, z)$ ist

$$du = \frac{\partial u}{\partial x} dx + \frac{\partial u}{\partial y} dy + \frac{\partial u}{\partial z} dz.$$

Das totale Differential einer Funktion ist gleich der Summe der partiellen Differentiale nach sämtlichen Veränderlichen.

2.) Sind x, y Funktionen von t und ist $z = f(x, y)$, so folgt

$$\frac{dz}{dt} = \frac{\partial z}{\partial x}\frac{dx}{dt} + \frac{\partial z}{\partial y}\frac{dy}{dt}.$$

3.) Bezeichnungen höherer partieller Differentialquotienten von $z = f(x, y)$.

Partielle Differentialquotienten zweiter Ordnung:

$$\frac{\partial}{\partial x}\left(\frac{\partial z}{\partial x}\right)=\frac{\partial^2 z}{\partial x^2}=f_{xx}, \qquad \frac{\partial}{\partial y}\left(\frac{\partial z}{\partial x}\right)=\frac{\partial^2 z}{\partial x\,\partial y}=f_{xy},$$

$$\frac{\partial}{\partial x}\left(\frac{\partial z}{\partial y}\right)=\frac{\partial^2 z}{\partial y\,\partial x}=f_{yx}, \qquad \frac{\partial}{\partial y}\left(\frac{\partial z}{\partial y}\right)=\frac{\partial^2 z}{\partial y^2}=f_{yy}.$$

Besitzt die Funktion $z=f(x,y)$ an einer Stelle x, y ihres Definitionsbereiches **stetige** partielle Differentialquotienten

$$\frac{\partial^2 z}{\partial x\,\partial y}, \quad \frac{\partial^2 z}{\partial y\,\partial x},$$

so ist daselbst

$$\frac{\partial^2 z}{\partial x\,\partial y}=\frac{\partial^2 z}{\partial y\,\partial x}.$$

Das totale Differential 2. Ordnung von z ist dann

$$d(dz)=d^2 z=\frac{\partial^2 z}{\partial x^2}dx^2+2\frac{\partial^2 z}{\partial x\,\partial y}dx\,dy+\frac{\partial^2 z}{\partial y^2}dy^2$$

Partielle Differentialquotienten 3. Ordnung:

$$\frac{\partial}{\partial x}\left(\frac{\partial^2 z}{\partial x^2}\right)=\frac{\partial^3 z}{\partial x^3}=f_{xxx}, \quad \frac{\partial}{\partial y}\left(\frac{\partial^2 z}{\partial x^2}\right)=\frac{\partial^3 z}{\partial x^2\,\partial y}=f_{xxy}, \quad \text{usf.}$$

Das totale Differential m^{ter} Ordnung ist:

$$d^m z=\frac{\partial^m z}{\partial x^m}dx^m+\binom{m}{1}\frac{\partial^m z}{\partial x^{m-1}\,\partial y}dx^{m-1}dy$$

$$+\binom{m}{2}\frac{\partial^m z}{\partial x^{m-2}\,\partial y^2}dx^{m-2}dy^2+\cdots+\frac{\partial^m z}{\partial y^m}dy^m,$$

vorausgesetzt, daß die partiellen Differentialquotienten m^{ter} Ordnung **stetig** sind.

4.) **Unentwickelte (implizite) Funktionen:** Es sei $f(x,y)=0$. Dann ist

$$df=\frac{\partial f}{\partial x}dx+\frac{\partial f}{\partial y}dy=0,$$

folglich, wenn $\frac{\partial f}{\partial y} \neq 0$:

$$\frac{dy}{dx} = -\left(\frac{\partial f}{\partial x} : \frac{\partial f}{\partial y}\right),$$

$$\frac{d^2 y}{dx^2} = -\frac{\frac{\partial^2 f}{\partial x^2}\left(\frac{\partial f}{\partial y}\right)^2 - 2\frac{\partial^2 f}{\partial x \partial y}\frac{\partial f}{\partial x}\frac{\partial f}{\partial y} + \frac{\partial^2 f}{\partial y^2}\left(\frac{\partial f}{\partial x}\right)^2}{\left(\frac{\partial f}{\partial y}\right)^3}.$$

5.) Ist z als Funktion von x und y implizit gegeben durch $f(x, y, z) = 0$, so ergeben sich $\frac{\partial z}{\partial x}$ und $\frac{\partial z}{\partial y}$ aus den Gleichungen

$$\frac{\partial f}{\partial x} + \frac{\partial f}{\partial z}\frac{\partial z}{\partial x} = 0, \qquad \frac{\partial f}{\partial y} + \frac{\partial f}{\partial z}\frac{\partial z}{\partial y} = 0.$$

Durch Differentiation dieser Gleichungen nach x und y erhält man ferner z_{xx}, z_{xy}, z_{yy} usf.

6.) Transformationsformeln:

Sind $u = u(x, y)$, $v = v(x, y)$ nach x und y differenzierbar und ist $\Delta = u_x v_y - u_y v_x \neq 0$, so gilt

$$x_u = \frac{1}{\Delta} v_y, \; x_v = -\frac{1}{\Delta} u_y, \; y_u = -\frac{1}{\Delta} v_x, \; y_v = \frac{1}{\Delta} u_x.$$

Die Funktion $f(x, y)$ besitze stetige Ableitungen 2. Ordnung nach x und y. Die Variablen x, y seien zweimal stetig differenzierbare Funktionen von ξ, η. Dann gilt:

$$f_\xi = f_x \frac{\partial x}{\partial \xi} + f_y \frac{\partial y}{\partial \xi}, \qquad f_\eta = f_x \frac{\partial x}{\partial \eta} + f_y \frac{\partial y}{\partial \eta},$$

$$f_{\xi\xi} = f_{xx}\left(\frac{\partial x}{\partial \xi}\right)^2 + 2 f_{xy}\frac{\partial x}{\partial \xi}\frac{\partial y}{\partial \xi} + f_{yy}\left(\frac{\partial y}{\partial \xi}\right)^2 + f_x \frac{\partial^2 x}{\partial \xi^2} + f_y \frac{\partial^2 y}{\partial \xi^2},$$

$$f_{\xi\eta} = f_{xx}\frac{\partial x}{\partial \xi}\frac{\partial x}{\partial \eta} + f_{xy}\left(\frac{\partial x}{\partial \xi}\frac{\partial y}{\partial \eta} + \frac{\partial x}{\partial \eta}\frac{\partial y}{\partial \xi}\right) + f_{yy}\frac{\partial y}{\partial \xi}\frac{\partial y}{\partial \eta} + f_x \frac{\partial^2 x}{\partial \xi \partial \eta} + f_y \frac{\partial^2 y}{\partial \xi \partial \eta},$$

$$f_{\eta\eta} = f_{xx}\left(\frac{\partial x}{\partial \eta}\right)^2 + 2 f_{xy}\frac{\partial x}{\partial \eta}\frac{\partial y}{\partial \eta} + f_{yy}\left(\frac{\partial y}{\partial \eta}\right)^2 + f_x \frac{\partial^2 x}{\partial \eta^2} + f_y \frac{\partial^2 y}{\partial \eta^2}.$$

Übergang von rechtwinkligen zu Polarkoordinaten:

$$x = r\cos\varphi, \quad y = r\sin\varphi;$$

$$f_x = f_r\cos\varphi - \frac{1}{r}f_\varphi\sin\varphi, \qquad f_y = f_r\sin\varphi + \frac{1}{r}f_\varphi\cos\varphi,$$

$$f_{xx} = \frac{1}{2}\left(f_{rr} + \frac{1}{r^2}f_{\varphi\varphi} + \frac{1}{r}f_r\right)$$
$$+ \frac{1}{2}\left(f_{rr} - \frac{1}{r^2}f_{\varphi\varphi} - \frac{1}{r}f_r\right)\cos 2\varphi - \frac{1}{r}\left(f_{r\varphi} - \frac{1}{r}f_\varphi\right)\sin 2\varphi,$$

$$f_{xy} = \frac{1}{2}\left(f_{rr} - \frac{1}{r^2}f_{\varphi\varphi} - \frac{1}{r}f_r\right)\sin 2\varphi + \frac{1}{r}\left(f_{r\varphi} - \frac{1}{r}f_\varphi\right)\cos 2\varphi,$$

$$f_{yy} = \frac{1}{2}\left(f_{rr} + \frac{1}{r^2}f_{\varphi\varphi} + \frac{1}{r}f_r\right)$$
$$- \frac{1}{2}\left(f_{rr} - \frac{1}{r^2}f_{\varphi\varphi} - \frac{1}{r}f_r\right)\cos 2\varphi + \frac{1}{r}\left(f_{r\varphi} - \frac{1}{r}f_\varphi\right)\sin 2\varphi.$$

Hieraus folgt:

$$f_x^2 + f_y^2 = f_r^2 + \frac{1}{r^2}f_\varphi^2, \qquad f_{xx} + f_{yy} = f_{rr} + \frac{1}{r^2}f_{\varphi\varphi} + \frac{1}{r}f_r.$$

7.) Es sei φ eine Funktion von x, y und z. Dann versteht man unter dem **Gradienten** von φ den Vektor

$$\operatorname{grad}\varphi = \frac{\partial\varphi}{\partial x}\mathfrak{i} + \frac{\partial\varphi}{\partial y}\mathfrak{j} + \frac{\partial\varphi}{\partial z}\mathfrak{k}.$$

Seine Richtung fällt in die Richtung der größten Änderung von φ im Punkte x, y, z. Man sagt auch, der Gradient sei der **Differentialoperator** $\mathfrak{i}\frac{\partial}{\partial x} + \mathfrak{j}\frac{\partial}{\partial y} + \mathfrak{k}\frac{\partial}{\partial z}$. Mit ihm rechnet man wie mit einem Vektor und faßt grad φ als das Produkt von grad in die skalare Größe φ auf. Dementsprechend bildet man bei vektoriellem Argument $\mathfrak{a} = (\xi, \eta, \zeta)$, wo $\mathfrak{a}$ eine Funktion von x, y und z ist, zwei verschiedene Produkte von grad und $\mathfrak{a}$, das skalare und das vektorielle gemäß § 78, 7 und 8. Das erste bezeichnet man als **Divergenz** (div $\mathfrak{a}$), das zweite als **Rotor** (rot $\mathfrak{a}$), und es ist

$$\operatorname{div}\mathfrak{a} = \frac{\partial \xi}{\partial x} + \frac{\partial \eta}{\partial y} + \frac{\partial \zeta}{\partial z},$$

$$\operatorname{rot}\mathfrak{a} = \mathfrak{i}\left(\frac{\partial \zeta}{\partial y} - \frac{\partial \eta}{\partial z}\right) + \mathfrak{j}\left(\frac{\partial \xi}{\partial z} - \frac{\partial \zeta}{\partial x}\right) + \mathfrak{k}\left(\frac{\partial \eta}{\partial x} - \frac{\partial \xi}{\partial y}\right).$$

Der Differentialoperator heißt auch *Hamilton*scher Operator und wird häufig mit ∇ (nabla) bezeichnet, so daß

$$\operatorname{grad}\varphi = \nabla\varphi,\quad \operatorname{div}\mathfrak{a} = \nabla\mathfrak{a},\quad \operatorname{rot}\mathfrak{a} = [\nabla\mathfrak{a}]$$

ist. Dagegen ist Δ der Operator $\frac{\partial^2}{\partial x^2} + \frac{\partial^2}{\partial y^2} + \frac{\partial^2}{\partial z^2}$ (s. Nr. 8).

8.) $$\operatorname{rot}(\operatorname{grad}\varphi) = 0,\quad \operatorname{div}(\operatorname{rot}\mathfrak{a}) = 0,$$

$$\operatorname{div}(\operatorname{grad}\varphi) = \frac{\partial^2\varphi}{\partial x^2} + \frac{\partial^2\varphi}{\partial y^2} + \frac{\partial^2\varphi}{\partial z^2} = \Delta\varphi,$$

$$\operatorname{rot}(\operatorname{rot}\mathfrak{a}) = \operatorname{grad}(\operatorname{div}\mathfrak{a}) - \Delta\mathfrak{a},$$

$$\operatorname{div}(\varphi\mathfrak{a}) = \varphi\operatorname{div}\mathfrak{a} + \mathfrak{a}\operatorname{grad}\varphi,$$

$$\operatorname{rot}(\varphi\mathfrak{a}) = \varphi\operatorname{rot}\mathfrak{a} - [\mathfrak{a}\operatorname{grad}\varphi],$$

$$\operatorname{div}[\mathfrak{a}\mathfrak{b}] = \mathfrak{b}\operatorname{rot}\mathfrak{a} - \mathfrak{a}\operatorname{rot}\mathfrak{b},$$

$$\operatorname{rot}[\mathfrak{a}\mathfrak{b}] = (\mathfrak{b}\operatorname{grad})\mathfrak{a} - (\mathfrak{a}\operatorname{grad})\mathfrak{b} + \mathfrak{a}\operatorname{div}\mathfrak{b} - \mathfrak{b}\operatorname{div}\mathfrak{a},$$

$$\operatorname{grad}(\mathfrak{a}\mathfrak{b}) = (\mathfrak{a}\operatorname{grad})\mathfrak{b} + (\mathfrak{b}\operatorname{grad})\mathfrak{a} + [\mathfrak{a}\operatorname{rot}\mathfrak{b}] + [\mathfrak{b}\operatorname{rot}\mathfrak{a}].$$

§ 92. Mittelwertsätze

1.) Satz von *Rolle*: Es sei $f(x)$ im Intervall $a \leq x \leq b$ differenzierbar und $f(a) = f(b) = 0$. Dann gibt es im Inneren des Intervalls mindestens eine Stelle ξ, für welche $f'(\xi) = 0$ ist.

2.) Mittelwertsatz: Es sei $f(x)$ im Intervall $a \leq x \leq b$ differenzierbar. Dann gibt es im Intervall mindestens eine Stelle ξ $(a < \xi < b)$, für welche

$$\frac{f(b) - f(a)}{b - a} = f'(\xi)$$

ist.

Andere Fassung: Es sei $a = x_0$, $b = x_0 + h$. Dann gibt es eine Zahl ϑ mit der Bedingung $0 < \vartheta < 1$, so daß

$$\frac{f(x_0+h)-f(x_0)}{h}=f'(x_0+\vartheta h)$$

ist.

3.) Verallgemeinerter Mittelwertsatz:

Die Funktionen $f(x)$ und $g(x)$ seien im Intervall $a \leqq x \leqq b$ differenzierbar, und es sei dort $g'(x) \neq 0$. Dann gibt es im Intervall eine Stelle ξ $(a<\xi<b)$, für welche

$$\frac{f(b)-f(a)}{g(b)-g(a)}=\frac{f'(\xi)}{g'(\xi)} \quad \text{ist.}$$

Andere Fassung: Für $a=x_0$, $b=x_0+h$ ist

$$\frac{f(x_0+h)-f(x_0)}{g(x_0+h)-g(x_0)}=\frac{f'(x_0+\vartheta h)}{g'(x_0+\vartheta h)}, \quad 0<\vartheta<1.$$

§ 93. Konvergenz unendlicher Reihen

1.) Die unendliche Reihe

$$\sum_{\nu=0}^{\infty} u_\nu = u_0+u_1+u_2+\cdots+u_n+\cdots$$

heißt **konvergent**, wenn

$$\lim_{n\to\infty} s_n = s$$

existiert und endlich ist, wo

$$s_n = u_0+u_1+u_2+\cdots+u_n$$

(die n^{te} **Partialsumme** der Reihe) ist. Andernfalls heißt die Reihe **divergent**. Der Grenzwert s der Partialsummen einer konvergenten Reihe heißt deren **Summe**.

Eine konvergente Reihe $\sum\limits_{\nu=0}^{\infty} u_\nu$ heißt **absolut konvergent**, wenn auch die Reihe der absoluten Beträge $\sum\limits_{\nu=0}^{\infty} |u_\nu|$ konvergiert. Andernfalls heißt sie **bedingt konvergent**.

Beispiel: Die Reihe $1-\frac{1}{2}+\frac{1}{3}-\frac{1}{4}+\ldots$ ist konvergent, jedoch nur bedingt, da die Reihe $1+\frac{1}{2}+\frac{1}{3}+\frac{1}{4}+\ldots$ divergiert.

2.) a) Wenn $\sum\limits_{\nu=0}^{\infty} |u_\nu|$ konvergiert, ist auch $\sum\limits_{\nu=0}^{\infty} u_\nu$ konvergent.

b) Wenn in der Reihe $\sum\limits_{\nu=0}^{\infty} u_\nu$ die Glieder abwechselnd positives und negatives Zeichen haben, $|u_{\nu+1}| < |u_\nu|$ für fast alle ν (d. h. für alle mit endlich vielen Ausnahmen) und $\lim\limits_{\nu\to\infty} u_\nu = 0$ ist, ist die Reihe konvergent*).

c) Eine Reihe ist divergent, wenn $\lim\limits_{\nu\to\infty} u_\nu \neq 0$ ist.

d) In einer konvergenten Reihe darf man Klammern setzen, ohne an der Konvergenz und der Summe etwas zu ändern.

e) Konvergente Reihen darf man gliedweise addieren oder subtrahieren und gliedweise mit einer Konstanten multiplizieren.

3.) Reihen mit positiven Gliedern:

a) Wenn die Partialsummen einer Reihe mit positiven Gliedern unterhalb derselben positiven endlichen Größe M bleiben (beschränkt sind), ist die Reihe konvergent.

b) Ist $\sum\limits_{\nu=0}^{\infty} v_\nu$ konvergent bzw. divergent und ist $u_\nu \leqq v_\nu$ bzw. $u_\nu \geqq v_\nu$ für fast alle ν (d. h. für alle ν höchstens mit Ausnahme von endlich vielen), so ist auch $\sum\limits_{\nu=0}^{\infty} u_\nu$ konvergent bzw. divergent.

c) Ist $\sum\limits_{\nu=0}^{\infty} v_\nu$ konvergent bzw. divergent und

$$\frac{u_{\nu+1}}{u_\nu} \leqq \frac{v_{\nu+1}}{v_\nu} \text{ bzw. } \frac{u_{\nu+1}}{u_\nu} \geqq \frac{v_{\nu+1}}{v_\nu}$$

für fast alle ν, so ist auch $\sum\limits_{\nu=0}^{\infty} u_\nu$ konvergent bzw. divergent.

---

*) Wenn nur $\lim\limits_{\nu\to\infty} u_\nu = 0$ ist, braucht die Reihe nicht zu konvergieren.

d) Die Reihe $\sum_{\nu=0}^{\infty} u_\nu$ ist

konvergent, wenn	divergent, wenn
$\lim\limits_{\nu\to\infty} \frac{u_{\nu+1}}{u_\nu} < 1$	> 1
$\lim\limits_{\nu\to\infty} \sqrt[\nu]{u_\nu} < 1$	> 1

(Kriterien von *Cauchy*)

$$\lim_{\nu\to\infty} \nu\left(\frac{u_{\nu+1}}{u_\nu} - 1\right) < -1 \qquad\qquad > -1$$

(Kriterium von *Raabe*)

$$\lim_{\nu\to\infty}\left\{\nu\left(\frac{u_{\nu+1}}{u_\nu} - 1\right) + 1\right\}\ln\nu < -1 \qquad\qquad > -1$$

(Logarithmisches Kriterium).

Besitzen die links stehenden Zahlenfolgen mehrere Häufungswerte, so hat man das Zeichen $\lim\limits_{\nu\to\infty}$ für die Konvergenz durch $\overline{\lim}$, für die Divergenz durch $\underline{\lim}$ zu ersetzen.

Sind die Limites in den ersten beiden Fällen gleich 1, in den letzten beiden gleich -1, so versagen die Kriterien. Es kann Konvergenz und Divergenz eintreten. Das 4. Kriterium ist schärfer als das 3., dieses ist schärfer als die ersten beiden.

4.) In einer absolut konvergenten Reihe dürfen die Glieder beliebig umgeordnet werden, ohne daß an der Konvergenz und der Summe etwas geändert wird. Umgekehrt ist eine Reihe, deren Glieder beliebig umgeordnet werden dürfen, absolut konvergent. Sind die Reihen $\sum_{\nu=0}^{\infty} u_\nu$, $\sum_{\nu=0}^{\infty} v_\nu$ absolut konvergent mit den Summen s und t, so ist auch $u_0 v_0 + u_0 v_1 + u_1 v_0 + u_0 v_2 + u_1 v_1 + u_2 v_0 + \cdots$ absolut konvergent mit der Summe $s \cdot t$.

§ 94. Potenzreihen und Reihen von Funktionen

1.) Unter einer Potenzreihe versteht man eine Reihe von der Form

$$\mathfrak{P}(x) = \sum_{\nu=0}^{\infty} a_\nu x^\nu = a_0 + a_1 x + a_2 x^2 + \cdots,$$

wo die a_ν Konstanten sind und x veränderlich ist.

2.) Für jede Potenzreihe $\mathfrak{P}(x)$ existiert ein nichtnegativer Wert ϱ, so daß $\mathfrak{P}(x)$ für alle $|x| < \varrho$ absolut konvergiert und für alle $|x| > \varrho$ divergiert. ϱ kann auch 0 oder ∞ sein, d.h. es gibt Reihen, welche für kein endliches x, abgesehen von $x = 0$, und solche, welche für jedes endliche x konvergieren. Der Wert ϱ heißt Konvergenzradius, das Intervall von $-\varrho$ bis $+\varrho$ Konvergenzintervall. Für $x = \pm\varrho$ läßt sich allgemein nichts über das Verhalten von $\mathfrak{P}(x)$ aussagen.

Der Konvergenzradius ergibt sich stets aus der Formel

$$\varrho = \frac{1}{\overline{\lim} \sqrt[\nu]{|a_\nu|}}.$$

Es ist ferner

$$\varrho = \lim_{\nu \to \infty} \left| \frac{a_\nu}{a_{\nu+1}} \right|,$$

falls dieser Limes existiert.

3.) Eine Potenzreihe $\mathfrak{P}(x)$ stellt in ihrem Konvergenzintervall eine Funktion von x dar. Sie ist im Inneren des Intervalls gliedweise differenzierbar. Ihre Ableitung ist also

$$\mathfrak{P}'(x) = a_1 + 2a_2 x + 3a_3 x^2 + \cdots.$$

$\mathfrak{P}'(x)$ besitzt denselben Konvergenzradius wie $\mathfrak{P}(x)$.

4.) Es seien $u_0, u_1, u_2, \ldots$ im Intervall $a \leqq x \leqq b$ erklärte Funktionen von x. Setzt man

$$R_n = u_{n+1} + u_{n+2} + \cdots,$$

so heißt die Reihe $\sum_{\nu=0}^{\infty} u_\nu$ in dem Intervall gleichmäßig konvergent, wenn sich nach Vorgabe einer beliebig kleinen positiven

Größe ε eine ganze positive Zahl N so bestimmen läßt, daß für alle $n \geqq N$ und alle x des Intervalls $|R_n| < \varepsilon$ bleibt.

Hat die Potenzreihe $\mathfrak{P}(x)$ den Konvergenzradius ϱ, so ist $\mathfrak{P}(x)$ für $|x| \leqq \varrho' < \varrho$ gleichmäßig konvergent.

Wenn die Reihe der im Intervall $a \leqq x \leqq b$ differenzierbaren Funktionen

$$u_1(x) + u_2(x) + \ldots\ldots$$

gegen $f(x)$ konvergiert, so konvergiert die Reihe ihrer Ableitungen gegen $f'(x)$, wenn diese gleichmäßig konvergiert.

§ 95. Die *Taylor*sche und die *Mac Laurin*sche Reihe

1.) In dem abgeschlossenen Intervall von x bis $x + h$ sei $f(x)$ $(n+1)$mal differenzierbar. Dann gilt die *Taylor*sche Formel:

$$f(x+h) = f(x) + \frac{h}{1!} f'(x) + \frac{h^2}{2!} f''(x) + \cdots + \frac{h^n}{n!} f^{(n)}(x) + \frac{h^{n+1}}{(n+1)!} f^{(n+1)}(x + \vartheta h),$$

wo ϑ der Bedingung $0 < \vartheta < 1$ genügt und von n, x und h abhängt. Das letzte Glied heißt das Restglied. Ist $f(x)$ beliebig oft differenzierbar und strebt das Restglied bei festem x und h mit wachsendem n gegen Null, so erhält man aus der *Taylor*schen Formel die (im allgemeinen unendliche) an der Stelle x konvergente *Taylor*sche Reihe für $f(x + h)$.

Andere Formen des Restgliedes:

$$R_{n+1} = \frac{h^{n+1}(1-\vartheta)^n}{n!} f^{(n+1)}(x + \vartheta h),$$

$$R_{n+1} = \frac{1}{n!} \int_0^h f^{(n+1)}(x + t)(h - t)^n \, dt$$ (Siehe § 102).

2.) Wenn man $x + h = \xi$, $x = a$ setzt, folgt

$$f(\xi) = f(a) + \frac{\xi - a}{1!} f'(a) + \frac{(\xi - a)^2}{2!} f''(a) + \cdots + \frac{(\xi - a)^n}{n!} f^{(n)}(a) + \frac{(\xi - a)^{(n+1)}}{(n+1)!} f^{(n+1)}(a + \vartheta(\xi - a)).$$

3. Für $a = 0$ ergibt sich die *Mac Laurin*sche Formel:

$$f(\xi) = f(0) + \frac{\xi}{1!} f'(0) + \frac{\xi^2}{2!} f''(0) + \cdots + \frac{\xi^n}{n!} f^{(n)}(0) + \frac{\xi^{n+1}}{(n+1)!} f^{(n+1)}(\vartheta\xi)$$

und aus dieser, wie bei 1.), die unendliche *Mac Laurin*sche Reihe.

4.) Eine Funktion $f(\xi)$ heißt an der Stelle a **analytisch**, wenn sie sich an dieser Stelle in eine *Taylor*sche Reihe nach Potenzen von $\xi - a$ entwickeln läßt.

§ 96. Spezielle Reihen

1.) $$\sum_{\nu=1}^{\infty} \frac{1}{\nu^\alpha} = 1 + \frac{1}{2^\alpha} + \frac{1}{3^\alpha} + \frac{1}{4^\alpha} + \cdots$$

ist konvergent für $\alpha > 1$, divergent für $\alpha \leq 1$, ($\alpha = 1$ harmonische Reihe).

$\sum_{\nu=2}^{\infty} \frac{1}{(\nu \ln \nu)^\alpha}$ konvergiert für $\alpha > 1$, divergiert für $\alpha \leq 1$.

2.) **Binomische Reihe:** Entwickelt man formal

$$(1+x)^n = 1 + \binom{n}{1} x + \binom{n}{2} x^2 + \cdots + \binom{n}{r} x^r + \cdots,$$

so wird für negative und gebrochene Werte von n die Gliederzahl unendlich. Alsdann ist die Reihe für $|x| < 1$ absolut konvergent, für $|x| > 1$ divergent. Sie konvergiert ferner absolut, wenn $x = \pm 1$ und $n > 0$ ist. Für $x = +1$ konvergiert sie auch dann noch, wenn $n > -1$ ist. Für $x = \pm 1$ und $n \leq -1$ herrscht in jedem Falle Divergenz.

$$(a \pm b)^n = a^n \left(1 \pm \frac{b}{a}\right) = a^n \left(1 \mp \frac{b}{a \pm b}\right)^{-n}, \quad a > b.$$

Beispiel: $$\sqrt{a^2 + b^2} = a \left(1 + \frac{b^2}{a^2}\right)^{\frac{1}{2}} = a \left(1 + \frac{1}{2} \cdot \frac{b^2}{a^2} + \binom{\frac{1}{2}}{2} \frac{b^4}{a^4} + \cdots\right).$$

Ist b gegen a klein, so gelten die **Näherungsformeln:**

$$\sqrt{a^2 \pm b} = a \pm \frac{b}{2a}, \qquad \sqrt[3]{a^3 \pm b} = a \pm \frac{b}{3a^2}.$$

3.) $$e^x = 1 + \frac{x}{1!} + \frac{x^2}{2!} + \frac{x^3}{3!} + \cdots, \qquad |x| < \infty.$$

$$e = 1 + \frac{1}{1!} + \frac{1}{2!} + \frac{1}{3!} + \cdots = \lim_{n \to \infty} \left(1 + \frac{1}{n}\right)^n$$
$$= 2{,}71828\ 18284\ldots$$

$$a^x = e^{x \ln a} = 1 + \frac{x \ln a}{1!} + \frac{(x \ln a)^2}{2!}$$
$$+ \frac{(x \ln a)^3}{3!} + \cdots, \qquad |x| < \infty.$$

4.) $$\ln(1+x) = \frac{x}{1} - \frac{x^2}{2} + \frac{x^3}{3} - \frac{x^4}{4} \pm \cdots,$$
$$-1 < x \leqq 1.$$

$$\ln(1-x) = -\frac{x}{1} - \frac{x^2}{2} - \frac{x^3}{3} - \frac{x^4}{4} - \cdots,$$
$$-1 < x \leqq 1.$$

$$\ln \frac{1+x}{1-x} = 2\left\{x + \frac{x^3}{3} + \frac{x^5}{5} + \cdots\right\},$$
$$|x| < 1.$$

$$\ln z = 2\left\{\frac{z-1}{z+1} + \frac{1}{3}\left(\frac{z-1}{z+1}\right)^3 + \frac{1}{5}\left(\frac{z-1}{z+1}\right)^5 + \cdots\right\},$$
$$0 < z < \infty.$$

$$\ln(a+h) - \ln a = 2\left\{\frac{h}{2a+h} + \frac{1}{3}\left(\frac{h}{2a+h}\right)^3\right.$$
$$\left. + \frac{1}{5}\left(\frac{h}{2a+h}\right)^5 + \cdots\right\}, \quad 0 < a < \infty, \ -a < h < \infty.$$

5.) Wird x in Bogenmaß gemessen, so gilt

$$\sin x = \frac{x}{1!} - \frac{x^3}{3!} + \frac{x^5}{5!} \mp \cdots, \qquad |x| < \infty$$

$$\cos x = 1 - \frac{x^2}{2!} + \frac{x^4}{4!} - \frac{x^6}{6!} \pm \cdots, \qquad |x| < \infty$$

$$\operatorname{tg} x = \sum_{n=1}^{\infty} \frac{2^{2n}(2^{2n}-1)}{(2n)!} B_n \cdot x^{2n-1}, \ |x| < \frac{\pi}{2},$$

$$x \operatorname{ctg} x = 1 - \sum_{n=1}^{\infty} \frac{2^{2n}}{(2n)!} B_n x^{2n}, \ |x| < \pi,$$

wobei die B_n die *Bernoulli*schen Zahlen sind (§ 28, 4). Für die Hauptwerte der zyklometrischen Funktionen hat man

$$\operatorname{arc} \sin x = x + \frac{1}{2} \cdot \frac{x^3}{3} + \frac{1}{2} \cdot \frac{3}{4} \cdot \frac{x^5}{5}$$

$$+ \frac{1}{2} \cdot \frac{3}{4} \cdot \frac{5}{6} \cdot \frac{x^7}{7} + \cdots, \qquad |x| \leqq 1.$$

$$\operatorname{arc} \operatorname{tg} x = x - \frac{x^3}{3} + \frac{x^5}{5} - \frac{x^7}{7} + \cdots, \qquad |x| \leqq 1.$$

$$\frac{\pi}{4} = \operatorname{arc} \operatorname{tg} 1 = 1 - \frac{1}{3} + \frac{1}{5} - \frac{1}{7} + \cdots$$

(Reihe von *Leibniz*)

$$\ln \cos x = -\sum_{n=1}^{\infty} \frac{2^{2n-1}(2^{2n}-1)}{n \cdot (2n)!} B_n x^{2n}, \qquad |x| < \frac{\pi}{2}.$$

6.) $$\operatorname{Sin} x = \frac{x}{1!} + \frac{x^3}{3!} + \frac{x^5}{5!} + \cdots, \qquad |x| < \infty$$

$$\operatorname{Cof} x = 1 + \frac{x^2}{2!} + \frac{x^4}{4!} + \frac{x^6}{6!} + \cdots, \qquad |x| < \infty$$

$$\operatorname{Tg} x = \sum_{n=1}^{\infty} (-1)^{n-1} \frac{2^{2n}(2^{2n}-1)}{(2n)!} B_n \cdot x^{2n-1}, \qquad |x| < \frac{\pi}{2}$$

$$x\,\mathfrak{Ctg}\,x = 1 + \sum_{n=1}^{\infty}(-1)^{n-1}\frac{2^{2n}}{(2n)!}B_n\cdot x^{2n}, \qquad |x| < \pi$$

$$\mathfrak{Ar}\,\mathfrak{Sin}\,x = x - \frac{1}{2}\cdot\frac{x^3}{3} + \frac{1\cdot 3}{2\cdot 4}\cdot\frac{x^5}{5} - \frac{1\cdot 3\cdot 5}{2\cdot 4\cdot 6}\cdot\frac{x^7}{7} \pm \cdots, \qquad |x| < 1$$

$$\mathfrak{Ar}\,\mathfrak{Tg}\,x = x + \frac{x^3}{3} + \frac{x^5}{5} + \frac{x^7}{7} + \cdots, \qquad |x| < 1.$$

7.) Hyperbolische Funktionen (Sinus hyperbolicus usf.):

a) $$\mathfrak{Sin}\,x = \frac{e^x - e^{-x}}{2}, \qquad \mathfrak{Cof}\,x = \frac{e^x + e^{-x}}{2},$$

$$\mathfrak{Tg}\,x = \frac{\mathfrak{Sin}\,x}{\mathfrak{Cof}\,x} = \frac{1}{\mathfrak{Ctg}\,x}.$$

Für eine komplexe Variable z gelten entsprechende Formeln

b) $$\mathfrak{Sin}\,(-x) = -\mathfrak{Sin}\,x, \qquad \mathfrak{Cof}\,(-x) = \mathfrak{Cof}\,x,$$

$$\mathfrak{Tg}\,(-x) = -\mathfrak{Tg}\,x, \qquad \mathfrak{Ctg}\,(-x) = -\mathfrak{Ctg}\,x.$$

c) $$\mathfrak{Sin}\,ix = i\sin x, \qquad \mathfrak{Cof}\,ix = \cos x,$$

$$\mathfrak{Tg}\,ix = i\,\mathrm{tg}\,x, \qquad \mathfrak{Ctg}\,ix = -i\,\mathrm{ctg}\,x;$$

$$\sin ix = i\,\mathfrak{Sin}\,x, \qquad \cos ix = \mathfrak{Cof}\,x,$$

$$\mathrm{tg}\,ix = i\,\mathfrak{Tg}\,x, \qquad \mathrm{ctg}\,ix = -i\,\mathfrak{Ctg}\,x.$$

Mit Hilfe der letzten vier Formeln lassen sich die goniometrischen Formeln der Trigonometrie (§ 44 und 45) ohne weiteres in die analogen Formeln für die hyperbolischen Funktionen umformen. Z. B. liefert die Formel $\cos^2 x + \sin^2 x = 1$, wenn man x durch ix ersetzt,

$$\mathfrak{Cof}^2 x - \mathfrak{Sin}^2 x = 1.$$

Das Additionstheorem $\sin(x + y) = \sin x\cos y + \cos x\sin y$ ergibt, wenn man x durch ix und y durch iy ersetzt,

$$\mathfrak{Sin}(x + y) = \mathfrak{Sin}\,x\,\mathfrak{Cof}\,y + \mathfrak{Cof}\,x\,\mathfrak{Sin}\,y.$$

Ersetzt man lediglich y durch iy, so folgt

$$\sin z = \sin\,(x + iy) = \sin x\,\mathfrak{Cof}\,y + i\cos x\,\mathfrak{Sin}\,y.$$

d) Die Umkehrfunktionen der hyperbolischen Funktionen werden mit $\mathfrak{Ar}\,\mathfrak{Sin}$, $\mathfrak{Ar}\,\mathfrak{Cof}$ usw. bezeichnet ($\mathfrak{Ar}$ = area).

$$\mathfrak{Ar}\,\mathfrak{Sin}\, z = \ln(z + \sqrt{z^2+1}), \quad \mathfrak{Ar}\,\mathfrak{Cof}\, z = \ln(z + \sqrt{z^2-1}),$$

$$\mathfrak{Ar}\,\mathfrak{Tg}\, z = \frac{1}{2}\ln\frac{1+z}{1-z}, \quad \mathfrak{Ar}\,\mathfrak{Ctg}\, z = \frac{1}{2}\ln\frac{z+1}{z-1}.$$

e)
$$\frac{d\,\mathfrak{Sin}\,x}{dx} = \mathfrak{Cof}\,x, \quad \frac{d\,\mathfrak{Cof}\,x}{dx} = \mathfrak{Sin}\,x,$$

$$\frac{d\,\mathfrak{Tg}\,x}{dx} = \frac{1}{\mathfrak{Cof}^2 x}, \quad \frac{d\,\mathfrak{Ctg}\,x}{dx} = -\frac{1}{\mathfrak{Sin}^2 x}.$$

f)
$$\frac{d(\mathfrak{Ar}\,\mathfrak{Sin}\,x)}{dx} = \frac{1}{\sqrt{x^2+1}}, \quad \frac{d\,\mathfrak{Ar}\,\mathfrak{Cof}\,x}{dx} = \frac{1}{\sqrt{x^2-1}},$$

$$\frac{d\,\mathfrak{Ar}\,\mathfrak{Tg}\,x}{dx} = \frac{d\,\mathfrak{Ar}\,\mathfrak{Ctg}\,x}{dx} = \frac{1}{1-x^2}.$$

g)
$$\mathfrak{Sin}\,x = \frac{x}{1!} + \frac{x^3}{3!} + \frac{x^5}{5!} + \cdots, \qquad |x| < \infty$$

$$\mathfrak{Cof}\,x = 1 + \frac{x^2}{2!} + \frac{x^4}{4!} + \cdots, \qquad |x| < \infty.$$

§ 97. Mittelwertsatz und *Taylor*sche Reihe für Funktionen von zwei Veränderlichen

1.) Mittelwertsatz: In dem abgeschlossenen Bereiche $x_0 \leqq x \leqq x_0 + h$, $y_0 \leqq y \leqq y_0 + k$ besitze $z = f(x, y)$ stetige partielle Ableitungen 1. Ordnung. Dann ist

$$f(x_0 + h,\ y_0 + k) - f(x_0, y_0) = h\left(\frac{\partial f}{\partial x}\right)_{\substack{x=x_0+\vartheta h\\ y=y_0+\vartheta k}} + k\left(\frac{\partial f}{\partial y}\right)_{\substack{x=x_0+\vartheta h\\ y=y_0+\vartheta k}},$$

wo $0 < \vartheta < 1$ ist.

2.) *Taylor*sche Formel: In dem abgeschlossenen Bereiche x bis $x + h$, y bis $y + k$ besitze $z = f(x, y)$ stetige partielle Ableitungen bis zur $(n + 1)$-ten Ordnung. Dann ist

$$f(x+h, y+k) - f(x, y) = \frac{dz}{1!} + \frac{d^2 z}{2!} + \cdots + \frac{d^n z}{n!} + R,$$

$$\text{wo} \quad R = \frac{1}{(n+1)!} \left(d^{(n+1)} z\right)_{\substack{x+\vartheta h \\ y+\vartheta k}}, \quad 0 < \vartheta < 1$$

und $dx = h, dy = k$ zu setzen ist (s. § 91, 3). Besitzt $z = f(x, y)$ stetige partielle Ableitungen beliebig hoher Ordnung und ist $\lim\limits_{n \to \infty} R = 0$, so erhält man hieraus die *Taylor*sche Reihe (vgl. § 95, 1).

3.) Eine Funktion von zwei Veränderlichen heißt an der Stelle a, b **analytisch**, wenn sie sich an dieser Stelle in eine *Taylor*sche Reihe entwickeln läßt (vgl. § 95).

§ 98. Werte unbestimmter Ausdrücke

1.) Die Funktionen $\frac{f(x)}{\varphi(x)}$, $f(x) \cdot \varphi(x)$, $(f(x))^{\varphi(x)}$, $f(x) - \varphi(x)$ können für $x = a$ die Formen $\frac{0}{0}, \frac{\infty}{\infty}$, $0 \cdot \infty$, 0^0, ∞^0, 1^∞, $\infty - \infty$ annehmen, welche zunächst keinen Sinn haben. Man legt ihnen als wahre Werte diejenigen Werte bei, welche man aus

$$\lim_{x \to a} \frac{f(x)}{\varphi(x)}, \quad \lim_{x \to a} f(x) \cdot \varphi(x), \quad \lim_{x \to a} (f(x))^{\varphi(x)}, \quad \lim_{x \to a} (f(x) - \varphi(x))$$

erhält, falls diese Grenzwerte existieren.

$f(x)$ und $\varphi(x)$ werden im folgenden so oft wie notwendig in einer Umgebung von $x = a$ stetig differenzierbar vorausgesetzt.

2.) Ist $\frac{f(x)}{\varphi(x)}$ für $x = a$ von der Form $\frac{0}{0}$ oder $\frac{\infty}{\infty}$, so kann der wahre Wert gelegentlich dadurch gefunden werden, daß man solche Faktoren von $f(x)$ und $\varphi(x)$ kürzt, welche

Zähler und Nenner mit $x \to a$ gleichzeitig gegen 0 oder ∞ streben lassen. Z. B. ist

$$\lim_{x\to a}\frac{x^m - a^m}{x - a} = \lim_{x\to a}(x^{m-1} + x^{m-2}a + x^{m-3}a^2 + \cdots + a^{m-1})$$
$$= m a^{m-1}.$$

3.) Wenn $\frac{f(x)}{\varphi(x)}$ für $x = a$ die Form $\frac{0}{0}$ oder $\frac{\infty}{\infty}$ annimmt, so bilde man die Quotienten

$$\frac{f'(x)}{\varphi'(x)}, \frac{f''(x)}{\varphi''(x)}, \ldots .$$

Sind dann $f^{(n)}(x)$ und $\varphi^{(n)}(x)$ diejenigen Ableitungen, welche zuerst für $x = a$ nicht gleichzeitig 0 oder ∞ werden, so ist

$$\lim_{x\to a}\frac{f(x)}{\varphi(x)} = \lim_{x\to a}\frac{f^{(n)}(x)}{\varphi^{(n)}(x)}.$$

4.) Es sei $f(x)\cdot\varphi(x)$ für $x = a$ gleich $0\cdot\infty$. Dann ist

$$f(x)\cdot\varphi(x) = f(x) : \frac{1}{\varphi(x)}$$

ein Ausdruck von der Form $\frac{0}{0}$. Sein Wert ergibt sich nach 3.).

5.) Nimmt der Ausdruck $(f(x))^{\varphi(x)}$ für $x = a$ eine der Formen 0^0, ∞^0, 1^∞ an, so setzt man

$$(f(x))^{\varphi(x)} = e^{\varphi(x)\ \ln f(x)}$$

und untersucht nach 3.) und 4.) den Ausdruck $\varphi(x)\cdot\ln f(x)$.

6.) Wenn $f(x) - \varphi(x)$ für $x = a$ die unbestimmte Form $\infty - \infty$ annimmt, sucht man den Ausdruck in ein Produkt oder in einen Bruch zu verwandeln, was z. B. folgendermaßen geschehen kann:

$$f(x) - \varphi(x) = \frac{\frac{1}{\varphi(x)} - \frac{1}{f(x)}}{\frac{1}{\varphi(x)} \cdot \frac{1}{f(x)}}.$$

Der Wert hierfür wird nach dem vorhergehenden ermittelt.

7.) Man kann ferner den Grenzwert eines an der Stelle a unbestimmten Ausdrucks bestimmen, indem man für x zunächst $a + h$ setzt, nach steigenden Potenzen von h entwickelt und die kleinste Potenz von h kürzt, worauf sich für $h \to 0$ der gesuchte Wert ergibt, vorausgesetzt, daß die Reihenentwicklungen und der Grenzwert existieren.

§ 99. Maxima und Minima

1.) Man sagt: Die Funktion $y = f(x)$ erreicht für $x = a$

ein Maximum, wenn $f(a \pm h) - f(a) > 0$,

ein Minimum, wenn $f(a \pm h) - f(a) > 0$ ist für alle hinreichend kleinen h.

2.) $y = f(x)$ erreicht für $x = a$

ein Maximum, wenn $f'(a) = 0$ und $f''(a) < 0$,

ein Minimum, wenn $f'(a) = 0$ und $f''(a) > 0$;

allgemein: Sind $f(x), \ldots, f^{(n)}(x)$ in der Umgebung von $x = a$ stetig, und verschwinden die $(n-1)$ ersten Ableitungen für $x = a$, während $f^{(n)}(a) \neq 0$ ist, so ist, wenn n gerade ist, $f(a)$ ein Maximum oder Minimum von $f(x)$, je nachdem $f^{(n)}_{(a)} < 0$ oder $f^{(n)}_{(a)} > 0$ ist.

Über Wende- und Flachpunkte siehe § 112, 7.

Ist $f'(x)$ positiv, so wächst $f(x)$ in einer Umgebung der Stelle x mit x. Ist $f'(x)$ negativ, so nimmt $f(x)$ mit wachsendem x ab.

Um die Stelle und den Wert eines Maximums oder Minimums zu finden, wird y' gebildet, gleich Null gesetzt, und die erhaltene Gleichung nach x aufgelöst. Nun wird y'' gebildet, es werden die gefundenen Werte von x eingesetzt und, falls $y'' \neq 0$, aus dem negativen oder positiven Ergebnis bestimmt, ob ein Maximum oder Minimum vorliegt. Durch Einsetzen der gefundenen Werte von x in $y = f(x)$ ergibt sich der Wert des Maximums oder Minimums selbst.

3.) Maxima und Minima einer Funktion zweier unabhängiger Veränderlichen $z = f(x, y)$ (mit stetigen 2. Ableitungen):

Man bestimmt x und y aus

$$\frac{\partial f}{\partial x} = 0 \quad \text{und} \quad \frac{\partial f}{\partial y} = 0.$$

Wenn die erhaltenen Werte der Bedingung

$$\left(\frac{\partial^2 f}{\partial x \, \partial y}\right)^2 - \frac{\partial^2 f}{\partial x^2} \cdot \frac{\partial^2 f}{\partial y^2} < 0$$

genügen, findet ein Maximum bzw. Minimum statt, je nachdem

$$\frac{\partial^2 f}{\partial x^2} \quad \text{und} \quad \frac{\partial^2 f}{\partial y^2}$$

für jene Werte von x und y beide < 0 bzw. > 0 sind.

4.) Relative Maxima und Minima. Die Werte von x, y, für welche die Funktion $z = f(x, y)$ unter gleichzeitigem Bestehen der Bedingungsgleichung (Nebenbedingung) $\varphi(x, y) = 0$ ein Maximum oder Minimum erreichen kann, ergeben sich aus den Gleichungen

$$\left.\begin{aligned} \frac{\partial f}{\partial x}\frac{\partial \varphi}{\partial y} - \frac{\partial f}{\partial y}\frac{\partial \varphi}{\partial x} &= 0 \\ \varphi(x, y) &= 0 \end{aligned}\right\}.$$

5.) Methode der kleinsten Quadrate.

Zur Bestimmung von r Konstanten $a_1, a_2, \ldots, a_r$ aus $n < r$ Beobachtungsgleichungen

$$y_\nu = f_\nu(a_1, a_2, \ldots, a_r) \quad (\nu = 1, 2, \ldots, n)$$

wird die Summe der Differenzen

$$S = \sum_{\nu=1}^{n} \left(f_\nu(a_1, a_2, \ldots, a_r) - y_\nu\right)^2$$

zu einem Minimum gemacht. Notwendige Bedingungen hierfür sind

$$\frac{\partial S}{\partial a_1} = 0, \quad \frac{\partial S}{\partial a_2} = 0, \ldots, \quad \frac{\partial S}{\partial a_r} = 0 .$$

Aus diesen Gleichungen lassen sich im allgemeinen die $a_1, a_2, \ldots, a_r$ für eine beste Näherung bestimmen.

XIII. Abschnitt

Integralrechnung

§ 100. Begriff des unbestimmten Integrals. Grundformeln

1.) $F(x)$ heißt ein **unbestimmtes Integral** von $f(x)$ geschrieben

$$F(x) = \int f(x)\,dx,$$

wenn $\frac{dF(x)}{dx} = f(x)$ ist. Da mit $F(x)$ auch $F(x) + C$ (C eine beliebige Konstante) ein unbestimmtes Integral von $f(x)$ ist, schreibt man vollständiger:

$$\int f(x)\,dx = F(x) + C .$$

Es ist

$$\frac{d}{dx}\int f(x)\,dx = f(x).$$

Über die Existenz des Integrals s. § 102, 1.

2.) **Grundformeln:**

$$\int x^n\,dx = \frac{x^{n+1}}{n+1} + C \text{ für } n \neq -1,$$

$$\left.\begin{aligned}\int \frac{dx}{x} &= \ln x + C = \ln cx,\\ \int \frac{f'(x)}{f(x)}\,dx &= \ln f(x) + C = \ln\,[c f(x)],\end{aligned}\right\}\quad \begin{gathered}\text{wobei}\\ C = \ln c,\end{gathered}$$

$$\int a^x\,dx = \frac{a^x}{\ln a} + C, \qquad \int e^x\,dx = e^x + C,$$

$$\int \cos x\,dx = \sin x + C, \qquad \int \sin x\,dx = -\cos x + C,$$

$$\int \frac{dx}{\cos^2 x} = \operatorname{tg} x + C, \qquad \int \frac{dx}{\sin^2 x} = -\operatorname{ctg} x + C,$$

$$\int \frac{dx}{\sqrt{1 - x^2}} = \arcsin x + C, \qquad \int \frac{dx}{1 + x^2} = \operatorname{arc\,tg} x + C,$$

$$\int \mathfrak{Cof}\, x\,dx = \mathfrak{Sin}\, x + C, \qquad \int \mathfrak{Sin}\, x\,dx = \mathfrak{Cof}\, x + C,$$

$$\int \frac{dx}{\mathfrak{Cof}^2 x} = \mathfrak{Tg}\, x + C, \qquad \int \frac{dx}{\mathfrak{Sin}^2 x} = -\mathfrak{Ctg}\, x + C,$$

$$\int \frac{dx}{\sqrt{x^2 + 1}} = \mathfrak{Ar}\mathfrak{Sin}\, x + C, \qquad \int \frac{dx}{\sqrt{x^2 - 1}} = \mathfrak{Ar}\mathfrak{Cof}\, x + C,$$

$$\int \frac{dx}{1 - x^2} = \mathfrak{Ar}\,\mathfrak{Tg}\, x + C_1 = \mathfrak{Ar}\,\mathfrak{Ctg}\, x + C_2 .$$

§ 101. Allgemeine Formeln. Integrationsmethoden

Es seien $F(x)$, $f(x)$, $\varphi(x)$, u, v Funktionen von x, die übrigen Größen Konstanten.

1.) $\int C u\,dx = C \int u\,dx$.

2.) $\int (u \pm v)\,dx = \int u\,dx \pm \int v\,dx$.

3.) Partielle Integration: $\int u\,dv = uv - \int v\,du$.

Beispiele (insbesondere Rekursionsformeln):

a) $$\int x^n \ln x \, dx = J, \quad n \neq -1.$$

$$u = \ln x, \quad du = \frac{dx}{x}, \quad dv = x^n \, dx, \quad v = \frac{x^{n+1}}{n+1},$$

$$J = \frac{x^{n+1}}{n+1} \ln x - \frac{x^{n+1}}{(n+1)^2} + C.$$

$$\int \frac{\ln x}{x} \, dx = \frac{1}{2} (\ln x)^2 + C.$$

b) $\int x^n e^x \, dx = J_n, \quad J_n = x^n e^x - n J_{n-1}$, n eine ganze Zahl.

Hierdurch ist J_n auf das einfachere Integral J_{n-1} reduziert, falls $n > 0$ ist. Umgekehrt ergibt sich aus J_{n-1} das einfachere Integral J_n, wenn $n < 0$ $(n \neq -1)$ ist. Im Falle $n > 0$ gelangt man nach evtl. wiederholter Anwendung des Verfahrens zu dem Integral $J_0 = \int e^x \, dx = e^x + C$. Im Falle $n < 0$ erhält man das in geschlossener Form nicht lösbare Integral $\int \frac{e^x}{x} \, dx$, das durch die Substitution $e^x = u$ auf das Integral $\int \frac{du}{\ln u}$, den Integrallogarithmus, führt.

Entsprechend:

c) $$\int x^n \sin x \, dx = J_n, \quad J_n = -x^n \cos x + n J'_{n-1},$$

$$\int x^n \cos x \, dx = J'_n, \quad J'_n = x^n \sin x - n J_{n-1},$$

$$n \neq -1 \text{ eine ganze Zahl.}$$

Im Falle negativer n gelangt man zu den in geschlossener Form nicht lösbaren Integralen

$$\int \frac{\sin x}{x} \, dx, \quad \int \frac{\cos x}{x} \, dx$$

(Integralsinus, Integralkosinus).

d) $\int \sin^m x \cos^n x \, dx = J_{m,n}$ (m, n ganze Zahlen, $m + n \neq 0$),

$$J_{m,n}=\frac{\sin^{m+1}x\cos^{n-1}x}{m+n}+\frac{n-1}{m+n}J_{m,n-2},$$

$$J_{m,n}=-\frac{\sin^{m-1}x\cos^{n+1}x}{m+n}+\frac{m-1}{m+n}J_{m-2,n}.$$

4.) **Integration durch Substitution:** Setzt man $x=\varphi(z)$, so wird $dx=\varphi'(z)\,dz$ und

$$\int f(x)\,dx=\int f(\varphi(z))\,\varphi'(z)\,dz.$$

Beispiele:

a) $J=\int(a+bx)^n\,dx,\ a+bx=z,\ x=\frac{z-a}{b},\quad dx=\frac{dz}{b};$

$$J=\int z^n\frac{dz}{b}=\frac{1}{b}\frac{z^{n+1}}{n+1}+C=\frac{(a+bx)^{n+1}}{b\,(n+1)}+C.$$

b) $\int\operatorname{tg}x\,dx=-\ln|\cos x|+C,\quad \cos x=z;$

$$\int\operatorname{ctg}x\,dx=\ln|\sin x|+C,\quad \sin x=z.$$

c) $\int\frac{dx}{\sin x\cos x}=\ln|\operatorname{tg}x|+C,\quad \operatorname{tg}x=z;$ hieraus folgt

$$\int\frac{dx}{\sin x}=\ln\left|\operatorname{tg}\frac{x}{2}\right|+C,\quad \int\frac{dx}{\cos x}=\ln\operatorname{tg}\left(\frac{\pi}{4}+\frac{x}{2}\right)+C.$$

d) $\int\frac{dx}{\sqrt{a^2-b^2x^2}}=\frac{1}{b}\arcsin\frac{b}{a}x+C,\quad \frac{b}{a}x=z;$

$$\int\frac{dx}{a^2+b^2x^2}=\frac{1}{ab}\operatorname{arc\,tg}\frac{b}{a}x+C,\quad \frac{b}{a}x=z.$$

5.) **Integration rationaler Funktionen** (Partialbruchzerlegung):

Jede gebrochene rationale Funktion, in welcher der Grad des Zählers größer oder gleich dem des Nenners ist, läßt sich, wenn man den Zähler durch den Nenner dividiert, in die Summe einer ganzen rationalen Funktion und einer gebrochenen rationalen Funktion zerlegen, in welcher der Grad des Zählers kleiner als der des Nenners ist. Letztere Funktion werde mit $\frac{f(x)}{F(x)}$ bezeichnet.

a) Die Wurzeln der Gleichung $F(x) = 0$ seien sämtlich **reell und voneinander verschieden.** Es sei

$$F(x) = (x - a)(x - b)(x - c) \cdots,$$

dann ist

$$\frac{f(x)}{F(x)} = \frac{A}{x - a} + \frac{B}{x - b} + \frac{C}{x - c} + \cdots,$$

wobei

$$A = \frac{f(a)}{F'(a)}, \quad B = \frac{f(b)}{F'(b)}, \quad C = \frac{f(c)}{F'(c)}, \ldots \quad \text{ist.}$$

b) $F(x) = 0$ habe **reelle mehrfache** Wurzeln. Es sei

$$F(x) = (x - a)^\alpha (x - b)^\beta (x - c)^\gamma \cdots,$$

dann ist

$$\frac{f(x)}{F(x)} = \frac{A}{(x - a)^\alpha} + \frac{A_1}{(x - a)^{\alpha - 1}} + \cdots + \frac{A_{\alpha - 1}}{x - a}$$

$$+ \frac{B}{(x - b)^\beta} + \frac{B_1}{(x - b)^{\beta - 1}} + \cdots + \frac{B_{\beta - 1}}{x - b}$$

$$+ \cdots\cdots\cdots\cdots$$

Setzt man $F(x) = (x - a)^\alpha \,.\, \varphi(x)$, so erhält man zur Bestimmung von $A, A_1, A_2, \ldots$ folgende Gleichungen:

$$f(a) = A \,.\, \varphi(a),$$

$$f'(a) = A \,.\, \varphi'(a) + A_1 \varphi(a),$$

$$f''(a) = A \,.\, \varphi''(a) + A_1 \,.\, 2\varphi'(a) + A_2 \,.\, 2\varphi(a),$$

$$\cdots\cdots\cdots\cdots\cdots\cdots$$

$$f^{(\alpha-1)}(a) = A\, \varphi^{(\alpha-1)}(a) + A_1 \,.\, \alpha\, \varphi^{(\alpha-2)}(a)$$
$$+ A_2 \,.\, \alpha(\alpha - 1) \,.\, \varphi^{(\alpha-3)}(a) + \cdots + \alpha!\, A_{\alpha-1}\, \varphi(a).$$

Zusatz zu a) und b): Man kann auch zur Bestimmung der $A, B, C, \ldots$ die betr. Zerlegungen mit $F(x)$ multiplizieren und die Koeffizienten gleicher Potenzen von x gleichsetzen.

c) $F(x) = 0$ habe **komplexe voneinander verschiedene** Wurzeln. Wenn $a + ib$ eine Wurzel der Gleichung ist, so ist auch $a - ib$ eine Wurzel. Die Gleichung ist daher durch $(x-a)^2 + b^2$ teilbar. Man zerlegt nun:

$$\frac{f(x)}{F(x)} = \frac{P_1 x + Q_1}{(x-a_1)^2 + b_1^2} + \frac{P_2 x + Q_2}{(x-a_2)^2 + b_2^2} + \cdots.$$

Durch Multiplikation mit $F(x)$ und Gleichsetzung der Koeffizienten gleicher Potenzen von x erhält man die Bestimmungsgleichungen für die Größen $P_1, Q_1, \ldots$ Es ist dann weiter

$$\int \frac{Px+Q}{(x-a)^2+b^2}\,dx = \frac{P}{2}\int \frac{2(x-a)}{(x-a)^2+b^2}\,dx$$

$$+ (Pa+Q)\int \frac{d(x-a)}{(x-a)^2+b^2} = \frac{P}{2}\ln\left((x-a)^2+b^2\right)$$

$$+ \frac{Pa+Q}{b}\operatorname{arc\,tg}\frac{x-a}{b} \quad \text{(vgl. d).}$$

d) $F(x)=0$ habe **mehrfache komplexe** Wurzeln. Es sei

$$F(x) = \left((x-a_1)^2 + b_1^2\right)^{\alpha}\left((x-a_2)^2 + b_2^2\right)^{\beta}\cdots.$$

Man setzt:

$$\frac{f(x)}{F(x)} = \frac{P_1 x + Q_1}{((x-a_1)^2 + b_1^2)^{\alpha}} + \frac{P_1' x + Q_1'}{((x-a_1)^2 + b_1^2)^{\alpha-1}}$$

$$+ \cdots + \frac{P_1^{(\alpha)} x + Q_1^{(\alpha)}}{(x-a_1)^2 + b_1^2}$$

$$+ \frac{P_2 x + Q_2}{((x-a_2)^2 + b_2^2)^{\beta}} + \frac{P_2' x + Q_2'}{((x-a_2)^2 + b_2^2)^{\beta-1}}$$

$$+ \cdots + \frac{P_2^{(\beta)} x + Q_2^{(\beta)}}{(x-a_2)^2 + b_2^2}$$

$$+ \cdots\cdots\cdots\cdots\cdots\cdots\cdots\cdots .$$

Die Größen P und Q werden durch Koeffizientenvergleichung bestimmt.

Das Integral $\int \frac{Px + Q}{((x-a)^2 + b^2)^m} dx$, auf dessen Lösung es ankommt, wird durch Substitution auf die Form $\int \frac{Py + Q}{(1+y^2)^m} dy$ gebracht. Dann ist für $m > 1$:

$$\int \frac{y}{(1+y^2)^m} dy = -\frac{1}{2} \frac{1}{m-1} \frac{1}{(1+y^2)^{m-1}},$$

$$\int \frac{dy}{(1+y^2)^m} = \frac{y}{2(m-1)(1+y^2)^{m-1}} + \frac{2m-3}{2m-2} \int \frac{dy}{(1+y^2)^{m-1}}$$

und für $m = 1$ (vgl. c)):

$$\int \frac{y}{1+y^2} dy = \frac{1}{2} \ln(1+y^2), \qquad \int \frac{dy}{1+y^2} = \operatorname{arc\,tg} y.$$

Beispiele:

$$\int \frac{a+bx}{a_1+b_1x} dx = \frac{b}{b_1} x - \frac{ab_1 - a_1b}{b_1^2} \ln(a_1 + b_1x),$$

$$\int \frac{dx}{(a+bx)(a_1+b_1x)} = \frac{1}{ab_1 - a_1b} \ln \frac{a_1+b_1x}{a+bx}.$$

$$\int \frac{x\,dx}{(a+bx)(a_1+b_1x)} = \frac{1}{ab_1 - a_1b} \left(\frac{a}{b} \ln(a+bx) - \frac{a_1}{b_1} \ln(a_1+b_1x) \right),$$

$$\int \frac{dx}{a+bx+cx^2} = \frac{2}{\sqrt{\Delta}} \operatorname{arc\,tg} \frac{2cx+b}{\sqrt{\Delta}}, \quad \Delta = 4ac - b^2 > 0,$$

$$= \frac{2}{\sqrt{-\Delta}} \ln \frac{2cx+b-\sqrt{-\Delta}}{2cx+b+\sqrt{-\Delta}}, \quad \Delta < 0,$$

$$\int \frac{x\,dx}{a+bx+cx^2} = \frac{1}{2c} \ln(a+bx+cx^2) - \frac{b}{2c} \int \frac{dx}{a+bx+cx^2} \quad (c \neq 0).$$

6.) $\int \mathfrak{R}\left(x, \sqrt[n]{\frac{ax+b}{cx+d}}\right) dx$, wo $\mathfrak{R}$ eine **rationale Funktion** von x und der Wurzel ist, wird durch die Substitution $y = \sqrt[n]{\frac{ax+b}{cx+d}}$ in das Integral einer rationalen Funktion übergeführt.

Beispiele:

$$\int \sqrt{a+bx}\, dx = \frac{2}{3b} \sqrt{(a+bx)^3} \qquad (b \neq 0),$$

$$\int x \sqrt{a+bx}\, dx = -\frac{(4a-6bx)\sqrt{(a+bx)^3}}{15b^2},$$

$$\int x^2 \sqrt{a+bx}\, dx = \frac{(16a^2 - 24abx + 30b^2x^2)\sqrt{(a+bx)^3}}{105b^3},$$

$$\int \frac{dx}{\sqrt{a+bx}} = \frac{2}{b}\sqrt{a+bx},$$

$$\int \frac{x\,dx}{\sqrt{a+bx}} = -\frac{4a-2bx}{3b^2}\sqrt{a+bx},$$

$$\int \frac{x^2\,dx}{\sqrt{a+bx}} = \frac{16a^2 - 8abx + 6b^2x^2}{15b^3}\sqrt{a+bx},$$

$$\int \frac{dx}{(a+bx)(a_1+b_1x)} = \frac{2}{\sqrt{bb_1}} \ln\left(\sqrt{b_1(a+bx)} + \sqrt{b(a_1+b_1x)}\right)$$

$$= \frac{2}{\sqrt{-bb_1}} \operatorname{arc\,tg} \sqrt{-\frac{b_1(a+bx)}{b(a_1+b_1x)}} \quad \text{je nachdem } bb_1 \gtrless 0,$$

$$\int \sqrt{(a+bx)(a_1+b_1x)}\,dx = \frac{ab_1+a_1b+2bb_1x}{4bb_1} \cdot \sqrt{(a+bx)(a_1+b_1x)}$$
$$- \frac{(ab_1-a_1b)^2}{8bb_1} \int \frac{dx}{\sqrt{(a+bx)(a_1+b_1x)}},$$

$$\int \sqrt{\frac{a+bx}{a_1+b_1x}}\,dx = \frac{1}{b_1}\sqrt{(a+bx)(a_1+b_1x)}$$
$$+ \frac{ab_1-a_1b}{2b_1} \int \frac{dx}{\sqrt{(a+bx)(a_1+b_1x)}}.$$

7.) $\int \mathfrak{R}(x, \sqrt{A + Bx \pm Cx^2})\,dx$, wobei $C > 0$ ist, läßt sich auf die Form $\int \mathfrak{R}_1(x, \sqrt{a + bx \pm x^2})\,dx$ bringen. Ist dann $a \geqq 0$, so führt die Substitution

$$\sqrt{a + bx \pm x^2} = \sqrt{a} + yx$$

das Integral in ein rationales über. Für $a < 0$ sind die Wurzeln x_1 und x_2 der Gleichung

$$a + bx + x^2 = 0$$

stets reell, für

$$a + bx - x^2 = 0$$

müssen sie reell vorausgesetzt werden, weil andernfalls $a + bx - x^2$ für beliebige x stets negativ wäre, die Wurzel daraus also imaginär, und dann gar kein reelles Integral vorliegen würde. Unter dieser Voraussetzung führt die Substitution

$$\sqrt{a + bx \pm x^2} = (x - x_1)y$$

das Integral in ein rationales über.

Beispiele:

$$\int \sqrt{x^2 \pm a^2}\,dx = \frac{x}{2}\sqrt{x^2 \pm a^2} \pm \frac{a^2}{2}\ln(x + \sqrt{x^2 \pm a^2}),$$

$$\int \sqrt{a^2 - x^2}\,dx = \frac{x}{2}\sqrt{a^2 - x^2} + \frac{a^2}{2}\arcsin\frac{x}{a},$$

$$\int \frac{dx}{\sqrt{x^2 \pm a^2}} = \ln(x + \sqrt{x^2 \pm a^2}),$$

$$\int \frac{dx}{\sqrt{a^2 - x^2}} = \arcsin\frac{x}{a},$$

$$\int \frac{dx}{x\sqrt{x^2 - a^2}} = \frac{1}{a}\arccos\frac{a}{x},$$

$$\int \frac{dx}{x\sqrt{a^2 \pm x^2}} = -\frac{1}{a}\ln\frac{a + \sqrt{a^2 \pm x^2}}{x},$$

$$\int \frac{1}{x}\sqrt{a^2 \pm x^2}\,dx = \sqrt{a^2 \pm x^2} - a \ln \frac{a + \sqrt{a^2 \pm x^2}}{x},$$

$$\int \frac{1}{x}\sqrt{x^2 - a^2}\,dx = \sqrt{x^2 - a^2} - a \arccos \frac{a}{x},$$

$$\int \frac{x\,dx}{\sqrt{a^2 \pm x^2}} = \sqrt{a^2 \pm x^2},$$

$$\int \frac{x\,dx}{\sqrt{x^2 - a^2}} = \sqrt{x^2 - a^2}.$$

Für $c > 0$ gilt:

$$\int \frac{dx}{\sqrt{a + 2bx + cx^2}} = \frac{1}{\sqrt{c}} \ln (b + cx + \sqrt{c}\sqrt{a + 2bx + cx^2}),$$

$$\int \frac{dx}{\sqrt{a + 2bx - cx^2}} = \frac{1}{\sqrt{c}} \arcsin \frac{cx - b}{\sqrt{b^2 + ac}},$$

$$\int \frac{x\,dx}{\sqrt{a + 2bx + cx^2}} = \frac{1}{c}\sqrt{a + 2bx + cx^2} - \frac{b}{\sqrt{c^3}} \ln (b + cx + \sqrt{c}\sqrt{a + 2bx + cx^2}),$$

$$\int \frac{x\,dx}{\sqrt{a + 2bx - cx^2}} = -\frac{1}{c}\sqrt{a + 2bx - cx^2} + \frac{b}{\sqrt{c^3}} \arcsin \frac{cx - b}{\sqrt{b^2 + ac}}.$$

§ 102. Bestimmte Integrale

1.) Ist $f(x)$ im Intervall $a = x_0 < x < x_n = b$ stetig, und teilen die Punkte $x_1, x_2, \ldots, x_{n-1}$ das Intervall derart, daß mit wachsendem n die Länge jedes Teilintervalls $x_{\nu-1}$ bis x_ν gegen 0 strebt, so existiert unabhängig von der Art der Intervallteilung der endliche Grenzwert

$$\lim_{n \to \infty} \sum_{\nu=1}^{n} f(\xi_\nu)(x_\nu - x_{\nu-1}),$$

wo ξ_ν irgendein Punkt mit der Bedingung $x_{\nu-1} < \xi_\nu < x_\nu$

ist. Wenn man $\int f(x)\,dx = F(x) + C$ setzt, ist dieser Grenzwert gleich

$$\int_a^b f(x)\,dx = F(b) - F(a).$$

Dieser Ausdruck heißt das **bestimmte Integral** von $f(x)$, erstreckt zwischen den Grenzen a und b. (Vgl. § 112, 12.) Es stellt den Inhalt des Flächenstückes zwischen der Kurve $y = f(x)$ und den Geraden $x = a$, $x = b$, $y = 0$ dar.

Die Stetigkeit von $f(x)$ ist nicht notwendig für die Existenz des bestimmten Integrals (s. Beispiele Nr. 6).

Ist die obere Grenze $b = \xi$ veränderlich, so ist das Integral in (a, b) eine stetige differenzierbare Funktion seiner oberen Grenze

$$\int_a^\xi f(x)\,dx = F(\xi) - F(a) = \varphi(\xi).$$

Integrale mit unendlichen Grenzen oder einer Unstetigkeitsstelle des Integranden heißen **uneigentliche Integrale**. Man definiert $\int_a^\infty f(x)\,dx = \lim\limits_{b\to\infty} \int_a^b f(x)\,dx$ und sagt, das Integral $\int_a^\infty f(x)dx$ konvergiere, wenn der Limes existiert und endlich ist.

Ist $f(x)$ bei b **unstetig** und existiert ein bestimmter endlicher Grenzwert

$$\lim_{\varepsilon\to 0} \int_a^{b-\varepsilon} f(x)\,dx,$$

wie auch $\varepsilon > 0$ gegen Null streben möge, so setzt man

$$\int_a^b f(x)\,dx = \lim_{\varepsilon\to 0} \int_a^{b-\varepsilon} f(x)\,dx.$$

Entsprechend für die untere Grenze. Bei Unstetigkeiten im Inneren des Intervalles erfolgt Zerlegung nach 2.).

2.) $$\int_a^b f(x)\,dx = -\int_b^a f(x)\,dx,$$

$$\int_a^b (f(x) \pm \varphi(x))\,dx = \int_a^b f(x)\,dx \pm \int_a^b \varphi(x)\,dx,$$

$$\int_a^b f(x)\,dx = \int_a^c f(x)\,dx + \int_c^b f(x)\,dx.$$

3.) $$\int_a^b u\,dv = [uv]_a^b - \int_a^b v\,du,$$

wobei $[uv]_a^b = u(b)\,v(b) - u(a)\,v(a)$.

4.) Es sei für $a \leqq x \leqq b$ die Funktion $t = t(x)$ eindeutig, $t(a) = \alpha$, $t(b) = \beta$. Für $\alpha \leqq t \leqq \beta$ sei die Umkehrfunktion $x = \varphi(t)$ eindeutig, und es mögen $t(x)$ und $\varphi(t)$ in den betr. Intervallen stetige Ableitungen besitzen. Dann gilt:

$$\int_a^b f(x)\,dx = \int_\alpha^\beta f(\varphi(t))\,\varphi'(t)\,dt.$$

5.) Integration durch unendliche Reihen:

Ist $\sum_{\nu=0}^{\infty} u_\nu$ eine Reihe, deren Glieder sämtlich stetige Funktionen von x sind, und konvergiert diese Reihe im Intervall $a \leq x \leq b$ **gleichmäßig** gegen die Grenzfunktion $f(x)$, so ist für jedes x des Intervalles

$$\int_a^x f(\xi)\,d\xi = \int_a^x u_0(\xi)\,d\xi + \int_a^x u_1(\xi)\,d\xi + \int_a^x u_2(\xi)\,d\xi + \cdots.$$

Eine gleichmäßig konvergente Reihe stetiger Funktionen kann gliedweise integriert werden.

Zur Berechnung von $\int_a^x f(\xi)\,d\xi$ kann man daher $f(x)$ in eine Reihe entwickeln, z. B. in eine *Mac Laurin*sche

$$f(x) = f(0) + \frac{f'(0)}{1!}x + \frac{f''(0)}{2!}x^2 + \cdots$$

und nach § 94, 4 gliedweise integrieren:

$$\int_0^x (\xi)\,d\xi = \frac{f(0)}{1!}x + \frac{f'(0)}{2!}x^2 + \frac{f''(0)}{3!}x^3 + \cdots.$$

Beispiele:

$$Si\,x = \int_0^x \frac{\sin\xi}{\xi}\,d\xi = x - \frac{x^3}{3\cdot 3!} + \frac{x^5}{5\cdot 5!} \mp \cdots \text{ (Integral Sinus)},$$

$$Ci\,x = \int_\infty^x \frac{\cos\xi}{\xi}\,d\xi = \ln\gamma + \ln x - \frac{x^2}{2\cdot 2!} + \frac{x^4}{4\cdot 4!} \mp \cdots \ (x > 0),$$

wobei $\ln\gamma = 0.57722$ (Integral Kosinus),

$$\mathfrak{Si}\,x = \int_0^x \frac{\mathfrak{Sin}\,\xi}{\xi}\,d\xi = x + \frac{x^3}{3!\cdot 3} + \frac{x^5}{5!\cdot 5} + \cdots,$$

$$\mathfrak{Ci}\,x = \ln\gamma x + \int_0^x \frac{\mathfrak{Cof}\,\xi - 1}{\xi}\,d\xi$$

$$= \ln\gamma x + \frac{x^2}{2!\cdot 2} + \frac{x^4}{4!\cdot 4} + \cdots,$$

$$li\,x = \int_0^x \frac{d\xi}{\ln \xi} = \mathfrak{Ci}(\ln x) + \mathfrak{Si}(\ln x) \quad \text{(Integral Logarithmus)},$$

$$\Phi(x) = \frac{2}{\sqrt{\pi}} \int_0^x e^{-\xi^2} d\xi = \frac{2}{\sqrt{\pi}} \left(x - \frac{x^3}{1! \cdot 3} + \frac{x^5}{2! \cdot 5} - \frac{x^7}{7! \cdot 7} \pm \cdots \right)$$

(*Gauß'* Fehler-Integral).

6.) **Einige bestimmte Integrale:**

$$\int_0^1 \frac{dx}{x^n} = -\frac{1}{n-1}, \quad n < 1, \quad \int_1^\infty \frac{dx}{x^n} = \frac{1}{n-1}, \quad n > 1,$$

$$\int_0^\infty \frac{dx}{a + b x^2} = \frac{\pi}{2\sqrt{ab}}, \quad \int_0^\infty \frac{dx}{(1+x)\sqrt{x}} = \pi,$$

$$\int_0^1 \frac{dx}{\sqrt{1-x^2}} = \frac{\pi}{2}, \quad \int_0^1 \frac{x\,dx}{\sqrt{1-x^2}} = 1.$$

Für positive ganze n gilt:

$$\int_0^1 \frac{x^{2n}}{\sqrt{1-x^2}} dx = \frac{1 \cdot 3 \cdot 5 \ldots (2n-1)}{2 \cdot 4 \cdot 6 \ldots 2n} \cdot \frac{\pi}{2},$$

$$\int_0^1 \frac{x^{2n+1}}{\sqrt{1-x^2}} dx = \frac{2 \cdot 4 \cdot 6 \ldots 2n}{1 \cdot 3 \cdot 5 \ldots (2n+1)},$$

$$\int_0^{\frac{\pi}{2}} \sin^{2n} x\,dx = \frac{1 \cdot 3 \cdot 5 \ldots (2n-1)}{2 \cdot 4 \cdot 6 \ldots 2n} \cdot \frac{\pi}{2} = \int_0^{\frac{\pi}{2}} \cos^{2n} x\,dx,$$

$$\int_0^{\frac{\pi}{2}} \sin^{2n+1} x\,dx = \frac{2 \cdot 4 \cdot 6 \ldots 2n}{1 \cdot 3 \ldots (2n+1)} = \int_0^{\frac{\pi}{2}} \cos^{2n+1} x\,dx,$$

$$\int_0^\infty \frac{\sin a x}{x}\, d x = \frac{\pi}{2}\, (a > 0), \quad \int_0^\infty \frac{\cos a x}{x}\, d x = \infty,$$

$$\int_0^\infty e^{-ax} d x = \frac{1}{a}\, (a > 0), \quad \int_0^\infty e^{-x^2} d x = \frac{1}{2}\sqrt{\pi},$$

$$\int_0^\infty x^n e^{-ax} d x = \frac{n!}{a^{n+1}}\, (a > 0).$$

Durch bestimmte Integrale sind die folgenden Funktionen definiert:

$$\Gamma(p) = \int_0^\infty x^{p-1} e^{-x}\, dx \qquad \text{für } p > 0$$

(Gammafunktion)

für die

$$\Gamma(p+1) = \lim_{n\to\infty} \frac{n^p \cdot n!}{(1+p)(2+p)\cdots(n+p)}$$

gilt und insbesondere

$$\Gamma(p+1) = p!,$$

wenn p eine ganze Zahl ist. Der Grenzwert existiert für alle reellen (und komplexen) p mit Ausnahme der negativen ganzen Zahlen und definiert die Γ-Funktion nicht nur für $p > 0$. Es gilt

$$\Gamma(1+p) = p\Gamma(p), \ \Gamma(p)\Gamma(1-p) = \frac{\pi}{\sin \pi p}.$$

Die Betafunktion ist definiert durch

$$B(p, q) = \int_0^1 x^{p-1} (1-x)^{q-1}\, dx$$

für $p, q > 0$. Es gilt

$$B(p, q) = \frac{\Gamma(p)\Gamma(q)}{\Gamma(p+q)}$$

und insbesondere für ganze p, q

$$B(p, q) = \frac{(p-1)!\,(q-1)!}{(p+q-1)!}.$$

7.) *Laplace*-Transformationen:

a) Wenn für eine Funktion $F(t)$ das *Laplace*sche Integral

$$f(s) = \int_0^\infty e^{-st} F(t)\, dt$$

konvergiert, heißt die Funktion $f(s)$ die *Laplace*-Transformation der Funktion $F(t)$. Diese Zuordnung der Funktion $f(s)$ zu der Funktion $F(t)$ wird symbolisch mit

$$f(s) = L(F(t))$$

bezeichnet. $F(t)$ heißt Oberfunktion, $f(s)$ Unterfunktion.

b) Beispiele einiger *Laplace*-Transformationen:

$F(t)$	$f(s)$
1	$\frac{1}{s}$
$t^n (n \geqq 0)$	$\frac{n!}{s^{n+1}}$
e^{at}	$\frac{1}{s - a}$
$\cos \omega t$	$\frac{s}{s^2 + \omega^2}$
$\sin \omega t$	$\frac{\omega}{s^2 + \omega^2}$
$t \cos \omega t$	$\frac{s^2 - \omega^2}{(s^2 + \omega^2)^2}$
$t \sin \omega t$	$\frac{2 \omega s}{(s^2 + \omega^2)^2}$
$e^{-at} \cos \omega t$	$\frac{s + a}{(s + a)^2 + \omega^2}$
$e^{-at} \sin \omega t$	$\frac{\omega}{(s + a)^2 + \omega^2}$

c) Rechenregeln:

$$L(CF(t)) = CL(F(t)), \quad C \text{ konstant}$$

$$L(F_1(t) + F_2(t)) = L(F_1(t) + F_2(t)).$$

Wenn $L(F(t)) = f(s)$ so gilt

$$LF(Ct) = \frac{1}{C} f\left(\frac{s}{C}\right), \text{ für } C > 0.$$

Wenn

$$F_1(t) = 0 \qquad \text{für } 0 \leqq t < C$$

und

$$F_1(t) = F(t - C), \text{ für } t \geqq C,$$

so gilt

$$L(F_1) = e^{-Cs} L(F).$$

Für eine beliebige Konstante C gilt

$$L(e^{-Ct} F(t) = f(s + C).$$

d) Differentiationsregeln:

Wenn die n-te Ableitung $F_{(t)}^{(n)}$ eine Unterfunktion besitzt, gilt

$$L(F'(t)) = sL(F(t)) - F(0),$$
$$L(F''(t)) = s^2 L(F(t)) - sF(0) - F'(0),$$
$$\cdots\cdots\cdots\cdots\cdots\cdots\cdots\cdots$$
$$L(F_{(t)}^{(n)}) = s^n L(F(t)) - s^{n-1} F(0) - s^{n-2} F'(0) - \cdots$$
$$\cdots - F_{(0)}^{(n-1)}.$$

Wenn $L(F(t))$ existiert, so gilt

$$L(tF(t)) = -f'(s),$$
$$L(t^2 F(t)) = f''(s),$$
$$\cdots\cdots\cdots\cdots\cdots$$
$$L(t^n F(t)) = (-1)^n f_{(s)}^{(n)}.$$

e) Integrationsregeln:

Wenn $F(t)$ eine Unterfunktion besitzt, gilt

$$L\left(\int_0^t F(\tau)\,d\tau\right) = \frac{1}{s}\,L(F(t)).$$

Wenn $\int_s^\infty f(\sigma)\,d\sigma$ eine Unterfunktion ist, gilt

$$L\left(\frac{F(t)}{t}\right) = \int_s^\infty f(\sigma)\,d\sigma.$$

Unter Faltung zweier Funktionen $F_1(t)$, $F_2(t)$ versteht man die Integralbildung

$$\int_0^t F_1(\tau)\,F_2(t-\tau)\,d\tau = \int_0^t F_1(t-\tau)\,F_2(\tau)\,d\tau\,,$$

Es entspricht der Faltung zweier Oberfunktionen das Produkt der Unterfunktionen:

$$L\left(\int_0^t F_1(t)\,F_2(t-\tau)\,d\tau\right) = L\,(F_1(t))\cdot L(F_2(t)).$$

Anwendungen der *Laplace*-Transformation vgl. § 117, 4.

8.) **Mittelwertsätze:**

a) Es sei $f(x)$ im Intervall $a \leqq x \leqq b$ stetig. Dann gibt es einen Wert ξ, für den $a < \xi < b$ und

$$\int_a^b f(x)\,dx = (b-a)\,f(\xi)$$

ist.

b) 1. Mittelwertsatz: Es seien $f(x)$ und $\varphi(x)$ im Intervall $a \leqq x \leqq b$ stetige Funktionen, und $\varphi(x)$ habe überall im Intervall dasselbe Vorzeichen. Dann gibt es einen Wert ξ, für den $a < \xi < b$ und

$$\int_a^b f(x)\,\varphi(x)\,dx = f(\xi) \int_a^b \varphi(x)\,dx$$

ist.

c) 2. Mittelwertsatz: Es seien $f(x)$ und $\varphi(x)$ im Intervall $a \leqq x \leqq b$ stetig. $\varphi(x)$ sei im ganzen Intervall nie negativ. Dann gibt es, falls $\varphi(x)$ mit wachsendem x nie zunimmt, einen Wert ξ, für den $a < \xi < b$ und

$$\int_a^b f(x)\,\varphi(x)\,dx = \varphi(a) \int_a^\xi f(x)\,dx$$

ist, und, falls $\varphi(x)$ mit wachsendem x nie abnimmt, einen Wert ξ, für den $a < \xi < b$ und

$$\int_a^b f(x)\,\varphi(x)\,dx = \varphi(b) \int_\xi^b f(x)\,dx$$

ist. Nimmt $\varphi(x)$ im Intervall mit wachsendem x entweder nie ab oder nie zu (ohne notwendigerweise positiv zu sein), so gibt es ein $\xi (a < \xi < b)$ derart, daß

$$\int_a^b f(x)\,\varphi(x)\,dx = \varphi(a) \int_a^\xi f(x)\,dx + \varphi(b) \int_\xi^b f(x)\,dx.$$

d) Es sei $\varphi(x) \leqq (x) \leqq \psi(x)$ für alle x des Intervalles $a \leqq x \leqq b$. Dann gilt

$$\int_a^b \varphi(x)\,dx \leqq \int_a^b f(x)\,dx \leqq \int_a^b \psi(x)\,dx\,.$$

e) $\left| \int_a^b f(x)\,dx \right| \leqq \int_a^b |\,f(x)\,|\,dx.$

9.) *Simpson*sche **Regel**: Um einen Näherungswert von $\int\limits_{x_0}^{x_{2n}} f(x)\,dx$ zu finden, teile man die Strecke zwischen x und x_{2n} in $2n$ gleiche Teile von der Länge h und bestimme die zu den Teilpunkten gehörigen Ordinaten $y_0, y_1, y_2, \ldots, y_2$, dann ist annähernd

$$\int\limits_{x_0}^{x_{2n}} f(x)\,dx = \frac{h}{3}\,\{y_0 + y_{2n} + 2(y_2 + y_4 + \cdots + y_{2n-2}) + 4(y_1 + y_3 + \cdots + y_{2n-1})\}.$$

10.) Differentiation nach einem Parameter: Ist $f(x, \alpha)$ eine stetige Funktion von x und α für $a \leqq x \leqq b$, $\alpha_0 \leqq \alpha \leqq \alpha_1$ und ist dort auch $\frac{\partial f(x, \alpha)}{\partial \alpha}$ stetig, so ist

$$\frac{\partial}{\partial \alpha} \int\limits_a^b f(x, \alpha)\,dx = \int\limits_a^b \frac{\partial}{\partial \alpha} f(x, \alpha)\,dx.$$

Hängen a und b von α ab, so gilt

$$\frac{\partial}{\partial\alpha} \int\limits_a^b f(x, \alpha)\,dx = \int\limits_a^b \frac{\partial}{\partial\alpha} f(x,\alpha)\,dx + f(b, \alpha)\,\frac{db}{d\alpha} - f(a, \alpha)\,\frac{da}{d\alpha}.$$

Integration nach einem Parameter: Ist $f(x, \alpha)$ eine stetige Funktion von x und α für $a \leqq x \leqq b$, $\alpha_0 \leqq \alpha \leqq \alpha_1$,

so ist $\int\limits_{\alpha_0}^{\alpha_1} \left(\int\limits_a^b f(x, \alpha)\,dx \right) d\alpha = \int\limits_a^b \left(\int\limits_{\alpha_0}^{\alpha_1} f(x, \alpha)\,d\alpha \right) dx.$

§ 103. Mehrfache Integrale und Kurvenintegrale

1.) Das Doppelintegral: Es sei $z = f(x, y)$ im Bereiche $a = x_0 \leqq x \leqq x_n = b$, $c = y_0 \leqq y \leqq y_m = d$ eine stetige Funktion von x und y. Die Punkte $x_1, x_2, \ldots, x_{n-1}$

mögen das Intervall (a, b), die Punkte $y_1, y_2, \ldots, y_{m-1}$ das Intervall (c, d) in Teilintervalle teilen, welche mit wachsendem n und m gegen Null streben. Dann existiert unabhängig von der Art der Intervallteilung der endliche Grenzwert

$$\lim_{\substack{n \to \infty \\ m \to \infty}} \sum_{\nu=0}^{n} \sum_{\mu=0}^{m} f(\xi_\nu, \eta_\mu)(x_\nu - x_{\nu-1})(y_\mu - y_{\mu-1}) = \int_a^b \int_c^d f(x, y)\, dx\, dy,$$

wo $x_{\nu-1} \leqq \xi_\nu \leqq x_\nu$, $y_{\mu-1} \leqq \eta_\mu \leqq y_\mu$ ist. Ferner gilt

$$\int_a^b \int_c^d f(x, y)\, dx\, dy = \int_a^b \left(\int_c^d f(x, y)\, dy \right) dx$$

$$= \int_c^d \left(\int_a^b f(x, y)\, dx \right) dy .$$

In analoger Weise erhält man den Begriff des d r e i - fachen und allgemein des n-fachen Integrals.

2.) Es sei B ein von einer geschlossenen stetigen Kurve begrenzter abgeschlossener Bereich. In diesem sei $z = f(x, y)$ stetig. B läßt sich durch ganz im Inneren von B gelegene Rechtecke mit zu den Achsen parallelen Seiten approximieren. Es existiert ein von der Art der Approximation unabhängiger endlicher Grenzwert für die Summe aller über die Rechtecke gemäß 1.) erstreckten Doppelintegrale. Dieser heißt das über B erstreckte Doppelintegral und wird mit $\iint\limits_B f(x, y)\, dx\, dy$ bezeichnet. Die Begrenzungskurve von B werde von Parallelen zu den Achsen höchstens in zwei Punkten geschnitten

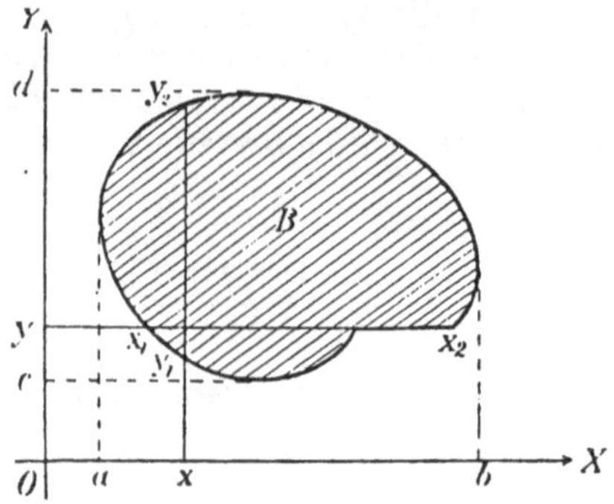

Fig. 35

oder falle mit diesen zusammen. Die Ordinaten der Schnittpunkte (bzw. der extremen Schnittpunkte) einer Parallelen zur y-Achse mit der Abszisse x seien $y_1 = \varphi_1(x)$, $y_2 = \varphi_2(x)$, und die Abszissen der Schnittpunkte einer Parallelen zur x-Achse mit der Ordinate y seien entsprechend $x_1 = \psi_1(y)$, $x_2 = \psi_2(y)$. Die extremen Abszissen bzw. Ordinaten der Begrenzung von B seien a, b bzw. c, d (s. Fig. 35). Dann gilt:

$$\iint\limits_B f(x,y)\,dx\,dy = \int\limits_a^b \left(\int\limits_{\varphi_1(x)}^{\varphi_2(x)} f(x,y)\,dy \right) dx = \int\limits_c^d \left(\int\limits_{\psi_1(y)}^{\psi_2(y)} f(x,y)\,dx \right) dy.$$

3.) Volumina und Flächeninhalte:

a) Das Doppelintegral 1.) stellt das Volumen des Körpers dar, welcher begrenzt wird von der Fläche $z = f(x, y)$, der (x, y)-Ebene und den vier Ebenen $x = a, x = b, y = c, y = d$. Entsprechend stellt das Doppelintegral 2.) den Inhalt des durch $z = f(x, y)$ abgeschnittenen geraden zylinderförmigen Körpers über der Grundfläche B dar.

Beispiel: Das Volumen der Kugel mit dem Radius r um den Anfangspunkt zu bestimmen. Man bestimmt das Volumen $\frac{V}{8}$ des Kugeloktanten zwischen den positiven Achsen. Für diesen gilt: $z = +\sqrt{r^2 - x^2 - y^2}$, $\varphi_1(x) = 0$, $\varphi_2(x) = +\sqrt{r^2 - x^2}$, $\psi_1(y) = 0$, $\psi_2(y) = +\sqrt{r^2 - y^2}$, $a = 0, b = r, c = 0, d = r$, folglich

$$\frac{V}{8} = \int_0^r \left(\int_0^{\sqrt{r^2-x^2}} \sqrt{r^2-x^2-y^2}\, dy \right) dx = \int_0^r \left(\frac{r^2-x^2}{2} \cdot \frac{\pi}{2} \right) dx = \frac{\pi}{6} r^3, \quad V = \frac{4}{3} r^3 \pi.$$

Die für $a \leqq x \leqq b$ stetige und nirgends negative Kurve $y = f(x)$ rotiere um die x-Achse. Dann ist das Volumen des von den Ebenen $x = a$, $x = b$ begrenzten Körpers

$$V = \pi \int_a^b y^2\, dx.$$

Es sei der Flächeninhalt eines parallel zur (y, z)-Ebene durch einen Körper geführten Schnittes eine für $a \leqq x \leqq b$ stetige Funktion $u(x)$ von x. Dann ist das Volumen des Körpers zwischen den Ebenen $x = a$ und $x = b$

$$V = \int_a^b u(x)\, dx.$$

b) Das Oberflächenelement der Fläche $z = f(x, y)$ mit stetigen partiellen Ableitungen 1. Ordnung in B ist

$$dF = +\sqrt{1 + \left(\frac{\partial f}{\partial x}\right)^2 + \left(\frac{\partial f}{\partial y}\right)^2}\, dx\, dy,$$

und das über dem Bereiche B der (x, y)-Ebene gelegene Stück der Fläche hat den Flächeninhalt

$$F = \iint_B dF.$$

Rotiert die für $a \leqq x \leqq b$ stetig differenzierbare nirgends negative Kurve $y = f(x)$ um die x-Achse, so ist die Oberfläche des entstehenden Körpers zwischen den Ebenen $x = a$ und $x = b$:

$$F = 2\pi \int_a^b y \sqrt{1 + y'^2}\, dx.$$

c) Sätze von *Guldin* (Voraussetzungen wie oben):

Der Inhalt eines Drehkörpers ist gleich dem Produkt aus dem Inhalt der erzeugenden Fläche und dem Wege des Schwerpunktes derselben.

Die Oberfläche eines Drehkörpers ist gleich dem Produkt aus der Länge der erzeugenden Linie und dem Wege des Schwerpunktes derselben.

4.) Transformation des Doppelintegrals: Durch die in einem ganz im Endlichen gelegenen Bereiche B (s. Nr. 2) stetigen Funktionen $u = u(x, y)$, $v = v(x, y)$ werde B umkehrbar eindeutig auf den Bereich B' (bestehend aus Punkten mit den Koordinaten u, v) abgebildet. Die Umkehrfunktionen $x = \varphi(u, v), y = \psi(u, v)$ mögen in einem B' im Innern enthaltenden Bereich stetige Ableitungen nach u und v besitzen, und es sei für alle u, v aus B' die Determinante

$$D = \begin{vmatrix} \frac{\partial \varphi}{\partial u} & \frac{\partial \varphi}{\partial v} \\ \frac{\partial \psi}{\partial u} & \frac{\partial \psi}{\partial v} \end{vmatrix} \neq 0.$$

Dann gilt:

$$\iint\limits_{B} f(x, y)\, dx\, dy = \iint\limits_{B'} f(\varphi(u, v),\ \psi(u, v))\, |\, D\, |\, du\, dv.$$

5.) Kurvenintegrale: Im Bereiche B seien die Funktionen $P(x, y)$, $Q(x, y)$ mit ihren ersten Ableitungen stetig. $\mathfrak{C}$ sei eine von t_1 bis t_2 im Inneren von B verlaufende Kurve $x = \varphi(t)$, $y = \psi(t)$, welche im Intervall $t_1 \leqq t \leqq t_2$ stetige Ableitungen $\varphi'(t)$, $\psi'(t)$ besitzt, oder eine Kurve, die aus endlich vielen solchen Kurvenstücken zusammengesetzt ist. Dann versteht man unter dem Kurvenintegral erstreckt über $\mathfrak{C}$ das Integral

$$\int\limits_{\mathfrak{C}} P\,dx + Q\,dy$$

$$= \int\limits_{t_1}^{t_2} (P(\varphi(t), \psi(t))\,\varphi'(t) + Q(\varphi(t), \psi(t))\,\psi'(t))dt.$$

Ist $P\,dx + Q\,dy$ ein vollständiges Differential, also $\frac{\partial P}{\partial y} = \frac{\partial Q}{\partial x}$, so ist das Kurvenintegral zwischen zwei Punkten eines einfach zusammenhängenden Bereiches B vom Wege $\mathfrak{C}$ unabhängig. Ist $\mathfrak{C}$ eine geschlossene Kurve, so ist das Integral über $\mathfrak{C}$ somit gleich Null.

Ist B ein abgeschlossener n-fach zusammenhängender Bereich und bedeutet $\mathfrak{C}$ seine n-Begrenzungen, so ist das Integral über $\mathfrak{C}$ Null, wenn die einzelnen Begrenzungen so durchlaufen werden, daß das Innere des Bereiches zur selben Seite, etwa zur linken, bleibt. Unter dem Integral über $\mathfrak{C}$ versteht man dabei die Summe der Integrale über die einzelnen Begrenzungen.

6.) Integralsatz von *Gauß*: Es ist

$$\iint\limits_{B} \left(\frac{\partial P}{\partial x} + \frac{\partial Q}{\partial y}\right) dx\,dy = \int\limits_{\mathfrak{C}} (P dy - Q\,dx),$$

wobei die Bezeichnungen von Nr. 5 gelten und der Rand $\mathfrak{C}$ im positiven Sinne durchlaufen wird.

7.) Mehrfache Integrale:

Das n-fache Integral

$$\iint\limits_{V} \cdots \int f(x_1, x_2, \cdots, x_n)\,dx_1 dx_2 \cdots dx_n = \int\limits_{V} f\,dv$$

wird analog zum Doppelintegral (Nr. 1) definiert. Hier bezeichnet V einen endlichen Bereich einer n-dimensionalen Mannigfaltigkeit und dv ein Element desselben.

Unter Voraussetzungen, die denen von Nr. 4 entsprechen gilt für die Transformation

$$x_\nu = \varphi_\nu(y_1, y_2, \ldots, y_n)$$
$$\nu = 1, 2, \ldots, n$$

die Formel

$$\int\int\cdots\int f(x_1, x_2, \ldots, x_n)\, dx_1 dx_2 \cdots dx_n$$
$$= \int\int\cdots\int f(\varphi_1, \varphi_2, \ldots, \varphi_n)\, |D|\, dy_1 dy_2 \cdots dy_n,$$

wobei die *Jakobi*sche Funktionaldeterminante

$$D = \begin{vmatrix} \frac{\partial y_1}{\partial x_1} & \frac{\partial y_1}{\partial x_2} & \cdots & \frac{\partial y_1}{\partial x_n} \\ \frac{\partial y_2}{\partial x_1} & \frac{\partial y_2}{\partial x_2} & \cdots & \frac{\partial y_2}{\partial x_n} \\ \cdots & \cdots & \cdots & \cdots \\ \frac{\partial y_n}{\partial x_1} & \frac{\partial y_n}{\partial x_2} & \cdots & \frac{\partial y_n}{\partial x_n} \end{vmatrix}$$

von Null verschieden sein muß, damit die Transformationsgleichungen linear unabhängig sind.

8.) Satz von *Gauß* im dreidimensionalen Raum:

Sind L, M, N und $\frac{\partial L}{\partial x}$, $\frac{\partial M}{\partial y}$, $\frac{\partial N}{\partial z}$ innerhalb und auf der den Raum V begrenzenden Fläche F eindeutige und stetige Funktionen von x, y, z, so gilt

$$\int_V \left(\frac{\partial L}{\partial x} + \frac{\partial M}{\partial y} + \frac{\partial N}{\partial z}\right) dv$$
$$= \int_F (L \cos\alpha + M \cos\beta + N \cos\gamma)\, df,$$

wobei $\cos\alpha$, $\cos\beta$, $\cos\gamma$ die Richtungskosinus der ins Äußere von V gerichteten Normalen des Flächenelementes df sind.

Gleichbedeutend hiermit ist die Formel

$$\iiint\limits_V \left(\frac{\partial L}{\partial x} + \frac{\partial M}{\partial y} + \frac{\partial N}{\partial z}\right) dx\,dy\,dz$$
$$= \iint\limits_F (L\,dy\,dz + M\,dz\,dx + N\,dx\,dy).$$

Das über die geschlossene Fläche F erstreckte Integral

$$H = \int\limits_F (L\cos\alpha + M\cos\beta + N\cos\gamma)\,df$$

ist dann und nur dann gleich Null, wenn im Inneren von V überall

$$\frac{\partial L}{\partial x} + \frac{\partial M}{\partial y} + \frac{\partial N}{\partial z} = 0$$

ist.

Ist $\mathfrak{C}$ die Begrenzung eines beliebigen im Inneren von V gelegenen Flächenstückes F, so ist diese Bedingung notwendig und hinreichend dafür, daß das Integral H nur von der Randkurve $\mathfrak{C}$ abhängt.

9.) Satz von *Stokes*:

Wenn

$$L = \frac{\partial Q}{\partial z} - \frac{\partial R}{\partial y}, \quad M = \frac{\partial R}{\partial x} - \frac{\partial P}{\partial z}, \quad N = \frac{\partial P}{\partial y} - \frac{\partial Q}{\partial x}$$

ist, so folgt aus 8.) der Satz von *Stokes*

$$\int\limits_F \left[\left(\frac{\partial Q}{\partial z} - \frac{\partial R}{\partial y}\right)\cos\alpha + \left(\frac{\partial R}{\partial x} - \frac{\partial P}{\partial z}\right)\cos\beta\right.$$
$$\left. + \left(\frac{\partial P}{\partial y} - \frac{\partial Q}{\partial x}\right)\cos\gamma\right] df = \int\limits_{\mathfrak{C}} (P\,dx + Q\,dy + R\,dz).$$

10.) Sätze von *Green*:

Aus dem *Gauß*schen Satz folgt, wenn

$$L = \varphi \frac{\partial \psi}{\partial x}, \quad M = \varphi \frac{\partial \psi}{\partial y}, \quad N = \varphi \frac{\partial \psi}{\partial z},$$

daß

$$\int_F \varphi \frac{d\psi}{dn} df = \int_V \left[\frac{\partial \varphi}{\partial x} \frac{\partial \psi}{\partial x} + \frac{\partial \varphi}{\partial y} \frac{\partial \psi}{\partial y} + \frac{\partial \varphi}{\partial z} \frac{\partial \psi}{\partial z} \right.$$
$$\left. + \varphi \left(\frac{\partial^2 \psi}{\partial x^2} + \frac{\partial^2 \psi}{\partial y^2} + \frac{\partial^2 \psi}{\partial z^2} \right) \right] dv,$$

wobei $\quad \dfrac{d\psi}{dn} = \dfrac{\partial \psi}{\partial x} \cos\alpha + \dfrac{\partial \psi}{\partial y} \cos\beta + \dfrac{\partial \psi}{\partial z} \cos\gamma$

die Ableitung von ψ in Richtung der äußeren Normalen bedeutet. Ferner gilt

$$\int_V \left[\varphi \left(\frac{\partial^2 \psi}{\partial x^2} + \frac{\partial^2 \psi}{\partial y^2} + \frac{\partial^2 \psi}{\partial z^2} \right) - \psi \left(\frac{\partial^2 \varphi}{\partial x^2} + \frac{\partial^2 \varphi}{\partial y^2} + \frac{\partial^2 \varphi}{\partial z^2} \right) \right] dv$$
$$= \int_F \left(\varphi \frac{d\psi}{dn} - \psi \frac{d\varphi}{dn} \right) df.$$

§ 104. *Fourier*-Reihen und Integrale

1.) Die Funktion $f(x)$ sei im Intervall $-\pi < x < \pi$ beschränkt und bis auf endlich viele Stellen stetig. An jeder Stelle mögen die Grenzwerte $f(x-0)$, $f(x+0)$ existieren. Zwischen zwei Unstetigkeitsstellen sei $f(x)$ differenzierbar. Dann gilt in $-\pi < x < \pi$

$$\frac{f(x-0) + f(x+0)}{2} = \frac{1}{2} a_0 + (a_1 \cos x + b_1 \sin x)$$
$$+ (a_2 \cos 2x + b_2 \sin 2x) + \cdots,$$

wobei

$$a_n = \frac{1}{\pi}\int_{-\pi}^{\pi} f(x)\cos nx\,dx,\quad b_n = \frac{1}{\pi}\int_{-\pi}^{\pi} f(x)\sin nx\,dx$$

gilt.

Da die Funktionen $\cos nx$, $\sin nx$ bei ganzem n die Periode 2π besitzen, stellt die Reihe eine periodische Fortsetzung der im Intervall $-\pi < x < \pi$ definierten Funktion $f(x)$ dar (s. Fig. 36):

$$f(x + 2\pi) = f(x).$$

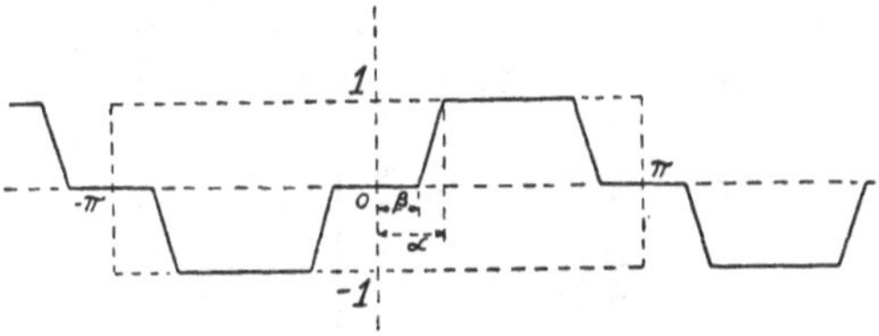

Fig. 36

Die Reihe heißt *Fourier*-**Reihe**. Ihre Koeffizienten a_n, b_n werden als *Fourier*-**Koeffizienten** bezeichnet.

Wenn anstelle des Intervalls $-\pi < x < \pi$ das Intervall $c < x < c + 2p$ zur Definition der Funktion $f(x)$ benutzt wird, hat man entsprechend

$$\frac{f(x+0) + f(x-0)}{2} = \frac{1}{2}a_0 + (a_1\cos\omega x + b_1\sin\omega x) + (a_2\cos 2\omega x + b_2\sin 2\omega x) + \cdots,$$

wobei

$$\omega = \frac{\pi}{p}$$

und

$$a_n = \frac{1}{p}\int_c^{c+2p} f(x)\cos n\omega x\,dx,\quad b_n = \frac{1}{p}\int_c^{c+2p} f(x)\sin n\omega x\,dx$$

gilt. ω heißt die Frequenz. Die Reihe stellt eine Funktion mit der Periode $2p$ dar:

$$f(x + 2p) = f(x).$$

Wenn $f(x)$ im Intervall $-p < x < p$ eine gerade Funktion ist ($f(-x) = f(x)$), so ist ihre *Fourier*-Reihe eine cosinus-Reihe. Ist $f(x)$ eine ungerade Funktion ($f(-x) = -f(x)$), so ist die *Fourier*-Reihe eine sinus-Reihe.

2.) Spezielle *Fourier*-Reihen

a) $\left.\begin{array}{l} f(x) = -1 \text{ für } -\pi < x < 0 \\ f(x) = 1 \text{ für } 0 < x < \pi \end{array}\right\}$ ungerade Funktion in $-\pi < x < \pi$

$$f(x) = \frac{4}{\pi}\left(\sin x + \frac{1}{3}\sin 3x + \frac{1}{5}\sin 5x + \cdots\right),$$

b) $\left.\begin{array}{l} f(x) = -1 \text{ für } -\pi < x < -\frac{\pi}{2} \\ f(x) = 1 \text{ für } -\frac{\pi}{2} < x < \frac{\pi}{2} \\ f(x) = -1 \text{ für } \frac{\pi}{2} < x < \pi \end{array}\right\}$ gerade Funktion in $-\pi < x < \pi$

$$f(x) = \frac{4}{\pi}\left(\cos x - \frac{1}{3}\cos 3x + \frac{1}{5}\cos 5x \mp \cdots\right),$$

c) $f(x) = x$ für $0 < x < \pi$, ungerade

$$f(x) = 2\left(\sin x - \frac{1}{2}\sin 2x + \frac{1}{3}\sin 3x \mp \cdots\right),$$

d) $f(x) = x$ für $0 < x < \pi$, gerade

$$f(x) = \frac{\pi}{2} - \frac{4}{\pi}\left(\cos x + \frac{1}{3^2}\cos 3x + \frac{1}{5^2}\cos 5x + \cdots\right),$$

e) $f(x) = ax + b$ für $0 < x < \pi$, ungerade

$$f(x) = \frac{1}{\pi}\left[(4b + 2\pi a)\sin x - \frac{2\pi a}{2}\sin 2x + \frac{4b + 2\pi a}{3}\sin 3x - \frac{2\pi a}{4}\sin 4x \pm \cdots\right],$$

f) $f(x) = 0$ für $0 < x < \beta$

$f(x) = \dfrac{x - \beta}{\alpha - \beta}$ für $\beta < x < \alpha$

$f(x) = 1$ für $\alpha < x < \pi - \alpha$

$$f(x) = \frac{x - (\pi - \beta)}{\beta - \alpha} \text{ für } \pi - \alpha < x < \pi - \beta$$

$f(x) = 0$ für $\pi - \beta < x < \pi$, ungerade (Fig. 36)

$$f(x) = \frac{4}{\pi(\alpha - \beta)} \Big[\frac{\sin\alpha - \sin\beta}{1^2} \sin x + \frac{\sin 3\alpha - \sin 3\beta}{3^2} \sin 3x + \frac{\sin 5\alpha - \sin 5\beta}{5^2} \sin 5x + \cdots \Big],$$

g) $f(x) = -\frac{\pi}{8} x^2 + \frac{\pi^2}{8} x$ für $0 < x < \pi$, ungerade

(Parabelbogen durch $x = 0$, $y = 0$ und $x = \pi$, $y = 0$)

$$f(x) = \sin x + \frac{1}{3^3} \sin 3x + \frac{1}{5^3} \sin 5x + \frac{1}{7^3} \sin 7x + \cdots,$$

h) $f(x) = \frac{x^2}{4} - \frac{\pi}{4} x + \frac{\pi^2}{24}$ für $0 < x < \pi$, gerade

$$f(x) = \frac{1}{2^2} \cos 2x + \frac{1}{4^2} \cos 4x + \frac{1}{6^2} \cos 6x + \cdots,$$

i)*) $f(x) = \ln \left| \sin \frac{x}{2} \right|$ für $0 < x < \pi$, gerade

$$f(x) = -\ln 2 - \frac{1}{1} \cos x - \frac{1}{2} \cos 2x - \frac{1}{3} \cos 3x - \cdots,$$

j)*) $f(x) = \ln \left| \cos \frac{x}{2} \right|$ für $0 < x < \pi$, gerade

$$f(x) = -\ln 2 + \frac{1}{1} \cos x - \frac{1}{2} \cos 2x + \frac{1}{3} \cos 3x \mp \cdots,$$

k) $f(x) = \sin x$ für $0 < x < \pi$, gerade

$$f(x) = \frac{2}{\pi} - \frac{4}{\pi} \left(\frac{\cos 2x}{1 \cdot 3} + \frac{\cos 4x}{3 \cdot 5} + \frac{\cos 6x}{5 \cdot 7} + \cdots \right),$$

l) $f(x) = e^{ax}$ für $-\pi < x < \pi$

$$f(x) = \frac{2 \operatorname{Sin} a\pi}{\pi} \left[\frac{1}{2a} + \sum_{n=1}^{\infty} (-1)^n \frac{a \cos nx - n \sin nx}{a^2 + n^2} \right],$$

m) $f(x) = \sin ax$ für $-\pi < x < \pi$ und $a \neq \pm 1, \pm 2, \cdots$

$$f(x) = \frac{2 \sin a\pi}{\pi} \left(\frac{\sin x}{1^2 - a^2} - \frac{2 \sin 2x}{2^2 - a^2} + \frac{3 \sin 3x}{3^2 - a^2} \mp \cdots \right),$$

*) Hier ist die Bedingung der Beschränktheit im Intervall $-\pi < x < \pi$ nicht erfüllt.

n) $f(x) = \cos ax$ für $-\pi < x < \pi$ und $a \neq 0, \pm 1, \pm 2, \cdots$

$$f(x) = \frac{2a \sin a\pi}{\pi}\left(\frac{1}{2a^2} + \frac{\cos x}{1^2 - a^2} - \frac{\cos 2x}{2^2 - a^2} + \frac{\cos 3x}{3^2 - a^2} \mp \cdots\right),$$

o) $f(x) = \mathfrak{Sin}\, ax$ für $-\pi < x < \pi$

$$f(x) = \frac{2\,\mathfrak{Sin}\, a\pi}{\pi}\left(\frac{\sin x}{1^2 + a^2} - \frac{2 \sin 2x}{2^2 + a^2} + \frac{3 \sin 3x}{3^2 + a^2} \mp \cdots\right),$$

p) $f(x) = \mathfrak{Cof}\, ax$ für $-\pi < x < \pi$ $(a \neq 0)$

$$f(x) = \frac{2a\,\mathfrak{Sin}\, a\pi}{\pi}\left(\frac{1}{2a^2} - \frac{\cos x}{1^2 + a^2} + \frac{\cos 2x}{2^2 + a^2} - \frac{\cos 3x}{3^2 + a^2} \pm \cdots\right).$$

3.) Rechenregeln:

Sind $f_1(x)$ und $f_2(x)$ im Intervall $-\pi < x < \pi$ den Bedingungen der Nr. 1 genügende Funktionen und R_1, R_2 die zugehörigen *Fourier*-Reihen, so gilt

$$C_1 f_1(x) + C_2 f_2(x) = C_1 R_1 + C_2 R_2,$$

wobei C_1, C_2 beliebige Konstanten sind.

Erfüllt die Funktion $f(x)$ mit der Periode 2π überall die Bedingungen von Nr. 1 und setzt man

$$f(\bar{x} - c) = F(\bar{x}), \quad (c \text{ constant}),$$

so bestehen zwischen den *Fourier*-Koeffizienten a_n, b_n der Funktion $f(x)$ und den *Fourier*-Koeffizienten der Funktion $F(\bar{x})$ die Beziehungen

$$A_n = a_n \cos nc + b_n \sin nc\,,$$
$$B_n = b_n \cos nc - a_n \sin nc.$$

Wenn $f(x)$ im Intervall $-\pi < x < \pi$ beschränkt, stetig und differenzierbar ist, so konvergiert die *Fourier*-Reihe gleichmäßig. Sie kann also gliedweise integriert werden und stellt dann das Integral von $f(x)$ dar.

4.) Harmonische Analysis:

Verfahren von *Runge*: Um eine numerisch oder graphisch im Intervall $0 < x < 2\pi$ gegebene Funktion $y = f(x)$ näherungsweise durch eine *Fourier*-Reihe darzustellen, bestimmt man für die 12 Abszissen $x_n = n\frac{2\pi}{12}$ $(n = 1, 2, \ldots, 12)$

die Funktionswerte y_n und berechnet Summen und Differenzen dieser Ordinaten nach folgendem Schema:

		y_1	y_2	y_3	y_4	y_5	y_6
	y_{12}	y_{11}	y_{10}	y_9	y_8	y_7	
Summe	s_0	s_1	s_2	s_3	s_4	s_5	s_6
Differenz		d_1	d_2	d_3	d_4	d_5	d_6

	s_0	s_1	s_2	s_3	d_1	d_2	d_3
	s_6	s_5	s_4		d_5	d_4	
Summe	S_0	S_1	S_2	S_3	σ_1	σ_2	σ_3
Differenz	D_0	D_1	D_2		δ_1	δ_2	

Dann sind die Koeffizienten der Darstellung

$$f(x) = \frac{a_0}{2} + a_1 \cos x + a_2 \cos 2x + \cdots + a_6 \cos 6x$$
$$+ b_1 \sin x + b_2 \sin 2x + \cdots + b_5 \sin 5x$$

gegeben durch

$$\begin{aligned}
12a_0 &= (S_0 + S_2) + (S_1 + S_3)\\
12a_6 &= (S_0 + S_2) - (S_1 + S_3)\\
6a_1 &= (0.5D_2 + D_0) + 0.866D_1\\
6a_5 &= (0.5D_2 + D_0) - 0.866D_1\\
6a_2 &= (-0.5S_2 + S_0) + (0.5S_1 - S_3)\\
6a_4 &= (-0.5S_2 + S_0) - (0.5S_1 - S_3)\\
6a_3 &= D_0 - D_2
\end{aligned}$$

$$\begin{aligned}
6b_1 &= (0.5\sigma_1 + \sigma_3) + 0.866\sigma_2\\
6b_5 &= (0.5\sigma_1 + \sigma_3) - 0.866\sigma_2\\
6b_2 &= 0.866(\delta_1 + \delta_2)\\
6b_4 &= 0.866(\delta_1 - \delta_2)\\
6b_3 &= \sigma_1 - \sigma_3.
\end{aligned}$$

5.) *Fouriers* Integralsatz:

Wenn $f(x)$ stückweise differenzierbar und an Unstetigkeitsstellen durch

$$f(x) = \frac{f(x+0) + f(x-0)}{2}$$

definiert ist, und wenn ferner

$$\int_{-\infty}^{+\infty} |f(x)| \, dx$$

einen endlichen Wert hat, so gilt

$$f(x) = \frac{1}{\pi} \int_0^{\infty} \left(\int_{-\infty}^{+\infty} f(t) \cos u(x-t) \, dt \right) du .$$

§ 105. Elliptische Integrale

1.) Unter dem elliptischen Integral erster Gattung versteht man das Integral

$$F(k, \varphi) = \int_0^{\varphi} \frac{d\vartheta}{\sqrt{1 - k^2 \sin^2 \vartheta}}, \quad (k^2 < 1).$$

Es gilt

$$F(k, \varphi) = \varphi + \frac{1}{2} k^2 \int_0^{\varphi} \sin^2 \vartheta \, d\vartheta + \frac{3}{8} k^4 \int_0^{\varphi} \sin^4 \vartheta \, d\vartheta + \cdots$$

$$+ \frac{1 \cdot 3 \cdots (2n-1)}{2 \cdot 4 \cdots 2n} k^{2n} \int_0^{\varphi} \sin^{2n} \vartheta \, d\vartheta + \cdots$$

(Vgl. § 45, 1 e.)

2.) Für das elliptische Integral zweiter Gattung

$$E(k,\varphi)=\int_0^{\varphi}\sqrt{1-k^2\sin^2\vartheta}\,d\vartheta$$

gilt

$$E(k,\varphi)=\varphi-\frac{1}{2}k^2\int_0^{\varphi}\sin^2\vartheta\,d\vartheta-\frac{1}{8}k^4\int_0^{\varphi}\sin^4\vartheta\,d\vartheta-\cdots$$

$$-\frac{1\cdot 3\cdots(2n-3)}{2\cdot 4\cdots 2n}k^{2n}\int_0^{\varphi}\sin^{2n}\vartheta\,d\vartheta-\cdots$$

3.) Die Bogenlänge s der Ellipse

$$\left(\frac{x}{a}\right)^2+\left(\frac{y}{b}\right)^2=1\quad(a>b)$$

zwischen dem Punkte $x=0, y=b$ und dem Punkte $x=a\sin\varphi$, $y=b\cos\varphi$ ist

$$s=aE(k,\varphi),$$

wobei

$$k=\frac{1}{a}\sqrt{a^2-b^2}$$

ihre numerische Exzentrizität ist.

XIV. Abschnitt

Funktionentheorie und konforme Abbildung

§ 106. Begriff der regulären Funktion einer komplexen Veränderlichen

1.) Der Begriff des endlichen Grenzwertes einer Folge komplexer Zahlen wird wie im Reellen definiert (vgl. § 87). Analog zum Reellen wird auch der Begriff der Funktion $w=u+iv$ einer komplexen Variablen $z=x+iy$ gefaßt, wobei an Stelle des reellen Zahlenintervalles ein Bereich B der Gaußschen Zahlenebene tritt, in welcher der reelle und der imaginäre Teil der komplexen Zahl z, also x und y, als rechtwinklige Koordinaten gedeutet werden. Eine eindeutige Funktion $w = f(z)$ ordnet alsdann jedem Punkte des Bereiches B der z-Ebene einen Punkt der w-Ebene zu, und man erhält als geometrische Deutung der Funktion eine Abbildung der einen Ebene auf die andere. Entsprechend zum Reellen werden auch die Begriffe Grenzwert einer Funktion und Stetigkeit eingeführt (§§ 87 und 88). Über die im folgenden verwendete Kurve $\mathfrak{C}$ im Bereiche B vgl. § 103, 5.

2.) Die Funktion $w = f(z)$, welche in einer Umgebung der Stelle z stets eindeutig erklärt sei, heißt an dieser Stelle differenzierbar (regulär), wenn

$$\lim_{h \to 0} \frac{f(z+h) - f(z)}{h} = f'(z)$$

(h eine komplexe Variable) existiert und endlich ist. Die Existenz dieses Grenzwertes zieht für den reellen und den imaginären Teil der Funktion, also $u(x, y)$ bzw. $v(x, y)$, die Existenz der partiellen Ableitungen 1. Ordnung nach sich. Außerdem bestehen die *Cauchy-Riemann*schen Differentialgleichungen (vgl. § 118, 4)

$$\frac{\partial u}{\partial x} = \frac{\partial v}{\partial y}, \quad \frac{\partial u}{\partial y} = -\frac{\partial v}{\partial x}.$$

Es gelten die Differentiationsregeln. Ist die Funktion $f(z)$ an jeder Stelle des Bereiches B differenzierbar, so heißt sie eine in diesem Bereiche reguläre Funktion. Eine reguläre Funktion $w = f(z)$ liefert in einer Umgebung einer Stelle z, für welche $f'(z) \neq 0$ ist, eine konforme (winkeltreue) Abbildung mit Erhaltung des Richtungssinnes und besitzt dort eine reguläre Umkehrfunktion $z = \varphi(w)$.

Das Differential dw der Funktion $w = u + iv$, wobei u und v reelle differenzierbare Funktionen von x und y sind, ist

$$dw = du + i dv = \frac{\partial u}{\partial x} dx + \frac{\partial u}{\partial y} dy + i \left(\frac{\partial v}{\partial x} dx + \frac{\partial v}{\partial y} dy \right).$$

Die *Cauchy-Riemann*schen Differentialgleichungen stellen die notwendige und hinreichende Bedingung dafür dar, daß dw

in der Form

$$dw = \left(\frac{\partial u}{\partial x} + i\frac{\partial v}{\partial x}\right)(dx + i\,dy) = f'(z)\,dz$$

erscheint.

3.) Beispiel:

Die Funktion $$w = z^2,$$

wobei $w = u + iv$, $z = x + iy$ ist für alle endlichen Werte der komplexen Variablen z regulär, denn

$$\lim_{h\to 0}\frac{f(z+h) - f(z)}{h} = \lim_{h\to 0}\frac{(z+h)^2 - z^2}{h}$$
$$= \lim_{h\to 0}(2z + h) = 2z = f'(z),$$

wie auch die komplexe Variable h gegen Null streben möge.

Die Funktion $w = z^2$ ist gleichbedeutend mit

$$u + iv = (x + ig)^2 = x^2 - y^2 + 2ixy,$$

also mit dem System der beiden reellen Funktionen

$$u = x^2 - y^2, \quad v = 2xy.$$

Es ist

$$\frac{\partial u}{\partial x} = \frac{\partial v}{\partial y} = 2x, \quad \frac{\partial u}{\partial y} = -\frac{\partial v}{\partial x} = -2y.$$

Die *Cauchy-Riemann*schen Differentialgleichungen sind in der Tat erfüllt.

Im Gegensatz hierzu stellt das System

$$u = x^2 + y^2, \quad v = 2xy$$

keine reguläre Funktion $w = f(z)$ dar, da die zweite *Cauchy-Riemann*sche Differentialgleichung nicht erfüllt ist. Hier ist

$$w = u + iv = z^2 + 2y^2,$$

also keine Funktion von z allein.

4.) Sind die Funktionen $f(z)$, $f_1(z)$, $f_2(z)$ regulär an der Stelle z_0, so gilt gleiches von den Funktionen

$$Cf(z), \quad f_1(z) + f_2(z), \quad f_1(z)\cdot f_2(z)$$

und, falls $f_2(z_0) \neq 0$ ist, auch von

$$\frac{f_1(z)}{f_2(z)}$$

(C ist eine beliebige komplexe Konstante).

5.) Ist $\zeta = f(z)$ an der Stelle z_0 regulär und $w = F(\zeta)$ an der Stelle $\zeta_0 = f(z_0)$ regulär, so ist

$$w = F(f(z))$$

an der Stelle z_0 regulär.

§ 107. Integralsätze

In B sei $f(z)$ eindeutig und stetig, z_0 und z_1 seien zwei Punkte von B, die durch die in B verlaufende Kurve $\mathfrak{C}$ verbunden werden mögen. Dann existiert das bestimmte Integral

$$\int_{z_0}^{z} f(z)\,dz = \int_{\mathfrak{C}} f(z)\,dz = \int_{\mathfrak{C}} u\,dx - v\,dy + i\int_{\mathfrak{C}} u\,dy + v\,dx.$$

Ist $f(z)$ in dem einfach zusammenhängenden Bereiche B regulär, und ist $\mathfrak{C}$ eine geschlossene Kurve in B, so ist

$$\int_{\mathfrak{C}} f(z)\,dz = 0.$$

Das Kurvenintegral zwischen zwei Punkten des Bereiches ist dann also vom Wege unabhängig (*Cauchy*scher Integralsatz).

Hinsichtlich der Kurve $\mathfrak{C}$ und mehrfach-zusammenhängender Bereiche vgl. § 103, 5.

Ist wieder $f(z)$ in dem einfach zusammenhängenden Bereich B regulär, so stellt das Integral

$$F(z_1) = \int_{z_0}^{z_1} f(z)\,dz,$$

falls die obere Grenze z_1 variabel gedacht wird, eine in B analytische Funktion von z_1 dar, und es ist $F'(z_1) = f(z_1)$.

Ist $f(z)$ in B höchstens mit Ausnahme von z_0 regulär und ist $\mathfrak{C}$ eine geschlossene Kurve in B, welche z_0 umläuft, so heißt das in positivem Umlaufssinn erstreckte Integral

$$\frac{1}{2\pi i}\int_{\mathfrak{C}} f(z)\,dz$$

des Residuum von $f(z)$ im Punkte z_0.

Ist $f(z)$ mit Ausnahme von endlich vielen Stellen in B regulär und umschließt $\mathfrak{C}$ alle diese Stellen, so ergibt das letzte Integral die Summe der Residuen an diesen Stellen (*Cauchy*scher Residuensatz).

Ist $f(z)$ in B regulär und läuft z auf der geschlossenen den Punkt z_0 einmal umschließenden Kurve $\mathfrak{C}$, so gilt bei positivem Umlaufssinn

$$f(z_0) = \frac{1}{2\pi i}\int_{\mathfrak{C}} \frac{f(z)}{z - z_0}\,dz$$

(*Cauchy*sche Integralformel) und für $n = 1, 2, 3, \ldots$

$$f^{(n)}(z_0) = \frac{n!}{2\pi i}\int_{\mathfrak{C}} \frac{f(z)}{(z - z_0)^{n+1}}\,dz,$$

d. h. eine einmal differenzierbare Funktion ist beliebig oft differenzierbar (im Gegensatz zum Reellen, wo dieser Satz nicht gilt).

§ 108. Potenzreihen

1.) Die Begriffe Konvergenz, Divergenz, absolute und gleichmäßige Konvergenz werden wie im Reellen definiert, insbesondere gelten auch alle Sätze des § 94 für Potenzreihen mit komplexen Koeffizienten und der komplexen Variablen z, wobei an Stelle des Konvergenzintervalles der Konvergenzkreis vom Radius ϱ tritt.

Ist $f(z)$ an der Stelle z_0 regulär, so existiert eine und nur eine im allgemeinen unendliche Potenzreihenentwicklung für $f(z)$ an dieser Stelle

$$f(z) = f(z_0) + \frac{f'(z_0)}{1!}(z - z_0) + \frac{f''(z_0)}{2!}(z - z_0)^2 + \cdots,$$

deren Konvergenzradius nach § 94, 2 zu berechnen ist. Jede reguläre Funktion ist somit auch analytisch (vgl. § 95, 4).

Umgekehrt stellt jede nicht nur für $z = z_0$ konvergierende Potenzreihe $\sum\limits_{n=0}^{\infty} c_n(z - z_0)^n$ eine in ihrem Konvergenzkreis reguläre (analytische) Funktion dar.

Ist $0 < r < \varrho$ und M das Maximum von $|f(z)|$ auf dem Kreise $|z - z_0| = r$, so ist

$$|c_n| \leqq \frac{M}{r^n}$$

(*Cauchy*sche Abschätzungsformel).

Satz von *Abel*: Konvergiert die Potenzreihe in einem Punkte ζ auf dem Konvergenzkreis, so stellt sie eine in jedem abgeschlossenen Dreieck stetige Funktion dar, dessen Ecken der Punkt ζ und zwei weitere Punkte im Inneren des Konvergenzkreises sind.

2.) Analytische Fortsetzung:

Ist eine analytische Funktion $w = f(z)$ durch eine Potenzreihe

$$f(z) = \sum_{n=0}^{\infty} c_n(z - z_0)^n$$

mit dem Konvergenzradius ϱ definiert und ist z_1 eine Stelle im Inneren des Konvergenzkreises, so besitzt sie an dieser Stelle eine Entwicklung von der Form

$$f(z) = \sum_{n=0}^{\infty} c'_n(z - z_1)^n,$$

die man erhält, indem man

$$(z - z_0)^n = \big((z - z_1) + (z_1 - z_0)\big)^n$$

in ein Polynom in $z - z_1$ entwickelt. Der Konvergenzkreis $|z - z_1| < \varrho'$ dieser Potenzreihe berührt mindestens den Konvergenzkreis $|z - z_0| = \varrho$ von innen. Enthält er Punkte z außerhalb dieses Kreises, so sagt man, daß die Funktion $f(z)$ über den Kreis $|z - z_0| < \varrho$ analytisch fortsetzbar ist.

Beispiel:

$$f(z) = \frac{1}{1 - z} = 1 + z + z^2 + \cdots$$

konvergiert für $|z| < 1 = \varrho$. Die Entwicklung

$$f(z) = \frac{1}{1-z} = \frac{1}{1-z_1} + \frac{z-z_1}{(1-z_1)^2} + \frac{(z-z_1)^2}{(1-z_1)^3} + \cdots$$

konvergiert für $|z - z_1| < |1 - z_1| = \varrho'$ und stellt für z_1-Werte, die nicht auf der reellen Achse zwischen 0 (einschließlich) und 1 liegen, eine analytische Fortsetzung der Funktion $f(z)$ über den Kreis $|z| < 1$ dar.

3.) Elementare transzendente Funktionen einer komplexen Variablen (vgl. § 108, 1).

Für eine komplexe Variable $z = x + iy$ werden die Funktionen e^z, $\sin z$, $\cos z$ definiert, indem man in den Potenzreihen für e^x, $\sin x$, $\cos x$ die reelle Variable x durch die komplexe z ersetzt. Die Funktionen $\operatorname{tg} z$ und $\operatorname{ctg} z$ werden durch die Beziehungen $\operatorname{tg} z = \frac{\sin z}{\cos z} = \frac{1}{\operatorname{ctg} z}$, die Funktionen $\ln z$, $\arcsin z$ usw. als Umkehrfunktionen der Funktionen e^z, $\sin z$ usw. definiert.

a) $$w = e^z = 1 + \frac{z}{1!} + \frac{z^2}{2!} + \frac{z^3}{3!} + \cdots, \quad |z| < \infty.$$

Für eine reelle Zahl $y = \varphi$ gilt

$$e^{i\varphi} = \cos\varphi + i \sin\varphi$$

(*Euler*sche Formel). Eine komplexe Zahl z hat daher in Polarkoordinaten

$$x = r\cos\varphi, \quad y = r\sin\varphi$$

die Form

$$z = re^{i\varphi}.$$

Für beliebige ganze k gilt

$$e^{z+2k\pi i} = e^z.$$

Die Funktion $w = e^z$ hat somit die Periode $2\pi i$.
Speziell ist:

$$e^{2k\pi i} = 1, \quad e^{(2k+1)\pi i} = -1.$$

b) $$w = \ln z = \ln r + i(\varphi + 2k\pi),$$

wobei $\ln r$ der natürliche reelle Logarithmus von r ist. Speziell ist

$$\ln(-1) = (2k+1)\pi i, \quad \ln(-x) = \ln x + (2k+1)\pi i.$$

c) $$w = \sin z = \frac{z}{1!} - \frac{z^3}{3!} + \frac{z^5}{5!} \mp \cdots, \quad |z| < \infty$$

$$w = \cos z = 1 - \frac{z^2}{2!} + \frac{z^4}{4!} \mp \cdots, \quad |z| < \infty$$

$$\sin z = \frac{e^{iz} - e^{-iz}}{2i}, \quad \cos z = \frac{e^{iz} + e^{-iz}}{2}$$

$$\operatorname{tg} z = \frac{e^{iz} - e^{-iz}}{e^{iz} + e^{-iz}} = \frac{1}{\operatorname{ctg} z}.$$

d)
$$\operatorname{arc\,sin} z = i \ln (\sqrt{1 - z^2} - iz),$$
$$\operatorname{arc\,cos} z = i \ln (z + i\sqrt{1 - z^2}),$$
$$\operatorname{arc\,tg} z = \frac{i}{2} \ln \frac{1 - iz}{1 + iz},$$
$$\operatorname{arc\,ctg} z = \frac{i}{2} \ln \frac{iz + 1}{iz - 1}.$$

e) Hyperbolische Funktionen:

$$w = \mathfrak{Sin}\, z = \frac{z}{1!} + \frac{z^3}{3!} + \frac{z^5}{5!} + \cdots, \qquad |z| < \infty$$

$$w = \mathfrak{Cof}\, z = 1 + \frac{z^2}{2!} + \frac{z^4}{4!} + \frac{z^6}{6!} + \cdots, \qquad |z| < \infty$$

$$\mathfrak{Sin}\, z = \frac{e^z - e^{-z}}{2}, \quad \mathfrak{Cof}\, z = \frac{e^z + e^{-z}}{2},$$

$$\mathfrak{Tg}\, z = \frac{e^z - e^{-z}}{e^z + e^{-z}} = \frac{1}{\mathfrak{Ctg}\, z},$$

$$\mathfrak{Sin}(-z) = -\mathfrak{Sin}\, z, \quad \mathfrak{Cof}(-z) = \mathfrak{Cof}\, z,$$
$$\mathfrak{Tg}(-z) = -\mathfrak{Tg}\, z, \quad \mathfrak{Ctg}(-z) = -\mathfrak{Ctg}\, z.$$

f) Für reelle x gilt

$$\mathfrak{Sin}\, ix = i \sin x, \qquad \mathfrak{Cof}\, ix = \cos x,$$
$$\mathfrak{Tg}\, ix = i \operatorname{tg} x, \qquad \mathfrak{Ctg}\, ix = -i \operatorname{ctg} x;$$
$$\sin ix = i\, \mathfrak{Sin}\, x, \qquad \cos ix = \mathfrak{Cof}\, x,$$
$$\operatorname{tg} ix = i\, \mathfrak{Tg}\, x, \qquad \operatorname{ctg} ix = -i\, \mathfrak{Ctg}\, x.$$

Mit Hilfe der letzten vier Formeln lassen sich die goniometrischen Formeln der Trigonometrie (§ 44 und 45) ohne weiteres in die analogen Formeln für die hyperbolischen Funktionen umformen. Z. B. liefert die Formel $\cos^2 x + \sin^2 x = 1$, wenn man x durch ix ersetzt,

$$\mathfrak{Cof}^2 x - \mathfrak{Sin}^2 x = 1.$$

Das Additionstheorem $\sin(x + y) = \sin x \cos y + \cos x \sin y$ ergibt, wenn man x durch ix und y durch iy ersetzt,

$$\mathfrak{Sin}(x + y) = \mathfrak{Sin}\, x\, \mathfrak{Cof}\, y + \mathfrak{Cof}\, x\, \mathfrak{Sin}\, y.$$

Ersetzt man lediglich y durch iy, so folgt

$$\sin z = \sin(x + iy) = \sin x \operatorname{Cos} y + i \cos x \operatorname{Sin} y.$$

g) $$\operatorname{Ar}\operatorname{Sin} z = \ln(z + \sqrt{z^2+1}), \quad \operatorname{Ar}\operatorname{Cos} z = \ln(z + \sqrt{z^2-1}),$$
$$\operatorname{Ar}\operatorname{Tg} z = \frac{1}{2}\ln\frac{1+z}{1-z}, \qquad \operatorname{Ar}\operatorname{Ctg} z = \frac{1}{2}\ln\frac{z+1}{z-1}.$$

4.) Verhalten im Unendlichen:

Das Unendliche wird in der Funktionentheorie geometrisch als Punkt gedacht. Man sagt, eine Funktion $f(z)$ habe eine Eigenschaft im Unendlichen, wenn $f\left(\frac{1}{z}\right)$ diese Eigenschaft an der Stelle $z = 0$ hat. Z. B. ist $f(z)$ im Unendlichen regulär, wenn $f\left(\frac{1}{z}\right)$ für $|z| < r$ die Entwicklung $f\left(\frac{1}{z}\right) = \sum_{n=0}^{\infty} c_n z^n$ besitzt, wenn also $f(z)$ für $|z| > \frac{1}{r}$ die Entwicklung $f(z) = \sum_{n=0}^{\infty} \frac{c_n}{z^n}$ besitzt.

§ 109. Singuläre Stellen

1.) Im Kreisring um den Punkt z_0 als Mittelpunkt mit den Radien r_1 und $r_2 > r_1$, wobei auch $r_1 = 0$ oder $r_2 = \infty$ sein darf, sei $f(z)$ regulär. Dann läßt sich $f(z)$ in eine Reihe von der Form entwickeln

$$f(z) = \sum_{n=0}^{\infty} c_n (z - z_0)^n + \sum_{n=-1}^{-\infty} c_n (z - z_0)^n,$$

von welcher der erste Bestandteil für $|z - z_0| < r_2$ und der zweite für $|z - z_0| > r_1$ konvergiert, und es ist für alle ganzen n

$$c_n = \frac{1}{2\pi i}\int_{\mathfrak{C}} \frac{f(z)}{(z - z_0)^{n+1}}\, dz,$$

wobei $\mathfrak{C}$ im Inneren des Kreisrings den Punkt z_0 einmal im positiven Sinne umläuft (*Laurent*sche Entwicklung).

2.) Ist $r_1 = 0$ und sind nicht sämtliche c_n mit negativem n Null, so heißt z_0 eine isolierte singuläre Stelle. Sind nur endlich viele solche c_n vorhanden und ist $-m$ die höchste negative Potenz von $z-z_0$, so heißt z_0 ein Pol von der Ordnung m. Sind dagegen unendlich viele negative Potenzen vorhanden, so heißt z_0 wesentlich singulär.

Eine reguläre Stelle heißt Nullstelle von der Ordnung m, wenn in der Potenzreihenentwicklung $c_0 = c_1 = \cdots = c_{m-1} = 0$, $c_m \neq 0$ ist.

3.) Ist $f(z)$ innerhalb der geschlossenen, sich nicht selbst schneidenden Kurve $\mathfrak{C}$ eindeutig und bis auf endlich viele Pole regulär und auf $\mathfrak{C}$ regulär und von Null verschieden, so ist, wenn $\mathfrak{C}$ im positiven Sinne durchlaufen wird,

$$\frac{1}{2\pi i}\int_{\mathfrak{C}} \frac{f'(z)}{f(z)}\,dz = N - P,$$

d. h. gleich der Anzahl N der Nullstellen minus der Anzahl P der Pole innerhalb von $\mathfrak{C}$, wenn jede solche Stelle gemäß ihrer Ordnung gezählt wird.

§ 110. Spezielle konforme Abbildungen

1.) Aus der Definition der regulären Funktion § 106, 2 folgt, daß an einer Stelle z_0, an der die Funktion $w = f(z)$ regulär und $f'(z_0) \neq 0$ ist, der Winkel zwischen zwei beliebigen Elementen dz_1, dz_2 bei der Abbildung in die w-Ebene einschließlich des Richtungssinnes erhalten bleibt. Eine solche Abbildung heißt direkt konform. Um eine anschauliche Vorstellung der durch eine Funktion $w = f(z)$ vermittelten Abbildung zu erhalten, pflegt man ein orthogonales Kurvennetz in der z Ebene zu wählen und dessen Bild in der w Ebene zu bestimmen oder umgekehrt. Gewöhnlich wählt man als Ausgangsnetz zu den Koordinatenachsen parallele Geraden oder ein System von konzentrischen Kreisen und ihren Radien. Die Koordinatenachsen der beiden Ebenen können dabei als in einer Ebene zusammenfallend oder in verschiedenen

Ebenen getrennt angenommen werden, je nachdem es für die geometrische Darstellung der Funktion vorteilhaft ist.

2.) Die lineare Funktion $w = \dfrac{az + b}{cz + d}$.

(a, b, c, d sind im allgemeinen komplexe Konstanten. Es wird $ad - bc \neq 0$ vorausgesetzt. Andernfalls ist w eine Konstante.)

a) Die ganze lineare Funktion $w = az + b$ stellt eine Ähnlichkeitstransformation mit Erhaltung des Winkeldrehsinnes dar. Insbesondere ist

$$w = e^{i\alpha} z + b$$

(α reell) eine Bewegung (Koordinatentransformation vgl. § 61, 4), in reeller Form mit $b = b_1 + i b_2$

$$u = x \cos \alpha - y \sin \alpha + b_1, \quad v = x \sin \alpha + y \cos \alpha + b_2.$$

b) Die gebrochene lineare Funktion läßt sich durch Nacheinanderausführung von Ähnlichkeitstransformationen und einer Funktion von der Form $w = \dfrac{1}{z}$ herstellen.

c) Die Funktion $w = \dfrac{1}{z}$ ist gleichbedeutend mit dem System der reellen Funktionen

$$u = \frac{x}{x^2 + y^2}, \quad v = -\frac{y}{x^2 + y^2}$$

in rechtwinkligen Koordinaten und mit dem System der reellen Funktionen

$$\varrho = \frac{1}{r}, \quad \vartheta = -\varphi$$

in Polarkoordinaten $w = \varrho e^{i\vartheta}$, $z = r e^{i\varphi}$.

Sie stellt eine Transformation durch reziproke Radien (Spiegelung am Einheitskreis um den Nullpunkt) verbunden mit einer Spiegelung an der x-Achse (siehe Fig. 37) dar. Die Transformation durch reziproke Radien allein ist winkeltreu mit Umkehrung des Richtungssinnes (indirekt konforme Abbildung).

Einem beliebigen Kreise in der z-Ebene

$$A + Bx + Cy + D(x^2 + y^2) = 0$$

entspricht in der w-Ebene der Kreis

$$A(u^2 + v^2) + Bu - Cv + D = 0$$

und umgekehrt. Hier ist die Gerade als Kreis durch den unendlich fernen Punkt einbegriffen. Die Funktion $w = \frac{1}{z}$

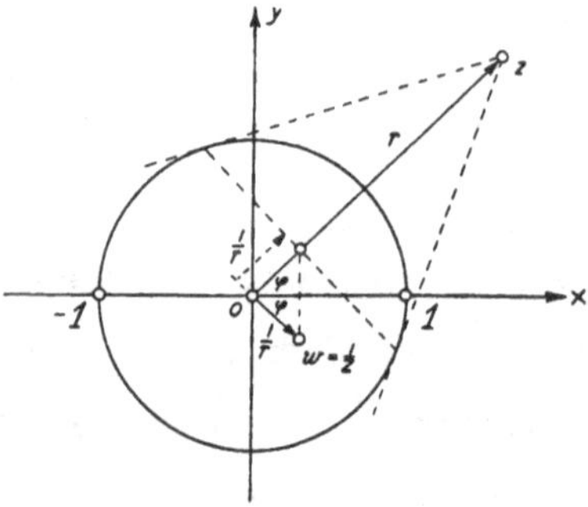

Fig. 37

bildet also die Gesamtheit aller Kreise und Geraden auf sich ab. Einem Kreise durch den Nullpunkt ($A = 0$) entspricht eine Gerade und einer Geraden ($D = 0$) ein Kreis durch den Nullpunkt. Parallelen Geraden entsprechen Kreise, die sich im Nullpunkt berühren, und umgekehrt. Konzentrische Kreise um den Nullpunkt ($B = C = 0$) gehen in ihrer Gesamtheit in sich über. Geraden durch den Nullpunkt ($A = D = 0$) gehen in ihrer Gesamtheit in sich über. Orthogonalkreise zum Einheitskreis um den Nullpunkt gehen in ebensolche über. Orthogonalkreise zum Einheitskreis, deren Mittelpunkt auf der x-Achse liegen, gehen einzeln in sich selbst über. Das Innere des Einheitskreises wird auf sein Äußeres abgebildet und umgekehrt. Dabei werden der Nullpunkt und der unendlich ferne Punkt ausgetauscht. Das Innere eines zur x-Achse symmetrischen Orthogonalkreises des Einheitskreises wird auf sich selbst abgebildet. Gleiches gilt für sein Äußeres.

d) Die gebrochene lineare Funktion $w = \frac{az + b}{cz + d}$ bildet die Gesamtheit aller Kreise und Geraden auf sich ab.

Die lineare Funktion $w = f(z)$, welche die beliebigen, voneinander verschiedenen gegebenen Punkte z_1, z_2, z_3 in die beliebigen, voneinander verschiedenen gegebenen Punkte w_1, w_2, w_3 überführt, berechnet sich aus der Gleichung

$$\frac{w - w_1}{w - w_2} \cdot \frac{w_3 - w_2}{w_3 - w_1} = \frac{z - z_1}{z - z_2} \cdot \frac{z_3 - z_2}{z_3 - z_1}.$$

Punkte, für welche $w = z$ ist, heißen Fixpunkte der linearen Funktion. Sie ergeben sich aus der im allgemeinen quadratischen Gleichung

$$cz^2 + (d - a)z = b.$$

Die lineare Funktion besitzt demnach zwei Fixpunkte im Endlichen, wenn $c \neq 0$ ist, die auch zusammenfallen können. Für die ganze lineare Funktion ($c = 0$) ist ein Fixpunkt endlich, während der andere der unendlich ferne Punkt ist.

Die lineare Funktion vermittelt eine umkehrbar eindeutige und konforme Abbildung der z-Ebene auf die w-Ebene einschließlich des Unendlichen. Sie besitzt als einzige Singularität einen Pol erster Ordnung $\left(\text{an der Stelle } z_0 = -\frac{d}{c}\right)$.

Die einzige Funktion, welche eine Ebene umkehrbar eindeutig und konform (einschließlich des Unendlichen) auf eine Ebene abbildet, ist die lineare Funktion.

Die einzige Funktion, welche eine Ebene umkehrbar eindeutig und konform auf eine Ebene abbildet, wobei sich die unendlich fernen Punkte entsprechen, ist die ganze lineare Funktion.

Die einzige Funktion, welche in der ganzen Ebene (einschließlich des Unendlichen) regulär ist, ist eine Konstante.

3.) Die Funktion $w = z^n$ und ihre Umkehrung.

a) Die Funktion $w = z^n$, wobei n eine positive ganze Zahl ist, ist gleichbedeutend mit dem System der reellen Funktionen

$$\varrho = r^n, \quad \vartheta = n\varphi$$

in Polarkoordinaten $w = \varrho e^{i\vartheta}, \quad z = r e^{i\varphi}$.

Sie bildet den Sektor $0 \leqq \varphi < \frac{2\pi}{n}$ der z-Ebene auf die volle w-Ebene ab, die von 0 bis ∞ längs der u-Achse aufgeschnitten zu denken ist. Der folgende Sektor $\frac{2\pi}{n} \leqq \varphi < 2 \cdot \frac{2\pi}{n}$ wird auf eine ebensolche Vollebene abgebildet, die als zweites Blatt gedacht wird und so fort. Wird der untere Rand des Schnittes des ersten Blattes mit dem oberen des zweiten Blattes, der untere Rand des zweiten Blattes mit dem oberen des dritten verheftet gedacht und so fort und schließlich der obere Rand des n-ten Blattes mit dem unteren des ersten Blattes, so entsteht ein n-blättriges geschlossenes zweidimensionales Gebilde mit einem Windungspunkt bei $w = 0$ und einem ebensolchen bei $w = \infty$. Gebilde dieser Art heißen *Riemann*sche Flächen. Die Funktion $w = z^n$ bildet also die schlichte z-Ebene auf die n-blättrige *Riemann*sche Fläche in der w-Ebene mit n-blättrigen Wirkungspunkten bei $w = 0$ und $w = \infty$ ab.

Numeriert man die Blätter entsprechend den Sektoren, so bildet die Umkehrfunktion

$$z = w^{\frac{1}{n}}$$

das erste Blatt der w-Ebene eindeutig auf den ersten Sektor, das zweite Blatt eindeutig auf den zweiten Sektor usw. ab.

Somit liefert die Funktion $w = z^n$ eine umkehrbar eindeutige und, abgesehen von den Punkten $z = 0$ und $z = \infty$, konforme Abbildung der schlichten z-Ebene auf die n-blättrige *Riemann*sche Fläche in der w-Ebene. An den Stellen $z = 0$ und $z = \infty$ werden Winkel mit dem Faktor n vergrößert. Die Abbildung ist an diesen Stellen also nicht konform in Übereinstimmung mit der Tatsache, daß für $z = 0$ die Funktion $f(z)$ nicht von Null verschieden ist und für $z = \infty$ jedenfalls nicht regulär.

b) Kreise mit dem Mittelpunkt $z = 0$ gehen in ebensolche Kreise über. Gerade durch den Nullpunkt gehen in ebensolche Gerade über. Gleiches gilt von logarithmischen Spiralen mit $z = 0$ als asymptotischem Punkt.

Parallelen Geraden zu den Koordinatenachsen in der w-Ebene entsprechen in der z-Ebene hyperbelartige Kurven mit den Geraden $\varphi = k\frac{2\pi}{n}$ $(k = 0, 1, 2, \ldots, n-1)$ als Asymptoten und ihre orthogonalen Trajektorien.

Im Falle der Funktion $w = z^2$ sind diese Kurven gleichseitige Hyperbeln. Diese Funktion bildet ferner zur x-Achse parallele Gerade in Parabeln mit der u-Achse als Achse und $w = 0$ als Brennpunkt ab. Der x-Achse selbst entspricht die doppelt zu zählende positive u-Achse. Den Parallelen zur y-Achse entspricht die orthogonale Parabelschar.

4.) Die Funktion $w = e^z$ und ihre Umkehrung:

In Polarkoordinaten für $w = \varrho e^{i\vartheta}$ und rechtwinkligen Koordinaten für $z = x + y$ ist die Funktion $w = e^z$ gleichbedeutend mit dem System

$$\varrho = e^x, \quad \vartheta = y.$$

Die Funktion $w = e^z$ bildet den Parallelstreifen $0 \leqq y < 2\pi$ der z-Ebene umkehrbar eindeutig und, von $z = 0$ und $z = \infty$ abgesehen, konform auf die volle w-Ebene ab, die längs der positiven u-Achse aufgeschnitten ist. Die volle z-Ebene wird auf die unendlich vielblättrige *Riemann*sche Fläche mit den unendlich vielblättrigen Windungspunkten $w = 0$ und $w = \infty$ abgebildet.

Die Umkehrungsfunktion

$$z = \ln w = \ln \varrho + i\vartheta$$

ist auf dieser *Riemann*schen Fläche eindeutig (vgl. Nr. 3).

Parallelen zur x-Achse entsprechen Gerade durch $w = 0$. Parallele zur y-Achse gehen in Kreise mit $w = 0$ als Mittelpunkt über. Jeder anderen Geraden in der z-Ebene entspricht eine logarithmische Spirale in der w-Ebene.

5.) Die Funktion $w = z + \frac{1}{z}$:

In rechtwinkligen Koordinaten ist diese Funktion identisch mit dem System

$$u = x + \frac{x}{x^2 + y^2}, \quad v = y - \frac{y}{x^2 + y^2}.$$

Mit Polarkoordinaten für $z = r e^{i\varphi}$ hat man

$$u = \left(r + \frac{1}{r}\right) \cos \varphi, \quad v = \left(r - \frac{1}{r}\right) \sin \varphi.$$

Kreise in der z-Ebene mit $z = 0$ als Mittelpunkt gehen in Ellipsen mit den Brennpunkten $w = 2$ und $w = -2$ über. Geraden durch $z = 0$ entsprechen zu den Ellipsen orthogonale konfokale Hyperbeln. Dem Kreise $|z| = 1$ entspricht die doppelt zu zählende Strecke zwischen den Punkten $w = z$ und $w = -z$ in der w-Ebene.

Das Äußere des Kreises $|z| = 1$ wird umkehrbar eindeutig und, von den Punkten $z = +1$ und $z = -1$ abgesehen, konform auf die volle von $+2$ bis -2 längs der u-Achse aufgeschnittene w-Ebene abgebildet. Das Innere des Kreises $|z| = 1$ wird in entsprechender Weise auf ein in gleicher Weise aufgeschnittenes zweites Blatt der vollen w-Ebene abgebildet.

Die Funktion $w = z + \frac{1}{z}$ vermittelt eine umkehrbar eindeutige und, von den Punkten $z = \pm 1$ abgesehen, konforme Abbildung auf die zweiblättrige *Riemann*sche Fläche in der w-Ebene mit den Windungspunkten $w = \pm 2$. Auf dieser Fläche ist die Umkehrfunktion

$$z = \frac{w}{2} + \sqrt{\frac{w^2}{4} - 1}$$

eindeutig.

6.) Die Abbildungseigenschaften der trigonometrischen und der hyperbolischen Funktionen und ihrer Umkehrungen ergeben sich durch Nacheinander Ausführung von Abbildungen der in Nr. 1 bis Nr. 5 besprochenen Art (vgl. § 108). Die Funktion $w = z^n$ mit beliebigem reellen oder komplexen n wird durch logarithmieren auf die besprochenen Fälle zurückgeführt.

7.) Die Funktion

$$w = \int_{z_0}^{z} (\zeta - x_1)^{\lambda_1 - 1} (\zeta - x_2)^{\lambda_2 - 1} \cdots (\zeta - x_n)^{\lambda_n - 1} \, d\zeta$$

(*Schwarz-Christoffel*-Formel).

In dieser Formel sind $x_1 < x_2 < \cdots < x_n$ und $\lambda_1, \lambda_2, \lambda_3, \ldots, \lambda_n$ reelle Zahlen. Das Integral ist entlang einer Kurve im Inneren der oberen Halbebene von einem Punkte z_0 aus zu erstrecken, der auch auf ihrem Rande liegen kann, sofern dann das Integral existiert. Die durch das Integral definierte Funktion $w = f(z)$ liefert die umkehrbar eindeutige und konforme Abbildung der oberen z-Halbebene auf ein (nicht notwendiger Weise schlichtes) Polygon mit den Innenwinkeln $\lambda_1 \pi, \lambda_2 \pi, \ldots, \lambda_n \pi$. Negativen λ_ν-Werten entsprechen Winkel im Unendlichen. Wenn nicht $\lambda_1 + \lambda_2 + \cdots \lambda_n = n - 2$ ist, entspricht dem Punkte $x = \infty$ eine $(n + 1)$te Ecke.

Ersetzt man die $x_1, x_2, \ldots, x_n$ durch Punkte $z_1, z_2, \ldots, z_n$ auf dem Kreise $|z| = 1$, so liefert das Integral mit der Bedingung $\lambda_1 + \lambda_2 + \cdots + \lambda_n = n - 2$ ebenfalls die umkehrbar eindeutige und konforme Abbildung auf ein (nicht notwendiger Weise schlichtes) Polygon mit den Innenwinkeln $\lambda_1\pi, \lambda_2\pi, \ldots, \lambda_n\pi$.

Insbesondere liefert dann

$$w = \int_0^z \frac{d\zeta}{(1-\zeta^n)^{\frac{2}{n}}}$$

die Abbildung auf ein reguläres n-Eck.

§ 111. Allgemeine Abbildungsätze

1.) Lemma von *Schwarz*: Wenn

$$f(z) = c_1 z + c_2 z^2 + \cdots$$

für $|z| < 1$ konvergent ist und die Bedingung $|f(z)| \leqq 1$ für alle $|z| < 1$ erfüllt, dann ist auch

$$|f(z)| \leqq |z|.$$

Das Gleichheitszeichen gilt dann und nur dann, wenn $f(z) = e^{i\alpha} z$ ist (α reell).

Hieraus folgt, daß alle umkehrbar eindeutigen und konformen Abbildungen des Inneren des Einheitskreises auf sich selbst lineare Funktionen sind.

2.) $w = f(z)$ sei im Inneren eines von einer geschlossenen, stetigen, doppelpunktfreien Kurve C begrenzten ganz im endlichen gelegenen Bereiches B regulär und auf C stetig. Wenn $f(z)$ die Kurve C umkehrbar eindeutig auf eine geschlossene doppelpunktfreie Kurve C' abbildet, so liefert sie eine umkehrbar eindeutige und konforme Abbildung des Bereiches B auf den endlichen von C' begrenzten Bereich.

3.) *Schwarz*sches Spiegelungsprinzip: Wenn die reguläre Funktion $f(z)$ auf einem Kreisbogen K Werte annimmt, die auf einem Kreisbogen K' liegen, so nimmt sie in Punkten, die zu K spiegelbildlich liegen, Werte an, die zu K' spiegelbildlich liegen (vgl. § 110c).

4.) *Riemann*scher Abbildungssatz:

Jeder schlichte einfach zusammenhängende Bereich B mit mindestens zwei Randpunkten läßt sich durch eine in B reguläre Funktion $w = f(z)$ umkehrbar eindeutig und konform auf die Fläche eines Kreises abbilden. Verlangt man, daß an einer Stelle z_0 im Inneren des Bereiches B die Bedingungen $f(z_0) = 0$, $f'(z_0) = 1$ erfüllt sind, so ist die Abbildung eindeutig festgelegt.

5.) Schmiegungsverfahren:

Der gegebene schlichte Bereich B sei im Inneren des Einheitskreises gelegen und enthalte den Nullpunkt in seinem Inneren. B' sei ein ebenfalls im Einheitskreis gelegener (nicht notwendig schlichter) Bereich, der B als Teilbereich enthalte,

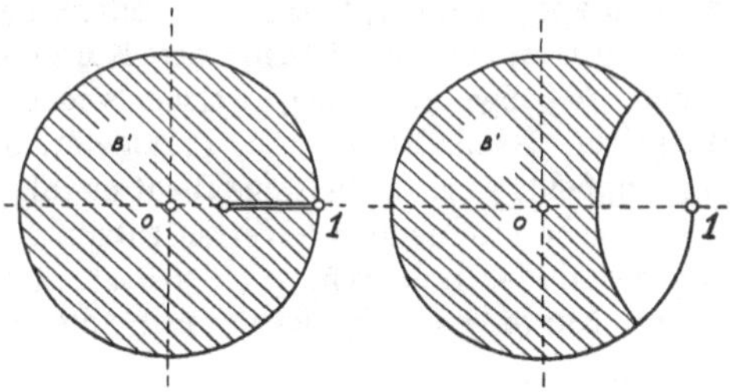

Fig. 38

in B keinen Windungspunkt habe und sich durch eine elementare Funktion auf den vollen schlichten Einheitskreis umkehrbar eindeutig und konform abbilden lasse, wobei der Nullpunkt und eine Richtung in ihm fest bleiben mögen. Durch eine solche Abbildung wird der Rand des Bereiches B dem Rande des Einheitskreises angenähert (nach Nr. 1). Eine geeignete Folge solcher Abbildungen läßt den Bereich B gegen die Fläche des Einheitskreises konvergieren. Je enger der Hilfsbereich B' bei jedem Schritt den Bereich B umschließt, um so schneller konvergiert das Verfahren. Fig. 38 stellt beispielsweise zwei Bereiche B' dar, deren Abbildungen auf den Vollkreis sich aus linearen Funktionen und Funktionen von der Form $w = z^n$ zusammensetzen lassen, und die als Schmiegungsoperationen verwendet werden können.

XV. Abschnitt
Differentialgeometrie

§ 112. Ebene Kurven

1.) Darstellungen einer ebenen Kurve:

I.) $y = f(x)$, II.) $F(x, y) = 0$, III.) $x = \varphi(t)$, $y = \psi(t)$ (Parameterdarstellung), IV.) $r = f(\vartheta)$ (r, ϑ Polarkoordinaten).

Alle auftretenden Funktionen werden hier und im folgenden als analytisch vorausgesetzt, falls nichts anderes gesagt ist.

Unter der positiven Richtung der Kurve $y = f(x)$ versteht man diejenige Richtung, welche wachsenden x-Werten entspricht. Ist die Kurve in der Parameterdarstellung gegeben, so empfiehlt es sich, diejenige Richtung als positive festzusetzen, welche wachsenden t-Werten entspricht. Beide Festsetzungen sind identisch, wenn $\varphi'(t) > 0$ ist. Als positive Richtung der Kurve $r = f(\vartheta)$ wählt man die Richtung wachsender ϑ.

2.) Bezeichnungen:

$$y' = \frac{dy}{dx}, \quad y'' = \frac{d^2y}{dx^2}, \quad \ldots$$

$$F_1 = \frac{\partial F}{\partial x}, \quad F_2 = \frac{\partial F}{\partial y}, \quad F_{11} = \frac{\partial^2 F}{\partial x^2},$$

$$F_{12} = F_{21} = \frac{\partial^2 F}{\partial x \, \partial y}, \quad F_{22} = \frac{\partial^2 F}{\partial y^2}, \ldots$$

$$\varphi' = \frac{d\varphi}{dt}, \quad \psi' = \frac{d\psi}{dt}, \quad \varphi'' = \frac{d^2\varphi}{dt^2}, \quad \psi'' = \frac{d^2\psi}{dt^2}, \ldots,$$

$$r' = \frac{dr}{d\vartheta}, \quad r'' = \frac{d^2 r}{d\vartheta^2}, \ldots$$

Es ist:

$$y' = -\frac{F_1}{F_2} = \frac{\psi'}{\varphi'},$$

$$y'' = -\frac{F_{11} F_2^2 - 2 F_{12} F_1 F_2 + F_{22} F_1^2}{F_2^3} = \frac{\varphi' \psi'' - \psi' \varphi''}{\varphi'^3}$$

. . . . (s. § 91).

Diese Beziehungen gestatten, die im folgenden für I.) angegebenen Formeln in die für II.) und III.) gültigen umzurechnen.

3.) Das Bogenelement:

Die Bogenlänge s der Kurve von einer Stelle x_0 ab ist eine Funktion von x. Ihre Ableitung nach x ist

$$\frac{ds}{dx} = \sqrt{1 + y'^2},$$

wo die Wurzel positiv zu wählen ist, wenn s mit x wachsend definiert wird.

$$ds = \sqrt{dx^2 + dy^2}$$

ist das Bogenelement. Ferner ist

$$\frac{ds}{d\vartheta} = \sqrt{r'^2 + r^2}, \quad \frac{ds}{dt} = \sqrt{\varphi'^2 + \psi'^2}.$$

Auch hier ist die Wurzel positiv zu wählen, wenn man festsetzt, daß die Bogenlänge in Richtung wachsender ϑ bzw. t positiv gerechnet werden soll.

Die gesamte Bogenlänge von x_0 bis x_1 bzw. von ϑ_0 bis ϑ_1 ist

$$s = \int_{x_0}^{x_1} \sqrt{1 + y'^2}\, dx \quad \text{bzw.} \quad s = \int_{\vartheta_0}^{\vartheta_1} \sqrt{r'^2 + r^2}\, d\vartheta.$$

4.) Tangente und Normale:

Die Tangente im Punkte x, y der Kurve ist die Gerade mit der Richtungskonstanten $\operatorname{tg} \tau$, wo τ den Winkel zwischen der positiven x-Achse und der positiven Richtung der Geraden bezeichnet. Dabei versteht man unter der positiven Richtung der Tangente diejenige Richtung, welche der positiven Kurvenrichtung entspricht. Es folgt

$$\sin \tau = \frac{y'}{\underset{+}{\sqrt{1+y'^2}}} = \frac{dy}{ds}, \quad \cos \tau = \frac{1}{\underset{+}{\sqrt{1+y'^2}}} = \frac{dx}{ds} \quad \operatorname{tg} \tau = y'.$$

Die Kurve steigt mit wachsendem x, wenn $y' > 0$, sie fällt, wenn $y' < 0$ ist. Ist $y' = 0$, so ist die Tangente der x-Achse parallel, ist $y' = \infty$, so ist sie der y-Achse parallel.

Gleichung der Tangente (ξ, η laufende Koordinaten, x, y Koordinaten des Berührungspunktes):

$$\text{I.)}\ \eta - y = y'(\xi - x), \qquad \text{II.)}\ F_1(\xi - x) + F_2(\eta - y) = 0,$$
$$\text{III.)}\ (\xi - x)\psi' - (\eta - y)\varphi' = 0.$$

Dreht man die positive Tangente um den positiven Winkel 90^0, so erhält man die positive Normale (s. Fig. 39). Ihre Richtungskonstante ist $-\frac{1}{y'}$, ihre Gleichung also in der Form I.)

$$\eta - y = -\frac{1}{y'}(\xi - x).$$

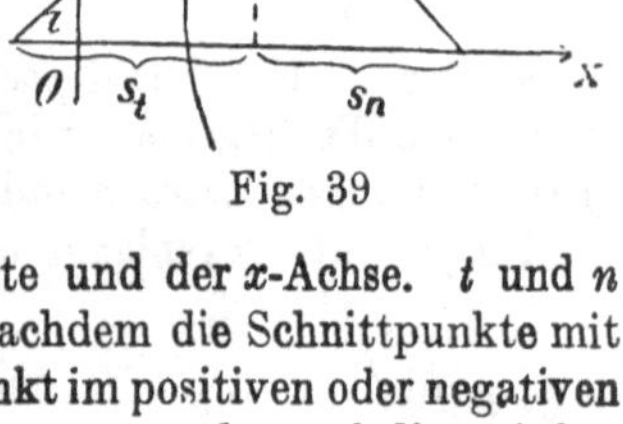

Fig. 39

Unter den Längen t und n von Tangente und Normale versteht man ihre Abschnitte zwischen dem Berührungspunkt x, y der Tangente und der x-Achse. t und n sind positiv oder negativ, je nachdem die Schnittpunkte mit der x-Achse auf den Kurvenpunkt im positiven oder negativen Sinne folgen. Die Projektionen von t und n auf die x-Achse (vom Fußpunkte der Ordinate des Berührungspunktes aus auf der x-Achse positiv oder negativ gerechnet) sind die **Subtangente** s_t und die **Subnormale** s_n. Dann gilt

$$t = -\frac{y}{y'}\underset{+}{\sqrt{1+y'^2}}, \quad n = -y\underset{+}{\sqrt{1+y'^2}}, \quad s_t = -\frac{y}{y'}, \quad s_n = yy'.$$

Polarkoordinaten: Die Längen von Polartangente t und Polarnormale n sind die Stücke von Tangente und Normale zwischen dem Kurvenpunkt und den Schnittpunkten mit dem Lot in O auf dem Radiusvektor (s. Fig. 40). Die Polarsubtangente s_t und die Polarsubnormale s_n sind die Projektionen von t und n auf das Lot. Dem Strahl OP werde als positive Richtung die von O nach P zugeordnet. Die positive Richtung des Lotes möge die sein, welche man erhält, wenn man $\overrightarrow{OP}$ um $+90^0$ dreht.

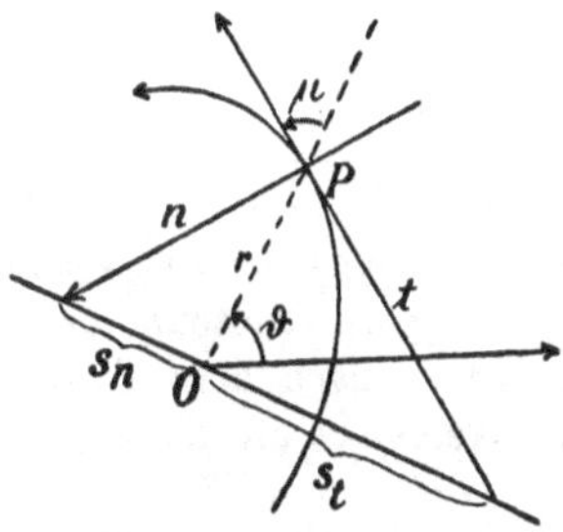

Fig. 40

μ sei der positive Winkel zwischen der Richtung $\overrightarrow{OP}$ und der Richtung der Tangente in P. s_t und s_n werden von O aus positiv oder negativ gerechnet, je nachdem diese Strecken mit der positiven oder negativen Richtung des Lotes zusammenfallen. Dann gilt

$$\operatorname{tg}\mu = \frac{r}{r'}, \qquad t = -\frac{r}{r'}\underset{+}{\sqrt{r^2+r'^2}}, \qquad n = \underset{+}{\sqrt{r^2+r'^2}},$$

$$s_t = -\frac{r^2}{r'}, \qquad s_n = r'.$$

5.) **Asymptoten:**

Definition I: Eine Gerade heißt **Asymptote** einer sich ins Unendliche erstreckenden Kurve, wenn die Entfernung eines Kurvenpunktes von der Geraden gegen Null strebt, sobald der Punkt sich längs der Kurve nach dem Unendlichen bewegt.

Falls Asymptoten parallel zu den Achsen vorhanden sind, haben sie die Gleichungen

$$\eta = \lim_{x \to \infty} y, \quad \text{bzw.} \quad \xi = \lim_{y \to \infty} x .$$

Jede der y-Achse nicht parallele Asymptote hat eine Gleichung von der Form

$$\eta = m \xi + b ,$$

wo

$$m = \lim_{x \to \infty} \frac{y}{x}, \quad b = \lim_{x \to \infty} (y - m x)$$

ist.

Definition II: Eine Asymptote ist eine Gerade, welche die Grenzlage einer beweglichen Tangente darstellt, deren Berührungspunkt sich längs der Kurve nach dem Unendlichen bewegt. (Definition I ist allgemeiner als diese Definition.)

Es sei

$$\eta = m \xi + b$$

die Gleichung der Asymptote. Dann ist

$$m = \lim_{x \to \infty} y', \quad b = \lim_{x \to \infty} (y - m x).$$

Ist die Kurve in Polarkoordinaten gegeben $r = f(\vartheta)$, so erhält man die Richtung einer Asymptote (Def. II) aus der Gleichung

$$\frac{1}{f(\vartheta)} = 0 .$$

Ihr Abstand vom Pol ist

$$\lim_{r \to \infty} s_t = \lim_{r \to \infty} \left(- \frac{r^2}{r'} \right).$$

6.) Die x-Achse liege horizontal mit der positiven Richtung nach rechts. Dann ist $y = f(x)$

konvex nach unten, wenn $y'' > 0$,
konkav „ „ „ $y'' < 0$

ist. Eine Stelle, für die $y'' = 0$, dagegen $y''' \neq 0$ ist, stellt einen **Wendepunkt** dar (s. Nr. 7, vgl. auch § 99, 2).

7.) **Berührung zweier Kurven:**

Zwei Kurven $f(x)$ und $\varphi(x)$ berühren sich an der Stelle x_0 von n-ter Ordnung, wenn

$$f(x_0) = \varphi(x_0), \quad f'(x_0) = \varphi'(x_0), \quad f''(x_0) = \varphi''(x_0), \ldots$$
$$\ldots, f^{(n)}(x_0) = \varphi^{(n)}(x_0),$$

dagegen

$$f^{(n+1)}(x_0) \neq \varphi^{(n+1)}(x_0)$$

ist. Eine Berührung n-ter Ordnung kann als eine Grenzlage aufgefaßt werden, bei welcher $n+1$ Schnittpunkte der beiden Kurven in einen zusammenfallen.

Die Gerade $y = mx + b$ berührt im Punkte x_0, y_0 die Kurve $y = f(x)$ von n^{ter} Ordnung, wenn

$$f'(x_0) = m, f''(x_0) = f'''(x_0) = \cdots = f^{(n)}(x_0) = 0, f^{(n+1)}(x_0) \neq 0$$

und

$$b = f(x_0) - x_0 f'(x_0)$$

ist. Der Berührungspunkt heißt **Wendepunkt**, wenn n gerade, **Flachpunkt**, wenn n ungerade ist.

Das Berühren ist mit Schneiden oder Nichtschneiden im Berührungspunkt verbunden, je nachdem die Berührung von gerader oder ungerader Ordnung ist.

8.) **Der Krümmungskreis:**

Der Krümmungskreis einer Kurve ist derjenige Kreis, der mit der Kurve eine Berührung mindestens zweiter Ordnung im Punkte x, y hat. Der **Krümmungsradius** ist

$$|\varrho| = \left| \frac{+\sqrt{(1+y'^2)}^3}{y''} \right|.$$

Unter der **Krümmung** der Kurve versteht man den Wert $\frac{1}{\varrho}$, wo dieser Ausdruck positiv oder negativ genommen wird, je nachdem $y'' \gtrless 0$, die Kurve also konvex oder konkav nach unten ist. Die Koordinaten des **Krümmungsmittelpunktes** sind

$$X = x - \frac{y'(1+y'^2)}{y''}, \quad Y = y + \frac{1+y'^2}{y''}.$$

Ist die Kurve durch $x = \varphi(t)$, $y = \psi(t)$ gegeben, so hat man

$$\varrho = \frac{\sqrt{(\varphi'^2+\psi'^2)^3}}{\varphi'\psi'' - \psi'\varphi''}, \qquad X = \varphi - \frac{\psi'(\varphi'^2+\psi'^2)}{\varphi'\psi'' - \psi'\varphi''},$$

$$Y = \psi + \frac{\varphi'(\varphi'^2+\psi'^2)}{\varphi'\psi'' - \psi'\varphi''}.$$

Die Quadratwurzel ist positiv zu wählen (s. Nr. 1 und 3).

Für eine in Polarkoordinaten gegebene Kurve ist

$$\varrho = \frac{\overset{+}{\sqrt{(r^2+r'^2)^3}}}{r^2 + 2r'^2 - rr''}.$$

Es ist ferner

$$\varrho = \frac{ds}{d\tau} = \lim_{\Delta s \to 0} \frac{\Delta s}{\Delta \tau}.$$

Hierbei bedeutet $\Delta\tau$ denjenigen gerichteten Winkel, um den man die erste von zwei Tangenten, deren Berührungspunkte den Bogen Δs einschließen, drehen muß, damit sie ihrer Richtung nach mit der zweiten zusammenfällt. Das Differential $d\tau$ heißt **Kontingenzwinkel**. Es ist auch

$$d\tau = \frac{dx\,d^2y - d^2x\,dy}{ds^2} = d\vartheta + \left(\frac{dr}{ds}\right)^2 d\left(\frac{r\,d\vartheta}{dr}\right),$$

$$\frac{1}{\varrho} = \frac{d\tau}{ds} = \frac{d\vartheta + d\mu}{ds}.$$

Der zum Kurvenpunkt x, y gehörige Krümmungsmittelpunkt ist der Grenzpunkt, dem die Schnittpunkte zweier Normalen zustreben, wenn sich die zu den Normalen gehörigen Kurvenpunkte dem Punkt x, y unbegrenzt nähern.

9.) Evolute und Evolvente:

Die Evolute einer Kurve ist der geometrische Ort ihrer Krümmungsmittelpunkte. Die Gleichung der Evolute wird erhalten, indem man aus den Gleichungen für X und Y in Nr. 8 unter Benutzung der Kurvengleichung x und y eliminiert oder eine der Koordinaten als Parameter beibehält. Die gegebene Kurve heißt Evolvente. Jeder Krümmungshalbmesser ist Normale zur Evolvente und Tangente an die Evolute. Die Differenz zweier Krümmungshalbmesser ist gleich dem dazwischen liegenden Bogen der Evolute. Wird ein um die Evolute gelegter, biegsamer und unausdehnbarer Faden in straffer Spannung abgelöst, so beschreibt jeder Punkt des Fadens eine Evolvente.

10.) Singuläre Punkte:

Für die Kurve $F(x, y) = 0$ seien an der Stelle x, y die partiellen Differentialquotienten 1. Ordnung $F_1 = F_2 = 0$, dagegen die partiellen Differentialquotienten 2. Ordnung nicht sämtlich Null. Dann besitzt die Kurve an der Stelle x, y zwei Differentialquotienten, welche der Gleichung

$$F_{11} + 2F_{12}\frac{dy}{dx} + F_{22}\left(\frac{dy}{dx}\right)^2 = 0$$

genügen. Die zugehörigen Tangenten sind daher reell verschieden, zusammenfallend oder imaginär, je nachdem

$$F_{12}^2 \gtreqless F_{11}F_{22}$$

ist. Die Kurve besitzt an der Stelle x, y einen zweifachen Punkt, und zwar, den drei obigen Fällen entsprechend, einen eigentlichen Doppelpunkt, eine Spitze (Rückkehrpunkt, evtl. Selbstberührungspunkt) oder einen isolierten Punkt. Der Punkt x, y ist eine Spitze erster oder zweiter Art, je nachdem die Kurve in der Nähe der Spitze auf beiden Seiten oder nur auf einer Seite der Doppeltangente verläuft.

Man erhält die evtl. vorhandenen zweifachen Punkte

einer Kurve, indem man das Gleichungssystem $F_1 = 0$, $F_2 = 0$ nach x und y auflöst. Genügen die erhaltenen Lösungen auch der Kurvengleichung $F(x, y) = 0$ — das braucht nicht der Fall zu sein —, so liegt ein zweifacher Punkt vor, falls F_{11}, F_{12}, F_{22} nicht sämtlich verschwinden.

Sind dagegen sämtliche partiellen Ableitungen 2. Ordnung Null, so ist der Punkt mindestens ein dreifacher. Alsdann differenziert man die obige in $\frac{dy}{dx}$ quadratische Gleichung nach x und erhält eine in $\frac{dy}{dx}$ kubische Gleichung. Die Diskussion von deren Diskriminante liefert die verschiedenen dreifachen Punkte, die eine Kurve besitzen kann. Sind auch die partiellen Ableitungen 3. Ordnung sämtlich Null, so wird nochmals differenziert, usf.

Besondere Punkte im Ursprung O. Es sei

$$A + (Bx + Cy) + (Dx^2 + Exy + Fy^2) + \cdots \\ + (Px^n + Qx^{n-1}y + \cdots + Sy^n) = 0$$

die Gleichung einer Linie n-ter Ordnung. Ist nun

α) $A = 0$, so geht die Linie durch O, und es ist $Bx + Cy = 0$ die Gleichung der Tangente in O;

β) $A = B = C = 0$, so ist O Doppelpunkt, und es ist $Dx^2 + Exy + Fy^2 = 0$ die gemeinschaftliche Gleichung der Tangenten in O. Ist dabei $E^2 - 4DF \gtreqless 0$, so sind dieselben bzw. reell getrennt, reell zusammenfallend oder imaginär, und O ist bzw. eigentlicher Doppelpunkt, Spitze (bzw. Selbstberührungspunkt) oder isolierter Punkt; usw.

11.) Enveloppen von Kurvenscharen:

Die Gleichung $F(x, y, p) = 0$, wo p ein veränderlicher Parameter ist, stellt eine (einparametrige) Kurvenschar dar. Sie besitzt eine gemeinsame Berührungskurve (Einhüllende), wenn die Gleichungen

$$F(x, y, p) = 0, \quad \frac{\partial F(x, y, p)}{\partial p} = 0$$

eine reelle Lösung $x = x(p)$, $y = y(p)$ besitzen, für die $\frac{\partial F}{\partial x}$ und $\frac{\partial F}{\partial y}$ nicht gleichzeitig verschwinden. Diese Lösung stellt die Einhüllende in Parameterform dar.

12.) Quadratur der Kurven:

Der Flächeninhalt J des Stückes der Ebene zwischen der Kurve $y = f(x)$, der x-Achse und den Geraden $x = x_0$, $x = x_1$ ist

$$J = \int_{x_0}^{x_1} f(x)\, dx. \qquad \text{(Vgl. § 102,1.)}$$

Die Fläche zwischen den zu ϑ_0 und ϑ_1 gehörigen Radienvektoren der Kurve $r = f(\vartheta)$ ist

$$J = \frac{1}{2} \int_{\vartheta_0}^{\vartheta_1} r^2\, d\vartheta.$$

13.) Spezielle ebene Kurven:

A) Algebraische Kurven

1. *Neil*sche Parabel $y = a x^{\frac{3}{2}}$.
2. Lemniskate $(x^2 + y^2)^2 - a^2(x^2 - y^2) = 0$ oder $r^2(r^2 - a^2 \cos 2\vartheta) = 0$.
3. Konchoide $x^2 y^2 = (b + y)^2 (a^2 - y^2)$.
4. Cissoide $y^2(a - x) = x^3$.
5. *Descartes*sches Blatt $x^3 + y^3 = 3 a x y$.
6. *Cassini*sche Kurve $(x^2 + y^2)^2 - 2 a^2(x^2 - y^2) = b^4 - a^4$.
7. Kardioide $(y^2 + x^2 - a x)^2 = a^2(x^2 + y^2)$ oder $r = a(1 + \cos\vartheta)$.
8. Astroide $x^{\frac{2}{3}} + y^{\frac{2}{3}} = a^{\frac{2}{3}}$.

B) Transzendente Kurven

1. Logarithmische Linie $y = m e^{\frac{x}{a}}$.

2. Kettenlinie $y = \frac{m}{2}\left(e^{\frac{x}{m}} + e^{-\frac{x}{m}}\right)$.

3. Zykloide, beschrieben von einem bestimmten Punkt P auf dem Halbmesser eines Kreises, der auf einer Geraden rollt (a Halbmesser des rollenden Kreises, a_1 Mittelpunktsabstand von P, M Mittelpunkt des rollenden Kreises, $t = \operatorname{arc} \sphericalangle PMX$, X Berührungspunkt, Anfangslage: $t = 0$, $x = 0$, $y = a - a_1$):

$$\begin{cases} x = a t - a_1 \sin t, \\ y = a - a_1 \cos t. \end{cases}$$

4. Epizykloide, beschrieben von dem Punkt P (s. B 3), wenn der Kreis auf der Außenseite eines Kreises um O (Halbmesser b) rollt (Anfangslage: $t = 0$, $x = 0$, $y = a + b - a_1$):

$$\begin{cases} x = (a + b) \sin \frac{a t}{b} - a_1 \sin \frac{a + b}{b} t, \\ y = (a + b) \cos \frac{a t}{b} - a_1 \cos \frac{a + b}{b} t. \end{cases}$$

5. Hypozykloide, beschrieben von dem Punkt P (s. B 3), wenn der Kreis auf der Innenseite eines Kreises um O (Halbmesser b) rollt (Anfangslage: $t = 0$, $x = 0$, $y = b - a + a_1$):

$$\begin{cases} x = (b - a) \sin \frac{a t}{b} - a_1 \sin \frac{b - a}{b} t, \\ y = (b - a) \cos \frac{a t}{b} + a_1 \cos \frac{b - a}{b} t. \end{cases}$$

Die Zykloide, ebenso die Epi- und Hypozykloide, ist die gestreckte, gemeine oder verschlungene, je nachdem $a_1 \lesseqgtr a$.

6. Spirale des *Archimedes* (lineare Spirale) $r = a\vartheta$.

7. Parabolische Spirale $r^2 = 2p\vartheta$.

8. Hyperbolische Spirale $r = \frac{a}{\vartheta}$.

9. Logarithmische Spirale $r = m e^{\frac{\vartheta}{a}}$.

10. Kreisevolvente (Tangente = dem Bogen zwischen einem festen Punkt des Kreises und dem Berührungspunkt, O Mittelpunkt des Kreises, a sein Radius, t Winkel zwischen x-Achse und dem auf der Normalen der Evolvente senkrechten Radius, Spitze der Kurve: $t = 0, r = a, \vartheta = 0$):

$$r = a\sqrt{1 + t^2}, \qquad \vartheta = t - \operatorname{arc\,tg} t.$$

§ 113. Raumkurven (doppelt gekrümmte Kurven)

1.) Darstellungen einer Raumkurve:

(x, y, z rechtwinklige Koordinaten)

I.) $x = \varphi(t)$, $y = \chi(t)$, $z = \psi(t)$ (Parameterdarstellung.) Vektoriell: $\mathfrak{v} = (x, y, z) = \mathfrak{v}(t)$ (vgl. §§ 76 und 77, 2).

II.) $y = \varphi_1(x)$, $z = \varphi_2(x)$ (Darstellung durch die Projektionen der Kurve auf die (x, y)- und die (x, z)-Ebene).

III.) $f(x, y, z) = 0$, $F(x, y, z) = 0$ (Schnitt zweier Flächen).

Als die positive Richtung der durch I.) dargestellten Kurve wird diejenige festgesetzt, welche wachsenden Werten von t entspricht.

2.) Das Bogenelement der Kurve I.) ist

$$ds = +\sqrt{\varphi'^2 + \chi'^2 + \psi'^2}\, dt,$$

wo die Akzente die Differentiation nach t bedeuten. Die Bogenlänge der Kurve von t_0 bis t_1 ist

$$s = \int_{t_0}^{t_1} \sqrt{\varphi'^2 + \chi'^2 + \psi'^2}\, dt.$$

Imaginäre Kurven (d. h. solche Kurven, deren Parameterdarstellungen durch komplexe analytische Funktionen gegeben werden), deren Bogenlänge Null ist, heißen Minimalkurven.

3.) Bezeichnungen:

$$\frac{dx}{ds} = x', \quad \frac{d^2x}{ds^2} = x'', \quad \frac{d^3x}{ds^3} = x''', \ldots$$

$$\frac{dy}{ds} = y', \quad \frac{d^2y}{ds^2} = y'', \quad \frac{d^3y}{ds^3} = y''', \ldots$$

$$\frac{dz}{ds} = z', \quad \frac{d^2z}{ds^2} = z'', \quad \frac{d^3z}{ds^3} = z''', \ldots$$

Es gilt

$$x'^2 + y'^2 + z'^2 = 1, \quad x'x'' + y'y'' + z'z'' = 0.$$

4.) Das begleitende Dreikant:

a) Die Grenzlage einer Sekante durch zwei Kurvenpunkte, welche sich einander unbegrenzt nähern, ist eine Tangente der Kurve. Die beiden zusammenfallenden Kurvenpunkte bilden den Berührungspunkt. Die positive Richtung der Tangente entspricht der positiven Richtung der Kurve.

Die Grenzlage der Ebene durch eine Tangente und einen Kurvenpunkt, welcher sich dem Berührungspunkt der Tangente unbegrenzt nähert, heißt Schmiegungsebene.

Die Ebene, welche auf der Tangente senkrecht steht und durch deren Berührungspunkt geht, heißt Normalebene. Jede Gerade dieser Ebene, welche durch den Berührungspunkt geht, heißt Normale. Diejenige Normale, welche in der Schmiegungsebene liegt, heißt Hauptnormale. Die positive Richtung der Hauptnormalen ist die Richtung vom Kurvenpunkt nach dem auf ihr gelegenen Mittelpunkt des Krümmungskreises (s. Nr. 5). Die Normale, welche auf der Schmiegungsebene senkrecht steht und gegen die Tangente und die Hauptnormale so orientiert ist, wie die z-Achse gegen die x- und die y-Achse, heißt Binormale. Die Ebene durch Tangente und Binormale heißt rektifizierende Ebene.

b) Das begleitende Dreikant, gebildet aus Tangente, Haupt- und Binormale, existiert in jedem Kurvenpunkte, der nicht singulär ist, d. h. in jedem Kurvenpunkte, für den nicht x', y', z' oder $y'z''-y''z'$, $z'x''-z''x'$, $x'y''-x''y'$ gleichzeitig verschwinden.

c) Die (positiven) Winkel ($\leqq 180^0$), welche Tangente, Haupt- und Binormale mit den Achsen einschließen, mögen entsprechend der folgenden Tabelle bezeichnet werden:

	x	y	z
Tangente	α	β	γ
Hauptnormale	l	m	n
Binormale	λ	μ	ν

Zwischen den Kosinus dieser Winkel bestehen Formeln, welche denjenigen von § 79, 2 analog sind.

d) $$\cos\alpha = x', \quad \cos\beta = y', \quad \cos\gamma = z';$$
$$\cos l = \varrho x'', \quad \cos m = \varrho y'', \quad \cos n = \varrho z'';$$
$$\cos\lambda = \varrho(y'z'' - z'y''), \quad \cos\mu = \varrho(z'x'' - x'z''),$$
$$\cos\nu = \varrho\,(x'y'' - y'x'').$$
(Über ϱ vgl. Nr. 5.)

Die Einheitsvektoren
$$\mathfrak{v}_1 = (\cos\alpha,\ \cos\beta,\ \cos\gamma),$$
$$\mathfrak{v}_2 = (\cos l,\ \cos m,\ \cos n),$$
$$\mathfrak{v}_3 = (\cos\lambda,\ \cos\mu,\ \cos\nu)$$
heißen bzw. Tangenten-, Hauptnormalen- und Binormalenvektor, wobei
$$\mathfrak{v}_1 = \frac{d\mathfrak{v}}{ds} = \mathfrak{v}', \quad \mathfrak{v}_2 = \varrho\,\frac{d^2\mathfrak{v}}{ds^2} = \varrho\,\mathfrak{v}'', \quad \mathfrak{v}_3 = [\mathfrak{v}_1\,\mathfrak{v}_2]$$
und $\mathfrak{v}'' \neq 0$ ist.

Ist x, y, z ein fester Kurvenpunkt und bedeuten ξ, η, ζ laufende Koordinaten, so ist
$$A(\xi - x) + B(\eta - y) + C(\zeta - z) = 0$$
die Gleichung der Normalebene, der rektifizierenden Ebene oder der Schmiegungsebene, je nachdem man für A, B, C

die Richtungskosinus der Tangente, Hauptnormale oder Binormale einsetzt. Entsprechend stellen

$$\frac{\xi - x}{A} = \frac{\eta - y}{B} = \frac{\zeta - z}{C}$$

die Gleichungen der Tangente, Hauptnormalen oder Binormalen dar.

Vektoriell, wobei $\mathfrak{x} = (\xi, \eta, \zeta)$:

Normalebene: $(\mathfrak{x} - \mathfrak{v})\,\mathfrak{v}' = 0$

Rektifizierende Ebene:

$$(\mathfrak{x} - \mathfrak{v})\,\mathfrak{v}'' = 0$$

Schmiegungsebene:

$$\mathfrak{x} = \mathfrak{v} + u\mathfrak{v}' + v\mathfrak{v}'' \text{ (Parameterform)}$$

$$\text{oder } (\mathfrak{x} - \mathfrak{v}, \mathfrak{v}', \mathfrak{v}'') = 0 \text{ (Determinantenform)}$$

Tangente: $\mathfrak{x} = \mathfrak{v} + t\mathfrak{v}_1$

Hauptnormale: $\mathfrak{x} = \mathfrak{v} + t\mathfrak{v}_2$

Binormale: $\mathfrak{x} = \mathfrak{v} + t\mathfrak{v}_3$ (Parameterformen).

5.) Die Krümmung:

Derjenige Kreis, welchem der Kreis durch drei Kurvenpunkte P, P_1, P_2 zustrebt, wenn sich P_1 und P_2 dem Punkte P auf der Kurve unbegrenzt nähern, heißt Krümmungskreis. Er liegt in der Schmiegungsebene. Sein Mittelpunkt heißt Krümmungsmittelpunkt und liegt auf der Hauptnormalen. Sein Abstand ϱ von P heißt (erster) Krümmungsradius. Die Senkrechte zur Schmiegungsebene im Krümmungsmittelpunkt ist die Krümmungsachse. Es ist nun:

$$\frac{1}{\varrho} = \underset{+}{\sqrt{\left(\frac{d\cos\alpha}{ds}\right)^2 + \left(\frac{d\cos\beta}{ds}\right)^2 + \left(\frac{d\cos\gamma}{ds}\right)^2}} = \underset{+}{\sqrt{x''^2 + y''^2 + z''^2}}$$

(Krümmungsmaß)

Vektoriell: $\frac{1}{\varrho} = \underset{+}{\sqrt{\mathfrak{v}''^2}}$.

Die Koordinaten des Krümmungsmittelpunktes sind

$$X = x + \varrho^2 x'', \quad Y = y + \varrho^2 y'', \quad Z = z + \varrho^2 z''.$$

Vektoriell $\mathfrak{V} = \mathfrak{v} + \varrho^2\,\mathfrak{v}''$.

Ist $\Delta\tau$ der Winkel, um den sich eine Tangente dreht, wenn man ihren Berührungspunkt um den Bogen Δs auf der Kurve fortschreiten läßt, so ist das Maß der Krümmung auch

$$\frac{1}{\varrho}=\frac{d\tau}{ds}=\lim_{\Delta s\to 0}\frac{\Delta\tau}{\Delta s}.$$

Das Differential $d\tau=\sqrt{x''^2+y''^2+z''^2}\,ds$ heißt Kontingenzwinkel.

6.) Die Torsion (Windung):

Es sei $\Delta\vartheta$ der Winkel, um den sich die Binormale dreht, wenn der zu ihr gehörige Kurvenpunkt um das Stück Δs fortschreitet. Dann versteht man unter der Torsion den Grenzwert

$$\frac{1}{r}=\frac{d\vartheta}{ds}=\lim_{\Delta s\to 0}\frac{\Delta\vartheta}{\Delta s}.$$

r ist der Torsionsradius, das Differential $d\vartheta$ der Torsionswinkel. Man legt der Torsion einen positiven oder negativen Wert bei, je nachdem die Kurve an der Stelle so gewunden ist wie ein Korkzieher oder entgegengesetzt. Man sagt auch, die Kurve sei gewunden wie eine rechtsgängige bzw. linksgängige Schraube.

Es ist

$$\frac{1}{r}=\sqrt{\left(\frac{d\cos\lambda}{ds}\right)^2+\left(\frac{d\cos\mu}{ds}\right)^2+\left(\frac{d\cos\nu}{ds}\right)^2}$$

$$=\frac{1}{x''^2+y''^2+z''^2}\begin{vmatrix} x' & x'' & x''' \\ y' & y'' & y''' \\ z' & z'' & z''' \end{vmatrix}.$$

Die Wurzel hat das Zeichen des rechts stehenden Ausdrucks.

Vektoriell: $\frac{1}{r}=\frac{(\mathfrak{v}',\mathfrak{v}'',\mathfrak{v}''')}{\mathfrak{v}''^2}$.

Eine Kurve ist dann und nur dann **eben**, wenn die Determinante identisch Null ist.

7.) Formeln von *Frenet*:

$$\frac{d\cos\alpha}{ds} = \frac{\cos l}{\varrho}, \quad \frac{d\cos\beta}{ds} = \frac{\cos m}{\varrho}, \quad \frac{d\cos\gamma}{ds} = \frac{\cos n}{\varrho};$$

$$\frac{d\cos l}{ds} = -\frac{\cos\alpha}{\varrho} + \frac{\cos\lambda}{r}, \quad \frac{d\cos m}{ds} = -\frac{\cos\beta}{\varrho} + \frac{\cos\mu}{r},$$

$$\frac{d\cos n}{ds} = -\frac{\cos\gamma}{\varrho} + \frac{\cos\nu}{r};$$

$$\frac{d\cos\lambda}{ds} = -\frac{\cos l}{r}, \quad \frac{d\cos\mu}{ds} = -\frac{\cos m}{r}, \quad \frac{d\cos\nu}{ds} = -\frac{\cos n}{r}.$$

Vektoriell:

$$\begin{aligned}
\frac{d\mathfrak{v}_1}{ds} &= \frac{\mathfrak{v}_2}{\varrho} \\
\frac{d\mathfrak{v}_2}{ds} &= -\frac{\mathfrak{v}_1}{\varrho} + \frac{\mathfrak{v}_3}{r} \\
\frac{d\mathfrak{v}_3}{ds} &= \frac{\mathfrak{v}_2}{r}.
\end{aligned}$$

8.) Die ganze Krümmung:

Es sei $\Delta\varkappa$ der Winkel, um welchen sich die Hauptnormale dreht, wenn der zu ihr gehörige Kurvenpunkt um den Bogen Δs fortschreitet. Dann heißt

$$\frac{1}{R} = \frac{d\varkappa}{ds} = \lim_{\Delta \to} \frac{\Delta\varkappa}{\Delta s}$$

die ganze Krümmung, und es ist

$$\frac{1}{R^2} = \left(\frac{d\cos l}{ds}\right)^2 + \left(\frac{d\cos m}{ds}\right)^2 + \left(\frac{d\cos n}{ds}\right)^2 = \frac{1}{\varrho^2} + \frac{1}{r^2},$$

$$d\varkappa^2 = d\tau^2 + d\vartheta^2.$$

9.) Die rektifizierenden Ebenen der Kurvenpunkte P und P_1 mögen sich in der Geraden G schneiden. Dann heißt diejenige Gerade, welcher G zustrebt, wenn sich der Punkt P_1 auf der Kurve unbegrenzt dem Punkte P nähert, die **rektifizierende Kante** von P.

Ihre Richtungskosinus sind:

$$\cos a = R\left(\frac{\cos\lambda}{\varrho} + \frac{\cos\alpha}{r}\right), \quad \cos b = R\left(\frac{\cos\mu}{\varrho} + \frac{\cos\beta}{r}\right),$$

$$\cos c = R\left(\frac{\cos\nu}{\varrho} + \frac{\cos\gamma}{r}\right).$$

Ihre Gleichungen sind demnach:

$$\frac{\xi - x}{y''z''' - z''y'''} = \frac{\eta - y}{z''x''' - x''z'''} = \frac{\zeta - z}{x''y''' - y''x'''}.$$

Für den Winkel δ zwischen der rektifizierenden Kante und der Tangente gelten die Formeln:

$$\sin\delta = \frac{R}{\varrho}, \quad \cos\delta = \frac{R}{r}, \quad \operatorname{tg}\delta = \frac{r}{\varrho}.$$

10.) Die **Schmiegungskugel**:

Diejenige Kugel, welcher die Kugel durch vier Punkte P, P_1, P_2, P_3 der Kurve zustrebt, wenn sich die Punkte P_1, P_2, P_3 unbegrenzt dem Punkte P auf der Kurve nähern, heißt die Schmiegungskugel im Punkte P.

Die Koordinaten ihres Mittelpunktes sind

$$X = x + \varrho\cos l + r\frac{d\varrho}{ds}\cos\lambda,$$

$$Y = y + \varrho\cos m + r\frac{d\varrho}{ds}\cos\mu,$$

$$Z = z + \varrho\cos n + r\frac{d\varrho}{ds}\cos\nu.$$

Vektoriell: $\mathfrak{B} = \mathfrak{v} + \varrho\mathfrak{v}_2 + r\varrho'\mathfrak{v}_3$.

Für ihren Radius $\mathfrak{R}$ folgt:

$$\mathfrak{R}^2 = \varrho^2 + (r\varrho'^2),$$

wo ϱ' in den beiden letzten Formeln die Ableitung von ϱ nach der Bogenlänge bezeichnet. Der Mittelpunkt der Schmiegungskugel (**Schmiegungsmittelpunkt**) liegt auf der Krümmungsachse. Sein Abstand vom Krümmungsmittelpunkt ist $r\varrho$. Dieser Abstand ist positiv oder negativ, je nachdem die Strecke vom Krümmungsmittelpunkt bis zum

Schmiegungsmittelpunkt mit der positiven Binormalen gleichgerichtet ist oder nicht.

Der Ort der Mittelpunkte der Schmiegungskugeln heißt Polkurve.

11.) Spezielle Raumkurven:

Eine Kurve, welche vollständig auf einer Kugel liegt, heißt sphärisch. Eine Kurve, deren Krümmung nicht konstant ist, ist dann und nur dann sphärisch, wenn der Radius der Schmiegungskugel einen konstanten endlichen Wert hat. Für sphärische Kurven gilt:

$$\varrho + \varrho'' r^2 + \varrho' r r' = 0.$$

Beispiel: $x^2 + y^2 + z^2 = a^2, \quad x^2 + y^2 - ax = 0.$

Unter einer allgemeinen Schraubenlinie versteht man eine Kurve, welche die Mantellinien einer beliebigen Zylinderfläche (s. § 114, 11) unter konstantem Winkel schneidet.

Die Schraubenlinie des geraden Kreiszylinders heißt gemeine Schraubenlinie. Ihre Gleichungen lauten:

$$x = a \cos t, \qquad y = a \sin t, \qquad z = \frac{h t}{2\pi}$$

(h = Gangunterschied, a = Zylinderradius).

12.) Berührung zweier Kurven:

Die Kurven $y = f(x)$, $z = g(x)$ und $y = F(x)$, $z = G(x)$ berühren einander im Punkte x von der Ordnung n, wenn

$$f(x) = F(x),\ f'(x) = F'(x), \ldots, f^{(n)}(x) = F^{(n)}(x),$$
$$g(x) = G(x),\ g'(x) = G'(x), \ldots, g^{(n)}(x) = G^{(n)}(x),$$

dagegen nicht gleichzeitig

$$f^{(n+1)}(x) = F^{(n+1)}(x),\ g^{(n+1)}(x) = G^{(n+1)}(x)$$

ist.

Derjenige Kreis, der mit einer Kurve eine Berührung möglichst hoher Ordnung eingeht, ist der Krümmungskreis. Die Berührung ist im allgemeinen von 2. Ordnung.

§ 114. Krumme Flächen

1.) Darstellungen einer Fläche:

I.) $x = \varphi(u, v)$, $y = \chi(u, v)$, $z = \psi(u, v)$; (u, v Parameter).
Vektoriell $\mathfrak{w} = (x, y, z) = \mathfrak{w}\,(u, v)$ (vgl. §§ 76 und 77, 1).
II.) $z = f(x, y)$. III.) $F(x, y, z) = 0$.

Es wird vorausgesetzt, daß die Funktionen I.) in einem gemeinsamen u, v-Bereich erklärt sind und nicht zwei der drei Funktionen

$$\frac{\partial x}{\partial u}\frac{\partial y}{\partial v} - \frac{\partial y}{\partial u}\frac{\partial x}{\partial v}, \quad \frac{\partial y}{\partial u}\frac{\partial z}{\partial v} - \frac{\partial z}{\partial u}\frac{\partial y}{\partial v}, \quad \frac{\partial z}{\partial u}\frac{\partial x}{\partial v} - \frac{\partial x}{\partial u}\frac{\partial z}{\partial v}$$

und damit die dritte identisch verschwinden.

Umrechnungen: Will man die im folgenden für I.) aufgestellten Formeln in die für II.) gültigen umwandeln, so hat man

$$u = x, \; v = y$$

zu setzen.

Bezeichnungen:

$$p = \frac{\partial f}{\partial x}, \quad q = \frac{\partial f}{\partial y}, \quad r = \frac{\partial^2 f}{\partial x^2}, \quad s = \frac{\partial^2 f}{\partial x \partial y}, \quad t = \frac{\partial^2 f}{\partial y^2}.$$

$$F_1 = \frac{\partial F}{\partial x}, \; F_2 = \frac{\partial F}{\partial y}, \; F_3 = \frac{\partial F}{\partial z};$$

$$F_{11} = \frac{\partial^2 F}{\partial x^2}, \; F_{12} = F_{21} = \frac{\partial^2 F}{\partial x \partial y}, \; F_{22} = \frac{\partial^2 F}{\partial y^2},$$

$$F_{13} = F_{31} = \frac{\partial^2 F}{\partial x \partial z}, \; F_{23} = F_{32} = \frac{\partial^2 F}{\partial y \partial z}, \; F_{33} = \frac{\partial^2 F}{\partial z^2}.$$

Dann ist:

$$p = -\frac{F_1}{F_3}, \; q = -\frac{F_2}{F_3},$$

$$r = -\frac{1}{F_3^3}\left\{F_1^2 F_{33} - 2F_1F_3F_{13} + F_3^2 F_{11}\right\},$$

$$s = -\frac{1}{F_3^3}\{F_3^2F_{12} - F_1F_3F_{23} - F_2F_3F_{13} + F_1F_2F_{33}\}$$

$$t = -\frac{1}{F_3^3}\{F_2^2F_{33} - 2F_2F_3F_{23} + F_3^2F_{22}\}.$$

2.) Fundamentalgrößen 1. Ordnung:

I.) $$E = \left(\frac{\partial x}{\partial u}\right)^2 + \left(\frac{\partial y}{\partial u}\right)^2 + \left(\frac{\partial z}{\partial u}\right)^2,$$

$$F = \frac{\partial x}{\partial u}\frac{\partial x}{\partial v} + \frac{\partial y}{\partial u}\frac{\partial y}{\partial v} + \frac{\partial z}{\partial u}\frac{\partial z}{\partial v},$$

$$G = \left(\frac{\partial x}{\partial v}\right)^2 + \left(\frac{\partial y}{\partial v}\right)^2 + \left(\frac{\partial z}{\partial v}\right)^2.$$

Vektoriell: $E = \mathfrak{w}_u^2$, $F = \mathfrak{w}_u\mathfrak{w}_v$, $G = \mathfrak{w}_v^2$.

II.) $E = 1 + p^2$, $F = pq$, $G = 1 + q^2$.

3.) Tangentialebene und Flächennormale:

Die Tangenten aller durch einen Punkt x, y, z der Fläche gehenden Flächenkurven liegen in einer Ebene, der Tangentialebene der Fläche mit dem Berührungspunkt x, y, z. Das Lot auf der Tangentialebene im Berührungspunkt ist die Normale der Fläche.

Gleichung der Tangentialebene (ξ, η, ζ laufende Koordinaten):

$$\begin{vmatrix} \xi - x & \frac{\partial x}{\partial u} & \frac{\partial x}{\partial v} \\ \eta - y & \frac{\partial y}{\partial u} & \frac{\partial y}{\partial v} \\ \zeta - z & \frac{\partial z}{\partial u} & \frac{\partial z}{\partial v} \end{vmatrix} = 0.$$

Vektoriell, wenn $\mathfrak{x} = (\xi, \eta, \zeta)$: $(\mathfrak{x} - \mathfrak{w})[\mathfrak{w}_u\, \mathfrak{w}_v] = 0$.

Gleichungen der Normalen:

$$\frac{\xi - x}{X} = \frac{\eta - y}{Y} = \frac{\zeta - z}{Z},$$

wo

$$X = \frac{\frac{\partial y}{\partial u}\frac{\partial z}{\partial v} - \frac{\partial z}{\partial u}\frac{\partial y}{\partial v}}{\underset{+}{\sqrt{EG - F^2}}}, \quad Y = \frac{\frac{\partial z}{\partial u}\frac{\partial x}{\partial v} - \frac{\partial x}{\partial u}\frac{\partial z}{\partial v}}{\underset{+}{\sqrt{EG - F^2}}},$$

$$Z = \frac{\frac{\partial x}{\partial u}\frac{\partial y}{\partial v} - \frac{\partial y}{\partial u}\frac{\partial x}{\partial v}}{\underset{+}{\sqrt{EG - F^2}}}$$

ihre Richtungskosinus sind.

Vektoriell, wenn $\mathfrak{W} = (X, Y, Z)$:

$$\mathfrak{W} = \frac{[\mathfrak{w}_u \, \mathfrak{w}_v]}{\underset{+}{\sqrt{EG - F^2}}}.$$

Normalengleichung: $\mathfrak{x} = \mathfrak{w} + t\mathfrak{W}$ (Parameterdarstellung).

Dadurch, daß man der Wurzel ein positives Zeichen gibt, ist auf der Normalen eine positive Richtung festgelegt. Denkt man sich den Flächenpunkt im Ursprung, die positive Tangente der Linie $v =$ const. zusammenfallend mit der positiven x-Achse und die positive Tangente der Linie $u =$ const. in der x, y-Ebene gelegen, und zwar auf der der positiven y-Achse entsprechenden Seite der x-Achse, so fällt die positive Richtung der Normalen mit der positiven z-Achse zusammen.

Für die Darstellungen II.) und III.) ist bzw.:

$$X = \frac{-p}{\sqrt{1 + p^2 + q^2}}, \quad Y = \frac{-q}{\sqrt{1 + p^2 + q^2}}, \quad Z = \frac{1}{\sqrt{1 + p^2 + q^2}};$$

$$X = \frac{F_1}{\sqrt{F_1^2 + F_2^2 + F_3^2}}, \quad Y = \frac{F_2}{\sqrt{F_1^2 + F_2^2 + F_3^2}},$$

$$Z = \frac{F_3}{\sqrt{F_1^2 + F_2^2 + F_3^2}}.$$

4.) Fundamentalgrößen 2. Ordnung:

$$L = X\frac{\partial^2 x}{\partial u^2} + Y\frac{\partial^2 y}{\partial u^2} + Z\frac{\partial^2 z}{\partial u^2}$$

$$= -\left\{\frac{\partial X}{\partial u}\frac{\partial x}{\partial u} + \frac{\partial Y}{\partial u}\frac{\partial y}{\partial u} + \frac{\partial Z}{\partial u}\frac{\partial z}{\partial u}\right\},$$

$$M = X\frac{\partial^2 x}{\partial u \partial v} + Y\frac{\partial^2 y}{\partial u \partial v} + Z\frac{\partial^2 z}{\partial u \partial v}$$

$$= -\left\{\frac{\partial X}{\partial u}\frac{\partial x}{\partial v} + \frac{\partial Y}{\partial u}\frac{\partial y}{\partial v} + \frac{\partial Z}{\partial u}\frac{\partial z}{\partial v}\right\}$$

$$= -\left\{\frac{\partial X}{\partial v}\frac{\partial x}{\partial u} + \frac{\partial Y}{\partial v}\frac{\partial y}{\partial u} + \frac{\partial Z}{\partial v}\frac{\partial z}{\partial u}\right\},$$

$$N = X\frac{\partial^2 x}{\partial v^2} + Y\frac{\partial^2 y}{\partial v^2} + Z\frac{\partial^2 z}{\partial v^2}$$

$$= -\left\{\frac{\partial X}{\partial v}\frac{\partial x}{\partial v} + \frac{\partial Y}{\partial v}\frac{\partial y}{\partial v} + \frac{\partial Z}{\partial v}\frac{\partial z}{\partial v}\right\}.$$

Vektoriell:

$$L = -\mathfrak{w}_u \mathfrak{W}_u = \mathfrak{w}_{uu} \mathfrak{W},$$
$$M = -\mathfrak{w}_u \mathfrak{W}_v = -\mathfrak{w}_v \mathfrak{W}_u = \mathfrak{w}_{uv} \mathfrak{W},$$
$$N = -\mathfrak{w}_v \mathfrak{W}_v = \mathfrak{w}_{vv} \mathfrak{W},$$

oder auch

$$L = \frac{(\mathfrak{w}_{uu}, \mathfrak{w}_u, \mathfrak{w}_v)}{\underset{+}{\sqrt{EG - F^2}}},$$

$$M = \frac{(\mathfrak{w}_{uv}, \mathfrak{w}_u, \mathfrak{w}_v)}{\underset{+}{\sqrt{EG - F^2}}},$$

$$N = \frac{(\mathfrak{w}_{vv}, \mathfrak{w}_u, \mathfrak{w}_v)}{\underset{+}{\sqrt{EG - F^2}}}.$$

Formeln von *Weingarten*:

$$\mathfrak{W}_u = \frac{(FM - GL)\,\mathfrak{w}_u + (FL - EM)\,\mathfrak{w}_v}{EG - F^2},$$

$$\mathfrak{W}_v = \frac{(FN - GM)\,\mathfrak{w}_u + (FM - EN)\,\mathfrak{w}_v}{EG - F^2}$$

Formeln von *Gauß*:

$$\mathfrak{w}_{uu} = \begin{Bmatrix} 11 \\ 1 \end{Bmatrix} \mathfrak{w}_u + \begin{Bmatrix} 11 \\ 2 \end{Bmatrix} \mathfrak{w}_v + L\mathfrak{W},$$

$$\mathfrak{w}_{uv} = \begin{Bmatrix} 12 \\ 1 \end{Bmatrix} \mathfrak{w}_u + \begin{Bmatrix} 12 \\ 2 \end{Bmatrix} \mathfrak{w}_v + M\mathfrak{W},$$

$$\mathfrak{w}_{vv} = \begin{Bmatrix} 22 \\ 1 \end{Bmatrix} \mathfrak{w}_u + \begin{Bmatrix} 22 \\ 2 \end{Bmatrix} \mathfrak{w}_v + N\mathfrak{W},$$

wobei

$$\begin{Bmatrix} 11 \\ 1 \end{Bmatrix} = \frac{GE_u - 2FF_u + FE_v}{2\,\Delta^2}, \quad \begin{Bmatrix} 11 \\ 2 \end{Bmatrix} = \frac{-FE_u + 2EF_u - EE_v}{2\,\Delta^2},$$

$$\begin{Bmatrix} 12 \\ 1 \end{Bmatrix} = \frac{GE_v - FG_u}{2\,\Delta^2}, \quad \begin{Bmatrix} 12 \\ 2 \end{Bmatrix} = \frac{EG_u - FE_v}{2\,\Delta^2},$$

$$\begin{Bmatrix} 22 \\ 1 \end{Bmatrix} = \frac{-FG_v + 2GF_v - GG_u}{2\,\Delta^2}, \quad \begin{Bmatrix} 22 \\ 2 \end{Bmatrix} = \frac{EG_v - 2FF_v + FG_u}{2\,\Delta^2},$$

$$\Delta = \begin{vmatrix} x_u & x_v & X \\ y_u & y_v & Y \\ z_u & z_v & Z \end{vmatrix}.$$

Die Symbole $\begin{Bmatrix} i\,j \\ k \end{Bmatrix}$ heißen *Christoffel*sche Dreiindizessymbole.

Formeln von *Mainardi-Codazzi*:

$$L_v + \begin{Bmatrix} 11 \\ 1 \end{Bmatrix} M + \begin{Bmatrix} 11 \\ 2 \end{Bmatrix} N = M_u + \begin{Bmatrix} 12 \\ 1 \end{Bmatrix} L + \begin{Bmatrix} 12 \\ 2 \end{Bmatrix} M,$$

$$M_v + \begin{Bmatrix} 12 \\ 1 \end{Bmatrix} M + \begin{Bmatrix} 12 \\ 2 \end{Bmatrix} N = N_u + \begin{Bmatrix} 22 \\ 1 \end{Bmatrix} L + \begin{Bmatrix} 22 \\ 2 \end{Bmatrix} M.$$

5.) Kurven auf der Fläche:

Das Quadrat des Linienelements der Fläche ist

$$ds^2 = E\,du^2 + 2F\,du\,dv + G\,dv^2.$$

Differentialgleichung der Minimalkurven der Fläche:

$$E\,du^2 + 2F\,du\,dv + G\,dv^2 = 0.$$

Die zu $u =$ konst. und $v =$ konst. gehörigen Kurven der Fläche heißen Parameterlinien. Die Richtungen der Kurven $u =$ konst., $v =$ konst., welche bzw. wachsenden Werten v und u entsprechen, mögen die positiven Richtungen dieser Kurven sein. Dann gelten für die Richtungskosinus der Tangenten der Parameterlinien die Formeln: $u =$ konst.:

$$\cos\alpha_u = \frac{1}{\sqrt{G}}\frac{\partial x}{\partial v}, \quad \cos\beta_u = \frac{1}{\sqrt{G}}\frac{\partial y}{\partial v}, \quad \cos\gamma_u = \frac{1}{\sqrt{G}}\frac{\partial z}{\partial v}.$$

$v =$ konst.:

$$\cos\alpha_v = \frac{1}{\sqrt{E}}\frac{\partial x}{\partial u} \quad \cos\beta_v = \frac{1}{\sqrt{E}}\frac{\partial y}{\partial u}, \quad \cos\gamma_v = \frac{1}{\sqrt{E}}\frac{\partial z}{\partial u}.$$

Der Winkel $\omega (0 \leqq \omega \leqq 180^0)$, welchen die positiven Richtungen der durch den Flächenpunkt u, v gehenden Parameterlinien miteinander bilden, ist gegeben durch

$$\cos\omega = \frac{F}{\sqrt{EG}}, \quad \sin\omega = \frac{\sqrt{EG - F^2}}{\sqrt{EG}}.$$

Sämtliche Wurzeln sind positiv zu wählen.

Die Parameterlinien stehen aufeinander senkrecht, wenn $F = 0$ ist.

Die Winkel, welche eine beliebige Kurve Γ (mit der Fortschreitungsrichtung $dv : du$) der Fläche mit den Parameterlinien bilden, erhält man aus

$$\cos(\Gamma, u) = \frac{1}{\sqrt{G}}\left(F\frac{du}{ds} + G\frac{dv}{ds}\right),$$

$$\sin(\Gamma, u) = \frac{\sqrt{EG - F^2}}{\sqrt{G}}\frac{du}{ds};$$

$$\cos(\Gamma, v) = \frac{1}{\sqrt{E}}\left(E\frac{du}{ds} + F\frac{dv}{ds}\right),$$

$$\sin(\Gamma, v) = \frac{\sqrt{EG - F^2}}{\sqrt{E}}\frac{dv}{ds}.$$

6.) Die Krümmung:

Satz von *Meusnier*: Eine Ebene durch die Flächennormale schneidet die Fläche in einem Normalschnitt. Ein Schnitt, welcher die Flächennormale nicht enthält, heißt schiefer Schnitt. Es sei R der Krümmungsradius des Normalschnitts, ϱ derjenige eines schiefen Schnitts durch dieselbe Tangente, ϑ der spitze Winkel, welchen die Schnittebenen miteinander einschließen. Dann ist

$$\varrho = R \cos \vartheta.$$

Der Krümmungsradius des schiefen Schnitts ist die Projektion des Krümmungsradius des Normalschnitts auf die Ebene des schiefen Schnitts.

Die Krümmung des zur Fortschreitungsrichtung $\frac{dv}{du}$ gehörigen Normalschnitts ist

$$\frac{1}{R} = \frac{L\,du^2 + 2M\,du\,dv + N\,dv^2}{E\,du^2 + 2F\,du\,dv + G\,dv^2}.$$

R ist positiv, wenn die positive Richtung der Hauptnormalen des Schnittes mit der positiven Flächennormalen übereinstimmt. Die beiden (aufeinander senkrechten) Ebenen, für welche R einen größten (R_1) und einen kleinsten Wert (R_2) erreicht, heißen Hauptnormalschnitte. R_1 und R_2 werden aus den Gleichungen

$$\frac{1}{R_1} + \frac{1}{R_2} = \frac{LG - 2MF + NE}{EG - F^2},$$

$$\frac{1}{R_1} \cdot \frac{1}{R_2} = \frac{LN - M^2}{EG - F^2}$$

bestimmt. $\frac{1}{2}\left(\frac{1}{R_1} + \frac{1}{R_2}\right)$ heißt die mittlere Krümmung, $\frac{1}{R_1} \cdot \frac{1}{R_2}$ das *Gauß*sche Krümmungsmaß der Fläche.

Punkte, für welche

$$L : M : N = E : F : G$$

ist, heißen Nabel- oder Kreispunkte. Die Krümmung in einem Flächenpunkt heißt elliptisch, parabolisch oder hyperbolisch, je nachdem

$$LN - M^2 \gtreqless 0$$

ist.

Satz von *Euler*: Ist $\frac{1}{R}$ die Krümmung eines Normalschnitts und Θ der spitze Winkel zwischen der Ebene dieses Schnitts und der ersten Hauptkrümmungsebene, so ist

$$\frac{1}{R} = \frac{\cos^2 \Theta}{R_1} + \frac{\sin^2 \Theta}{R_2}.$$

Sind ϱ_1 und ϱ_2 die Krümmungshalbmesser zweier aufeinander senkrechter Normalschnitte, so ist

$$\frac{1}{\varrho_1} + \frac{1}{\varrho_2} = \frac{1}{R_1} + \frac{1}{R_2}.$$

7.) Abbildung von Flächen aufeinander: Unter einer Abbildung einer Fläche

$$x = \varphi(u, v), \quad y = \chi(u, v), \quad z = \psi(u, v)$$

auf eine Fläche

$$\bar{x} = \bar{\varphi}(\bar{u}, \bar{v}), \quad \bar{y} = \bar{\chi}(\bar{u}, \bar{v}), \quad \bar{z} = \bar{\psi}(\bar{u}, \bar{v})$$

versteht man eine Zuordnung der Punkte beider Flächen durch Gleichungen

$$\bar{u} = \Phi(u, v), \quad \bar{v} = \Psi(u, v).$$

Insbesondere liegt eine Abbildung zweier Flächen aufeinander vor, wenn sie dieselben Parameter $\bar{u} = u, \bar{v} = v$ haben.

Eine Abbildung heißt flächentreu, wenn jedes Flächenstück in ein inhaltsgleiches übergeht, winkeltreu (konform), wenn jeder Winkel in einen gleichgroßen übergeht, längentreu, wenn jedes Kurvenstück in ein gleichlanges abgebildet wird.

Die notwendige und hinreichende Bedingung für eine flächentreue Abbildung ist

$$\frac{\partial \Phi}{\partial u}\frac{\partial \Psi}{\partial v} - \frac{\partial \Psi}{\partial u}\frac{\partial \Phi}{\partial v} = \pm \frac{\sqrt{EG - F^2}}{\sqrt{\bar{E}\bar{G} - \bar{F}^2}}.$$

Sind die Flächen durch gleiche Parameter aufeinander abgebildet, so ist die notwendige und hinreichende Bedingung dafür, daß die Abbildung winkeltreu (konform) ist:

$$E : F : G = \bar{E} : \bar{F} : \bar{G}.$$

Man sagt, zwei Flächen lassen sich aufeinander abwickeln (verbiegen), wenn sie längentreu aufeinander abbildbar sind. Zwei durch gleiche Parameter aufeinander abgebildete Flächen sind aufeinander abwickelbar, wenn

$$E = \overline{E}, \quad F = \overline{F}, \quad G = \overline{G}$$

ist.

Satz von *Gauß*: Das Krümmungsmaß bleibt bei einer beliebigen Verbiegung der Fläche ungeändert. Oder: Sind zwei Flächen aufeinander abwickelbar, so haben sie in je zwei entsprechenden Punkten gleiches Krümmungsmaß (nicht umkehrbar).

Die in die Ebene abwickelbaren Flächen haben überall das Krümmungsmaß Null und umgekehrt.

8.) Ausgezeichnete Kurven:

Die Richtung eines Linienelements und die Richtung der Geraden, in welcher sich die Tangentialebenen in den Endpunkten des Linienelements schneiden, heißen konjugiert. Sind $k_1 = \left(\frac{dv}{du}\right)_1$, $k_2 = \left(\frac{dv}{du}\right)_2$ konjugierte Richtungen und α, β die Winkel, welche sie mit der ersten Hauptkrümmungsrichtung bilden, so ist

$$L + M(k_1 + k_2) + N k_1 k_2 = 0,$$

$$\operatorname{tg} \alpha \,.\, \operatorname{tg} \beta = -\frac{R_2}{R_1}.$$

Im Falle $L = M = N = 0$ (Flachpunkt) sind je zwei beliebige Richtungen konjugiert. Die in konjugierten Richtungen verlaufenden Kurven eines Netzes heißen konjugiert. Die Parameterlinien sind konjugiert, wenn $M = 0$ ist.

Richtungen, welche sich selbst konjugiert sind, heißen Asymptotenrichtungen, die zugehörigen Kurven Asymptotenlinien (Haupttangentenkurven). Ihre Differentialgleichung ist

$$L\,du^2 + 2M\,du\,dv + N\,dv^2 = 0.$$

Die Parameterlinien $u =$ konst. bzw. $v =$ konst. sind Asymptotenlinien, wenn $N = 0$ bzw. $L = 0$ ist.

Die Kurven eines Netzes, welche in jedem Punkte der Fläche in den Hauptkrümmungsrichtungen verlaufen, heißen Krümmungslinien. Sie sind, abgesehen von den Kreis- und Flachpunkten, senkrecht zueinander und konjugiert. Ihre Differentialgleichung ist

$$\begin{vmatrix} dv^2 & -dudv & du^2 \\ E & F & G \\ L & M & N \end{vmatrix} = 0.$$

Die Parameterlinien sind Krümmungslinien, wenn $F = 0$, $M = 0$ ist.

Kurven, deren Schmiegungsebenen die Flächennormalen enthalten, heißen geodätische Kurven. Die Differentialgleichung der geodätischen Kurven $v = v(u)$ ist

$$\begin{vmatrix} E + Fv' & \frac{1}{2}\frac{\partial E}{\partial u} + \frac{\partial E}{\partial v} v' + \left(\frac{\partial F}{\partial v} - \frac{1}{2}\frac{\partial G}{\partial u}\right) v'^2 + Fv'' \\ F + Gv' & \frac{\partial F}{\partial u} - \frac{1}{2}\frac{\partial E}{\partial v} + \frac{\partial G}{\partial u} v' + \frac{1}{2}\frac{\partial G}{\partial v} v'^2 + Gv'' \end{vmatrix} = 0,$$

wobei $v' = \frac{dv}{du}$, $v'' = \frac{d^2 v}{du^2}$ ist.

Die kürzeste Entfernung zweier Punkte auf der Fläche gehört einer geodätischen Kurve an (nicht umkehrbar).

9.) Minimalflächen sind Flächen, deren mittlere Krümmung Null ist. Ihre Differentialgleichung lautet

$$GL - 2FM + EN = 0.$$

10.) Hüllfläche: Die Gleichung

$$F(x, y, z, p) = 0,$$

worin p ein veränderlicher Parameter ist, stellt eine Flächenschar dar, welche eine Hüllfläche besitzen kann. Die Gleichung der Hüllfläche ergibt sich durch Elimination von p aus

$$\begin{cases} F(x, y, z, p) = 0 \quad \text{und} \\ \frac{\partial F(x, y, z, p)}{\partial p} = 0. \end{cases}$$

Enthält die Gleichung der Fläche zwei voneinander unabhängige Parameter p und q, so ergibt sich die Gleichung der Hüllfläche als Eliminationsresultat von p und q aus

$$F(x, y, z, p, q) = 0, \quad \frac{\partial F}{\partial p} = 0, \quad \frac{\partial F}{\partial q} = 0. \quad \text{(vgl. § 112, 11).}$$

11.) Erzeugung von Flächen:

Allgemeines: Enthalten die Gleichungen

$$F(x, y, z, p) = 0 \quad \text{und} \quad f(x, y, z, p) = 0$$

einer Linie einen veränderlichen Parameter p, so stellen sie eine bewegliche (veränderliche) Linie dar. Die Gleichung der durch die bewegte Linie erzeugten Fläche wird erhalten, indem man aus den beiden Gleichungen p eliminiert.

Enthalten die Gleichungen $F(x, y, z, p, q, \ldots) = 0$, $f(x, y, z, p, q, \ldots) = 0$ n veränderliche Parameter $p, q, \ldots$, die durch $n - 1$ Gleichungen miteinander verbunden sind, so ist die Gleichung der erzeugten Fläche das Eliminationsresultat der n Parameter $p, q, \ldots$ aus den beiden Gleichungen $F = 0$, $f = 0$ und den $n - 1$ Bedingungsgleichungen. Letztere sind in der Regel der analytische Ausdruck dafür, daß die bewegliche Linie auf $n - 1$ festen Linien gleitet.

Regelflächen werden erzeugt durch die Bewegung einer Geraden; da die Gleichungen einer Geraden im allgemeinen vier Konstanten (Parameter) enthalten, sind drei Leitlinien nötig. Man unterscheidet abwickelbare und windschiefe Regelflächen. Bei den ersteren liegen zwei unendlich nahe Mantellinien in einer Ebene (z. B. Zylinder- und Kegelfläche), bei den letzteren nicht (einschaliges Hyperboloid, hyperbolisches Paraboloid).

A) Zylinderflächen

I. Leitlinie: 1.) $\varphi(x, y, z) = 0$,

2.) $\psi(x, y, z) = 0$.

Erzeugende: 3.) $y = mz + y_0$, 4.) $x = pz + x_0$.

Eliminationsresultat von x, y, z aus 1.) bis 4.):

$$5.)\ F(x_0, y_0) = 0.$$

Gleichung der Zylinderfläche:

$$6.)\ F(x - pz,\ y - mz) = 0.$$

II. Allgemeine Gleichung der Zylinderflächen:
$$F[(ax + by + cz + d),\ \ (a_1x + b_1y + c_1z + d_1)] = 0.$$

B) Kegelflächen

Spitze: (x_1, y_1, z_1).

I. Leitlinie: 1.) $\varphi(x, y, z) = 0$,

2.) $\psi(x, y, z) = 0$.

Erzeug. Mantellinie: 3.) $x - x_1 = p(z - z_1)$,

4.) $y - y_1 = m(z - z_1)$.

Eliminationsresultat von x, y, z aus 1.) bis 4.):

$$5.)\ F(m, p) = 0.$$

Gleichung der Kegelfläche (Elim.-Resultat von m und p aus 3.) bis 5.)):

$$6.)\ F\left(\frac{x - x_1}{z - z_1},\ \frac{y - y_1}{z - z_1}\right) = 0.$$

Liegt die Spitze im Ursprung, so ist die Gleichung der Kegelfläche $F\left(\frac{x}{z}, \frac{y}{z}\right) = 0$, d. h. sie ist homogen (vgl. § 85, 6).

II. Allgemeine Gleichung der Kegelflächen:

$$F\left(\frac{a_1x + b_1y + c_1z + d_1}{ax + by + cz + d},\ \frac{a_2x + b_2y + c_2z + d_2}{ax + by + cz + d}\right) = 0.$$

C) Drehflächen

I. Z-Achse ist Drehachse:

Erzeugende: 1.) $\varphi(x, y, z) = 0$, 2.) $\psi(x, y, z) = 0$.

Parallelkreis: 3.) $x^2 + y^2 = r^2$, 4.) $z = d$.

Bedingungsgleichung (Elim.-Result. von x, y, z aus 1.)

bis 4.)): 5.) $F(r, d) = 0$; Gleichung der Drehfläche (Elim.-Result. von r und d aus 3.) bis 5.)):

$$6.)\ F(\sqrt{x^2 + y^2}, z) = 0.$$

II. Drehachse durch den Punkt (x_0, y_0, z_0), α, β, γ Richtungswinkel derselben:

Erzeugende: 1.) und 2.) wie bei I.

Parallelkreis: $\begin{cases} 3.)\ (x - x_0)^2 + (y - y_0)^2 + (z - z_0)^2 - r^2 = 0, \\ 4.)\ x \cos \alpha + y \cos \beta + z \cos \gamma - d = 0. \end{cases}$

Bedingungsgleichung (Elim.-Resultat von x, y, z aus 1.) bis 4.)):

$$5.)\ F(r, d) = 0.$$

Gleichung der Drehfläche (Elim.-Resultat von r und d aus 3.) bis 5.)):

$$6.)\ \begin{cases} F\big(\sqrt{(x - x_0)^2 + (y - y_0)^2 + (z - z_0)^2}, \\ \quad x \cos \alpha + y \cos \beta + z \cos \gamma\big) = 0. \end{cases}$$

Geht die Drehachse durch den Ursprung, so geht 6.) über in

$$6'.)\ F\big(\sqrt{x^2 + y^2 + z^2},\quad x \cos \alpha + y \cos \beta + z \cos \gamma\big) = 0.$$

D) Konoidflächen

Eine Konoidfläche entsteht, wenn eine Gerade sich so bewegt, daß sie die z-Achse und eine Leitlinie beständig schneidet und dabei der XY-Ebene parallel bleibt.

Leitlinie: 1.) $\varphi(x, y, z) = 0$, 2.) $\psi(x, y, z) = 0$.

Erzeugende: 3.) $\frac{y}{x} = m$, 4.) $z = d$.

Elim.-Resultat von x, y, z aus 1.) bis 4.):

$$5.)\ F(m, d) = 0.$$

Gleichung der Konoidfläche (Elim.-Resultat von m und d aus 3.) bis 5.)):

$$6.)\ F\left(\frac{y}{x}, z\right) = 0.$$

Beispiel: Schraubenfläche (Wendelfläche): Die Leitlinie dieser Konoidfläche ist die Schraubenlinie:

$$x = a\cos t,\quad y = a\sin t,\quad z = \frac{ht}{2\pi},$$

deren Achse die z-Achse ist. Die Gleichung der Schraubenfläche ist: $\frac{y}{x} = \operatorname{tg}\frac{2\pi z}{h}$.

XVI. Abschnitt

Differentialgleichungen

§ 115. Allgemeines

1.) Man versteht unter einer gewöhnlichen Differentialgleichung n-ter Ordnung eine Gleichung von der Form

$$F(x, y, y', y'', \ldots, y^{(n)}) = 0,$$

wo F eine gegebene Funktion der in der Klammer stehenden Größen ist. Die gegebene Differentialgleichung lösen (integrieren), heißt alle Funktionen $y = \varphi(x)$ zu bestimmen, welche zusammen mit ihren ersten n Ableitungen nach x:

$$y' = \varphi'(x),\ y'' = \varphi''(x), \ldots, y^{(n)} = \varphi^{(n)}(x)$$

die gegebene Differentialgleichung identisch befriedigen.

2.) Die allgemeine Lösung (das allgemeine Integral) einer gewöhnlichen Differentialgleichung n-ter Ordnung hat, wenn sie existiert, die Form

$$y = \varphi(x, C_1, C_2, \ldots, C_n),$$

wo $C_1, C_2, \ldots, C_n$ willkürliche voneinander unabhängige Konstanten sind. Differenziert man umgekehrt eine solche n-parametrige Funktion n-mal nach x und eliminiert aus den $(n+1)$ Gleichungen die Größen $C_1, C_2, \ldots, C_n$, so erhält man eine gewöhnliche Differentialgleichung n-ter Ordnung.

3.) Erteilt man den Konstanten spezielle Werte, so erhält man eine partikuläre Lösung.

Außer der allgemeinen Lösung können noch Lösungen existieren, die im allgemeinen nicht durch spezielle Wahl der Konstanten erhalten werden. Sie heißen singuläre Lösungen (vgl. § 112, 11).

§ 116. Gewöhnliche Differentialgleichungen erster Ordnung

1.) Durch eine gewöhnliche Differentialgleichung 1. Ordnung $F(x, y, y') = 0$ wird jedem Punkte x_0, y_0, für den $F(x, y, y')$ definiert und eindeutig nach y' auflösbar ist, eine Richtung y' zugeordnet. Die allgemeine Lösung stellt eine einparametrige Kurvenschar dar, deren Kurven an jeder Stelle x_0, y_0 jene Richtung als Tangentenrichtung besitzen.

2.) Lösungsmethoden*)

a) Trennung der Veränderlichen:

Die allgemeine Lösung der Differentialgleichung

$$M(x)N(y)\,dx + P(x)Q(y)\,dy = 0,$$

wo M, P Funktionen von x allein, N, Q Funktionen von y allein sind, ist

$$\int \frac{M(x)}{P(x)}\,dx + \int \frac{Q(y)}{N(y)}\,dy + C = 0.$$

b) Integration vollständiger Differentiale:

Wenn für die Differentialgleichung

$$M(x, y)\,dx + N(x, y)\,dy = 0$$

die Bedingung
$$\frac{\partial M}{\partial y} = \frac{\partial N}{\partial x}$$

erfüllt ist, stellt die linke Seite der Differentialgleichung ein vollständiges Differential dU dar, und die allgemeine Lösung ist

$$U + C = \int M\,dx + \int \left[N - \frac{\partial}{\partial y} \int M\,dx\right] dy + C = 0.$$

c) Methode des integrierenden Faktors (*Euler*scher Multiplikator):

*) Unter der Voraussetzung, daß Lösungen existieren.

Die Funktion $\mu = \mu(x, y)$ wird so bestimmt, daß

$$\mu(x, y)(M(x, y)\,dx + N(x, y)\,dy)$$

ein vollständiges Differential wird. μ muß der (partiellen) Differentialgleichung

$$\mu\left(\frac{\partial M}{\partial y} - \frac{\partial N}{\partial x}\right) = N\,\frac{\partial \mu}{\partial x} - M\,\frac{\partial \mu}{\partial y}$$

genügen und ist aus dieser zu bestimmen.

d) Transformation:

Es werden zwei neue Veränderliche u, v vermittels der Gleichungen

$$x = X(u, v),\ y = Y(u, v)$$

eingeführt. Man findet

$$y' = \frac{\dfrac{\partial Y}{\partial u} + \dfrac{\partial Y}{\partial v}\,v'}{\dfrac{\partial X}{\partial u} + \dfrac{\partial X}{\partial v}\,v'},$$

wo $v' = \dfrac{dv}{du}$ gesetzt ist, und die Differentialgleichung $F(x, y, y') = 0$ geht über in die Gleichung

$$F\left(X(u, v),\quad Y(u, v);\quad \frac{\dfrac{\partial Y}{\partial u} + \dfrac{\partial Y}{\partial v}\,v'}{\dfrac{\partial X}{\partial u} + \dfrac{\partial X}{\partial v}\,v'}\right) = 0\,.$$

Diese kann einfacher sein als die gegebene Gleichung.

e) Wiederholte Differentiation:

Gegeben sei die Differentialgleichung in der Form

I. $\quad y = \varphi(x, p),\ p = y'.$

Vollständige Differentiation nach x ergibt

$$p = \frac{\partial \varphi}{\partial x} + \frac{\partial \varphi}{\partial p}\,\frac{dp}{dx}\,.$$

Aus dieser Differentialgleichung zwischen x und p sucht man p als Funktion von x oder x als Funktion von p zu bestimmen und erhält durch Einsetzen in die gegebene Gleichung entweder y als Funktion von x oder x und y als Funktionen des Parameters p.

II. $$x = \varphi(y, p), \quad p = y'.$$

Vollständige Differentiation nach x ergibt

$$1 = \frac{\partial \varphi}{\partial y} p + \frac{\partial \varphi}{\partial p}\frac{dp}{dx} = \frac{\partial \varphi}{\partial y} p + \frac{\partial \varphi}{\partial p}\frac{dp}{dy} p.$$

Hieraus sucht man p als Funktion von y, oder y als Funktion von p zu bestimmen. Die Einsetzung in die gegebene Gleichung liefert entweder x als Funktion von y, oder x und y als Funktionen des Parameters p (vgl. 3, g, h).

3.) Spezielle Differentialgleichungen

a) Die homogene Differentialgleichung $y' = f\left(\frac{y}{x}\right)$.

Transformation: $u = x, \quad v = \frac{y}{x}$.

Allgemeine Lösung: $u = e^{\int \frac{dv}{f(v) - v} + C}$.

b) Die verkürzte (homogene) lineare Differentialgleichung $y' = f_0(x) y$.

Lösung durch Trennung der Veränderlichen:

$$y = C e^{\int f_0(x)\,dx}.$$

c) Die lineare Differentialgleichung $y' = f_0(x) y + f_1(x)$.

y_0 sei eine partikuläre Lösung der zugehörigen verkürzten Gleichung $y' = f_0(x) y$. Dann lautet die Transformation $u = x, \quad v = \frac{y}{y_0}$. Allgemeine Lösung:

$$y = e^{\int f_0(x)\,dx} \left\{ \int f_1(x)\, e^{-\int f_0(x)\,dx}\, dx + C \right\}.$$

d) Die *Bernoulli*sche Differentialgleichung $y' = f_0(x) y + f_1(x) y^n$ geht durch die Transformation $u = x, \quad v = y^{1-n}$ in eine lineare über.

e) Die verallgemeinerte homogene Differentialgleichung

$$\varphi\left(\frac{y}{x}\right)(xy' - y) + \chi\left(\frac{y}{x}\right)y' + \psi\left(\frac{y}{x}\right) = 0$$

geht durch die Transformation $u = x$, $v = \frac{y}{x}$ in eine *Bernoulli*sche über.

f) Die allgemeine *Riccati*sche Differentialgleichung

$$y' = f_0(x)\,y^2 + 2f_1(x)\,y + f_2(x)$$

ist geschlossen integrierbar, wenn eine partikuläre Lösung y_0 bekannt ist. Alsdann führt die Transformation $u = x$, $v = y - y_0$ auf eine *Bernoulli*sche Gleichung. Das allgemeine Integral der *Riccati*schen Gleichung hat die Form

$$y = \frac{C\varphi_1(x) + \varphi_2(x)}{C\varphi_3(x) + \varphi_4(x)}.$$

Unter der speziellen *Riccati*schen Differentialgleichung versteht man die Gleichung

$$y' + ay^2 = bx^m,$$

wo a, b, m Konstanten sind. Im Falle $m = 0$ ist sie durch Trennung der Veränderlichen integrierbar. Sie ist ferner integrierbar, wenn

$$m = \frac{4k}{1 - 2k}$$

(k eine ganze Zahl) ist, und zwar durch wiederholte Anwendung der Transformation

$$x = x_1^{\frac{1}{m+3}}, \quad y = \frac{1}{x^2 y_1} + \frac{1}{ax},$$

welche die spezielle *Riccati*sche Gleichung in eine ebensolche überführt. Diese lautet

$$\frac{dy_1}{dx_1} + a_1 y_1^2 = b_1 x_1^{m_1}, \text{ wobei}$$

$$a_1 = \frac{b}{m+3}, \quad b_1 = \frac{a}{m+3}, \quad m_1 = -\frac{m+4}{m+3} \text{ ist.}$$

g) Die *Clairaut*sche Differentialgleichung $y = px + f(p)$, $p = y'$. Lösung durch Differentiation. Allgemeine Lösung $y = Cx + f(C)$. Singuläre Lösung (s. 4) $x = -f'(p)$, $y = -pf'(p) + f(p)$ (p Parameter).

h) Differentialgleichung von *Lagrange* $y = xf(p) + \varphi(p)$, $p = y'$. Lösung durch Differentiation. Allgemeine Lösung:

$$x = e^{-\int \frac{f'(p)\,dp}{f(p)-p}} \left\{ -\int \frac{\varphi'(p)}{f(p)-p} e^{\int \frac{f'(p)\,dp}{f(p)-p}} dp + C \right\}.$$

Singuläre Lösung: $x = -\dfrac{\varphi'(p)}{f'(p)}$, $y = -\dfrac{\varphi'(p)}{f'(p)} f(p) + \varphi(p)$ (p Parameter).

4.) Singuläre Lösungen

a) Die Gesamtheit aller Punkte der Kurve, welche man durch Elimination von p aus den Gleichungen

$$F(x, y, p) = 0, \quad \frac{\partial F}{\partial p} = 0$$

erhält, bilden eine singuläre Lösung der Differentialgleichung $F(x, y, p) = 0$, $p = y'$, falls für alle diese Punkte

$$\frac{\partial F}{\partial x} + \frac{\partial F}{\partial y} p = 0$$

und für keinen dieser Punkte

$$\frac{\partial F}{\partial x} = \frac{\partial F}{\partial y} = 0$$

oder

$$\frac{\partial^2 F}{\partial p^2} = 0$$

ist.

b) Es sei $\varphi(x, y, C)$ das allgemeine Integral der Differentialgleichung. Dann bilden alle Punkte der Kurve (der Einhüllenden)

$$\varphi(x, y, C) = 0, \quad \frac{\partial \varphi}{\partial C} = 0,$$

für welche nicht

$$\frac{\partial \varphi}{\partial x} = \frac{\partial \varphi}{\partial y} = 0$$

oder

$$\frac{\partial^2 \varphi}{\partial C^2} = 0$$

ist, eine singuläre Lösung der Differentialgleichung. Diese gehört der singulären Lösung 1.) an.

5.) Isogonale Trajektorien

Die Kurven einer einparametrigen Schar, welche sämtliche Kurven einer gegebenen einparametrigen Schar unter demselben Winkel ϑ schneiden, heißen isogonale Trajektorien. Ist

$$F(x, y, C) = 0$$

die Gleichung der gegebenen Schar, so findet man die Differentialgleichung der isogonalen Trajektorien durch Elimination von C aus der gegebenen Gleichung und aus

$$\left(\frac{\partial F}{\partial x} \cos\vartheta - \frac{\partial F}{\partial y} \sin\vartheta\right) dx + \left(\frac{\partial F}{\partial x} \sin\vartheta + \frac{\partial F}{\partial y} \cos\vartheta\right) dy = 0.$$

Für die orthogonalen Trajektorien ($\vartheta = 90^0$) geht die letzte Gleichung über in

$$-\frac{\partial F}{\partial y} dx + \frac{\partial F}{\partial x} dy = 0.$$

§ 117. Gewöhnliche Differentialgleichungen höherer Ordnung und Systeme von simultanen Differentialgleichungen

1.) Durch die Differentialgleichung 2. Ordnung

$$F(x, y, y', y'') = 0$$

wird jedem Punkte x, y und einer Fortschreitungsrichtung y' in diesem Punkte, soweit $F(x, y, y', y'')$ definiert und nach y'' eindeutig auflösbar ist, ein Wert y'' und damit eine bestimmte Krümmung zugeordnet. Jede Lösungskurve hat an der Stelle x, y diese Krümmung.

2.) Die Differentialgleichung $F(y, y'') = 0$:

a) $y'' = f(y)$, allgemeine Lösung

$$x = \int \frac{dy}{\sqrt{2\int f(y)dy + C_1}} + C_2.$$

b) $y = f(y'')$. Man setzt $y'' = p$ und findet

$$x = \int \frac{f'(p)\,dp}{\sqrt{2\int p\,f'(p)dp + C_1}} + C_2,\quad y = f(p).$$

c) $F(y, y'') = 0$. Man bestimme die Funktionen φ und ψ so, daß $y = \varphi(t)$ und $y'' = \psi(t)$ die gegebene Gleichung erfüllen. Dann ergibt sich

$$x = \int \frac{\varphi'(t)\,dt}{\sqrt{2\int \psi(t)\varphi'(t)\,dt + C_1}} + C_2.$$

3.) a) Die Differentialgleichung

$$F(x, y^{(n)}, y^{(n+1)}, \ldots, y^{(n+m)}) = 0$$

geht durch Einführung von $y^{(n)} = p$ über in die Differentialgleichung

$$F(x, p, p', \ldots, p^{(m)}) = 0.$$

b) Die Ordnung der Differentialgleichung

$$F(y, y', y'', \ldots, y^{(n)}) = 0$$

wird um 1 vermindert, wenn man $y' = p$ einführt und y als unabhängige Veränderliche betrachtet:

$$F(y, p, p', \ldots, p^{(n-1)}) = 0.$$

c) Wenn die Differentialgleichung

$$F(x, y, y', y'', \ldots, y^{(n)}) = 0$$

in bezug auf $y, y', y'', \ldots, y^{(n)}$ homogen ist, kann ihre Ordnung durch Einführung der neuen abhängigen Veränderlichen $v = \frac{y'}{y}$ um 1 erniedrigt werden.

4.) Lineare Differentialgleichungen:

a) Die homogene (verkürzte) lineare Differentialgleichung n^{ter} Ordnung mit konstanten Koeffizienten lautet:

$$y^{(n)} + a_1 y^{(n-1)} + a_2 y^{(n-2)} + \cdots + a_{n-1} y' + a_n y = 0.$$

Unter der charakteristischen Gleichung dieser Differentialgleichung versteht man die algebraische Gleichung n^{ten} Grades

$$\varphi(\varrho) = \varrho^n + a_1 \varrho^{n-1} + a_2 \varrho^{n-2} + \cdots + a_{n-1} \varrho + a_n = 0.$$

I.) $\varphi(\varrho) = 0$ habe die voneinander verschiedenen Wurzeln $\varrho_1, \varrho_2, \ldots, \varrho_n$. Dann lautet die allgemeine Lösung der Differentialgleichung

$$y = C_1 e^{\varrho_1 x} + C_2 e^{\varrho_2 x} + \cdots + C_n e^{\varrho_n x}.$$

Sind $\varrho_1 = a + ib$, $\varrho_2 = a - ib$ konjugiert komplex, so kann man $C_1 e^{\varrho_1 x} + C_2 e^{\varrho_2 x}$ durch $e^{ax}(A \cos(bx) + B \sin(bx))$ ersetzen. $C_1, \ldots, C_n, A, B$ sind willkürliche Konstanten.

II.) Ist ϱ_1 eine r_1-fache, ϱ_2 eine r_2-fache, ..., ϱ_m eine r_m-fache Wurzel von $\varphi(\varrho) = 0$ $(r_1 + r_2 + \cdots + r_m = n)$, so lautet das allgemeine Integral

$$\begin{aligned} y = {} & e^{\varrho_1 x}(C_{11} + C_{12} x + \cdots + C_{1r_1} x^{r_1 - 1}) \\ & + e^{\varrho_2 x}(C_{21} + C_{22} x + \cdots + C_{2r_2} x^{r_2 - 1}) \\ & + \cdots\cdots\cdots\cdots \\ & + e^{\varrho_m x}(C_{m1} + C_{m2} x + \cdots + C_{mr_m} x^{r_m - 1}), \end{aligned}$$

wobei die C_{ik} willkürliche Konstanten bedeuten.

Ist eine r-fache Wurzel komplex, so ist auch eine r-fache zu dieser konjugierte Wurzel vorhanden, und die zugehörigen konjugiert komplexen Glieder des allgemeinen Integrals lassen sich, wie bei I.), zu einem reellen zusammenfassen.

b) Die lineare homogene Differentialgleichung

$$x^n y^{(n)} + a_1 x^{n-1} y^{(n-1)} + a_2 x^{n-2} y^{(n-2)} + \cdots + a_{n-1} x y' + a_n y = 0,$$

worin $a_1, \ldots, a_n$ Konstante sind, geht durch die Transformation $x = e^u$, $y = v$ in eine lineare homogene Differentialgleichung mit konstanten Koeffizienten über.

c) Die allgemeine lineare Differentialgleichung n-ter Ordnung lautet

$$y^{(n)} + f_1(x) y^{(n-1)} + f_2(x) y^{(n-2)} + \cdots + f_{n-1}(x) y' + f_n(x) y = f(x).$$

Die Differentialgleichung, welche entsteht, wenn man $f(x)$

durch 0 ersetzt, heißt die zugehörige homogene (verkürzte) Differentialgleichung.

Ein System $y_1, \ldots, y_n$ von partikulären Integralen der verkürzten Gleichung heißt linear unabhängig, wenn die Gleichung $C_1 y_1 + \cdots + C_n y_n = 0$ mit konstanten $C_1, \ldots, C_n$ nur bestehen kann für $C_1 = C_2 = \ldots = C_n = 0$. Andernfalls heißen $y_1, \ldots, y_n$ linear abhängig. Die notwendige und hinreichende Bedingung für die lineare Unabhängigkeit der $y_1, \ldots, y_n$ ist, daß die *Wronskische* Determinante

$$\Delta = \begin{vmatrix} y_1 \, y_1' \ldots y_1^{(n-1)} \\ y_2 \, y_2' \ldots y_2^{(n-1)} \\ \ldots\ldots\ldots \\ y_n \, y_n' \ldots y_n^{(n-1)} \end{vmatrix}$$

nicht identisch verschwindet. Ein linear unabhängiges System $y_1, \ldots, y_n$ heißt auch ein Fundamentalsystem.

Es sei $y_1, \ldots, y_n$ ein Fundamentalsystem von partikulären Integralen der verkürzten Gleichung. Dann lautet die allgemeine Lösung der allgemeinen Gleichung:

$$y = C_1 y_1 + \cdots + C_n y_n,$$

wobei jetzt $C_1, \ldots, C_n$ Funktionen von x sind, deren erste Ableitungen $C_1', \ldots, C_n'$ sich aus dem folgenden linearen Gleichungssystem bestimmen lassen:

$$\begin{aligned} y_1 C_1' + \cdots + y_n C_n' &= 0 \\ y_1' C_1' + \cdots + y_n' C_n' &= 0 \\ \ldots\ldots\ldots\ldots\ldots \\ y_1^{(n-2)} C_1' + \cdots + y_n^{(n-2)} C_n' &= 0 \\ y_1^{(n-1)} C_1' + \cdots + y_n^{(n-1)} C_n' &= f(x). \end{aligned}$$

Setzt man

$$C_i' = F_i(x), \quad i = 1, 2, \ldots, n,$$

so lautet also das allgemeine Integral

$$y = y_1 \left(\int F_1(x) dx + K_1 \right) + \cdots + y_n \left(\int F_n(x) dx + K_n \right),$$

wobei $K_1, \ldots, K_n$ willkürliche Konstanten sind (Methode der Variation der Konstanten).

d) Die Differentialgleichung

$$y'' + 2ay' + by = 0$$

(homogene Schwingungsgleichung) hat folgende Lösungen:

$$y_1 = C_1 e^{-(a-\omega)x} + C_2 e^{-(a+\omega)x},$$

wenn

$$\omega^2 = a^2 - b > 0,$$

oder

$$y_2 = C_1 e^{-ax} \sin \omega (x - C_2),$$

wenn

$$\omega^2 = b - a^2 > 0,$$

oder

$$y_3 = e^{-ax} (C_1 x + C_2)$$

wenn $a^2 = b$.

Man erhält diese Lösungen (und die Lösungen anderer Differentialgleichungen) auch, wenn man auf sie die *Laplace*-Transformation anwendet, wodurch die Differentialgleichung in eine algebraische Gleichung verwandelt wird. In den Lösungen erscheinen dann die Anfangswerte $y(o)$, $y'(o)$ anstelle der willkürlichen Konstanten (vgl. § 102).

Die Differentialgleichung

$$y'' + 2ay' + by = f(x)$$

(Schwingungsgleichung mit Störungsfunktion) hat die Lösungen

$$y = y_1 + \frac{1}{\omega} \int_C^x f(\xi)\, e^{-a(x-\xi)} \operatorname{Sin} \omega (x - \xi)\, d\xi,$$

$$y = y_2 + \frac{1}{\omega} \int_C^x f(\xi)\, e^{-a(x-\xi)} \sin \omega (x - \xi)\, d\xi,$$

$$y = y_3 + \int_C^x f(\xi)\, (x - \xi)\, e^{-a(x-\xi)}\, d\xi$$

entsprechend den obigen drei Fällen. Einer der drei willkürlichen Konstanten C_1, C_2, C kann ein fester Wert erteilt werden. Die Gesamtheit aller Lösungen wird dann durch Variation der übrigen beiden Konstanten erhalten.

Im Spezialfall

$$f(x) = \lambda \sin \mu x$$

erhält man, falls $b - a^2 > 0$, eine Lösung

$$y = \lambda\delta \sin \mu(x - \gamma),$$

wobei

$$\delta = \frac{1}{\sqrt{(b-\mu)^2 + 4a^2\mu^2}}, \quad \gamma = \frac{1}{\mu} \operatorname{arc\,tg} \frac{2a\mu}{b - \mu^2},$$

wenn diese Konstanten endliche Werte haben.

5.) Die allgemeine lineare Differentialgleichung zweiter Ordnung

$$y'' + f_1(x)\,y' + f_2(x)\,y + f_3(x) = 0$$

läßt sich durch die Transformation $y = u + v$ auf die homogene Gleichung

$$u'' + f_1(x)\,u' + f_2(x)\,u = 0$$

reduzieren, wenn v eine partikuläre Lösung ist.

Ist ψ eine partikuläre Lösung der homogenen Gleichung, so lautet ihre allgemeine Lösung

$$u = \psi \int \psi^{-2}\, e^{-\int f_1(x)dx}\, dx.$$

Die homogene lineare Differentialgleichung 2. Ordnung

$$y'' + f_1(x)\,y' + f_2(x)\,y = 0$$

geht durch die Transformation $u = x, v = \frac{y'}{y}$ in die *Riccati*sche Gleichung

$$v' + f_2(u) + (f_1 u)v + v^2 = 0$$

über. Umgekehrt kann jede *Riccati*sche Gleichung in eine

lineare homogene Differentialgleichung 2. Ordnung übergeführt werden.

6.) Spezielle Differentialgleichungen:

a) Die *Legendre*sche Differentialgleichung

$$y'' - \frac{2x}{1-x^2}y' + \frac{n(n+1)}{1-x^2}y = 0$$

($n \geqq 0$ ganz) hat die Lösung $P_n(x)$, wobei

$$P_n(x) = \frac{1}{n!\,2^n}\frac{d^n(x^2-1)^n}{dx^n}$$

(*Legendre*sche Polynome), z. B.

$$P_0(x) = 1, \quad P_1(x) = x, \quad P_2(x) = \frac{1}{2}(3x^2-1),$$

$$P_3(x) = \frac{1}{2}(5x^3-3x), \quad P_4(x) = \frac{1}{8}(35x^4-30x^2+3).$$

b) Die *Laguerre*sche Differentialgleichung

$$y'' + \left(\frac{1}{x}-1\right)y' + \frac{n}{x}y = 0$$

($n \geqq 0$ ganz) hat die Lösung

$$L_n(x) = e^x\frac{d^n(x^n e^{-x})}{dx^n}$$

(*Laguerre*sche Polynome), z. B.

$L_0(x) = 1, \quad L_1(x) = -x+1, \quad L_2(x) = x^2-4x+2,$
$L_3(x) = -x_3+9x^2-18x+6.$

c) Die *Hermite*sche Differentialgleichung

$$y'' - 2xy' + 2ny = 0$$

($n \geqq 0$ ganz) hat die Lösung

$$H_n(x) = (-1)^n e^{x^2}\frac{d^n e^{-x^2}}{dx^n}$$

(*Hermite*sche Polynome), z. B.

$$H_0(x) = 1,\quad H_1(x) = 2x,\quad H_2(x) = 4x^2 - 2,$$
$$H_3(x) = 8x^3 - 12x,\quad H_4(x) = 16x^4 - 48x^2 + 12, \cdots$$

d) Die hypergeometrische Differentialgleichung

$$x(1-x)\,y'' + [c - (a+b+1)\,x]\,y' - aby = 0$$

hat die Lösung

$$y = F(a, b; c; x)$$
$$= 1 + \frac{a \cdot b}{1 \cdot c} x + \frac{1}{2!} \frac{a(a+1) \cdot b(b+1)}{c(c+1)} x^2$$
$$+ \frac{1}{3!} \frac{a(a+1)(a+2) \cdot b(b+1)(b+2)}{c(c+1)(c+2)} x^3$$
$$+ \cdots \qquad (|x| < 1)$$

e) Die *Bessel*sche Differentialgleichung

$$y'' + \frac{1}{x} y' + \left(1 - \frac{p^2}{x^2}\right) y = 0$$

hat für $p \geqq 0$ die Lösung

$$J_p(x) = \sum_{n=0}^{\infty} \frac{(-1)^n x^{p+2n}}{2^{p+2n} \cdot n!\,\Gamma(p+n+1)},$$

also für ganze p (vgl. § 102, 6) die Lösung

$$J_p(x) = \sum_{n=0}^{\infty} \frac{(-1)^n \left(\frac{x}{2}\right)^{p+2n}}{n!\,(p+n)!}$$

(*Bessel*sche Funktionen).

7.) Systeme von simultanen Differentialgleichungen 1. Ordnung:

Zwischen den $n+1$ Veränderlichen

$$x_1, x_2, \ldots, x_n, t$$

mögen die n simultanen Differentialgleichungen 1. Ordnung bestehen:

$$x_1' = f_1(x_1, x_2, x_3, \ldots, x_n, t),$$
$$x_2' = f_2(x_1, x_2, x_3, \ldots, x_n, t),$$
$$\ldots\ldots\ldots\ldots\ldots\ldots$$
$$x_n' = f_n(x_1, x_2, x_3, \ldots, x_n, t), \text{ wobei } x_\nu' = \frac{d x_\nu}{d t} \quad (\nu = 1, 2, \ldots n).$$

Die Funktionen $x_1(t)$, $x_2(t), \ldots, x_n(t)$, welche dem System genügen, werden gesucht.

Man kann zur Bestimmung jeder der Funktionen eine Differentialgleichung n-ter Ordnung zwischen zwei Veränderlichen folgendermaßen herleiten:

Aus x_1' folgt durch Differentiation

$$x_1'' = \frac{\partial f_1}{\partial x_1} x_1' + \frac{\partial f_1}{\partial x_2} x_2' + \cdots + \frac{\partial f_1}{\partial x_n} x_n' + \frac{\partial f_1}{\partial t}.$$

Durch Einsetzen der gegebenen Ausdrücke für $x_2', x_3', \ldots, x_n'$ in diese Gleichung erhält man eine Beziehung

$$x_1'' = \varphi_2(x_1, x_2, \ldots, x_n, t)$$

und entsprechend durch Differentiation dieser Gleichung

$$x_1''' = \varphi_3(x_1, x_2, \ldots, x_n, t),$$
$$\ldots\ldots\ldots\ldots\ldots\ldots$$
$$x_1^{(n)} = \varphi_n(x_1, x_2, \ldots, x_n, t).$$

Aus den Gleichungen $x_1', x_2'', \ldots, x_1^{(n-1)}$ werden $x_2, x_3, \ldots, x_n$ bestimmt und in die Gleichung $x_1^{(n)}$ eingesetzt. Man erhält eine Gleichung von der Form

$$x_1^{(n)} = \psi_1(x_1, x_1', x_1'', \ldots, x_1^{(n-1)}, t).$$

Entsprechendes gilt für $x_2, x_3, \ldots, x_n$.

8.) *Euler*sche Differentialgleichung der Variationsrechnung: Es sei $f(x, y, y')$ eine dreimal stetig differenzierbare Funktion von x, y, y'. Dann muß eine Kurve $y(x)$, welche durch die Punkte x_1, y_1; x_2, y_2 geht, eine stetige Ableitung y' besitzt und dem Integral

$$\int_{x_1}^{x_2} f(x, y, y')\, dx$$

einen größten oder kleinsten Wert erteilen soll, folgender Differentialgleichung genügen:

$$f_y = \frac{d f_{y'}}{dx}$$

oder ausführlich:

$$f_y - f_{y'x} - f_{y'y}\, y' - f_{y'y'}\, y'' = 0.$$

9.) Beispiel einer Integralgleichung (*Abel*sche Integralgleichung): Bei gegebenem $f(x)$ hat die Gleichung

$$f(x) = \int_0^x \frac{\varphi(\xi)\, d\xi}{(x-\xi)^n} \qquad (0 < n < 1)$$

die Lösung

$$\varphi(\xi) = \frac{\sin n\pi}{\pi}\left[\frac{f(0)}{\xi^{1-n}} + \int_0^\xi \frac{f'(t)\, dt}{(\xi - t)^{1-n}}\right]$$

unter der Voraussetzung, daß das letzte Integral existiert.

§ 118. Partielle Differentialgleichungen

1.) Unter einer partiellen Differentialgleichung 1. Ordnung versteht man eine Gleichung von der Form

$$F(x, y, z, p, q) = 0,$$

wo $p = \frac{\partial z}{\partial x}$, $q = \frac{\partial z}{\partial y}$ ist. Eine solche Gleichung lösen, heißt alle Funktionen $z = \varphi(x, y)$ bestimmen, welche zusammen mit p und q die Gleichung erfüllen. Die allgemeine Lösung einer partiellen Differentialgleichung erster Ordnung enthält eine willkürliche Funktion.

2.) Die allgemeine Lösung der Differentialgleichung

$$a\frac{\partial z}{\partial x} + b\frac{\partial z}{\partial y} = c$$

($a \neq 0$, b, c Konstante) lautet

$$z = \frac{c}{a}x + W(bx - ay),$$

wobei W eine willkürliche Funktion des Arguments $bx - ay$ bedeutet.

3.) Die lineare Differentialgleichung

$$P(x, y, z)p + Q(x, y, z)q = R(x, y, z):$$

Man integriert das System gewöhnlicher Differentialgleichungen

$$\frac{dx}{P} = \frac{dy}{Q} = \frac{dz}{R}.$$

Seine Lösungen (Charakteristiken) seien

$$\varphi(x, y, z) = C_1, \quad \psi(x, y, z) = C_2.$$

Dann ist
$$\psi = W(\varphi)$$
die allgemeine Lösung der gegebenen Gleichung, wobei W eine willkürliche Funktion ist.

4.) Die Differentialgleichung $F(x, y\, z, p, q) = 0$:
Zur Lösung dieser Gleichung integriert man das System (S)

$$\frac{dx}{\frac{\partial F}{\partial p}} = \frac{dy}{\frac{\partial F}{\partial q}} = \frac{dz}{p\frac{\partial F}{\partial p} + q\frac{\partial F}{\partial q}}$$

$$= -\frac{dp}{\frac{\partial F}{\partial x} + p\frac{\partial F}{\partial z}} = -\frac{dq}{\frac{\partial F}{\partial y} + q\frac{\partial F}{\partial z}} = du,$$

wo u als unabhängige Veränderliche gedacht wird. Die gesuchten Funktionen $x, y\, z, p\, q$ mögen für $u = u_0$ die der

Gleichung $F = 0$ genügenden Anfangswerte x_0, y_0, z_0, p_0, q_0 annehmen, so daß die Lösungen lauten:

$$\begin{aligned} x &= \varphi_1(u; x_0, y_0, z_0, p_0, q_0) \\ y &= \varphi_2(u; x_0, y_0, z_0, p_0, q_0) \\ z &= \varphi_3(u; x_0, y_0, z_0, p_0, q_0) \\ p &= \psi_1(u; x_0, y_0, z_0, p_0, q_0) \\ q &= \psi_2(u; x_0, y_0, z_0, p_0, q_0). \end{aligned}$$

Sie enthalten drei wesentliche Parameter. Die ersten drei Gleichungen stellen daher eine dreiparametrige Kurvenschar dar (die Charakteristiken).

Die beliebigen Funktionen $x_0 = x_0(v)$, $y_0 = y_0(v)$, $z_0 = z_0(v)$ mögen für $v = v_0$ obige Werte x_0, y_0, z_0 annehmen, jedoch nicht die beiden ersten Gleichungen (S) erfüllen. Die Funktionen $p_0 = p_0(v)$, $q_0 = q_0(v)$ werden aus den Gleichungen

$$F(x_0(v), y_0(v), z_0(v), p_0, q_0) = 0,$$

$$\frac{dz_0}{dv} = p_0 \frac{dx_0}{dv} + q_0 \frac{dy_0}{dv}$$

bestimmt. Dann ergibt sich als Lösung die Fläche

$$x = \varphi_1(u, v), \; y = \varphi_2(u, v), \; z = \varphi_3(u, v).$$

5.) Unter einer partiellen Differentialgleichung zweiter Ordnung versteht man eine Gleichung von der Form

$$F(x, y, z, p, q, r, s, t) = 0$$

wo

$$p = \frac{\partial z}{\partial x}, \quad q = \frac{\partial z}{\partial y}, \quad r = \frac{\partial^2 z}{\partial x^2}, \quad s = \frac{\partial^2 z}{\partial x \partial y}, \quad t = \frac{\partial^2 z}{\partial y^2}.$$

Die allgemeine Lösung einer solchen Gleichung enthält zwei willkürliche Funktionen.

6.) $\dfrac{\partial^2 z}{\partial x^2} = 0$ hat die allgemeine Lösung

$$z = x W_1(y) + W_2(y),$$

$\frac{\partial^2 z}{\partial x \partial y} = 0$ die allgemeine Lösung $z = W_1(x) + W_2(y)$, wobei W_1, W_2 willkürliche Funktionen der Argumente sind.

7.) Die *Laplace*sche Differentialgleichung

$$\frac{\partial^2 z}{\partial x^2} + \frac{\partial^2 z}{\partial y^2} = 0:$$

Jede Funktion $z = z(x, y)$, welche dieser Differentialgleichung genügt, heißt eine harmonische oder Potentialfunktion. Das allgemeine Integral der Gleichung ist

$$z = W_1(x + iy) + W_2(x - iy)$$

(W_1, W_2 willkürliche Funktionen).

Der reelle Teil u und der imaginäre Teil v einer analytischen Funktion der komplexen Variablen $z = x + iy$ sind Lösungen der Laplaceschen Differentialgleichung (vgl. § 106).

Wenn die willkürliche Funktion

$$f(z + ix \cos u + iy \sin u,\ u)$$

Ableitungen nach x, y und z besitzt, so ist

$$\Phi = \int_{-\pi}^{+\pi} f(z + ix \cos u + iy \sin u,\ u)\, du$$

die allgemeine Lösung der *Laplace*schen Differentialgleichung

$$\frac{\partial^2 \Phi}{\partial x^2} + \frac{\partial^2 \Phi}{\partial y^2} + \frac{\partial^2 \Phi}{\partial z^2} = 0.$$

8.) Die *Euler*sche Differentialgleichung

$$A \frac{\partial^2 z}{\partial x^2} + 2B \frac{\partial^2 z}{\partial x \partial y} + C \frac{\partial^2 z}{\partial y^2} = 0 \quad (C \neq 0):$$

Das allgemeine Integral ist

$$z = W_1(x + \lambda_1 y) + W_2(x + \lambda_2 y),$$

wobei λ_1 und λ_2 die Wurzeln der Gleichung

$$C\lambda^2 + 2B\lambda + A = 0$$

sind (W_1, W_2 willkürliche Funktionen). Für $\lambda_1 = \lambda_2$ ist

$$z = yW_1(x + \lambda_1 y) + W_2(x + \lambda_1 y).$$

Je nach dem λ_1, λ_2 konjugiert komplex, reell verschieden oder einander gleich sind, heißt die Differentialgleichung elliptisch, hyperbolisch oder parabolisch.

9.) Die Differentialgleichung

$$A_0(x, y)\, z + A_1(x, y)\frac{\partial z}{\partial x} + A_2(x, y)\frac{\partial z}{\partial y} + A_{11}(x, y)\frac{\partial^2 z}{\partial x^2} + A_{12}(x, y)\frac{\partial^2 z}{\partial x \partial y} + A_{22}(x, y)\frac{\partial^2 z}{\partial y^2} = f(x, y)$$

heißt linear. Sind $z_1(x, y)$ und $z_2(x, y)$ Lösungen einer solchen Gleichung, so ist auch

$$z = C_1 z_1 + C_2 z_2$$

eine Lösung, wobei C_1 und C_2 willkürliche Konstante sind.

10.) Bestimmung spezieller Lösungen:
Eine häufig angewandte Methode zur Bestimmung spezieller Lösungen besteht darin, daß man

$$z = P(x) \cdot Q(y)$$

setzt, wobei P eine Funktion von x und Q eine Funktion von y allein ist, und diese Funktionen so zu bestimmen sucht, daß z der Differentialgleichung genügt.

Beispiel:

$$c^2 \frac{\partial^2 z}{\partial x^2} - \frac{\partial z}{\partial y} = 0$$

setzt man $z = P(x)\, Q(y)$, so folgt

$$c^2\, P''(x)\, Q(y) - P(x)\, Q'(y) = 0$$

oder

$$c^2 \frac{P''(x)}{P(x)} - \frac{Q'(y)}{Q(y)} = 0.$$

Da das erste Glied von x allein, das zweite von y allein abhängt, müssen beide Glieder konstant sein. Setzt man daher z. B.

$$c^2 \frac{P''(x)}{P(x)} = -k^2, \qquad \frac{Q'(y)}{Q(y)} = -k^2,$$

so müssen P und Q den gewöhnlichen Differentialgleichungen

$$P''(x) + \frac{k^2}{c^2} P(x) = 0, \qquad Q'(y) + k^2 Q(y) = 0$$

genügen. Linear unabhängige Lösungen dieser Gleichungen sind z. B.

$$P = \cos\frac{k}{c}x, \qquad P = \sin\frac{k}{c}x, \qquad Q = e^{-k^2 y}.$$

Somit sind

$$z = e^{-k^2 y}\cos\frac{k}{c}x, \qquad z = e^{-k^2 y}\sin\frac{k}{c}x$$

spezielle Lösungen der gegebenen Differentialgleichung.

Da die Differentialgleichung linear ist, ist auch jede lineare Kombination solcher Lösungen oder eine gleichmäßig konvergente Reihe solcher Lösungen mit konstanten Koeffizienten eine Lösung der gegebenen Differentialgleichung.

Verzeichnis der wichtigsten Begriffe

GESAMTVERZEICHNIS

der

SAMMLUNG GÖSCHEN

Jeder Band DM 3,60 · Doppelband DM 5,80

Stand November 1959

WALTER DE GRUYTER & CO., BERLIN W 35

Inhaltsübersicht

Geisteswissenschaften

Philosophie

Einführung in die Philosophie von *H. Leisegang* †. 3. Auflage. 145 Seiten. 1957. (*281*)

Hauptprobleme der Philosophie von *G. Simmel* †. 7., unveränderte Auflage. 177 Seiten. 1950. (*500*)

Geschichte der Philosophie

I: Die griechische Philosophie von *W. Capelle*. 1. Teil. Von Thales bis Leukippos. 2., erweiterte Auflage. 135 Seiten. 1953. (*857*)

II: Die griechische Philosophie von *W. Capelle*. 2. Teil. Von der Sophistik bis zum Tode Platons. 2., stark erweiterte Auflage. 144 Seiten. 1953. (*858*)

III: Die griechische Philosophie von *W. Capelle*. 3. Teil. Vom Tode Platons bis zur Alten Stoa. 2., stark erweiterte Auflage. 132 Seiten. 1954. (*859*)

IV: Die griechische Philosophie von *W. Capelle*. 4. Teil. Von der Alten Stoa bis zum Eklektizismus im 1. Jahrh. v. Chr. 2., stark erweiterte Auflage. 132 Seiten. 1954. (*863*)

V: Die Philosophie des Mittelalters von *J. Koch*. In Vorbereitung. (*826*)

VI: Von der Renaissance bis Kant von *K. Schilling*. 234 Seiten. 1954. (*394/394a*)

VII: Immanuel Kant von *G. Lehmann*. In Vorbereitung. (*536*)

VIII: Die Philosophie des 19. Jahrhunderts von *G. Lehmann*. 1. Teil. 151 Seiten. 1953. (*571*)

IX: Die Philosophie des 19. Jahrhunderts von *G. Lehmann*. 2. Teil. 168 Seiten. 1953. (*709*)

X: Die Philosophie im ersten Drittel des 20. Jahrhunderts I von *G. Lehmann*. 128 Seiten. 1957. (*845*)

Die geistige Situation der Zeit (1931) von *K. Jaspers*. 4., unveränderter Abdruck der 1932 bearbeiteten 5. Auflage. 211 Seiten. 1955. (*1000*)

Erkenntnistheorie von *G. Kropp*

I. Teil: Allgemeine Grundlegung. 143 Seiten. 1950. (*807*)

Formale Logik von *P. Lorenzen*. 165 Seiten. 1958. (*1176/1176a*)

Philosophisches Wörterbuch von *M. Apel* †. 5., völlig neubearbeitete Auflage von *P. Ludz*. 315 Seiten. 1958. (*1031/1031a*)

Philosophische Anthropologie. Menschliche Selbstdeutung in Geschichte und Gegenwart von *M. Landmann*. 266 Seiten. 1955. (*156/156a*)

Pädagogik, Psychologie, Soziologie

Geschichte der Pädagogik von *Herm. Weimer*. 13., durchgesehene und vermehrte Auflage von *Heinz Weimer*. 178 Seiten. 1958. (*145*)

Therapeutische Psychologie. Ihr Weg durch die Psychoanalyse von *W. M. Kranefeldt*. Mit einer Einführung von *C. G. Jung*. 3. Auflage. 152 Seiten. 1956. (*1034*)

GEISTESWISSENSCHAFTEN

Allgemeine Psychologie von *Th. Erismann.* 3 Bände. 2., neubearbeitete Auflage.
I: Grundprobleme. 146 Seiten. 1958. (*831*)
II: Grundarten des psychischen Geschehens. 272 Seiten. 1959. (*832/832a*)
III: Psychologie der Persönlichkeit. In Vorbereitung. (*833*)

Soziologie. Geschichte und Hauptprobleme von *L. von Wiese.* 5. Auflage. 162 Seiten. 1954. (*101*)

Sozialpsychologie von *P. R. Hofstätter.* 181 Seiten, 15 Abbildungen, 22 Tabellen. 1956. (*104/104a*)

Psychologie des Berufs- und Wirtschaftslebens von *W. Moede*†. 190 Seiten, 48 Abbildungen. 1958. (*851/851a*)

Industrie- und Betriebssoziologie von *R. Dahrendorf.* 120 Seiten. 1956. (*103*)

Religionswissenschaften

Jesus von *M. Dibelius* †. 2. Auflage. Unveränderter Nachdruck. 141 Seiten. 1949. (*1130*)

Paulus von *M. Dibelius* †. Nach dem Tode des Verfassers herausgegeben und zu Ende geführt von *W. G. Kümmel.* 2., durchgesehene Auflage. 155 Seiten. 1956. (*1160*)

Luther von *F. Lau.* 151 Seiten. 1959. (*1187*)

Geschichte Israels. Von den Anfängen bis zur Zerstörung des Tempels (70 n. Chr.) von *E. L. Ehrlich.* 158 Seiten, 1 Tafel. 1958. (*231/231a*)

Römische Religionsgeschichte von *F. Altheim.* 2 Bände. 2., umgearbeitete Auflage.
I: Grundlagen und Grundbegriffe. 116 Seiten. 1956. (*1035*)
II: Der geschichtliche Ablauf. 164 Seiten. 1956. (*1052*)

Musik

Musikästhetik von *H. J. Moser.* 180 Seiten. Mit zahlreichen Notenbeispielen. 1953. (*344*)

Systematische Modulation von *R. Hernried.* 2. Auflage. 136 Seiten. Mit zahlreichen Notenbeispielen. 1950. (*1094*)

Der polyphone Satz von *E. Pepping.* 2 Bände.
I: Der cantus-firmus-Satz. 2. Auflage. 223 Seiten. Mit zahlreichen Notenbeispielen. 1950. (*1148*)
II: Übungen im doppelten Kontrapunkt und im Kanon. 137 Seiten. Mit zahlreichen Notenbeispielen. 1957. (*1164/1164a*)

Allgemeine Musiklehre von *H. J. Moser.* 2., durchgesehene Auflage. 155 Seiten. Mit zahlreichen Notenbeispielen. 1955. (*220/220a*)

Harmonielehre von *H. J. Moser.* 2 Bände.
I: 109 Seiten. Mit 120 Notenbeispielen. 1954. (*809*)

Die Musik des 19. Jahrhunderts von *W. Oehlmann.* 180 Seiten. 1953. (*170*)

Die Musik des 20. Jahrhunderts von *W. Oehlmann.* 1959. In Vorbereitung. (*171/171a*)

Technik der deutschen Gesangskunst von *H. J. Moser.* 3., durchgesehene und verbesserte Auflage. 144 Seiten, 5 Figuren sowie Tabellen und Notenbeispiele. 1954. (*576/576a*)

Die Kunst des Dirigierens von *H. W. von Waltershausen* †. 2., vermehrte Auflage. 138 Seiten. Mit 19 Notenbeispielen. 1954. (*1147*)

Die Technik des Klavierspiels aus dem Geiste des musikalischen Kunstwerkes von *K. Schubert* †. 3. Auflage. 110 Seiten. Mit Notenbeispielen. 1954. (*1045*)

Kunst

Stilkunde von *H. Weigert*. 2 Bände. 3., durchgesehene und ergänzte Auflage.
I: Vorzeit, Antike, Mittelalter. 136 Seiten, 94 Abbildungen. 1958. (*80*)
II: Spätmittelalter und Neuzeit. 150 Seiten, 88 Abbildungen. 1958. (*781*)

Archäologie von *A. Rumpf*. 2 Bände.
I: Einleitung, historischer Überblick. 143 Seiten, 6 Abbildungen, 12 Tafeln 1953. (*538*)
II: Die Archäologensprache. Die antiken Reproduktionen. 136 Seiten, 7 Abbildungen, 12 Tafeln. 1956. (*539*)

Geschichte

Einführung in die Geschichtswissenschaft von *P. Kirn*. 3., durchgesehene Auflage. 128 Seiten. 1959. (*270*)

Zeitrechnung der römischen Kaiserzeit, des Mittelalters und der Neuzeit für die Jahre 1—2000 n. Chr. von *H. Lietzmann* †. 3. Auflage, durchgesehen von *K. Aland*. 130 Seiten. 1956. (*1085*)

Kultur der Urzeit von *F. Behn*. 3 Bände. 4. Auflage der Kultur der Urzeit Bd. 1—3 von *M. Hoernes*.
I: Die vormetallischen Kulturen. (Die Steinzeiten Europas. Gleichartige Kulturen in anderen Erdteilen.) 172 Seiten, 48 Abbildungen. 1950. (*564*)
II: Die älteren Metallkulturen. (Der Beginn der Metallbenutzung. Kupfer- und Bronzezeit in Europa, im Orient und in Amerika.) 160 Seiten, 67 Abbildungen. 1950. (*565*)
III: Die jüngeren Metallkulturen. (Das Eisen als Kulturmetall, Hallstatt-Latène-Kultur in Europa. Das erste Auftreten des Eisens in den anderen Weltteilen.) 149 Seiten, 60 Abbildungen. 1950. (*566*)

Vorgeschichte Europas von *F. Behn*. Völlig neue Bearbeitung der 7. Auflage der „Urgeschichte der Menschheit" von *M. Hoernes*. 125 Seiten, 47 Abbildungen. 1949. (*42*)

Der Eintritt der Germanen in die Geschichte von *J. Haller* †. 3. Auflage, durchgesehen von *H. Dannenbauer*. 120 Seiten, 6 Kartenskizzen. 1957. (*1117*)

Von den Karolingern zu den Staufern. Die altdeutsche Kaiserzeit (900—1250) von *J. Haller* †. 4., durchgesehene Auflage von *H. Dannenbauer*. 142 Seiten, 4 Karten. 1958. (*1065*)

Von den Staufern zu den Habsburgern. Auflösung des Reichs und Emporkommen der Landesstaaten (1250-1519) von *J. Haller*. † 2., durchgesehene Auflage von *H. Dannenbauer*. 6 Kartenskizzen. 1960. (*1077*)

Deutsche Geschichte im Zeitalter der Reformation, der Gegenreformation und des dreißigjährigen Krieges von *F. Hartung*. 129 Seiten. 1951. (*1105*)

Deutsche Geschichte von 1648—1740. Politischer und geistiger Wiederaufbau von *W. Treue*. 120 Seiten. 1956. (*35*)

Deutsche Geschichte von 1713—1806 von *W. Treue*. 168 Seiten. 1957. (*39*)

Deutsche Geschichte von 1807—1871 von *W. Treue*. In Vorbereitung. (*893*)

Deutsche Geschichte von 1871 bis zur Gegenwart von *W. Treue*. In Vorbereitung. (*894*)

Quellenkunde der Deutschen Geschichte im Mittelalter (bis zur Mitte des 15. Jahrhunderts) von *K. Jacob* †. 3 Bände.

I: Einleitung. Allgemeiner Teil. Die Zeit der Karolinger. 6., neubearbeitete Auflage von *H. Hohenleutner*. 127 Seiten. 1959. (*279*)

II: Die Kaiserzeit (911—1250). 5., neubearbeitete Auflage von *H. Hohenleutner*. 1959. In Vorbereitung. (*280*)

III. Das Spätmittelalter (vom Interregnum bis 1500). Herausgegeben von *F. Weden*. 152 Seiten. 1952. (*284*)

Geschichte Englands von *H. Preller*. 2 Bände.

I: bis 1815. 3., stark umgearbeitete Auflage. 135 Seiten, 7 Stammtafeln, 2 Karten. 1952. (*375*)

II: Von 1815 bis 1910. 2., völlig umgearbeitete Auflage. 118 Seiten, 1 Stammtafel, 7 Karten. 1954. (*1088*)

Römische Geschichte von *F. Altheim*. 4 Bände. 2., verbesserte Auflage.

I: Bis zur Schlacht bei Pydna (168 v. Chr.). 124 Seiten. 1956. (*19*)

II: Bis zur Schlacht bei Actium (31 v. Chr.). 129 Seiten. 1956. (*677*)

III: Bis zur Schlacht an der Milvischen Brücke (312 n. Chr.). 148 Seiten. 1958. (*679*)

IV: Bis zur Schlacht am Yarmuk (636 n. Chr.). In Vorbereitung. (*684*)

Geschichte der Vereinigten Staaten von Amerika von *O. Graf zu Stolberg-Wernigerode*: 192 Seiten, 10 Karten. 1956. (*1051/1051a*)

Deutsche Sprache und Literatur

Geschichte der Deutschen Sprache von *H. Sperber*. 3. Auflage, besorgt von *W. Fleischhauer*. 128 Seiten. 1958. (*915*)

Deutsches Rechtschreibungswörterbuch von *M. Gottschald* †. 2., verbesserte Auflage. 219 Seiten. 1953. (*200/200a*)

Deutsche Wortkunde. Eine kulturgeschichtliche Betrachtung des deutschen Wortschatzes von *A. Schirmer*. 3., durchgesehene Auflage. 109 Seiten. 1949. (*929*)

Deutsche Sprachlehre von *W. Hofstaetter*. 9., neubearbeitete Auflage von *G. Spree*. 144 Seiten. 1953. (*20*)

Stimmkunde für Beruf, Kunst und Heilzwecke von *H. Biehle*. 111 Seiten. 1955. (*60*)

Redetechnik. Einführung in die Rhetorik von *H. Biehle*. 115 Seiten. 1954. (*61*)

Sprechen und Sprachpflege (Die Kunst des Sprechens) von *H. Feist*. 2., verbesserte Auflage. 99 Seiten, 25 Abbildungen. 1952. (*1122*)

Deutsches Dichten und Denken von der germanischen bis zur staufischen Zeit von *H. Naumann* †. (Deutsche Literatur vom 5.—13. Jahrhundert.) 2., verbesserte Auflage. 166 Seiten. 1952. (*1121*)

Deutsches Dichten und Denken vom Mittelalter zur Neuzeit von *G. Müller* (1270 bis 1700). 2., durchgesehene Auflage. 159 Seiten. 1949. (*1086*)

Deutsches Dichten und Denken von der Aufklärung bis zum Realismus (Deutsche Literaturgeschichte von 1700—1890) von *K. Viëtor* †. 3., durchgesehene Auflage. 159 Seiten. 1958. (*1096*)

Der Nibelunge Nôt in Auswahl mit kurzem Wörterbuch von *K. Langosch*. 10., durchgesehene Auflage. 164 Seiten. 1956. (*1*)

Kudrun- und Dietrich-Epen in Auswahl mit Wörterbuch von *O. L. Jiriczek*. 6. Auflage, bearbeitet von *R. Wisniewski*. 173 Seiten. 1957. (*10*)

Wolfram von Eschenbach. Parzival. Eine Auswahl mit Anmerkungen und Wörterbuch von *H. Jantzen*. 2. Auflage, bearbeitet von *H. Kolb*. 128 Seiten. 1957. (*921*)

Hartmann von Aue. Der arme Heinrich nebst einer Auswahl aus der „Klage", dem „Gregorius" und den Liedern (mit einem Wörterverzeichnis) herausgegeben von *F. Maurer*. 96 Seiten. 1958. (*18*)

Gottfried von Strassburg in Auswahl herausgegeben von *F. Maurer*. 142 Seiten. 1959. (*22*)

Die deutschen Personennamen von *M. Gottschald*†. 2., verbesserte Auflage. 151 Seiten. 1955. (*422*)

Althochdeutsches Elementarbuch. Grammatik und Texte von *H. Naumann* † und *W. Betz*. 2., verbesserte und vermehrte Auflage. 156 Seiten. 1954. (*1111*)

Mittelhochdeutsche Grammatik von *H. de Boor* und *R. Wisniewski*. 141 Seiten. 1956. (*1108*)

Indogermanisch, Germanisch

Indogermanische Sprachwissenschaft von *H. Krahe*. 2 Bände. 3., neubearbeitete Aufl.
I: Einleitung und Lautlehre. 106 Seiten. 1958. (*59*)
II: Formenlehre. 124 Seiten. 1959. (*64*)

Gotisches Elementarbuch. Grammatik, Texte mit Übersetzung und Erläuterungen mit einer Einleitung von *H. Hempel*. 2., umgearbeitete Aufl. 165 Seiten. 1953. (*79*)

Germanische Sprachwissenschaft von *H. Krahe*. 2 Bände. 3., neubearbeitete Auflage.
I: Einleitung und Lautlehre. 147 Seiten. 1956. (*238*)
II: Formenlehre. 149 Seiten. 1957. (*780*)

Altnordisches Elementarbuch. Schrift, Sprache, Texte mit Übersetzung und Wörterbuch von *F. Ranke*. 2., durchgesehene Auflage. 146 Seiten. 1949. (*1115*)

Englisch, Romanisch

Altenglisches Elementarbuch von *M. Lehnert*. Einführung, Grammatik, Texte mit Übersetzung und Wörterbuch. 4., verbesserte Auflage. 178 Seiten. 1959. (*1125*)

Historische neuenglische Laut- und Formenlehre von *E. Ekwall*. 3., durchgesehene Auflage. 150 Seiten. 1956. (*735*)

Englische Phonetik von *H. Mutschmann* †. 117 Seiten. 1956. (*601*)

Englische Literaturgeschichte von *F. Schubel*. 4 Bände.
I: Die alt- und mittelenglische Periode. 163 Seiten. 1954. (*1114*)
II: Von der Renaissance bis zur Aufklärung. 160 Seiten. 1956. (*1116*)
III: Romantik und Viktorianismus. 160 Seiten. 1960. (*1124*)

Beowulf von *M. Lehnert*. Eine Auswahl mit Einführung, teilweiser Übersetzung, Anmerkungen und etymologischem Wörterbuch. 3., verbesserte Auflage. 135 Seiten. 1959. (*1135*)

Shakespeare von *P. Meißner* †. 2. Auflage, neubearbeitet von *M. Lehnert*. 136 Seiten. 1954. (*1142*)

Italienische Literaturgeschichte von *K. Voßler* †. Unveränderter Nachdruck der 1927 erschienenen 4., durchgesehenen und verbesserten Auflage. 148 Seiten. 1948. (*125*)

Romanische Sprachwissenschaft von *H. Lausberg*. 2 Bände.
I: Einleitung und Vokalismus. 160 Seiten. 1956. (*128/128a*)
II: Konsonantismus. 95 Seiten. 1956. (*250*)

Griechisch, Lateinisch

Griechische Sprachwissenschaft von *W. Brandenstein*. 2 Bände.
I: Einleitung, Lautsystem, Etymologie. 160 Seiten. 1954. (*117*)
II: Wortbildung und Formenlehre. 192 Seiten. 1959. (*118/118a*)

Geschichte der griechischen Sprache. 2 Bände.
I: Bis zum Ausgang der klassischen Zeit von *O. Hoffmann* †. 3. Auflage bearbeitet von *A. Debrunner* †. 156 Seiten. 1953. (*111*)
II: Grundfragen und Grundzüge des nachklassischen Griechisch von *A. Debrunner* †. 144 Seiten. 1954. (*114*)

Grammatik der Neugriechischen Volkssprache von *J. Kalitsunakis*. 3., völlig neu bearbeitete und erweiterte Auflage. 1960. In Vorbereitung. (*756/756a*)

Neugriechisch-deutsches Gesprächsbuch von *J. Kalitsunakis*. 2. Auflage, bearbeitet von *A. Steinmetz*. 1960. In Vorbereitung. (*587*)

Geschichte der lateinischen Sprache von *F. Stolz* †. 3., stark umgearbeitete Auflage von *A. Debrunner* †. 136 Seiten. 1953. (*492*)

Hebräisch, Sanskrit, Russisch

Hebräische Grammatik von *G. Beer* †. 2 Bände. 2., völlig neubearbeitete Auflage von *R. Meyer*.
I: Schrift-, Laut- und Formenlehre I. 157 Seiten. 1952. (*763/763a*)
II: Formenlehre II. Syntax und Flexionstabellen. 195 Seiten. 1955. (*764/764a*)

Hebräisches Textbuch von *R. Meyer*. 169 Seiten. 1960. (*769/769a*)

Sanskrit-Grammatik von *M. Mayrhofer*. 89 Seiten. 1953. (*1158*)

Russische Grammatik von *E. Berneker* †. 6., unveränderte Auflage von *M. Vasmer*. 155 Seiten. 1947. (*66*)

Erd- und Länderkunde

Afrika von *F. Jaeger*. Ein geographischer Überblick. 2 Bände. 2., umgearbeitete Auflage.
I: Der Lebensraum. 179 Seiten, 18 Abbildungen. 1954. (*910*)
II: Mensch und Kultur. 155 Seiten, 6 Abbildungen. 1954. (*911*)

Australien und Ozeanien von *H. J. Krug*. 176 Seiten, 46 Skizzen. 1953. (*319*)

Volkswirtschaft, Statistik, Publizistik

Allgemeine Betriebswirtschaftslehre von *K. Mellerowicz*. 4 Bände. 10., erweiterte und veränderte Auflage.
- I: 224 Seiten. 1958. (*1008/1008a*)
- II: 188 Seiten. 1959. (*1153/1153a*)
- III: 260 Seiten. 1959. (*1154/1154a*)
- IV: 209 Seiten. 1959. (*1186/1186a*)

Diese 4 Bände sind auch in Ganzleinen gebunden zum Preise von je DM 6,30 lieferbar.

Allgemeine Volkswirtschaftslehre von *A. Paulsen*. 4 Bände.
- I: Grundlegung, Wirtschaftskreislauf. 3., durchgesehene und ergänzte Auflage. 148 Seiten. 1959. (*1169*)
- II: Haushalte, Unternehmungen, Marktformen. 2., durchgesehene und ergänzte Auflage. 164 Seiten, 32 Abbildungen. 1958. (*1170*)
- III: Produktionsfaktoren. 190 Seiten. 1959. (*1171*)
- IV: Gesamtbeschäftigung, Konjunktur, Wachstum. 1960 In Vorbereitung. (*1172*)

Finanzwissenschaft von *H. Kolms*. 4 Bände.
- I: Grundlegung. Öffentliche Ausgaben. 160 Seiten. 1959. (*148*)
- II: Erwerbseinkünfte, Gebühren und Beiträge; Allgemeine Steuerlehre. 1960. In Vorbereitung. (*391*)
- III: Besondere Steuerlehre. In Vorbereitung. (*776*)
- IV: Öffentlicher Kredit. Haushaltswesen. Finanzausgleich. In Vorbereitung. (*782*)

Finanzmathematik von *M. Nicolas*. 192 Seiten, 11 Tafeln, 8 Tabellen und 72 Beispiele. 1959. (*1183/1183a*)

Industrie- und Betriebssoziologie von *R. Dahrendorf*. 120 Seiten. 1956. (*103*)

Psychologie des Berufs- und Wirtschaftslebens von *W. Moede* †. 190 Seiten. 48 Abbildungen. 1958. (*851/851a*)

Allgemeine Methodenlehre der Statistik von *J. Pfanzagl*. 2 Bände.
- I: Elementare Methoden unter besonderer Berücksichtigung der Anwendungen in den Wirtschafts- und Sozialwissenschaften. 34 Figuren. 1960. (*746/746a*)
- II: Höhere Methoden unter besonderer Berücksichtigung der Anwendungen in Naturwissenschaft, Medizin und Technik. In Vorbereitung.

Zeitungslehre von *E. Dovifat*. 2 Bände. 3., neubearbeitete Auflage.
- I: Theoretische und rechtliche Grundlagen — Nachricht und Meinung — Sprache und Form. 148 Seiten. 1955. (*1039*)
- II: Redaktion — Die Sparten: Verlag und Vertrieb, Wirtschaft und Technik, Sicherung der öffentlichen Aufgabe. 158 Seiten. 1955. (*1040*)

Naturwissenschaften

Mathematik

Geschichte der Mathematik von J. E. Hofmann. 3 Bände.
- I: Von den Anfängen bis zum Auftreten von Fermat und Descartes. 200 Seiten. 1953. (*226*)
- II: Von Fermat und Descartes bis zur Erfindung des Calculus und bis zum Ausbau der neuen Methoden. 109 Seiten. 1957. (*875*)
- III: Von den Auseinandersetzungen um den Calculus bis zur französischen Revolution. 107 Seiten. 1957. (*882*)

NATURWISSENSCHAFTEN

Mathematische Formelsammlung von *F. Ringleb.* Vollständig umgearbeitete Neuausgabe des Werkes von *O. Th. Bürklen* †. 6., erweiterte Auflage. 278 Seiten, 37 Fig. 1956. (*51/51a*)

Vierstellige Tafeln und Gegentafeln für logarithmisches und trigonometrisches Rechnen in zwei Farben zusammengestellt von *H. Schubert* und *R. Haussner.* 2. Auflage. 1960. In Vorbereitung (*81*)

Fünfstellige Logarithmen von *A. Adler.* Mit mehreren graphischen Rechentafeln und häufig vorkommenden Zahlenwerten. 3. Auflage. 127 Seiten, 1 Tafel. 1959. (*423*)

Arithmetik von *P. B. Fischer* †. 3. Auflage von *H. Rohrbach.* 152 Seiten, 19 Abbildungen. 1958. (*47*)

Höhere Algebra von *H. Hasse.* 2 Bände. 4., durchgesehene Auflage.
I: Lineare Gleichungen. 152 Seiten. 1957. (*931*)
II: Gleichungen höheren Grades. 158 Seiten, 5 Figuren. 1958. (*932*)

Aufgabensammlung zur höheren Algebra von *H. Hasse* und *W. Klobe.* 2., verbesserte und vermehrte Auflage. 181 Seiten. 1952. (*1082*)

Elementare und klassische Algebra vom modernen Standpunkt von *W. Krull.* 2 Bände.
I: 2., erweiterte Auflage. 136 Seiten. 1952. (*930*)
II: 132 Seiten. 1959. (*933*)

Einführung in die Zahlentheorie von *A. Scholz* †. Überarbeitet und herausgegeben von *B. Schoeneberg.* 2. Auflage. 128 Seiten. 1955. (*1131*)

Formale Logik von *P. Lorenzen.* 165 Seiten. 1958. (*1176/1176a*)

Topologie von *W. Franz.* 2 Bände. 1960. In Vorbereitung. (*1181, 1182*)

Elemente der Funktionentheorie von *K. Knopp* †. 5. Auflage. 144 Seiten, 23 Figuren. 1959. (*1109*)

Funktionentheorie von *K. Knopp* †. 2 Bände.
I: Grundlagen der allgemeinen Theorie der analytischen Funktionen. 9., neubearbeitete Auflage. 144 Seiten, 8 Figuren. 1957. (*668*)
II: Anwendungen und Weiterführung der allgemeinen Theorie. 8./9. Auflage. 130 Seiten, 7 Figuren. 1955. (*703*)

Aufgabensammlung zur Funktionentheorie von *K. Knopp* †. 2 Bände. 5. Auflage.
I: Aufgaben zur elementaren Funktionentheorie. 135 Seiten. 1957. (*877*)
II: Aufgaben zur höheren Funktionentheorie. 144 Seiten. 1959. (*878*)

Gewöhnliche Differentialgleichungen von *G. Hoheisel.* 5., durchgesehene Auflage. 129 Seiten. 1956. (*920*)

Partielle Differentialgleichungen von *G. Hoheisel.* 3., neubearbeitete Auflage. 130 Seiten. 1953. (*1003*)

Aufgabensammlung zu den gewöhnlichen und partiellen Differentialgleichungen von *G. Hoheisel.* 3., durchgesehene und verbesserte Auflage. 124 Seiten. 1958. (*1059*)

Integralgleichungen von *G. Hoheisel.* 2., durchgesehene Auflage. 1960. In Vorbereitg. (*1099*)

Mengenlehre von *E. Kamke.* 3., neubearbeitete Auflage. 194 Seiten, 6 Figuren. 1955. (*999/999a*)

Gruppentheorie von *L. Baumgartner.* 3., neubearbeitete Auflage. 110 Seiten, 3 Tafeln. 1958. (*837*)

Ebene und sphärische Trigonometrie von *G. Hessenberg*†. 5. Auflage, durchgesehen von *H. Kneser*. 172 Seiten, 60 Figuren. 1957. (*99*)

Darstellende Geometrie von *W. Haack*. 3 Bände.
I: Die wichtigsten Darstellungsmethoden. Grund- und Aufriß ebenflächiger Körper. 2., durchgesehene und ergänzte Auflage. 113 Seiten, 120 Abbildungen. 1958. (*142*)
II: Körper mit krummen Begrenzungsflächen. Kotierte Projektionen. 2., durchgesehene und ergänzte Auflage. 129 Seiten, 86 Abbildungen. 1959. (*143*)
III: Axonometrie und Perspektive. 127 Seiten, 100 Abbildungen. 1957. (*144*)

Analytische Geometrie von *K. P. Grotemeyer*. 202 Seiten, 73 Abbildungen. 1958. (*65/65a*)

Nichteuklidische Geometrie. Hyperbolische Geometrie der Ebene von *R. Baldus* †. Durchgesehen und herausgegeben von *F. Löbell*. 3., verbesserte Auflage. 140 Seiten, 70 Figuren. 1953. (*970*)

Differentialgeometrie von *K. Strubecker* (früher *Rothe*). 3 Bände.
I: Kurventheorie der Ebene und des Raumes. 150 Seiten, 18 Figuren. 1955. (*1113/1113a*)
II: Theorie der Flächenmetrik. 195 Seiten, 14 Figuren. 1958. (*1179/1179a*)
III: Theorie der Flächenkrümmung. 254 Seiten, 38 Figuren. 1959. (*1180/1180a*)

Einführung in die konforme Abbildung von *L. Bieberbach*. 5., erweiterte Auflage. 180 Seiten, 42 Figuren. 1956. (*768/768a*)

Vektoren und Matrizen von *S. Valentiner*. 8., erweiterte Auflage der „Vektoranalysis". Mit Anhang: Aufgaben zur Vektorrechnung von *H. König*. 202 Seiten, 35 Figuren. 1958. (*354/354a*)

Versicherungsmathematik von *F. Böhm*. 2 Bände.
I: Elemente der Versicherungsrechnung. 3., vermehrte und verbesserte Auflage. Durchgesehener Neudruck. 151 Seiten. 1953. (*180*)
II: Lebensversicherungsmathematik. Einführung in die technischen Grundlagen der Sozialversicherung. 2., verbesserte und vermehrte Auflage. 205 Seiten. 1953. (*917/917a*)

Finanzmathematik von *M. Nicolas*. 192 Seiten, 11 Tafeln, 8 Tabellen und 72 Beispiele. 1959. (*1183/1183a*)

Physik

Einführung in die theoretische Physik von *W. Döring*. 5 Bände.
I: Mechanik. 119 Seiten, 29 Abbildungen. 1954. (*76*)
II: Das elektromagnetische Feld. 122 Seiten, 15 Abbildungen. 1955. (*77*)
III: Optik. 117 Seiten, 32 Abbildungen. 1956. (*78*)
IV: Thermodynamik. 107 Seiten, 9 Abbildungen. 1956. (*374*)
V: Statistische Mechanik. 114 Seiten, 12 Abbildungen. 1957. (*1017*)

Mechanik deformierbarer Körper von *M. Päsler*. 1960. In Vorbereitung. (*1189/1189a*)

Atomphysik von *K. Bechert* und *Ch. Gerthsen* †. 7 Bände.
I: Allgemeine Grundlagen. 1. Teil. 4., durchgesehene Auflage von *A. Flammersfeld*. 124 Seiten, 35 Abbildungen. 1959. (*1009*)
II: Allgemeine Grundlagen. 2. Teil. 3., umgearbeitete Auflage. 112 Seiten, 48 Abbildungen. 1955. (*1033*)
III: Theorie des Atombaus. 1. Teil. 3., umgearbeitete Auflage. 148 Seiten, 16 Abbildungen. 1954. (*1123/1123a*)

IV: Theorie des Atombaus. 2. Teil. 3., umgearbeitete Auflage. 170 Seiten, 14 Abbildungen. 1954. (*1165/1165a*)

Differentialgleichungen der Physik von *F. Sauter*. 3., durchgesehene und ergänzte Auflage. 148 Seiten, 16 Figuren. 1958. (*1070*)

Physikalische Formelsammlung von *G. Mahler* †. Neubearbeitet von *K. Mahler*. 10., durchgesehene Auflage. 153 Seiten, 69 Figuren. 1959. (*136*)

Physikalische Aufgabensammlung von *G. Mahler* †. Neubearbeitet von *K. Mahler*. Mit den Ergebnissen. 10., durchgesehene Auflage. 127 Seiten. 1959. (*243*)

Chemie

Geschichte der Chemie in kurzgefaßter Darstellung von *G. Lockemann*. 2 Bände.
I: Vom Altertum bis zur Entdeckung des Sauerstoffs. 142 Seiten, 8 Bildnisse. 1950. (*264*)
II: Von der Entdeckung des Sauerstoffs bis zur Gegenwart. 151 Seiten 16 Bildnisse. 1955. (*265/265a*)

Anorganische Chemie von *W. Klemm*. 10., überarbeitete und ergänzte Auflage. 185 Seiten, 18 Abbildungen. 1958. (*37*)

Organische Chemie von *W. Schlenk*. 8., erweiterte Auflage. 272 Seiten, 16 Abbildungen. 1960. (*38/38a*)

Physikalische Methoden der Organischen Chemie von *G. Kresze*. 1960. In Vorbereitung. (*44*)

Allgemeine und physikalische Chemie von *W. Schulze*. 2 Bände. 4., neubearb. Aufl.
I: 139 Seiten, 10 Figuren. 1955. (*71*)
II: 176 Seiten, 37 Figuren. 1956. (*698/698a*)

Molekülbau. Theoretische Grundlagen und Methoden der Strukturermittlung von *W. Schulze*. 123 Seiten, 43 Figuren. 1958. (*786*)

Physikalisch-chemische Rechenaufgaben von *E. Asmus*. 3., verbesserte Auflage. 96 Seiten. 1958. (*445*)

Analytische Chemie von *J. Hoppe*. 2 Bände. 5., verbesserte Auflage.
I: Reaktionen. 135 Seiten. 1950. (*247*)

Maßanalyse. Theorie und Praxis der klassischen und der elektrochemischen Titrierverfahren von *G. Jander* und *K. F. Jahr*. 8., durchgesehene und ergänzte Auflage. 313 Seiten, 49 Figuren. 1959. (*221/221a*)

Thermochemie von *W. A. Roth* †. 2., verbesserte Auflage. 109 Seiten, 16 Figuren. 1952. (*1057*)

Stöchiometrische Aufgabensammlung von *W. Bahrdt* † und *R. Scheer*. Mit den Ergebnissen. 6., durchgesehene Auflage. 118 Seiten. 1957. (*452*)

Technologie

Die Chemie der Kunststoffe von *K. Hamann*. 1960. In Vorbereitung. (*1173*)

Warenkunde von *K. Hassak* † und *E. Beutel* †. 2 Bände.
I: Anorganische Waren sowie Kohle und Erdöl. 8. Auflage. Neubearbeitet von *A. Kutzelnigg*. 119 Seiten, 18 Figuren. 1958. (*222*)
II: Organische Waren. 8. Auflage. Vollständig neubearbeitet von *A. Kutzelnigg*. 157 Seiten, 32 Figuren. 1959. (*223*)

Die Fette und Öle von *K. Braun* †. 5., völlig neubearbeitete und verbesserte Auflage von *Th. Klug*. 145 Seiten. 1950. (*335*)

Die Seifenfabrikation von *K. Braun* †. 3., neubearbeitete und verbesserte Auflage von *Th. Klug*. 116 Seiten, 18 Abbildungen. 1953. (*336*)

Textilindustrie von *A. Blümcke*.
I: Spinnerei und Zwirnerei. 111 Seiten, 43 Abbildungen. 1954. (*184*)

Biologie

Einführung in die allgemeine Biologie und ihre philosophischen Grund- und Grenzfragen von *M. Hartmann*. 132 Seiten, 2 Abbildungen. 1956. (*96*)

Hormone von *G. Koller*. 2., neubearbeitete und erweiterte Auflage. 187 Seiten, 60 Abbildungen, 19 Tabellen. 1949. (*1141*)

Fortpflanzung im Tier- und Pflanzenreich von *J. Hämmerling*. 2., ergänzte Auflage. 135 Seiten, 101 Abbildungen. 1951. (*1138*)

Geschlecht und Geschlechtsbestimmung im Tier- und Pflanzenreich von *M. Hartmann*. 2., verbesserte Auflage. 116 Seiten, 61 Abbildungen, 7 Tabellen. 1951. (*1127*)

Symbiose der Tiere mit pflanzlichen Mikroorganismen von *P. Buchner*. 2., verbesserte und vermehrte Auflage. 130 Seiten, 121 Abbildungen. 1949. (*1128*)

Grundriß der Allgemeinen Mikrobiologie von *W. Schwartz* und *A. Müller* 2 Bände. 2., verbesserte und ergänzte Auflage.
I: 1960. In Vorbereitung. (*1155*)
II. 1960. In Vorbereitung. (*1157*)

Botanik

Entwicklungsgeschichte des Pflanzenreiches von *H. Heil*. 2. Auflage. 138 Seiten, 94 Abbildungen, 1 Tabelle. 1950. (*1137*)

Morphologie der Pflanzen von *L. Geitler*. 3., umgearbeitete Auflage. 126 Seiten, 114 Abbildungen. 1953. (*141*)

Pflanzengeographie von *L. Diels* †. 5., völlig neubearbeitete Auflage von *F. Mattick* 195 Seiten, 2 Karten. 1958. (*389/389a*)

Die Laubhölzer. Kurzgefaßte Beschreibung der in Mitteleuropa gedeihenden Laubbäume und Sträucher von *F. W. Neger* † und *E. Münch* †. 3., durchgesehene Auflage, herausgegeben von *B. Huber*. 143 Seiten, 63 Figuren, 7 Tabellen. 1950. (*718*)

Die Nadelhölzer (Koniferen) und übrigen Gymnospermen von *F. W. Neger* † und *E. Münch* †. 4. Auflage, durchgesehen und ergänzt von *B. Huber*. 140 Seiten, 75 Figuren, 4 Tabellen, 3 Karten. 1952. (*355*)

Pflanzenzüchtung von *H. Kuckuck*. 2 Bände.
I: Grundzüge der Pflanzenzüchtung. 3., völlig umgearbeitete und erweiterte Auflage. 132 Seiten, 22 Abbildungen. 1952. (*1134*)
II: Spezielle gartenbauliche Pflanzenzüchtung (Züchtung von Gemüse, Obst und Blumen). 178 Seiten, 27 Abbildungen. 1957. (*1178/1178a*)

Zoologie

Entwicklungsphysiologie der Tiere von *F. Seidel.* 2 Bände.
- I: Ei und Furchung. 126 Seiten, 29 Abbildungen. 1953. (*1162*)
- II: Körpergrundgestalt und Organbildung. 159 Seiten, 42 Abbildungen. 1953. (*1163*)

Das Tierreich
- I: Einzeller, Protozoen von *E. Reichenow.* 115 Seiten, 59 Abbildungen. 1956. (*444*)
- II: Schwämme und Hohltiere von *H. J. Hannemann.* 95 Seiten, 80 Abbildungen. 1956. (*442*)
- III: Würmer. Platt-, Hohl-, Schnurwürmer, Kamptozoen, Ringelwürmer, Protracheaten, Bärtierchen, Zungenwürmer von *S. Jaeckel.* 114 Seiten, 36 Abbildungen. 1955. (*439*)
- IV,1: Krebse von *H. E. Gruner* und *K. Deckert.* 114 Seiten, 43 Abbildungen. 1956. (*443*)
- IV,2: Spinnentiere (Trilobitomorphen, Fühlerlose) und Tausendfüßler von *A. Kaestner.* 96 Seiten, 55 Abbildungen. 1955. (*1161*)
- IV,3: Insekten von *H. von Lengerken.* 128 Seiten. 58 Abbildungen. 1953. (*594*)
- V: Weichtiere. Urmollusken, Schnecken, Muscheln und Kopffüßer von *S. Jaeckel.* 92 Seiten, 34 Abbildungen. 1954. (*440*)
- VI: Stachelhäuter. Tentakulaten, Binnenatmer und Pfeilwürmer von *S. Jaeckel.* 100 Seiten, 46 Abbildungen. 1955. (*441*)
- VII,2: Fische von *D. Lüdemann.* 130 Seiten, 65 Abbildungen. 1955. (*356*)
- VII,3: Lurche (Chordatiere) von *K. Herter.* 143 Seiten, 129 Abbildungen. 1955. (*847*)
- VII,4: Kriechtiere (Chordatiere) von *K. Herter.* 142 Abbildungen. 1960. (*447/447a*)
- VII,5: Vögel (Chordatiere) von *H.-A. Freye.* In Vorbereitung. (*869*)
- VII,6: Säugetiere (Chordatiere) von *Th. Haltenorth.* In Vorbereitung. (*282*)

Land- und Forstwirtschaft

Landwirtschaftliche Tierzucht. Die Züchtung und Haltung der landwirtschaftlichen Nutztiere von *H. Vogel.* 139 Seiten, 11 Abbildungen. 1952. (*228*)

Kulturtechnische Bodenverbesserungen von *O. Fauser.* 2 Bände.
- I: Allgemeines, Entwässerung. 5., verbesserte und vermehrte Auflage. 127 Seiten, 49 Abbildungen. 1959. (*691*)
- II: Bewässerung, Ödlandkultur, Umlegung. 4., neubearbeitete Auflage. 150 Seiten, 67 Abbildungen. 1948. (*692*)

Agrikulturchemie von *K. Scharrer.* 2 Bände.
- I: Pflanzenernährung. 143 Seiten. 1953. (*329*)
- II: Futtermittelkunde. 192 Seiten. 1956. (*330/330a*)

Geologie, Mineralogie, Kristallographie

Geologie von *F. Lotze.* 176 Seiten, 80 Abbildungen. 1955. (*13*)

Mineral- und Erzlagerstättenkunde von *H. Huttenlocher* †. 2 Bände.
- I: 128 Seiten, 34 Abbildungen. 1954. (*1014*)
- II: 156 Seiten, 48 Abbildungen. 1954. (*1015/1015a*)

Allgemeine Mineralogie. 10., erweiterte Auflage der „Mineralogie" von *R. Brauns* †, bearbeitet von *K. F. Chudoba.* 120 Seiten, 120 Figuren, 1 Tafel, 3 Tabellen. 1958. (*29*)

Spezielle Mineralogie. 10., erweiterte Auflage der „Mineralogie" von *R. Brauns* †, bearbeitet von *K. F. Chudoba.* 170 Seiten, 125 Figuren, 4 Tabellen. 1959. (*31/31a*)

Petrographie (Gesteinskunde) von *W. Bruhns* †. Neubearbeitet von *P. Ramdohr.* 4., durchgesehene Auflage. 104 Seiten, 10 Figuren. 1955. (*173*)

Kristallographie von *W. Bruhns* †. 5. Auflage, neubearbeitet von *P. Ramdohr.* 109 Seiten, 164 Abbildungen. 1958. (*210*)

Einführung in die Kristalloptik von *E. Buchwald.* 4., verbesserte Auflage. 138 Seiten, 121 Figuren. 1952. (*619*)

Lötrohrprobierkunde. Mineraldiagnose mit Lötrohr- und Tüpfelreaktion. Von *M. Henglein.* 3., verbesserte Auflage. 91 Seiten, 11 Figuren. 1949. (*483*)

Technik

Graphische Darstellung in Wissenschaft und Technik von *M. Pirani.* 3., erweiterte Auflage bearbeitet von *J. Fischer* unter Benutzung der von *I. Runge* besorgten 2. Auflage. 216 Seiten, 104 Abbildungen. 1957. (*728/728a*)

Technische Tabellen und Formeln von *W. Müller.* 4., verbesserte und erweiterte Auflage von *E. Schulze.* 152 Seiten, 105 Figuren. 1951. (*579*)

Elektrotechnik

Grundlagen der allgemeinen Elektrotechnik von *O. Mohr.* 3 Bände.
I: Die drei Feldformen. 96 Seiten, 41 Abbildungen, 6 Tafeln. 1956. (*196*)
II: Die wichtigsten elektrischen und physikalischen Grunderscheinungen. 95 Seiten, 36 Abbildungen, 7 Tafeln. 1956. (*197*)
III: Schaltvorgänge, Widerstandsformen, Meßtechnik. 91 Seiten, 59 Abbildungen, 1 Tafel. 1956. (*198*)

Die Gleichstrommaschine von *K. Humburg.* 2 Bände. 2., durchgesehene Auflage.
I: 102 Seiten, 59 Abbildungen. 1956. (*257*)
II: 101 Seiten, 38 Abbildungen. 1956. (*881*)

Die synchrone Maschine von *K. Humburg.* Neudruck. 109 Seiten, 78 Abbildungen. 1951. (*1146*)

Induktionsmaschinen von *F. Unger.* 2., erweiterte Auflage. 142 Seiten, 49 Abbildungen. 1954. (*1140*)

Die komplexe Berechnung von Wechselstromschaltungen von *H. H. Meinke.* 2. Auflage. 180 Seiten, 120 Abbildungen. 1957. (*1156/1156a*)

Theoretische Grundlagen zur Berechnung der Schaltgeräte von *F. Kesselring.* 3. Auflage. 144 Seiten, 92 Abbildungen. 1950. (*711*)

Einführung in die Technik selbsttätiger Regelungen von *W. zur Megede.* 176 Seiten, 86 Abbildungen. 1956. (*714/714a*)

Elektromotorische Antriebe (Grundlagen für die Berechnung) von *A. Schwaiger*. 3., neubearbeitete Auflage. 96 Seiten, 34 Abbildungen. 1952. (*827*)

Überspannungen und Überspannungsschutz von *G. Frühauf*. Durchgesehener Neudruck. 122 Seiten, 98 Abbildungen. 1950. (*1132*)

Maschinenbau

Metallkunde von *H. Borchers*. 2 Bände.
I: Aufbau der Metalle und Legierungen. 4. Auflage. 120 Seiten, 90 Abbildungen, 2 Tabellen. 1959. (*432*)
II: Eigenschaften, Grundzüge der Form- und Zustandsgebung. 3. und 4. Auflage. 107 Abbildungen, 10 Tabellen. 1959. (*433/433a*)

Die Werkstoffe des Maschinenbaues von *A. Thum* † und *C. M. v. Meysenbug*. 2 Bände.
I: Einführung in die Werkstoffprüfung. 2., neubearbeitete Auflage. 100 Seiten, 7 Tabellen, 56 Abbildungen. 1956. (*476*)
II: Die Konstruktionswerkstoffe. 132 Seiten, 40 Abbildungen. 1959. (*936*)

Dynamik von *W. Müller*. 2 Bände. 2., verbesserte Auflage.
I: Dynamik des Einzelkörpers. 128 Seiten, 48 Figuren. 1952. (*902*)
II: Systeme von starren Körpern. 102 Seiten, 41 Figuren. 1952. (*903*)

Technische Schwingungslehre von *L. Zipperer*. 2 Bände. 2., neubearbeitete Auflage.
I: Allgemeine Schwingungsgleichungen, einfache Schwinger. 120 Seiten, 101 Abbildungen. 1953. (*953*)
II: Torsionsschwingungen in Maschinenanlagen. 102 Seiten, 59 Abbildungen. 1955. (*961/961a*)

Werkzeugmaschinen für Metallbearbeitung von *K. P. Matthes*. 2 Bände.
I: 100 Seiten, 27 Abbildungen, 11 Zahlentafeln, 1 Tafelanhang. 1954. (*561*)
II: Fertigungstechnische Grundlagen der neuzeitlichen Metallbearbeitung. 101 Seiten, 30 Abbildungen, 5 Tafeln. 1955. (*562*)

Transformatoren von *W. Schäfer*. 3., überarbeitete und ergänzte Auflage. 130 Seiten, 73 Abbildungen. 1957. (*952*)

Das Maschinenzeichnen mit Einführung in das Konstruieren von *W. Tochtermann* 2 Bände. 4. Auflage.
I: Das Maschinenzeichnen. 156 Seiten, 75 Tafeln. 1950. (*589*)
II: Ausgeführte Konstruktionsbeispiele. 130 Seiten, 58 Tafeln. 1950. (*590*)

Die Maschinenelemente von *E. A. vom Ende*. 3., verbesserte Auflage. 166 Seiten, 175 Figuren, 9 Tafeln. 1956. (*3/3a*)

Die Maschinen der Eisenhüttenwerke von *L. Engel*. 156 Seiten, 95 Abbildungen. 1957. (*583/583a*)

Walzwerke von *H. Sedlaczek* † unter Mitarbeit von *F. Fischer* und *M. Buch*. 232 Seiten, 157 Abbildungen. 1958. (*580/580a*)

Getriebelehre von *P. Grodzinski* †. 2 Bände. 2., neubearbeitete Auflage.
I: Geometrische Grundlagen. 159 Seiten, 142 Figuren. 1953. (*1061*)

Gießereitechnik von *H. Jungbluth*. 2 Bände.
I: Eisengießerei. 126 Seiten, 44 Abbildungen. 1951. (*1159*)

Die Dampfkessel und Feuerungen einschließlich Hilfseinrichtungen in Theorie, Konstruktion und Berechnung von *W. Marcard* †. 2 Bände. 2. Auflage, neubearbeitet von *K. Beck*.
I: Die theoretischen Grundlagen, Wärme, Verbrennung, Wärmeübertragung. 150 Seiten, 42 Abbildungen, 16 Tabellen. 1951. (*9*)
II: Dampfkessel. 147 Seiten, 43 Abbildungen. 1952. (*521*)

Die Dampfturbinen. Ihre Wirkungsweise, Berechnung und Konstruktion von *C. Zietemann*. 3 Bände. 3., verbesserte Auflage.
I: Theorie der Dampfturbinen. 139 Seiten, 48 Abbildungen. 1955. (*274*)
II: Die Berechnung der Dampfturbinen und die Konstruktion der Einzelteile. 132 Seiten, 111 Abbildungen. 1956. (*715*)
III: Die Regelung der Dampfturbinen, die Bauarten, Turbinen für Sonderzwecke, Kondensationsanlagen. 126 Seiten, 90 Abbildungen. 1956. (*716*)

Verbrennungsmotoren von *W. Endres*. 3 Bände.
I: Überblick. Motor-Brennstoffe. Verbrennung im Motor allgemein, im Otto- und Diesel-Motor. 153 Seiten, 57 Abbildungen. 1958. (*1076/1076a*)
II: Die heutigen Typen der Verbrennungskraftmaschinen. In Vorbereitung. (*1184*)
III: Die Einzelteile des Verbrennungsmotors. In Vorbereitung. (*1185*)

Technische Thermodynamik von *W. Nußelt* †. 2 Bände.
I: Grundlagen. 4., verbesserte Auflage. 144 Seiten, 71 Abbildungen. 1956. (*1084*)
II: Theorie der Wärmekraftmaschinen. 5. Auflage. 1959. In Vorbereitung. (*1151*)

Autogenes Schweißen und Schneiden von *H. Niese*. 5. Auflage, neubearbeitet von *A. Küchler*. 136 Seiten, 71 Figuren. 1953. (*499*)

Die elektrischen Schweißverfahren von *H. Niese*. 2. Auflage, neubearbeitet von *H. Dienst*. 136 Seiten, 58 Abbildungen. 1955. (*1020*)

Die Hebezeuge. Entwurf von Winden und Kranen von *G. Tafel*. 2., verbesserte Auflage. 176 Seiten, 230 Figuren. 1954. (*414/414a*)

Wasserbau

Wasserkraftanlagen von *A. Ludin* unter Mitarbeit von *W. Borkenstein*. 2 Bände.
I: Planung, Grundlagen und Grundzüge. 124 Seiten, 60 Abb. 1955. (*665*)
II: Anordnung und Ausbildung der Hauptbauwerke. 184 Seiten, 91 Abbildungen. 1958. (*666/666a*)

Verkehrswasserbau von *H. Dehnert*. 3 Bände.
I: Entwurfsgrundlagen, Flußregelungen. 103 Seiten, 52 Abbildungen. 1950. (*585*)
II: Flußkanalisierung und Schiffahrtskanäle. 94 Seiten, 60 Abbildungen. 1950. (*597*)
III: Schleusen und Hebewerke. 98 Seiten, 70 Abbildungen. 1950. (*1152*)

Wehr- und Stauanlagen von *H. Dehnert*. 134 Seiten, 90 Abbildungen. 1952. (*965*)

Talsperren von *F. Tölke*. 122 Seiten, 70 Abbildungen. 1953. (*1044*)

Hoch- und Tiefbau

Die wichtigsten Baustoffe des Hoch- und Tiefbaus von *O. Graf* †. 4., verbesserte Auflage. 131 Seiten, 63 Abbildungen. 1953. (*984*)

Baustoffverarbeitung und Baustellenprüfung des Betons von *A. Kleinlogel*. 2., neubearbeitete und erweiterte Auflage. 126 Seiten, 35 Abbildungen. 1951. (*978*)

Festigkeitslehre. 2 Bände.
- I: Elastizität, Plastizität und Festigkeit der Baustoffe und Bauteile von *W. Gebler* † und *W. Herberg*. Durchgesehener und erweiterter Neudruck. 159 Seiten, 118 Abbildungen. 1952. (*1144*)
- II: Formänderung, Platten, Stabilität und Bruchhypothesen von *W. Herberg* und *N. Dimitrov*. 187 Seiten, 94 Abbildungen. 1955. (*1145/1145a*)

Grundlagen des Stahlbetonbaus von *A. Troche*. 2., neubearbeitete und erweiterte Auflage. 208 Seiten, 75 Abbildungen, 17 Bemessungstafeln, 20 Rechenbeispiele. 1953. (*1078*)

Statik der Baukonstruktionen von *A. Teichmann*. 3 Bände.
- I: Grundlagen. 101 Seiten, 51 Abbildungen, 8 Formeltafeln. 1956. (*119*)
- II: Statisch bestimmte Stabwerke. 107 Seiten, 52 Abbildungen, 7 Tafeln. 1957. (*120*)
- III: Statisch unbestimmte Systeme. 112 Seiten, 34 Abbildungen, 7 Formeltafeln. 1958. (*122*)

Fenster, Türen, Tore aus Holz und Metall. Eine Anleitung zu ihrer guten Gestaltung, wirtschaftlichen Bemessung und handwerksgerechten Konstruktion von *W. Wickop* †. 4., überarbeitete und ergänzte Auflage. 155 Seiten, 95 Abbildungen. 1955. (*1092*)

Heizung und Lüftung von *J. Körting* † und *W. Körting*. 2 Bände. 9., durchgesehene Auflage.
- I: Das Wesen und die Berechnung der Heizungs- und Lüftungsanlagen. 1959. In Vorbereitung. (*342*)
- II: Die Ausführung der Heizungs- und Lüftungsanlagen. 1959. In Vorbereitung. (*343*)

Industrielle Kraft- und Wärmewirtschaft von *F. A. F. Schmidt* und *A. Beckers*. 167 Seiten, 73 Abbildungen. 1957. (*318/318a*)

Vermessungswesen

Vermessungskunde von *P. Werkmeister*. 3 Bände.
- I: Stückvermessung und Nivellieren. 10., völlig neubearbeitete Auflage von *W. Grossmann*. 143 Seiten, 117 Figuren. 1958. (*468*)
- II: Horizontalaufnahmen und ebene Rechnungen. 8., völlig neubearbeitete Auflage von *W. Grossmann*. 133 Seiten, 97 Figuren. 1959. (*469*)
- III: Trigonometrische und barometrische Höhenmessung. Tachymetrie und Absteckungen. 7., völlig neubearbeitete Auflage von *W. Grossmann*. 136 Seiten, 97 Figuren. 1960. (*862*)

Photogrammetrie von *G. Lehmann*. 189 Seiten, 132 Abbildungen. 1959. (*1188/1188a*)

Sammlung Göschen / Bandnummernfolge

BANDNUMMERNFOLGE

243 Mahler, Physikal. Aufgabensammlung
247 Hoppe, Analytische Chemie I
250 Lausberg, Romanische Sprachwissenschaft II
257 Humburg, Gleichstrommaschine I
264 Lockemann, Geschichte der Chemie I
265/265a Lockemann, Geschichte der Chemie II
270 Kirn, Einführung in die Geschichtswissenschaft
274 Zietemann, Dampfturbinen I
279 Jacob-Hohenleutner, Quellenkunde der deutschen Geschichte I
280 Jacob-Hohenleutner, Quellenkunde der deutschen Geschichte II
281 Leisegang, Einführung in die Philosophie
282 Haltenorth, Säugetiere
284 Jacob-Weden, Quellenkunde der deutschen Geschichte III
318/318a Schmidt-Beckers, Industrielle Kraft- und Wärmewirtschaft
319 Krug, Australien und Ozeanien
329 Scharrer, Agrikulturchemie I
330/330a Scharrer, Agrikulturchemie II
335 Braun-Klug, Fette und Öle
336 Braun-Klug, Seifenfabrikation
342 Körting, Heizung und Lüftung I
343 Körting, Heizung und Lüftung II
344 Moser, Musikästhetik
354/354a Valentiner-König, Vektoren und Matrizen
355 Neger-Münch, Nadelhölzer
356 Lüdemann, Fische
374 Döring, Einführung in die theoret. Physik IV
375 Preller, Geschichte Englands I
389/389a Diels-Mattick, Pflanzengeographie
391 Kolms, Finanzwissenschaft II
394/394a Schilling, Von der Renaissance bis Kant
414/414a Tafel, Hebezeuge
422 Gottschald, Deutsche Personennamen
423 Adler, Fünfstellige Logarithmen
432 Borchers, Metallkunde I
433/433a Borchers, Metallkunde II
439 Jaeckel, Würmer
440 Jaeckel, Weichtiere
441 Jaeckel, Stachelhäuter
442 Hannemann, Schwämme und Hohltiere
443 Gruner-Deckert, Krebse
444 Reichenow, Einzeller
445 Asmus, Physikal.-chem. Rechenaufgaben
447/447a Herter, Kriechtiere
452 Bahrdt-Scheer, Stöchiometrische Aufgabensammlung
468 Werkmeister-Grossmann, Vermessungskunde I
469 Werkmeister-Grossmann, Vermessungskunde II
476 Thum-Meysenbug, Die Werkstoffe des Maschinenbaues I
483 Henglein, Lötrohrprobierkunde
492 Stolz-Debrunner, Geschichte der lateinischen Sprache
499 Niese-Küchler, Autogenes Schweißen
500 Simmel, Hauptprobleme der Philosophie
521 Marcard-Beck, Dampfkessel II
536 Lehmann, Kant
538 Rumpf, Archäologie I
539 Rumpf, Archäologie II
561 Matthes, Werkzeugmaschinen I
562 Matthes, Werkzeugmaschinen II
564 Behn, Kultur der Urzeit I
565 Behn, Kultur der Urzeit II
566 Behn, Kultur der Urzeit III
571 Lehmann, Philosophie des 19. Jahrhunderts I
576/576a Moser, Gesangskunst
579 Müller-Schulze, Techn. Tabellen
580/580a Sedlaczek-Fischer-Buch, Walzwerke
583/583a Engel, Maschinen der Eisenhüttenwerke
585 Dehnert, Verkehrswasserbau I
587 Kalitsunakis-Steinmetz, Neugriech.-dt. Gesprächsbuch
589 Tochtermann, Maschinenzeichnen I
590 Tochtermann, Maschinenzeichnen II
594 v. Lengerken, Insekten
597 Dehnert, Verkehrswasserbau II
601 Mutschmann, Engl. Phonetik
619 Buchwald, Kristalloptik
665 Ludin-Borkenstein, Wasserkraftanlagen I
666/666a Ludin-Borkenstein, Wasserkraftanlagen II
668 Knopp, Funktionentheorie I

BANDNUMMERNFOLGE

984 Graf, Baustoffe des Hoch- und Tiefbaues
999/999a Kamke, Mengenlehre
1000 Jaspers, Geistige Situation der Zeit
1003 Hoheisel, Partielle Differentialgleichungen
1008/1008a Mellerowicz, Allgemeine Betriebswirtschaftslehre I
1009 Bechert-Gerthsen, Atomphysik I
1014 Huttenlocher, Mineral- und Erzlagerstättenkunde I
1015/1015a Huttenlocher, Mineral- und Erzlagerstättenkunde II
1017 Döring, Einführung in die theoret. Physik V
1020 Niese-Dienst, Elektrische Schweißverfahren
1031/1031a Apel-Ludz, Philosophisches Wörterbuch
1033 Bechert-Gerthsen, Atomphysik II
1034 Kranefeldt-Jung, Therapeutische Psychologie
1035 Altheim, Römische Religionsgeschichte I
1039 Dovifat, Zeitungslehre I
1040 Dovifat, Zeitungslehre II
1044 Tölke, Talsperren
1045 Schubert, Technik des Klavierspiels
1051/1051a Stolberg-Wernigerode, Gesch. der Verein. Staaten von Amerika
1052 Altheim, Römische Religionsgeschichte II
1057 Roth, Thermochemie
1059 Hoheisel, Aufgabensammlung zu den gewöhnlichen und partiellen Differentialgleichungen
1061 Grodzinski, Getriebelehre I
1065 Haller-Dannenbauer, Von den Karolingern zu den Staufern
1070 Sauter, Differentialgleichungen der Physik
1076/1076a Endres, Verbrennungsmotoren I
1077 Haller-Dannenbauer, Von den Staufern zu den Habsburgern
1078 Troche, Stahlbetonbau
1082 Hasse-Klobe, Aufgabensammlung zur höheren Algebra
1084 Nußelt, Technische Thermodynamik I
1085 Lietzmann-Aland, Zeitrechnung
1086 Müller, Dt. Dichten und Denken
1088 Preller, Geschichte Englands II
1092 Wickop, Fenster, Türen, Tore
1094 Hernried, System. Modulation
1096 Viëtor, Deutsches Dichten und Denken
1099 Hoheisel, Integralgleichungen
1105 Hartung, Dt. Geschichte im Zeitalter der Reformation
1108 de Boor-Wisniewski, Mittelhochdeutsche Grammatik
1109 Knopp, Elemente der Funktionentheorie
1111 Naumann-Betz, Althochdeutsches Elementarbuch
1113/1113a Strubecker, Differentialgeometrie I
1114 Schubel, Englische Literaturgeschichte I
1115 Ranke, Altnordisches Elementarbuch
1116 Schubel, Englische Literaturgeschichte II
1117 Haller-Dannenbauer, Eintritt der Germanen in die Geschichte
1121 Naumann, Dt. Dichten und Denken
1122 Feist, Sprechen und Sprachpflege
1123/1123a Bechert-Gerthsen, Atomphysik III
1124 Schubel, Englische Literaturgeschichte III
1125 Lehnert, Altengl. Elementarbuch
1127 Hartmann, Geschlecht und Geschlechtsbestimmung im Tier- und Pflanzenreich
1128 Buchner, Symbiose der Tiere mit pflanzl. Mikroorganismen
1130 Dibelius, Jesus
1131 Scholz-Schoeneberg, Einführung in die Zahlentheorie
1132 Frühauf, Überspannungen und Überspannungsschutz
1134 Kuckuck, Pflanzenzüchtung I
1135 Lehnert, Beowulf
1137 Heil, Entwicklungsgeschichte des Pflanzenreiches
1138 Hämmerling, Fortpflanzung im Tier- und Pflanzenreich
1140 Unger, Induktionsmaschinen
1141 Koller, Hormone
1142 Meissner-Lehnert, Shakespeare
1144 Gehler-Herberg, Festigkeitslehre I

1145/1145a Herberg-Dimitrov, Festigkeitslehre II
1146 Humburg, Synchrone Maschine
1147 v. Waltershausen, Kunst des Dirigierens
1148 Pepping, Der polyphone Satz I
1151 Nußelt, Technische Thermodynamik II
1152 Dehnert, Verkehrswasserbau III
1153/1153a Mellerowicz, Allgemeine Betriebswirtschaftslehre II
1154/1154a Mellerowicz, Allgemeine Betriebswirtschaftslehre III
1155 Schwartz-Müller, Mikrobiologie I
1156/1156a Meinke, Komplexe Berechn. von Wechselstromschaltungen
1157 Schwartz-Müller, Mikrobiologie II
1158 Mayrhofer, Sanskrit-Grammatik
1159 Jungbluth, Gießereitechnik I
1160 Dibelius-Kümmel, Paulus
1161 Kaestner, Spinnentiere
1162 Seidel, Entwicklungsphysiologie der Tiere I
1163 Seidel, Entwicklungsphysiologie der Tiere II
1164/1164a Pepping, Der polyphone Satz II
1165/1165a Bechert-Gerthsen, Atomphysik IV
1169 Paulsen, Allgemeine Volkswirtschaftslehre I
1170 Paulsen, Allgemeine Volkswirtschaftslehre II
1171 Paulsen, Allgemeine Volkswirtschaftslehre III
1172 Paulsen, Allgemeine Volkswirtschaftslehre IV
1173 Hamann, Chemie der Kunststoffe
1176/1176a Lorenzen, Formale Logik
1178/1178a Kuckuck, Pflanzenzüchtung II
1179/1179a Strubecker, Differentialgeometrie II
1180/1180a Strubecker, Differentialgeometrie III
1181 Franz, Topologie I
1182 Franz, Topologie II
1183/1183a Nicolas, Finanzmathematik
1184 Endres, Verbrennungsmotoren II
1185 Endres, Verbrennungsmotoren III
1186/1186a Mellerowicz, Allgemeine Betriebswirtschaftslehre IV
1187 Lau, Luther
1188/1188a Lehmann, Photogrammetrie
1189/1189a Päsler, Mechanik deformierb. Körper

Autorenregister

AUTORENREGISTER

200 000 149/59 Printed in Germany

MIX
Papier | Fördert gute Waldnutzung
FSC® C083411

Zeitfracht Medien GmbH
Ferdinand-Jühlke-Straße 7
99095 Erfurt, Deutschland
produktsicherheit@kolibri360.de